现代电机典藏系列

电机的稳态模型、测试及设计

[罗马尼亚] 扬·博尔代亚（Ion Boldea）
[美] 卢西恩·尼古拉·图特拉（Lucian Nicolae Tutelea） 著
武洁 王明杰 译

机械工业出版社

电机学是电气工程专业的核心课程之一。本书重点讨论电机稳态运行的相关内容。全书共6章，涵盖电机的共性问题、电力变压器、机电能量转换原理、直流电机、感应电机、同步电机。每一章后面都附有思考题和答案。

本书的特点是每一章内容都尽量贴近工程实际，将理论分析和实践紧密结合在一起。本书可作为高等学校电气工程和自动化专业及其他机电类、自动化类专业的教学用书，也可供有关工程技术人员、研究生和教师参考。

译者序

电机学是电气工程专业的核心课程之一。电机发明至今已有两百多年的历史，已成为工业的肌肉，在现代文明的发展中起着关键、重要的作用。随着新材料、新技术、新理论的出现，电机学科仍在发展之中。尽管如此，主宰电机特性的基本原理保持不变。

本书是《Electrical Machines——Steady State，Transients，and Design with MATLAB》的第一部分，详细介绍了机电能量转换的基本原理、电机学稳态分析方法、电力变压器、直流电机、感应电机、同步电机的稳态运行等内容，涵盖了电机稳态分析的基础理论、分析模型和电机特性等整个稳态体系。

本书原作者 Ion Boldea 和 Lucian Nicolae Tutelea 是罗马尼亚蒂米什瓦拉理工大学教授。Ion Boldea 教授长期活跃在学术界和工业界，因在电机行业的杰出贡献当选为 IEEE Fellow、罗马尼亚工程院和欧洲科学院院士，荣获 IEEE 尼古拉·特斯拉奖，在电机领域享有崇高的学术声望。

本书译者来自郑州轻工业大学电气信息工程学院。武洁（第 4 章和第 6 章）、王明杰（第 3 章和第 5 章）、殷婧（第 1 章和第 2 章）均做出了贡献，武洁负责全书校译和统稿。在全书的翻译过程中，郑州轻工业大学电气信息工程学院别礼中硕士也做出了很大贡献。此外，机械工业出版社的编辑江婧婧在精神上给予了持之以恒的鞭策和鼓励，在此深表感谢！

外文专业书籍的翻译是一个艰难的再创作过程。我们在翻译过程中努力追求的目标是，忠于原文本意，兼顾国内读者习惯。由于译者水平及经验有限，本书难免存在不当与疏漏之处，敬请广大读者批评指正。

译者

2022 年 4 月

原书前言

从能源到电机

电机是一种机电能量转换装置，其中，发电机将机械能转换为电能，电动机将电能转换为机械能。电机的工作状态是可逆的，它们可以很容易地从发电状态切换到电动状态。

能源对现代生活至关重要，可以用于加热/冷却，可以用于制造各种工业和家用电器，还可以用于运输货物和人员。电能是清洁能源，易于远距离传输，并且易于通过电力电子技术进行电能变换，因此电能最适合用于温度（热量）和运动控制。

发电机（除了燃料电池、光伏板和蓄电池）是几乎所有发电厂的电能来源。它们由原动机驱动，如水轮机、燃气轮机和蒸汽轮机、柴油发动机，以及风力或波浪涡轮机。

另一方面，电动机驱动的运动控制系统在所有工业中都是必需的，可以提高生产效率，节约能源，减少污染。

由电力电子通过数字信号处理器（Digital Signal Processor，DSP）进行数字控制的电动机驱动广泛应用于各个领域中，从高架起重机到人员和货物的搬运，从内燃机到混合动力电动汽车，从家用电器到信息产品。电机的功率可以从单机几百 MW 到不足 1W。家用电器、汽车、船舶、飞机、机器人、台式计算机和笔记本电脑，以及手机之中，都有一个或多个电机。

本书内容

本书旨在全面介绍传统电机和新电机，涵盖以下内容：

1）拓扑结构；

2）稳态建模和性能；

3）初步设计和测试。

如何使用这本书

本书涵盖三个学期的教学内容（一个学期的本科课程和两个学期的研究生课程），包括上面列出的拓扑结构、稳态建模和性能，以及初步设计和测试（第 1 章到第 6 章）。

这三个部分是相互独立的，整书尽量统一符号。本书包括许多给出计算过程和数值答案的例子，所列出的思考题都给出了提示，以便于求解。

读者人群

本书适用于所有对发电机和电动机的开发、设计、测试和制造感兴趣的电气工程和机械工程的学生以及工业研发工程师。

章节内容

第1章是对这一课程的介绍，讨论了电能的消耗及电机的应用；列举了变压器、电机的基本类型；分析了电机原理、功率等级和典型应用；介绍了最新的电机分析方法。

第2章全面介绍了单相和三相电力变压器。给出了几个例子，内容包括拓扑结构、稳态建模、性能和测试、瞬态分析和初步的电磁设计方法。

第3章研究了主要类型的旋转电机和直线电机的能量转换过程。

第4章包含直流和交流有刷电机的拓扑结构、稳态建模，以及在发电/电动/制动状态的运行特性。

第5章和第6章包含三相（和单相）感应电机和同步电机（采用永磁或直流励磁转子）的拓扑结构、稳态建模、各种运行状态（电动机/发电机）下的性能，以及电机的初步设计方法。

本书提供了对电机的“全面”覆盖，这一点从详尽的计算机仿真程序可见一斑。本书的许多内容已经在课堂上使用了好几年，而且在持续改进。

本书已经尽量介绍了现有的电机参数、建模和特性的实用表达式，力求使本书能直接应用于研发现代（分布式）电力系统和基于电力电子运动控制的电机工业。

Ion Boldea
Lucian Nicolae Tutelea
罗马尼亚蒂米什瓦拉

目　录

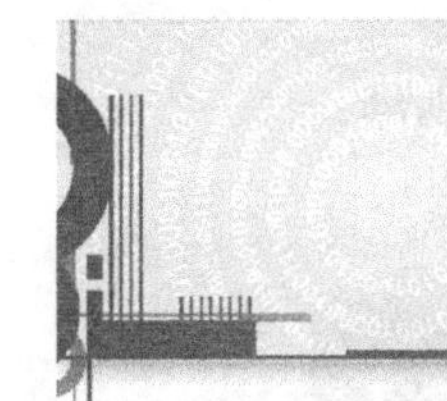

第1章 概　述

本章总述电机中的若干一般性问题。从电能的产生、变换和应用开始，对电机在电能应用中的角色、各种电机的分类、电机的损耗与效率、电机的物理限制、额定值与铭牌等问题逐步展开论述，提纲挈领地介绍本书中电机的分析方法，简述电机的发展历程和前沿研究方向。

1.1 电能与电机

电能在现代社会中不可或缺。化石燃料如煤、天然气、核燃料等在内燃机中燃烧产生热能，通过汽轮机（原动机）将热能转换成机械能。风力机和水轮机将风能和水能转换成机械能。这些机械能通过变速机构或直接驱动发电机产生电能。

电能的单位是J（焦耳）或kWh（千瓦时）。

$$1\mathrm{kWh} = 3.6 \times 10^6\mathrm{J} \tag{1.1}$$

2010年全球能源消耗大约是16×10^{12}kWh，并且预计每年以2%～3%的速率增长。电功率的单位有W、kW（$1\mathrm{kW}=10^3\mathrm{W}$）、MW（$1\mathrm{MW}=10^6\mathrm{W}$）、GW（$1\mathrm{GW}=10^9\mathrm{W}$）。

截至2010年，全世界发电厂总装机容量大约是3700GW（美国大约800GW），其中风力发电大约是50GW。由于各种燃料电厂的可用性有限（见图1.1），以及每日（或每月）调峰的需要，装机容量往往比电能消耗（以kWh计）的增速更快（每年超过4%）。

太阳能和燃料电池发电量很小，可忽略不计。除此之外所有的电能都是“生产”或通过发电机从机械能转换而来，这种情况大多使用恒速恒频交流（同步）发电机，近来变速恒频交流（同步和异步）发电机或直流输出（开关磁阻）发电机也已用于小型水电和风力发电。

电能可通过电动机再次转换成机械能（此类应用份额约占60%），或转换成热能（用于照明、制冷、加热等）。电机是可逆的，可以用作发电机或电动机（见图1.2）。将机械能转换为电能是发电机模式，将电能转换为机械能是电动机模式。

在这两种模式中，能量转换率和电机成本是最重要的，因为更昂贵的电机意味着需要更多的材料，这反过来意味着需要更多的能量来生产这些材料，会导致

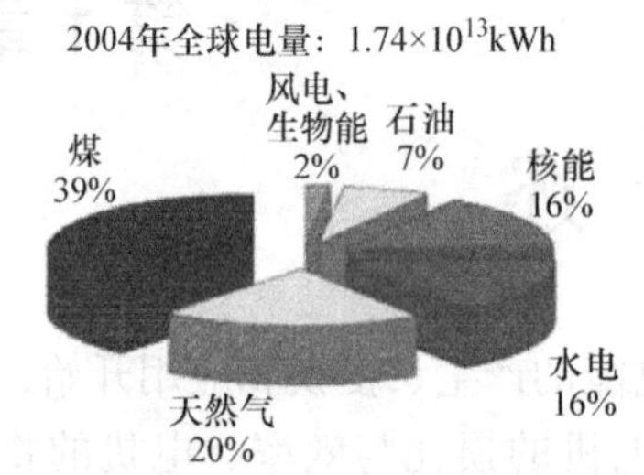

- 燃煤份额超过核能、水电、风电等一次能源，其市场份额正日益增长
- 2000年以来，天然气份额增长在两位数以上
- 其他能源份额正逐渐萎缩

a)

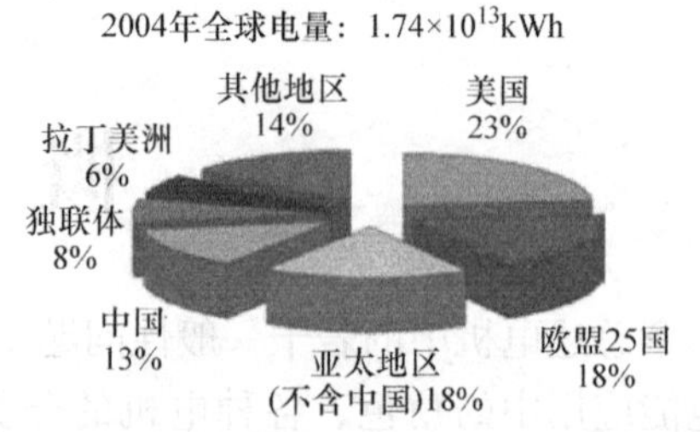

- 经合组织电量占比超58%，经合组织＋独联体国家电量占66%
- 2000年起，中国份额每年提高1%

b)

到2020年的预测*：能源的发电能力演变

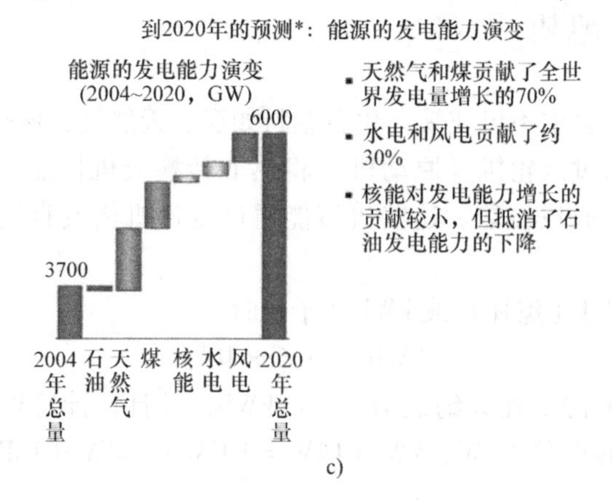

- 天然气和煤贡献了全世界发电量增长的70%
- 水电和风电贡献了约30%
- 核能对发电能力增长的贡献较小，但抵消了石油发电能力的下降

c)

图 1.1　全球能源格局（注：预测数据来源于 Enter Future Forecasts Service）

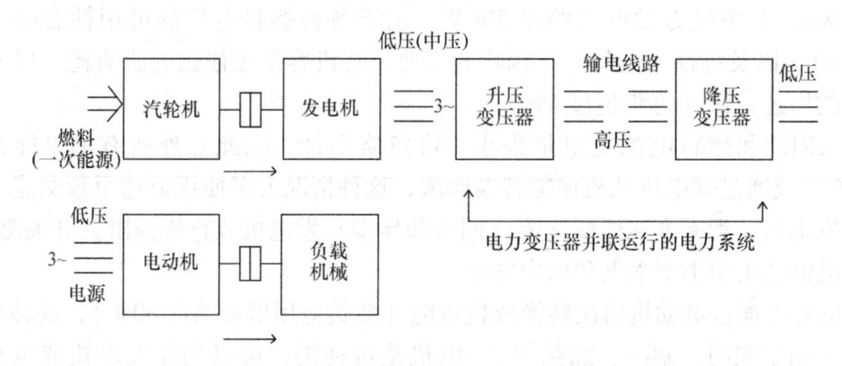

图 1.2　发电机和电动机的工作模式

更多的热和化学污染。

通过电力电子设备对电动机进行变速控制是目前提高生产率的主要解决方

案，在民用和工业应用中消耗更少的能源：从信息设备、家用电器到电动汽车或混合动力汽车、公共交通、泵、压缩机和工业传动（见图 1.3）。文献［1－34］更详细地讨论了本书的核心主题。

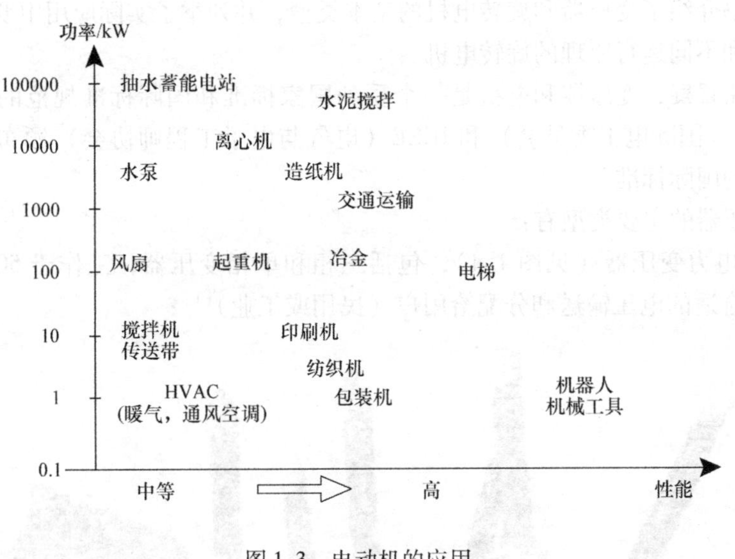

图 1.3 电动机的应用

电机并非直接将机械能转换成电能，它们需要以磁的形式存储能量。旋转电机是电路和磁路的耦合系统，它基于相对运动中的物体的电磁感应（法拉第）定律来转换能量。

通常，电机包含固定的部件和运动的部件，分别称为定子和转子，两者之间相隔的气隙长度在 0.2mm（功率不足 1W 的微型电机）到 20mm（功率达 1700MW 的大型汽轮发电机）之间。

发电机发出的电压属于低压和中压（通常低于 28kV），而电能在远距离传输时需要采用高压以降低铜耗和电力传输线的成本，用户在用电时需要低压（以降低成本并保障人身安全），因此在电力系统中需要升压和降压。在电动汽车或其他电力电子无源负载中，如冶金炉等，也需要进行升压或降压以匹配电动机电压。此外，出于设备安全考虑，许多场合要求电气隔离。

电力电子变压器也是电路和磁路的耦合系统，它基于法拉第定律进行电压（或电流）的升降变换，不同的是，它针对相对固定的物体，没有机电能量转换。

基于法拉第定律的电力电子变压器属于电机范畴，因此本书中会对此做详细讨论。电力电子变压器也值得特别注意，在后续章节中单独讨论。

1.2 变压器和电机的基本类型

本书介绍了变压器和旋转电机的基本类型，并列举了实际应用中变压器的主要类型和不同运行原理的旋转电机。

毋庸置疑，变压器和电机是一个受到国家标准和国际标准规范的全球性行业。IEC（国际电工委员会）和 IEEE（电气与电子工程师协会）颁布了该领域最先进的国际标准。

变压器的主要类型有：

- 电力变压器（见图 1.4），包括三相和单相变压器，工作于 50（或 60）Hz，将合适的电压输送和分配给用户（民用或工业）[1]；

图 1.4　110MVA，19/345kV，三相升压变压器

- 特殊应用的电力变压器，包括自耦变压器、移相变压器、HVDC（高压直流）输电线路变压器、工业电力电子电机驱动器、牵引变压器、电抗器、接地变压器、焊接变压器、机车变压器、冶金炉用变压器等[1]；
- 电压互感器和电流互感器，用于 100V、5A 仪器测量交流高压和大电流；
- 电力电子变压器和电抗器，开关频率高（从 kHz 到 MHz）[2]。

按照运行原理划分，旋转电机可分为两大类：

• 定、转子磁场在气隙中保持静止（有刷换向器式电机）；

• 定、转子磁场在气隙中运动（转场式电机）。

所有电机的目的是在稳态运行时产生恒定无纹波的电磁转矩（或功率）。对于旋转磁场式或磁场静止的电机来说，这是可行的。但是当磁场运动速度不恒定时（如单相交流电机），上述要求便不可能实现了。

• 磁场静止的电机（见图1.5），在转子上安装有换向器（圆柱形或盘式），换向器由相互绝缘的铜制换向片构成，它们将转子槽内的绕组串联在一起，并通过电刷连接至直流电源。定子由一个叠压而成的软磁铁心和（$2p_1$个）主极构成。主极上装有直流励磁绕组（或永磁体），可在气隙中产生固定极性的、与主极对齐的磁场。另外，通过电刷换向器的作用，转子绕组内部的电流变成交流（$f=n\cdot p_1$，其中频率f的单位为Hz，转速n的单位为转/秒，即r/s），转子电枢磁场在空间静止，当转子绕组为对称绕组时，转子电枢磁场轴线与电刷物理中心线相距90°电角度。

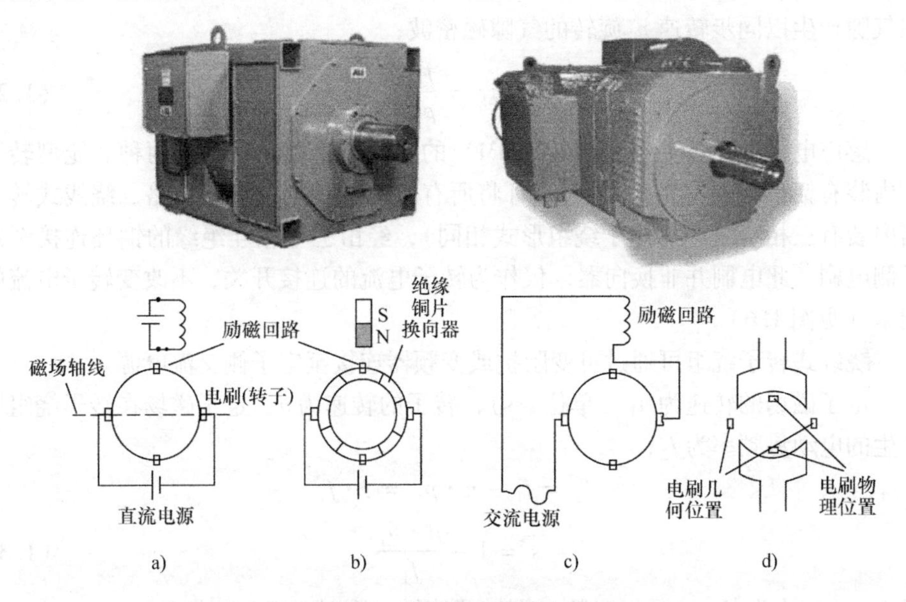

图1.5 有刷换向器式电机

a）直流励磁，（两极，$2p_1=2$） b）永磁励磁（直流），（两极，$2p_1=2$）

c）交流串励（通用电动机），（两极，$2p_1=2$） d）电刷几何和物理位置

为使转矩最大化（根据左手定则），两个场的轴线需相距90°电角度（$\alpha_e=p_1\cdot\alpha_m$，其中$\alpha_m$是机械角度，$\alpha_e$是电角度）。亦即，对于对称转子绕组来说，电刷的物理轴线与主极轴线对齐（见图1.5d），但电刷的等效电气位置（电枢几何中心线）实际上与转子电流产生的磁场轴线对齐。

电刷换向器式电机一般与直流电源相连，当励磁绕组与电刷串联时也可与单相交流电源相连（串励电动机）。此外，串励有刷电机也常用于城市公共交通、电力或柴油机车（世界上某些地方仍然存在许多直流励磁发电机，单台发电量高达6～8MW）。

在机械换向器中，转子电流从直流变成交流时需保证安全换向（无火花），这限制了换向器式电机的速度和功率。现在最常用的电刷换向器式电机是小功率永磁直流电机，用以驱动打印机、数据通信设备上的小风扇，电动汽车或机器人上的辅助设备（如刮水器、燃料泵、开门装置）等。尽管现在的趋势是用无刷（转场式）电机取代它们，但是直流有刷电机在建筑工具（如震动机）和家用电器（如干衣机、吸尘器、洗衣机、厨房搅拌器等）中的应用仍然很多。

• 转场式电机：根据转子电流的产生方式，转场式电机可分为感应电机和同步电机两类。这两类电机的定子部分开槽、叠压、铁心等都是相同的，定子磁场极数为$2p_1$，定子绕组为三相，当施加频率为f_1的正弦交流电压时，定子绕组在气隙产生以同步转速n_1旋转的气隙磁密波，

$$n_1 = \frac{f_1}{p_1} \tag{1.2}$$

感应电机（Induction Machine，IM）的转子有笼型和绕线式两种。笼型转子槽内装有铝条（或铜条），通过端环将所有的铝条（或铜条）短路。绕线式转子槽内装有三相绕组（与定子绕组形式相同），经由三个相互绝缘的铜环连接至定子侧电刷。此电刷并非换向器，仅作为转子电流的连接开关，不改变转子电流的频率（见图1.6）。

绕线式转子绕组可通过可变阻抗或变频器连接至定子侧交流电源。

定子磁场的转速为n_1（单位r/s），转子的转速为n，定子磁场在转子绕组中产生的电动势频率为f_2，

$$f_2 = f_1 - n \cdot p_1 = s \cdot f_1$$

$$s = 1 - \frac{n \cdot p_1}{f_1} \tag{1.3}$$

式中，s是转差率；p_1是极对数（即转子旋转一圈时磁场的周期数）。

转子电流的频率为f_2，稳态运行时，转子电流产生的旋转磁场相对于定子的转速与定子磁场的转速是一样的，即$n_1 = f_1/p_1$。

所以，不论转子转速是多少，转子磁场和定子磁场保持相对静止。因而，当转子绕组中通入电流时，电机都能产生恒定的稳态转矩。对于笼型转子，当转速为$n_0 = n_1 = f_1/p_1$时，转子电流为0，此转速称为理想空载转速（同步转速）。

因此，为了产生转矩，$n \neq n_1 (s \neq 0)$，所以感应电机也称为异步电机。当$n < n_1$时，感应电机运行在电动机状态，当$n > n_1$时，感应电机运行在发电机状

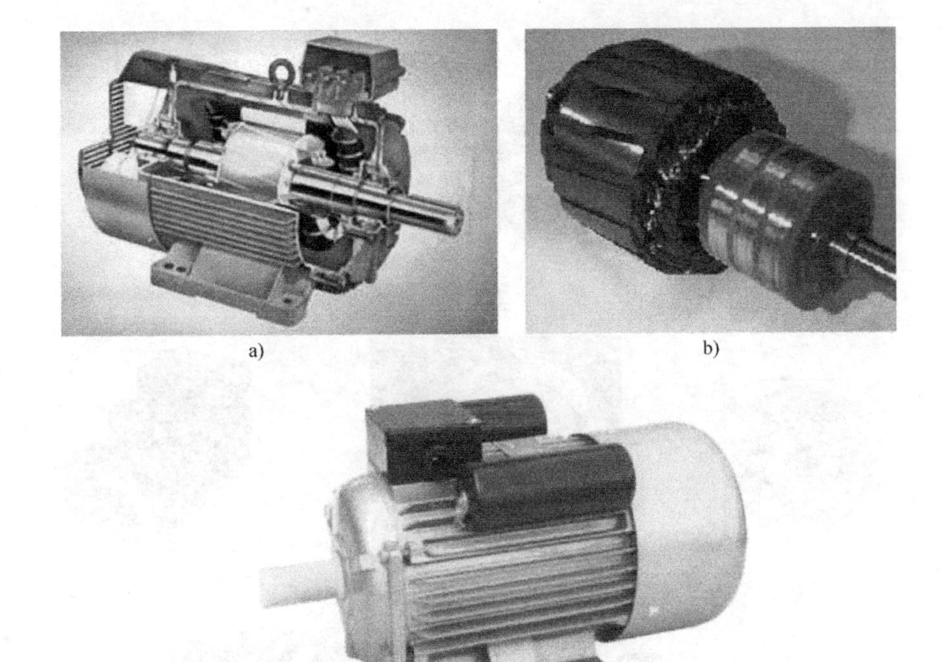

图1.6　感应电机

a）三相笼型电机　b）三相绕线转子式电机　c）单相感应电机

态。对于绕线转子式感应电机，如果转子侧电力电子电源可以发出（或吸收）频率为f_2的电功率，在任意转速下转子电流均可为零。

绕线转子式双馈感应电机（定子侧恒压恒频，转子侧变压变频）在亚同步转速（$n < f_1/p_1$）和超同步转速（$n > f_1/p_1$）时均可工作在电动或发电状态。目前它是变速风力发电和抽水蓄能电站的主力，单台功率可达400MW。

在低功率应用场合（不超过2～3kW），如手持工具、小功率压缩机、洗衣机等，单相感应电机经济耐用，转速平稳，应用广泛。如需调节转速，多采用电力电子变压变频供电驱动三相笼型感应电机。笼型感应电机不仅是工业应用中的主力，在变频调速领域的应用也日益广泛。

同步电机的定子与感应电机的定子相同（见图1.7），同步电机的转子与电刷换向器式电机的定子类似。也就是说，同步电机的转子由叠压而成的铁心构成，装有直流励磁绕组或永磁体以产生固定极性的气隙磁场，磁场极数与定子磁场相同，仍是$2p_1$。

同步电机转子电流频率$f_2=0$，因此转子转速为

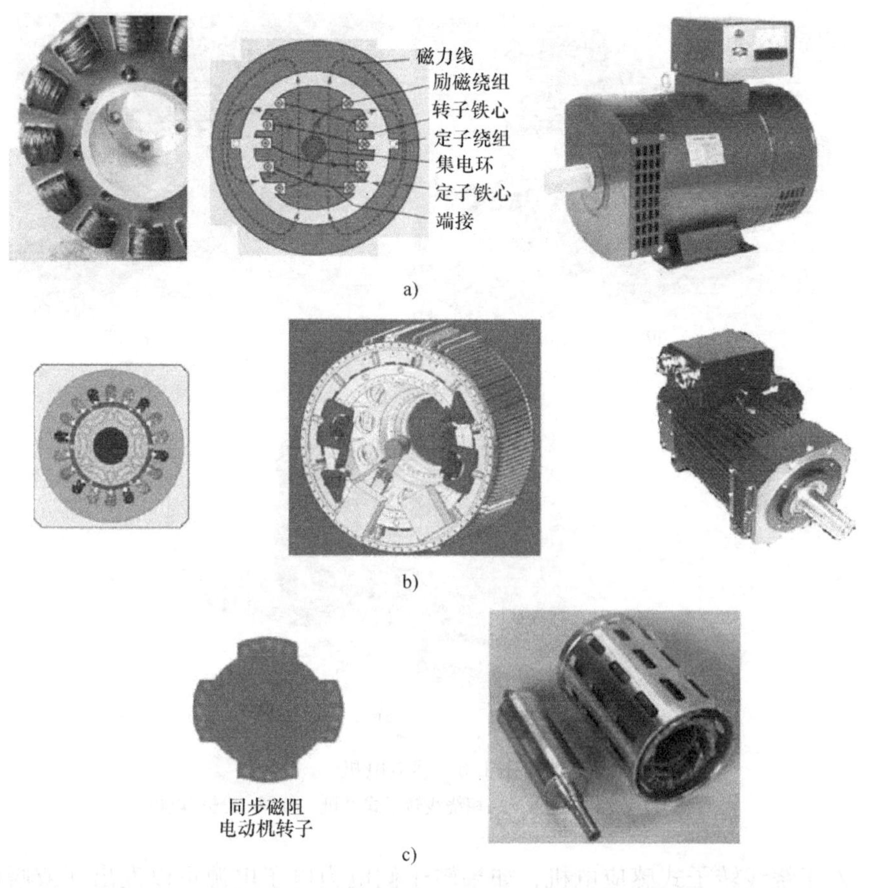

a)

b)

c)

图 1.7　同步电机

a）转子直流励磁同步发电机　b）永磁同步电机　c）同步磁阻电机

$$n = n_1 = f_1/p_1 \tag{1.4}$$

稳态运行时转差率 $s=0$，故曰“同步”。问题在于转子磁场被固定在转子上，电机只能同步运行，$n=n_1=f_1/p_1$。起动时必须通过调节定子频率来改变同步转速，使电机转速从0开始上升。

由标准50（60）Hz或400Hz电源（后者用于航空器）供电的同步电机不能直接起动。带起动笼的电励磁同步电机起动时要经历异步起动的过程，首先将转子异步起动，同时励磁绕组串接电阻，加速至接近同步转速。当励磁绕组换接到直流电源时，电机开始自同步过程。直流励磁电流经由集电环和电刷流入同步电机的转子。当然，同步电动机也可以是无刷的。

带起动笼的永磁同步电机，其异步起动和自同步过程可以一起完成。

根据能量变换原理，也可以采用被动式各向异性转子（无源转子，见

图 1.7c）并产生转矩，

$$T_e = -\frac{\partial W_m}{\partial \theta_r} \tag{1.5}$$

式中，W_m 是电机内存储的磁能。由于转子各向异性，磁能随转子位置而变化，因而会产生电磁（磁阻）转矩。

上述基于转子凸极效应的电机称为同步磁阻电机（Reluctance Synchronous Machine，RSM）。由于其性价比好，以及适用于各种电网可变的调速应用场合，在小功率（100kW 以下）和低于 200W 甚至更低的应用场合具有较强的竞争力。

具有永磁或磁阻转子的同步电机，不论转子是否带起动笼，接单相电源时，定子辅相绕组需与电容相连。这类电机常用于家用电器或轻载起动的场合。

异步电机和同步电机接三相交流电源或电力电子变频器时可以产生恒速连续旋转的磁场。双凸极电机的转子也是被动式各向异性转子，不带起动笼，运行时必须外接电力电子驱动器，产生的是跳跃式磁场。这种电机需根据位置来触发定子电流脉冲。开关磁阻电机（见图 1.8a）和步进电机（见图 1.8b）的电流脉冲顺序与转子位置无关时，频率要受限以保证电机不失步。在高温或化学腐蚀等恶劣环境下，开关磁阻电机和步进电机应用较多。

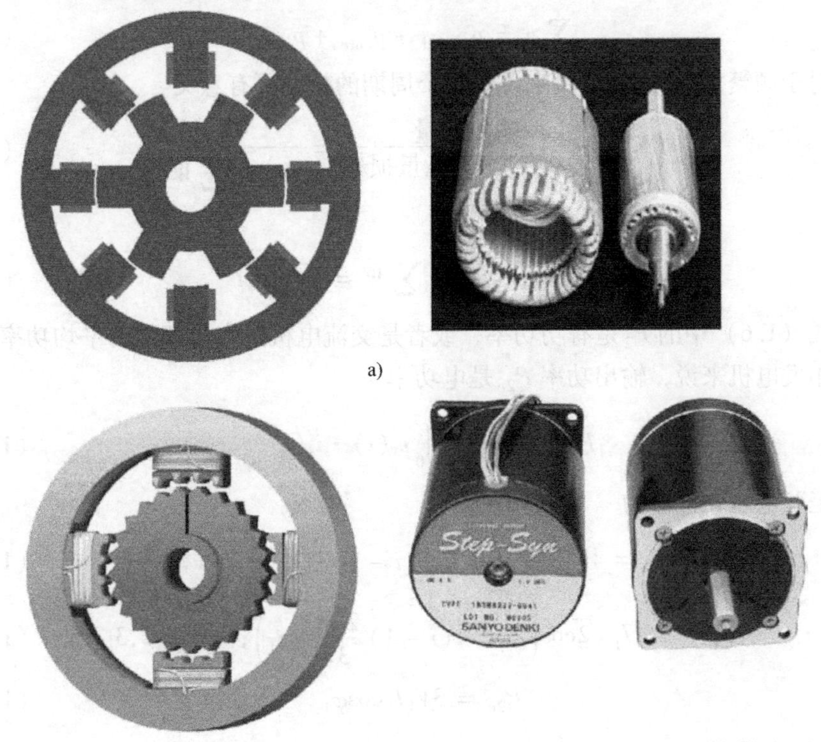

图 1.8　a）开关磁阻电机　b）步进电机

本节介绍了电机的分类及其应用，在后续章节中将会详细讨论各类电机。更多信息请见文献［3］或访问网站 www. abb. com/motors、www. siemens. com、www. ge. com。需要注意的是，每一种旋转电机都对应着一种直线电机，在后续章节会做介绍。更多直线电机的内容参见文献［4］。第3章会对各种电机的转矩进行细致的回顾。

1.3 损耗与效率

电机中的能量损耗会产生热量，污染环境，增大输入功率，增加成本。变压器中的损耗都是由电磁引起的，包括绕组铜耗 p_{copper} 和铁心损耗 p_{core}，旋转电机中还存在机械损耗 p_{mec}。

电机的效率 η_e 定义为输出功率和输入功率的比值，表示如下：

$$\eta_e = \frac{输出功率}{输入功率} = \frac{输出功率}{输出功率 + 损耗} = \frac{P_2}{P_2 + \sum p} \tag{1.6}$$

也可写成 $\eta_e = \dfrac{P_2}{P_1}$。

$$\sum p = p_{copper} + p_{core} + p_{mec} \tag{1.7}$$

对于频繁加/减速的电机来说，每个周期的效率更有意义

$$EE = \frac{输出能量}{输出能量 + 能量损耗} = \frac{W_2}{W_2 + \sum W} \tag{1.8}$$

其中

$$W_2 = \int P_2 \mathrm{d}t; \quad \sum W = \sum \int p \mathrm{d}t \tag{1.9}$$

式（1.6）中的 P_2 是有功功率，或者是交流电机每个周期内的平均功率。对于三相发电机来说，输出功率 P_{2e} 是电功率

$$P_{2e}^{㊀} = \frac{1}{T} \sum_{n}^{1} \int_0^T v_i(t) \cdot i_i(t) \mathrm{d}t \tag{1.10}$$

定子正弦电压和电流为

$$v_i(t) = V_1 \sqrt{2} \cos\left(\omega_1 t - (i-1)\frac{2\pi}{3}\right); \ i = 1,2,3 \tag{1.11}$$

$$i_i(t) = I_1 \sqrt{2} \cos\left(\omega_1 t - (i-1)\frac{2\pi}{3} - \varphi_1\right); \ i = 1,2,3 \tag{1.12}$$

$$P_{2e} = 3V_1 I_1 \cos\varphi_1 \tag{1.13}$$

㊀ 此处原书不一致。——译者注

式中，V_1 和 I_1 分别是正弦电压和电流的有效值；φ_1 是电流相量滞后于电压相量的时间相位。

对于直流（有刷换向器式）发电机来说，输出功率 P_{2e} 为

$$P_{2e} = V_{dc} I_{dc} \tag{1.14}$$

对于电动机来说，输出功率是轴上输出的机械功率 P_{2m}

$$P_{2m} = T_{shaft} 2\pi n \tag{1.15}$$

式中，T_{shaft}是轴上的转矩，单位为 N·m；n 是转速，单位为 r/s。

电磁转矩用 T_e 表示

$$T_e = T_{shaft} \pm \frac{p_{mec}}{2\pi n} \tag{1.16}$$

上式中"+"用于电动机，"-"用于发电机。

对于交流电动机和电力电子变频电源供电的电动机来说，需要考虑几个额外的能量变换性能指标。

首先是 EEF，表示输出有功功率 P_2 与输入视在功率有效值 S_{RMS}或峰值视在功率 S_{peak}的比值，

$$EEF_{RMS} = \frac{P_2}{S_{RMS}};\ EEF_{peak} = \frac{P_2}{S_{peak}} \tag{1.17}$$

$$S_{RMS} = 3V_{RMS} I_{RMS} \tag{1.18}$$

$$S_{peak} = 3V_{peak} I_{peak} \tag{1.19}$$

正弦运行时，

$$S_{RMS} = 3V_1 I_1;\ EEF_{RMS} = \eta \cdot \cos\varphi_1 \tag{1.20}$$

对于正弦电压和电流的交流电机，理想的运行情况是功率因数等于1（$\varphi_1 = 0$，见图1.9a），当输出有功功率一定时，此时定子电流最小，交流电源提供的铜耗最小。直流励磁的同步电机中，励磁电流可调，因而任何负载条件下都可以实现功率因数为1。而异步电机无法运行在理想情况下，因为异步电机的功率因数角总是滞后的。

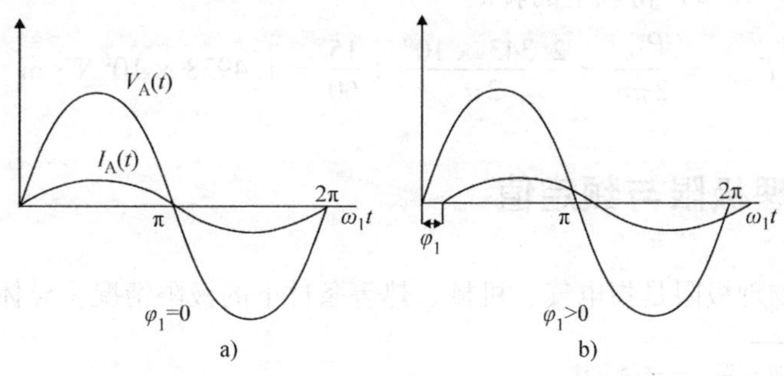

图1.9 a）功率因数为1（同步电动机） b）滞后功率因数（感应电动机）

峰值视在功率 S_{peak} 常用于选定功率开关或电力电子器件的额定值，电机通过这些功率开关和电力电子器件连接到电网。

例 1.1 一台直驱式永磁同步风力发电机，$S_n = 4.5\text{MV}\cdot\text{A}$，并网运行，$V_{nl} = 3.53\text{kV}$（线电压），50Hz，额定效率 $\eta = 0.96$，功率因数 $\cos\varphi = 0.5$，试求：

a. 定子相电流额定值 I_n（星形联结）；

b. 极对数 p_1，已知额定转速 $n_n = 15\text{r/min}$；

c. 总损耗和轴上的输入功率；

d. 轴上的额定转矩。

解：

a. 根据式（1.20）可得

$$S_n = \sqrt{3}^{㊀} V_{nl} I_n = 4.5 \times 10^6 \text{VA}$$

$$I_n = \frac{4.5 \times 10^6}{\sqrt{3} \times 3500} = 743.18\text{A}$$

b. 根据式（1.4）可得

$$p_1 = \frac{f_1}{n_1} = \frac{50}{15/60} = 200 \text{ 对极}$$

因此电机的极数为 400。

c. 根据式（1.6）可得㊁

$$\sum p = P_{2e} \cdot \left(\frac{1}{\eta_n} - 1\right) = S_n \cos\varphi_n \cdot \left(\frac{1}{\eta_n} - 1\right)$$

$$= 4.5 \times 10^6 \times 0.5\left(\frac{1}{0.96} - 1\right) = 0.09375 \times 10^6 \text{W}$$

轴上的功率为

$$P_{1m} = \frac{\sum p}{1 - \eta_n} = \frac{0.09375 \times 10^6}{1 - 0.96} = 2.343 \times 10^6 \text{W} = 2.343\text{MW}$$

d. 由式（1.15）得轴上的转矩

$$T_{shaft} = \frac{P_{1m}}{2\pi n} = \frac{2.343 \times 10^6}{2\pi} \div \frac{15}{60} = 1.4928 \times 10^6 \text{N}\cdot\text{m}$$

1.4 物理极限与额定值

电机的物理极限是指电气、机械、热等条件下的极限情况。导体的最大温度

㊀ 原书此处有误。——译者注

㊁ 此处由式（1.17）得不出下面内容。——译者注

和平均温度受到电气绝缘等级的限制。超过一定温度时，永磁体会被不可逆地退磁。

绝缘材料分为四个等级，IEC－317 标准给出了它们最高安全温度的限值。

等级 A：105℃（如今使用得越来越少）；

等级 B：130℃；

等级 F：155℃；

等级 H：180℃。

采用特殊的绝缘材料也能达到更高的安全温度。导体绝缘材料的绝缘等级在 IEC 标准 317－20、51、13、26 中做出了规定。关于机械方面的限制，此处仅涉及转子剪切应力 f_t（单位为 N/cm^2），它保证转子机械结构完整，动态气隙误差和最大转速（单位为 r/s）均在安全范围内。

转子电磁剪切应力 f_t 可按式（1.21）计算，

$$f_t = K_e A_1 B_{g1} \cos\gamma_1 \tag{1.21}$$

$$T_e = f_t \pi D_r L \frac{D_r}{2} \tag{1.22}$$

式中，L 是轴向叠片长度，单位为 m；D_r 是转子直径，单位为 m；A_1 为沿转子圆周分布的定子磁动势基波的线负荷（范围在 2×10^3 A/m 至 2×10^5 A/m 之间）；B_{g1} 为气隙磁通密度基波幅值（从 0.2T 到最高 1.1T）。B_{g1} 会受到电机磁心磁饱和程度的影响，从定子到转子的气隙磁通最大值 $B_{coremax}$ 在 1.2T 至 2.3T 之间，超过 2.0T 时需采用特殊的软磁材料（如 Hyperco. 50 等）。K_e 是正弦分布的 A 和 B_g 的波形系数，$K_e=1$（单相电机时约为 0.5）。

A_1 和 B_{g1} 的相位差记为 γ_1，理想情况 $\gamma_1=0$，对于交流电机来说这种情况仅在同步电机中出现。

实际情况中，由于磁饱和（$B_{coremax}$）和绕组温度（A_{1max}）的限制，转子剪切应力（或称切向比力）f_t 的范围为 0.1～$10N/cm^2$。若仅从机械上考虑，转子材料本身能承受很大的应力，但例外的情况是转矩密度极高且重载的电机，其转矩密度用 $N\cdot m/m^3$ 或 N·m/kg 来衡量。根据式（1.22）有

$$T_e = 2f_t \times 转子体积 \tag{1.23}$$

注意 f_t 的数值随转子半径增大而增大。

通常，定子外径与转子直径比值为

$$\frac{D_{out}}{D_r} \approx 2 - K_p(p_1 - 1) \tag{1.24}$$

式中，p_1 为 1～4；K_p 为 0.1～0.2。

因此，单位体积的转矩大约是

$$\frac{T_e}{\text{电机体积}} \approx \frac{2f_t}{[2 - K_p(p_1 - 1)]^2} \tag{1.25}$$

根据平均比重 $\gamma_{an} = 8 \times 10\text{kg/m}^3$ 可以计算电机的转矩密度（转矩与重量的比值，单位为 N · m/kg）。小型或高速电机的转矩密度大约为 0. 2N · m/kg，典型转速为 1000 ~ 3600r/min 的千瓦级电机的转矩密度大约为 3N · m/kg，高转矩（大直径）的电机转矩密度会适当地再大一些。

温度与绕组电流密度、冷却系统、转矩、电机转速等因素都相关。变压器的电流密度为 2. 5 ~ 4A/mm^2，强制空冷电机为 5 ~ 8A/mm^2，强制水冷电机的 j_{cor} 平均值为 8 ~ 16A/mm^2。

显然，高转矩密度（转矩体积比）与低损耗（高效率）是矛盾的。因而，有效材料重量（成本）与损耗（温度）也是相互矛盾的。正因为如此，才有了寻找全局代价函数最小值的优化设计方法。

总成本（以美元或欧元计）= 材料与人工成本
+ 能耗成本（$\sum p_a t_{an}$ × 能源成本）
+ 维护和维修成本

对有些小功率应用场合，电机初始投资占总成本的大部分，这与电机平均寿命周期的每日平均工作小时数有关（一般电机寿命不少于 10 ~ 15 年）。

换言之，总成本的所有构成都可以转化成焦耳，或者更进一步转化成 CO_2 排放。因为所有材料制造、损耗、维护、维修都意味着能源的消耗（并转化为污染物排放）。

这种总体能耗分析证明了一台容积为 100L 的冰箱比台式计算机更胜一筹。在复杂应用场合，以车载系统为例，不仅仅是电机，整车系统都需要进行全方位的优化，包括投资、能耗、CO_2 排放等各个方面。

例 1. 2 现代汽车中采用小功率三相永磁同步电动机作为助力转向驱动电机，转子直径 D_r 为 0. 03m，长度 L 为 0. 06m，烧结钕铁硼永磁体产生的气隙磁通密度 B_g 峰值（正弦）为 0. 7T，额定定子电流时切向比力 f_t 为 1. 2N/cm^2。求：

a. 额定电磁转矩 T_e；

b. 转速 3000r/min 时的额定机械功率 P_{2m}（忽略机械损耗）；

c. 若额定效率 $\eta_n = 0.9$，功率因数 $\cos\varphi_n = 0.8$，$V_{nl} = 18\sqrt{3}$V（星形联结），直流母线电压为 42V，求额定相电流；

d. 额定时的定子线负荷 A_1（A 匝/m）。

解：

a. 根据式（1. 22）可得

$$T_e = f_t \pi D_r L \frac{D_r}{2} = 1.2 \times 10^4 \times \pi \times 0.03 \times 0.06 \times \frac{0.03}{2} = 1.02\text{N} \cdot \text{m}$$

b. 忽略机械损耗时，$P_{2e}=P_{2m}$，所以有

$$P_{2m} = T_e 2\pi n = 1.01736 \times 2\pi \times \frac{3000}{60} = 319.45\text{W}$$

c. 根据式（1.7）可知输入电功率为

$$P_{1e} = \frac{P_{2m}}{\eta_n} = \sqrt{3}V_{nl}I_n\cos\varphi_n,\quad I_n = \frac{319.45}{0.9\sqrt{3}\times 18\times 0.8} = 14.245\text{A}$$

d. 根据式（1.21）有

$$A_1 = \frac{f_t}{K_e B_{gPM}} = \frac{1.2\times 10^4}{1\times 0.7} = 1.714\times 10^4\text{A/m}$$

1.5 额定铭牌

图 1.10 给出了一台变压器和感应电机的铭牌。制造厂家会在铭牌上标出变压器（见图 1.10a）的基本信息，例如：

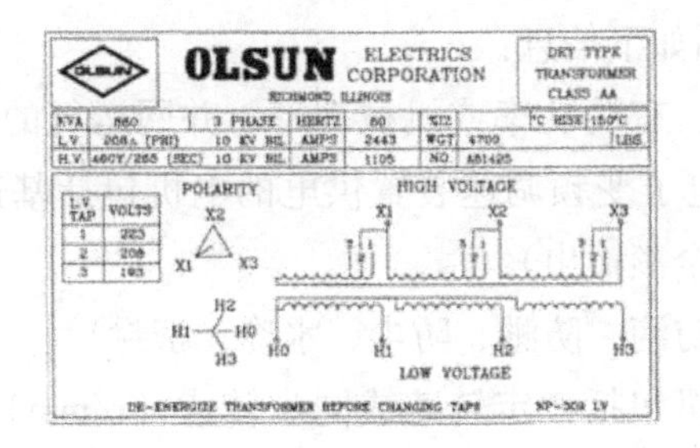

a)

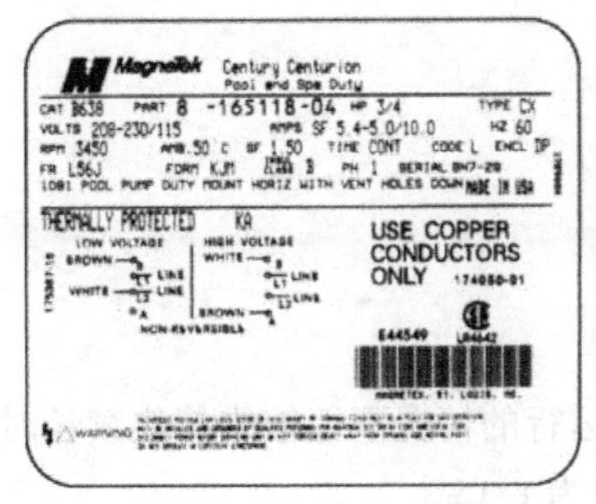

b)

图 1.10　电机的铭牌

a）变压器铭牌　b）感应电机铭牌

- 额定电压，V（kV）
- 视在功率，VA（kVA 或 MVA）
- 额定电流，A
- 温升,℃
- 短路额定电压比率,%
- 空载额定电流比率,%
- 联结组（如 Y_{dx}，$x=1$、3、5、7、9、11 或 Y_{yx}，$x=0$、2、4、6、8、10、12）
- 序列号
- 重量，kg
- 绝缘等级
- 冷却信息
- 高压低压标号（美国标准记为 Hi 和 Xi，IEC 标准记为 UVW 和 uvw，部分国家标准记为 ABC 和 abc）

电机的铭牌（见图 1.10b）包括如下信息：

- 功率：电动机包括额定功率、有功功率或机械功率，并网运行的电机包括视在功率（kVA 或 MVA），电力电子变频调速装置供电的电机包括基速 n_b 下的基准功率 P_b（额定工况下变频器全额输出）
- 电机运行环境和散热方式（防滴、防溅、防尘、水冷、密封）
- 转速：并网运行的恒转速电机包括额定转速或同步转速（r/min），调速电机包括基速 n_b 和最高转速 n_{max}
- 线电压（定子或转子）
- 额定电流（定子或转子侧的线值）
- 满载效率（和 25% 负载的效率）
- 伏安数（交流电机）
- 最大允许温升
- 极限环境温度与海拔
- 负载系数：表示电机在不会发生过热运行的情况下能够维持连续长时工作的功率过载倍数，很多电机的功率过载倍数为 1.15
- 频率：单位为 Hz（恒频或变频，在定子侧或转子侧）
- 调速电机基速和最高转速下的转矩
- 转动惯量（$kg \cdot m^2$）

1.6 分析方法

变压器和电机是一个电路和磁路相对静止或相对运动的相互耦合的系统。因此，必须首先弄清楚磁场的空间分布，磁场随时间如何变化，绕组的空间分布，绕组电流随时间如何变化。

必须考虑磁路饱和以及趋肤效应的影响，它们会极大地影响电机性能。解析法或数值有限元法可求解磁场分布问题。然后根据求得的电机各部件的磁能或磁通可计算电机各部分的自感和互感［W_m 为磁能（J），I_i 为电流（A）］。

$$L_i = \frac{2W_{mi}}{I_i^2} = \frac{\Psi_i}{I_i}; \quad R_i = \rho\frac{l_{con}}{A}K_{skin} \tag{1.26}$$

电机的相电阻可根据绕组几何尺寸计算得到，通过频率相关系数（$K_{skin} \geq 1.0$）来考虑趋肤效应的影响。ρ 是电阻率（Ωm）；l_{con} 是导体长度（m）；A 是导体横截面积（m^2）。

此外，变压器和电机可简化成仅在电路上耦合的等效电路，该等效电路包含了电阻、电感和电磁力，电磁力通过磁场和绕组的相对运动产生。因此，变压器和电机的等效电路模型得到了广泛认可，被转化成了许多新的应用形式[5-34]：

- 相量图（交流电机正弦稳态相量模型）
- 正交模型（dq 轴）[5]
- 空间矢量模型（复变量）[12-14]
- 螺旋矢量模型[28]

本书将会在如下内容中陆续用到上述模型：

第一部分——稳态：磁场解析模型（电路模型），交流电机相量表示形式；

第二部分——瞬态：正交与空间矢量模型；

第三部分——优化设计：有限元分析和场路耦合模型。

1.7 电机发展历程与前沿技术

1831 年，法拉第发明了直流有刷电机；1886 年和 1887 年，法拉利和特斯拉分别发明了感应电机；1890 年，Dolivo Dobrovolski 发明了变压器。自从电机被发明以来，特别是 1930 年世界各国都有了可用的电力系统，电机已经成为了一个成熟的领域。

在 1965 年以前，电刷换向器式电机被用作调速电机，只需调节给电动机供电的直流发电机的输出电压即可改变电动机的转速（Ward - Leonard 机组）。

1965 年以后，晶闸管、GTO 晶闸管、双极型晶体管促进了电力电子技术的发展，由此引发了中大功率交流电机变频调速技术。

1980年后出现的IGBT和MOSFET使得单机千瓦至兆瓦级功率的交流电机变频调速技术发生了革命性的变化。

同一时期，永磁有刷直流电动机和永磁同步电动机也取得了长足进展。后者在工业上得到了广泛应用，其转矩可低至千分之一牛米（N·m）（应用于手机中），也可高达数兆牛米（直驱式风力发电机）。

交流电机矢量控制技术、直接转矩控制技术、磁场定向控制技术与IGBT（或大功率IGCT）脉宽调制（PWM）静态功率变换器相结合，使得电机转矩控制响应快速（毫秒级），且鲁棒性好。

在各种不同的变速驱动应用场合，各类电机都有一席之地（见图1.3）。电动汽车就是一个很好的例子（见图1.11）。

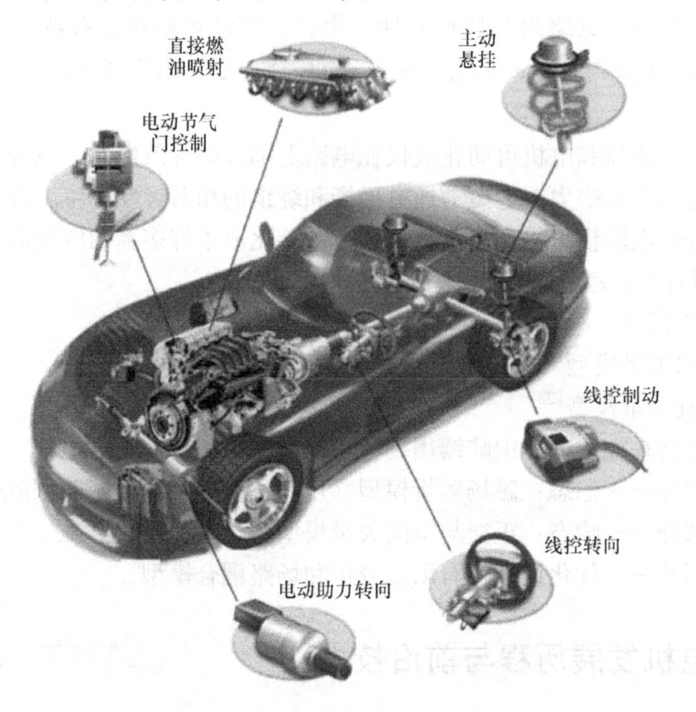

图1.11　电机在汽车中的应用

已经投运的变速发电机单机容量可达5MW，采用电力电子技术进行能量变换，其转子可以是笼型或绕线转子式感应电机转子，也可以是直流励磁或永磁同步电机转子。目前风电总装机容量超过50000MW，并且年增速保持在10%以上，未来会生产更多的绿色能源。

电机的规格、安装、维护、维修有一整套严格的标准，见IEEE和IEC标准。

众多的电机生产厂家有其各自的设计手段。同时也有许多公司生产电机设计专用软件，如 Vector Fields、Ansoft、CEDRAT、FEMM、SPEED 等。这些软件每年更新，能够进行电机有限元分析，为电机设计提供支持，并且在软件中嵌入了电力电子控制。

下面的主题是电机领域的热点：

• 简单省时的场路耦合分析模型，可直接用于优化设计建模。

• 剩磁远高于 1.3T 的低成本高性能永磁体。

• 分布式（弱）电力系统会降低发电机平均单机输出功率，这些发电机中有一部分会运行在可变转速范围内，以保持系统稳定、柔性、高效。可变转速发电机系统的设计、制造、应用，特别是在风电和小型水电中具有可观的前景。

• 更高效率、更低重量（成本）的永磁同步电动机和开关磁阻电动机，它们可用于家政微型机器人以至电动汽车、飞机、船舶等。

• 用于高频（高速）电动机的复合软磁材料，相对磁导率高于 500 ~ 800，损耗和成本更低。

• 用于压缩机或混合动力电动汽车执行机构的小行程直线振动永磁无刷电机系统。

• 各种应用场合的高频变压器，包括分布式电源系统、工业系统、汽车功率电子控制系统等，能保证更好的电能质量。

1.8 总结

• 电能是构成文明社会的要素之一。

• 发电厂原动机（汽轮机）带动发电机旋转，从而产生电能。

• 原动机的动力来自于化石燃料或核燃料产生的热能，或来自风力、水力中的动能。

• 火力发电要燃烧燃料产生热，会产生污染物排放，因而会导致环境污染。

• 为了发展的可持续性，电能的使用要有节制。

• 约 60% 的电能转换成了机械能，因此合理地使用电动机是绝对有必要的。

• 电动机和发电机被广泛地应用于各行各业，包括家用电器、信息设备、机器人、交通运输、泵、通风设备、压缩机、工业生产等。

• 电机可以把机械能转换成电能，或者反过来，通过电磁感应把电能转换成机械能。

• 在交流电力系统中，电力变压器可以升压（发电机侧）或降压（用户侧），也可以变流。变压器中没有运动部件，但是和旋转电机一样，它们都遵循法拉第电磁感应定律。因此，本书把变压器和电机放在一起讨论。

- 变压器可用于许多领域，如电力系统、工业、电力电子、交流电压电流测量等。
- 电机和变压器会受到许多因素的限制，比如绝缘材料的最高温度、磁负荷（磁饱和影响）、趋肤效应、导体温度等，但最重要的是定转子材料的机械应力。因此，变压器和电机的典型限制参数（单位）包括 N/cm^2、Nm/m^3、Nm/kg和 kVA/kg 等。
- 电机的初始投资成本往往与电机运行寿命期间的能耗成本和维护与维修成本相冲突。因此，需要对总体成本进行优化。
- 总体成本不仅可以用美元或欧元来衡量，也可以用焦耳（J）或者 CO_2 排放量来衡量。制造电机所用材料的生产过程、电机制造过程、人类生活方式都会产生 CO_2 排放；整个生产过程中会有能源损耗，也会产生 CO_2 排放；最后，电机的维护与维修所产生的消耗也对应着 CO_2 排放。因而，电机的全寿命周期内都会有 CO_2 排放。
- 每人每年能耗值（J）和每人每年的 CO_2 总排放量，将这两个指标降低到一个目标水平，是未来技术进步的明智之举。

1.9 思考题

1.1 一台大型无损耗三相同步电动机，功率为1MW，线电压为6kV，星形联结，转速为3600r/min，频率为60Hz，试求：

a. 输入有功功率 P_{1e}；

b. 极对数 p_1；

c. 额定转矩；

d. $\cos\varphi_1=1$ 和 $\cos\varphi_1=0.9$ 时的定子相电流。

提示：式（1.13）和式（1.15）。

1.2 一台50kW 的旧电机，额定效率 $\eta_n=0.91$，现用一台额定效率为0.94的新电机替换。若每年满载运行2500h，试求：

（1）两种情况下每年的输入能量；

（2）两种情况下每年的能量损耗；

（3）若1kWh 的电费是0.1美元，则每年节省多少美元。

提示：例1.1。

1.3 上题中的新电机价值2000美元，可运行15年。第一年的电费价格为0.1美元/kW·h，并且电费价格每年上涨1%，新旧两台电机运行15年，每年满载运行2500h，旧电机的维护与维修费用为1000美元，新电机为500美元，求这15年间新电机节省的费用。

提示：需考虑每年的电费上涨，求出15年节省出的电费，加上节省的维修费用，还要算上新电机的初始投资。

1.4 一台三相水力发电机，$S_n = 215\text{MVA}$，线电压15kV，星形联结，并网运行，$f_1 = 50\text{Hz}$，$n_n = 75\text{r/min}$。转子励磁绕组铜耗 $p_{exc} = 0.01S_n$，定子铜耗 $p_{cos} = 0.0033S_n$，$\cos\varphi_1 = 1$，$p_{core} = p_{mec} = 0.015S_n$。试求：

（1）功率因数 $\cos\varphi_1 = 1$ 时的整体额定损耗；

（2）额定效率；

（3）轴上的额定转矩；

（4）电磁转矩；

（5）额定相电流；

（6）极对数。

提示：所有损耗相加，用式（1.6）求效率，式（1.15）求轴上转矩，式（1.16）求电磁转矩，式（1.13）求额定电流，式（1.1）求极对数。

1.5 一台三相永磁同步电动机，设计参数 $A_1 = 2\times10^4\text{A/m}$，永磁体气隙磁通密度基波 $B_{gPM1} = 0.8\text{T}$，切向比力 $f_t = 2\text{N/cm}^2$。转矩为100N·m，转子直径 D_r 与叠片长度 L 的比值 $D_r/L = 1$，试求：

（1）转子直径 D_r 和叠片长度；

（2）转矩与转子体积的比值；

（3）若 $n = 6000\text{r/min}$，求功率与转子体积的比值。

提示：例1.2。

参考文献

1. *ABB-Transformer Handbook*, ABB Power Technologies Management Ltd., Baden, Switzerland (www.abb.acom/transformers).

2. A. Van den Bossche and V.C. Valchev, *Inductors and Transformers for Power Electronics*, CRC Press/Taylor & Francis, Boca Raton, FL, 2004.

3. *ABB-Induction Motors Handbook*, ABB Power Technologies Management Ltd., Baden, Switzerland (www.abb.com/motors).

4. I. Boldea and S.A. Nasar, *Linear Electric Actuators and Generators*, Cambridge University Press, Cambridge, U.K., 1997.

5. R.H. Park, Two reaction theory of synchronous machines, *AIEE Transaction* 48, 1929, 716–727, 338–350.

6. E. Clarke, *Circuit Analysis of A-C Power Systems*, Vol. 1, Wiley, New York, 1943.

7. Ch. Concordia, *Synchronous Machines*, Wiley, New York, 1951.

8. R. Richter, *Electric Machines*, Vols. 1–6, Birkhauser Verlag, Basel, Switzerland, 1951–1958 (in German).

9. C.D. White and H.H. Woodson, *Electromechanical Energy Conversion*, John Wiley & Sons, New York, 1953.

10. C.G. Veinott, *Theory and Design of Small Induction Motors*, McGraw-Hill, New York, 1959.

11. G. Kron, *Equivalent Circuits of Electric Machinery*, Wiley, New York, 1951 (with a new preface published by Dover, New York, 1967, 278 pp).

12. K.P. Kovacs, *Symmetrical Components in AC Machinery*, Birkhauser Verlag, Basel, Switzerland, 1962, in German (in English, by Springer Verlag, New York, 1985, as *Transients of AC Machinery*).

13. V.A. Venicov, *Transient Processes in Electrical Power Systems*, MIR Publishers, Moscow, Russia, 1964 (in Russian).

14. K. Stepina, Fundamental equations of the space vector analysis of electrical machines, *ACTA Technica CSAV, Prague* 13, 184–198, 1968.

15. P.L. Alger, *The Nature of the Induction Machine*, 2nd edn., Gordon and Breach, New York, 1970 (new edition 1995).

16. S. Yamamura, *Theory of Linear Induction Motors*, John Wiley & Sons, New York, 1972.

17. S.A. Nasar and I. Boldea, *Linear Motion Electric Machines*, John Wiley & Sons, New York, 1976.

18. M. Poloujadoff, *The Theory of Linear Induction Machines*, Clarendon Press, Oxford, U.K., 1980.

19. I. Boldea and S.A. Nasar, *Linear Motion Electromagnetic Systems*, John Wiley & Sons, New York, 1985.

20. T. Kenjo and S. Nagamori, *Permanent-Magnet and Brushless DC Motors*, Clarendon Press, Oxford, U.K., 1985.

21. P.C. Krause, *Analysis of Electric Machinery*, McGraw-Hill, New York, 1986.

22. P.L. Cochran, *Polyphase Induction Motors*, Marcel Dekker, New York, 1989.

23. A.E. Fitzgerald, Ch. Kingsley Jr., and S.D. Umans, *Electric Machinery*, McGraw-Hill, New York 1990, 1983, 1971, 1961, 1952.

24. S.A. Nasar and I. Boldea, *Electric Machines Steady-State Operation*, Taylor & Francis, New York, 1990.

25. I. Boldea and S.A. Nasar, *Electric Machines, Dynamics and Control*, CRC Press/Taylor & Francis, Boca Raton, FL, 1993 (translated in Spanish).

26. P. Vas, *Electrical Machines and Drives: A Space-Vector Theory Approach*, Clarendon Press, Oxford, U.K., 1992.

27. I. Boldea and S.A. Nasar, *Vector Control of AC Drives*, CRC Press, Boca Raton, FL, 1992.

28. S. Yamamura, *Spiral Vector Theory of AC Circuits and Machines*, Oxford University Press, Oxford, U.K., 1992.

29. T.J.E. Miller, *Switched Reluctance Motors and Their Control*, Magna Physics Publishing and Oxford University Press, London, U.K., 1993.

30. D.W. Novotny and T.A. Lipo, *Vector Control and Dynamics of AC Drives*, Oxford University Press, Oxford, U.K., 1996.

31. I. Boldea and S.A. Nasar, *Induction Machine Handbook*, CRC Press/Taylor & Francis, New York, 2001.

32. I. Boldea and S.A. Nasar, *Linear Motion Electromagnetic Devices*, Taylor & Francis, New York, 2001.

33. J.F. Gieras and M. Wing, *Permanent Magnet Motors Technology*, 2nd edn., Marcel Dekker, New York, 2002.

34. I. Boldea, *Electric Generators Handbook*, Vol. 1, *Synchronous Generators*, Vol. 2, *Variable Speed Generators*, CRC Press/Taylor & Francis, New York, 2006.

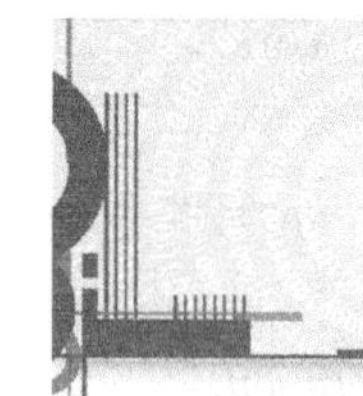

第2章

变 压 器

变压器可以使交流电压升高或降低，并将功率从一次侧传输到二次侧，传输的功率等于输入功率减去总损耗 $\sum p$。图 2.1 是一台典型的单相变压器，由硅钢片铁心、一次绕组和二次绕组构成。

- 为了确定变压器升压或降压的能力，我们假定二次侧开路（二次电流 $i_2 = 0$）。换言之，此时只需考虑一次侧带铁心的交流绕组。
- 首先了解变压器运行原理，然后讨论交变磁场中铁心和线圈的特性（损耗特性）。
- 再分析单相变压器的结构、漏电感。
- 推导单相变压器的电路模型，用以分析空载、短路、负载运行等运行工况。
- 然后介绍三相变压器结构、联结组、平衡方程。
- 详细讨论三相变压器不对称运行、并联运行条件。
- 讨论变压器瞬态运行，包括浪涌电流、突然短路、电磁力、超快电压脉冲等情形。
- 本章还将介绍自耦变压器、三绕组变压器、电力电子高频变压器等。
- 最后给出变压器初步电磁设计的例子。

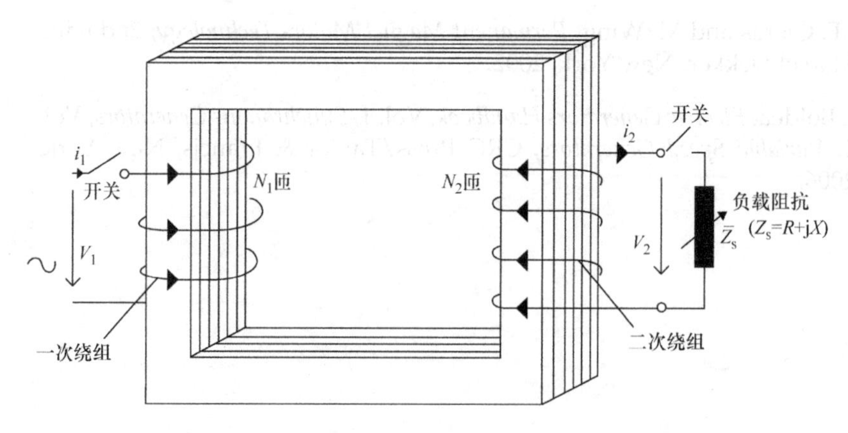

图 2.1 单相变压器

2.1 带铁心的交流绕组和变压器原理

带理想导磁铁心（无损耗）的交流绕组如图2.2所示，对应变压器空载的情况。实际变压器铁心叠片之间普遍会有0.1～0.2mm的气隙，因而图2.2中包含了气隙。另外，所有的旋转电机通常也会有0.2～20mm不等的气隙。

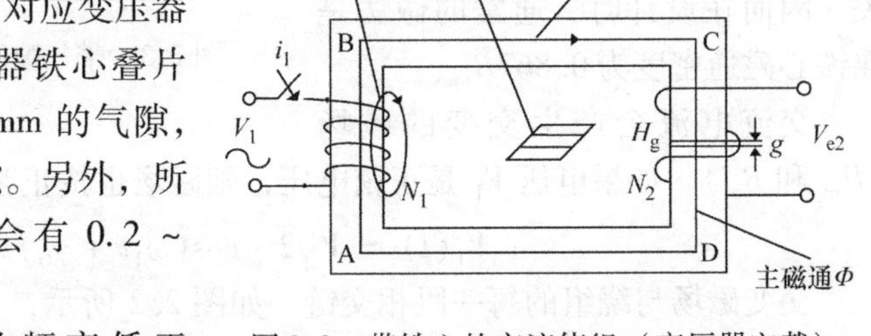

图2.2 带铁心的交流绕组（变压器空载）

一般来说变压器的频率低于30kHz（现在绝大多数电力系统的频率是50Hz或60Hz），对于图2.2中平均磁路ABCD，根据磁路安培定律可得

$$\oint \overline{H} \cdot \mathrm{d}\,\overline{l} = \sum N_i \cdot I_i \tag{2.1}$$

近似成

$$H_m \cdot l_m + H_g \cdot g = N_1 \cdot i_1 \tag{2.2}$$

式中，H_m 和 H_g 分别是铁心和气隙磁场强度，单位为A/m；l_m和g分别是铁心和气隙的长度。

铁心中磁通密度 B_m 和 H_m 的关系为

$$B_m = \mu_m(H_m) \cdot H_m \tag{2.3}$$

式中，B_m 是磁通密度，单位为T；μ_m是磁导率，单位为H/m。

软磁材料在变压器和电机中应用很广泛，其μ_m很大，$\mu_m > 1000\mu_0$，其中，μ_0表示真空磁导率，$\mu_0 = 1.256 \times 10^{-6}$H/m。若随着 H_m 升高，μ_m反而减小，这种现象称为磁饱和。磁路饱和时，50（60）Hz标准变压器磁通密度最大值为$B_{max} = 1.6 \sim 1.8$T。

如果铁心横截面积为A，气隙处的磁通为

$$\Phi_A = \iint_A B_m \mathrm{d}A \tag{2.4}$$

可近似为

$$\Phi_A = B_m \cdot A \approx B_g \cdot A \Rightarrow B_m \approx B_g \tag{2.5}$$

联立式（2.2）、式（2.3）和式（2.5）可得

$$N_1 \cdot i_1 = \Phi(R_{mm} + R_{mg}), R_{mm} = \frac{l_m}{\mu_m \cdot A}, R_{mg} = \frac{g}{\mu_0 \cdot A} \tag{2.6}$$

式中，R_{mm}和R_{mg}分别是铁心和气隙的磁阻。磁路中的磁阻相当于电路中的电阻，

磁通相当于电流，$N_1 i_1$ 相当于稳态直流电路中的电压（见图 2.3）。

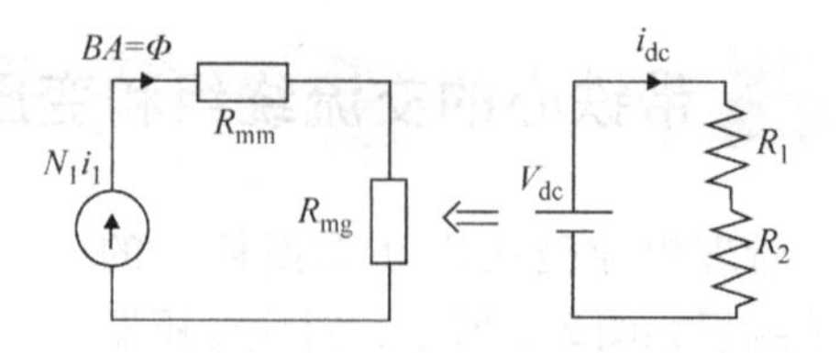

图 2.3　带气隙的铁心绕组的等效磁路

线圈通入交流电流时，磁阻 R_{mm}（μ_m）的大小与电流瞬时值相关，因而在设计时，通常的做法是取铁心磁通密度为 $0.867B_{max}$。

交流电流会产生交变的磁场（H_m 和 B_m），如果电压 V_1 是正弦电压，则磁场也按正弦规律变化。

$$V_1(t) = V\sqrt{2} \cdot \cos(\omega_1 t + \gamma_0) \tag{2.7}$$

交变磁场与绕组的每一匝相交链，如图 2.2 所示，当磁场以频率 f_1 交变时，根据法拉第电磁感应定律得到线圈感应电压（或称电动势），记为 V_e，

$$\oint \bar{E} \cdot \mathrm{d}\bar{l} = -N_1 \frac{\mathrm{d}\Phi}{\mathrm{d}t} \tag{2.8}$$

或

$$V_{e1} = -N_1 \frac{\mathrm{d}\Phi}{\mathrm{d}t} \tag{2.9}$$

将式（2.6）带入式（2.9）得出感应电压 V_e 的表达式为

$$V_{e1} = \frac{-N_1^2 \cdot \dfrac{\mathrm{d}i_1}{\mathrm{d}t}}{R_{mm} + R_{mg}} = -L_{1m} \cdot \frac{\mathrm{d}i_1}{\mathrm{d}t} \tag{2.10}$$

L_{1m}被称为主电感，

$$L_{1m} = \frac{N_1^2}{R_{mm} + R_{mg}} \tag{2.11}$$

V_{e1}称作自感电压，也属于感应电压，由与二次侧交链的同一个磁通 Φ 产生（见图 2.2），

$$V_{e2} = -N_2 \frac{\mathrm{d}\Phi}{\mathrm{d}t} = -\frac{N_2}{N_1} \cdot L_{1m} \cdot \frac{\mathrm{d}i_1}{\mathrm{d}t} \tag{2.12}$$

因为一、二次侧交链的磁通一样，所以一、二次侧电动势的比值为

$$\frac{V_{e2}}{V_{e1}} = \frac{N_2 \cdot \Phi}{N_1 \cdot \Phi} = \frac{N_2}{N_1} \tag{2.13}$$

现在回到法拉第电磁感应定律式（2.8），沿电压降方向有

$$i_1 R_1 - V_1 = V_{e1} - L_{11} \frac{\mathrm{d}i_1}{\mathrm{d}t} \tag{2.14}$$

式（2.14）中的附加项与漏磁通 Φ_1（见图 2.2）相关，该漏磁通不与二次绕组交链。尽管漏电感很小，$L_{11} < L_m/500$，但它仍然很重要。

在式（2.7）所表示的交流电压 V_1 作用下，式（2.14）的稳态解可表示为

复数形式，

$$\overline{V}_1 = \sqrt{2}V\mathrm{e}^{\mathrm{j}(\omega_1 t+\gamma_0)};\quad \overline{I}_{10} = \frac{\overline{V}_1}{\overline{Z}_{10}};\overline{Z}_{10} = R_1 + \mathrm{j}\omega_1(L_{11} + L_{1\mathrm{m}}) \tag{2.15}$$

或

$$\overline{I}_{10} = \sqrt{2}I_{10}\cos(\omega_1 t + \gamma_0 - \varphi_0);I_{10} = \frac{V_1}{|\overline{Z}_{10}|} \tag{2.16}$$

式中，φ_0 是电压/电流功率因数角。由于铁心磁导率很大，绕组电阻远小于电抗，使得功率因数角较大，通常 $\cos\varphi_0 < 0.05$。

图2.4给出了带铁心的正弦交流绕组稳态相量图。需注意的是，

- 无损软磁铁心交流绕组可看作一个大电感；
- 气隙 g 的存在会减小电感 L，进而增大电流；
- 对于理想的铁心（无损耗，无磁滞），磁场强度 H_m 与绕组电流 I_1 同相位，二者随时间按正弦规律变化；
- 理想铁心线圈的等效磁路与纯电阻电路相当，磁通 Φ 相当于电流，磁动势 $N_1 i_{10}$ 相当于电压，磁阻相当于电阻；
- 正弦电压施加在理想铁心交流绕组上时，绕组稳态电流也是正弦电流，绕组的作用相当于阻抗 $R_1 + \mathrm{j}X_0$，在复平面上的相量图如图2.4所示；

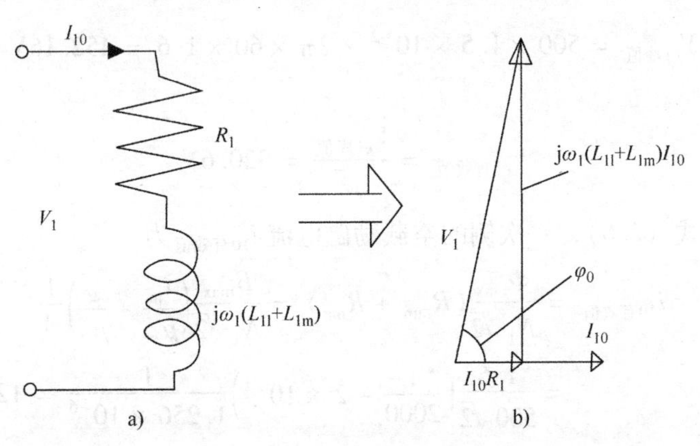

图2.4　a）等效电路　b）理想无损铁心交流绕组相量图

- 一次绕组向二次绕组“发射”磁通 Φ 时，由绕组电阻和漏电抗 $\omega_1 L_{11}$ 引起的压降相比于 V_1 小于0.1%，因而二次绕组感应电势 $V_{\mathrm{e}2}$ 可近似为

$$V_{\mathrm{e}2} = V_{\mathrm{e}1}\frac{N_2}{N_1} \approx V_1\frac{N_2}{N_1} \tag{2.17}$$

- 当 $N_2 > N_1$ 时电压升高，当 $N_2 < N_1$ 时电压降低；
- 忽略变压器损耗和漏磁通，变压器输入功率和输出功率近似相等

$$V_1 I_1 \approx V_2 I_2 \tag{2.18}$$

因此，电压升高则电流降低，反之亦然。以上简要勾勒出了变压器运行的基本原理。

例 2.1 一台理想变压器，各段铁心截面积相等，$A = 1.5 \times 10^{-2}\mathrm{m}^2$，平均磁路长度 $l_{\mathrm{m}} = 1\mathrm{m}$，匝数 $N_1 = 500$，装配气隙 $g = 2 \times 10^{-4}\mathrm{m}$，空载运行，铁心磁通密度最大值 $B_{\mathrm{m}} = 1.6\mathrm{T}$，交流电压频率为 60Hz，求：

a. 一次电压 V_1，也即一次侧感应电动势 V_{e1}（有效值）；

b. 若铁心平均磁导率 $\mu_{\mathrm{m}} = 2000\mu_0$，求一次侧的励磁电流 I_{10}（有效值）；

c. 忽略漏电感，计算一次绕组电感 $L_0 = L_{1\mathrm{m}}$；

d. 若设计电流密度 $j_{\mathrm{cor}} = 3\mathrm{A/mm}^2$，额定电流 $I_n = 100 I_{10}$，线匝平均长度 $l_{\mathrm{ct}} = 0.6\mathrm{m}$，试求一次绕组电阻 R_1、空载时的功率因数；

e. 若二次电压是一次电压的 50%，确定二次绕组匝数。

解：

a. 根据式（2.9），因为在复平面上正弦相量的微分 $\mathrm{d}/\mathrm{d}t \to \mathrm{j}\omega_1$，因此有

$$V_{\mathrm{e1}} = -N_1 \frac{\mathrm{d}\Phi}{\mathrm{d}t} = -N_1 A \frac{\mathrm{d}B_{\mathrm{m}}}{\mathrm{d}t} = -N_1 A \omega_1 B_{\mathrm{m}}$$

则

$$V_{\mathrm{e1峰值}} = 500 \times 1.5 \times 10^{-2} \times 2\pi \times 60 \times 1.6 = 452.16\mathrm{V}$$

或

$$V_{\mathrm{e1有效值}} = \frac{V_{\mathrm{e1峰值}}}{\sqrt{2}} = 320.6\mathrm{V}$$

b. 根据式（2.6），一次侧的空载励磁电流 $i_{10\text{有效值}}$ 为

$$i_{10\text{有效值}} = \frac{\Phi_{\max}}{N_1\sqrt{2}}(R_{\mathrm{mm}} + R_{\mathrm{mg}}) = \frac{B_{\max}}{N_1\sqrt{2}}\left(\frac{l_{\mathrm{m}}}{\mu_{\mathrm{m}}} + \frac{g}{\mu_0}\right)\frac{1}{A}$$

$$= \frac{1.6}{500\sqrt{2}}\left(\frac{1}{2000} + 2 \times 10^{-4}\right)\frac{1}{1.256 \times 10^{-6}} = 12.65\mathrm{A}$$

c. 根据式（2.11），一次绕组主电感 $L_{1\mathrm{m}}$ 为

$$L_{1\mathrm{m}} = \frac{N_1 \dfrac{\Phi_{\max}}{\sqrt{2}}}{i_{10\text{有效值}}} = \frac{N_1 \dfrac{B_{\max}A}{\sqrt{2}}}{i_{10\text{有效值}}} = \frac{500 \times \dfrac{1.5}{\sqrt{2}} \times 10^{-2} \times 1.6}{12.65} = 0.0672\mathrm{H}$$

d. 一次绕组（线圈）电阻为

$$R_1 = \rho_{\mathrm{Co}} \cdot \frac{l_{\mathrm{ct}} N_1}{A_{\mathrm{Co}}} = \rho_{\mathrm{Co}} \cdot \frac{l_{\mathrm{ct}} N_1}{I_n / j_{\mathrm{cor}}} = \frac{2.1 \times 10^{-8} \times 0.6 \times 500}{100 \times 12.65/(3 \times 10^6)} = 1.494 \times 10^{-3}\Omega$$

由图 2.4b 可知，空载功率因数为

$$\cos\varphi_{10} = \frac{R_1 i_{10有效值}}{V_{1有效值}} = \frac{1.494 \times 10^{-3} \times 12.65}{320.6} = 5.9 \times 10^{-5}$$

理想变压器铁心绕组（或变压器空载时的绕组）本质上是个内阻很小的大电感，当忽略铁心损耗时，其功率因数很低，如本例中的空载功率因数远小于0.05。

e. 根据式（2.13），二次电压是一次电压的50%，则

$$N_2 = N_1 \frac{V_{e2}}{V_{e1}} = 500 \times \frac{1}{2} = 250 \text{ 匝}$$

注意：带铁心和气隙（或多段气隙）的绕组在电力系统或电力电子升压设备中作为电抗器使用时，为使绕组在流过大电流时不会引起磁路过饱和，需显著增大绕组间的气隙。下一节将会讨论磁路过饱和时由铁心损耗引起过热的问题。

2.2 电机中的磁性材料及其损耗

电机铁心材料是通过几个特性来定义的，其中，磁通密度 B_m（单位：T）和磁场强度 H_m（单位：A/m）最为重要［见式（2.3)］。

磁导率 μ_m（$\mu_m = B_m/H_m$）在各向同性材料中为标量，在各向异性材料中为张量。

2.2.1 磁化曲线和磁滞回线

相对磁导率是磁性材料性能的重要参数，记为 μ_{mrel}：

$$\mu_{mrel} = \frac{\mu_m}{\mu_0} \tag{2.19}$$

磁性材料的相对磁导率 $\mu_{mrel} > 1$（铁磁或软磁），而非磁性材料的相对磁导率 $\mu_{mrel} < 1$（$\mu_{mrel} \approx 1$ 为顺磁性材料，$\mu_{mrel} \approx 0$ 为超导材料）。制造电机和变压器铁心的软磁材料包括铁、镍、钴和稀土元素的合金，以及硅钢片（在 $B_m = 1.0$T 时 $\mu_{mrel} > 2000$ 的含硅软钢）。

在频率超过500Hz的应用场合，将含有软铁颗粒的粉末压缩，并注入至环氧树脂或塑料基体上，形成中频导磁材料。

软磁材料特征如下：

- B_m（H_m）以及 H_m（B_m）曲线
- 饱和磁通密度，B_{sat}
- 磁导率温度变化
- 磁滞回线
- 电导率

- 居里温度
- 损耗系数

从传统电力变压器到电力电子高频变压器，频率范围从 50（60）Hz 到 1MHz，选择合适的软磁材料是一项非常具有挑战性的任务[1]。我们将在这里详细介绍电力变压器和电机的软磁材料，这些材料的基波频率低于 4kHz（此时小型电动机转速为 240000r/min）。叠压硅钢片和软铁粉末材料都可用于这些场合。

图 2.5a 和 b 为（3.5）标准硅钢 M19 的磁化曲线 B_m（H_m）和磁滞回线。

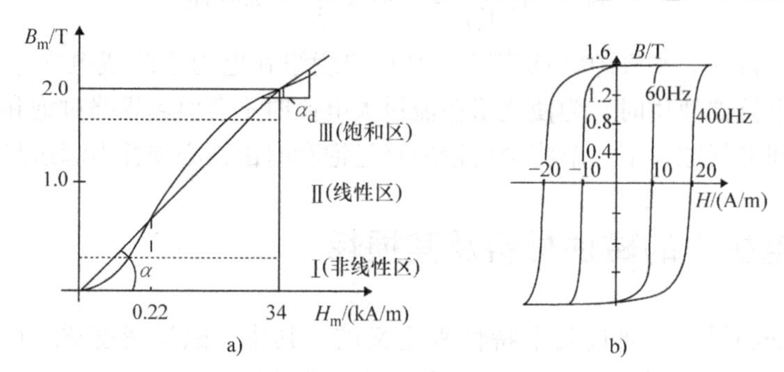

图 2.5　0.5mm 厚带材硅钢片

a）磁化曲线　b）磁滞回线

磁化过程意味着材料中的磁化偶极子逐渐被外部磁动势（mmf）定向。单调增大或降低磁动势大小时可得到磁滞回线。因此，磁化曲线既可以是磁滞回线中间的平均曲线，也可以是幅值逐渐减小的磁滞回线顶点的连线。

磁滞回线与材料中磁微偶极子磁畴定向所消耗的能量有关，因而存在磁滞损耗。在软磁材料中磁滞损耗相对较小，但随着交变频率升高，磁滞损耗也会增大，另外磁滞回线本身也会随着频率的升高而增大（见图 2.5b）。

磁路饱和现象，以及磁滞回线引起的 B_m（H_m）非线性关系，表明有三种不同的磁导率（见图 2.6）。

- 一般磁导率，μ_n

$$\mu_n = \frac{B_m}{H_m} = \tan\alpha_n ;\quad \mu_{nrel} = \frac{\mu_n}{\mu_0} \tag{2.20}$$

- 微分磁导率，μ_d

$$\mu_d = \frac{dB_m}{dH_m} = \tan\alpha_d ;\quad \mu_{drel} = \frac{\mu_d}{\mu_0} \tag{2.21}$$

- 增量磁导率，μ_i

$$\mu_i = \frac{\Delta B_i}{\Delta H_i} = \tan\alpha_i ;\quad \mu_{irel} = \frac{\mu_i}{\mu_0} \tag{2.22}$$

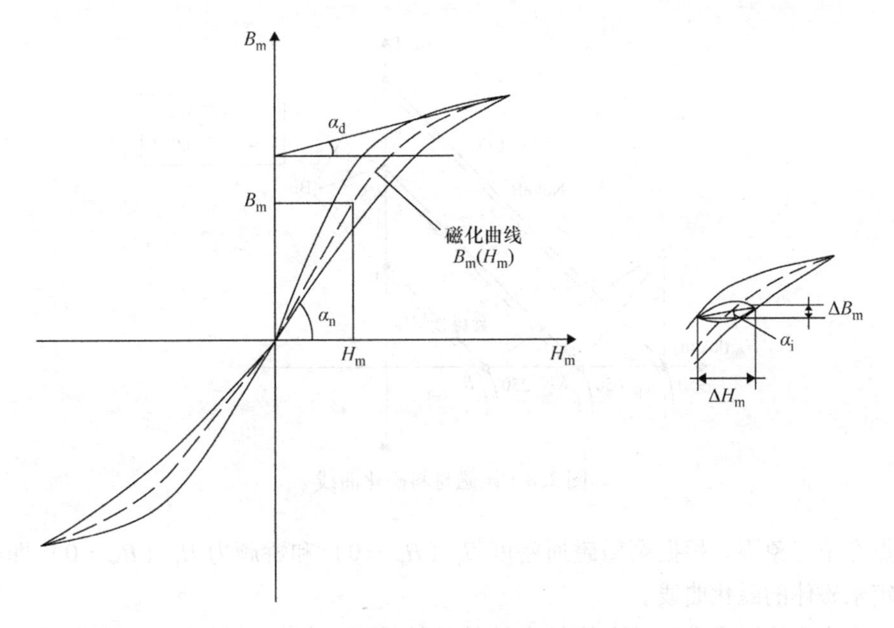

图 2.6　软磁材料中的三种不同磁导率

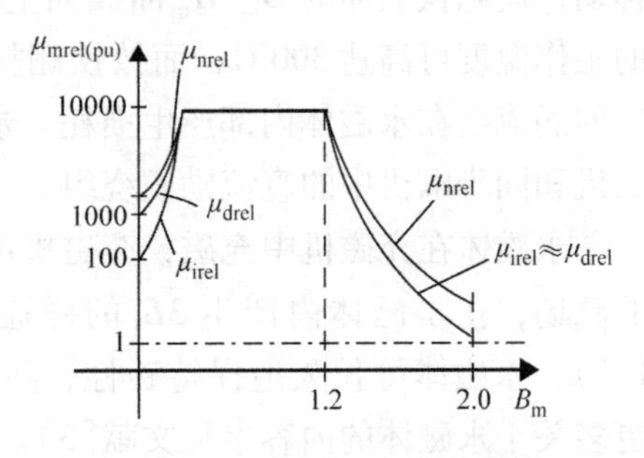

图 2.7　硅钢片的三个磁导率

靠近原点和材料饱和阶段（见图 2.5a），磁化曲线非线性使得存在三个不同的磁导率。仅对于图 2.5a 中的线性区域Ⅱ，磁导率是定值（见图 2.7）。

请注意以下几点：

1）磁通密度超过 1.2T 时，硅钢片的三种磁导率均显著降低，但是微分磁导率和增量磁导率近似相等，它们明显小于一般磁导率。

2）在电机中，通常既有直流磁化又有交流磁化，如果希望电流响应符合预期，必须充分利用这三种磁导率。

3）磁化曲线随频率变化，并且当频率显著高于 50 ~ 60Hz 时，需要相关的测量。实质上，磁导率随频率的升高而减小，随磁滞回线面积增大而减小。频率超过 200Hz 时磁通密度峰值很小。

2.2.2　永磁体

永磁体（Permanent Magnet，PM）是一种固体强磁性材料，磁滞回线很宽，回复磁导率 μ_{rec} = (1.05 ~ 1.3) μ_0（见图 2.8）。

图 2.8 中只给出磁滞回线在第二象限的部分，“膝”点（K_1、K_2、K_3）即退

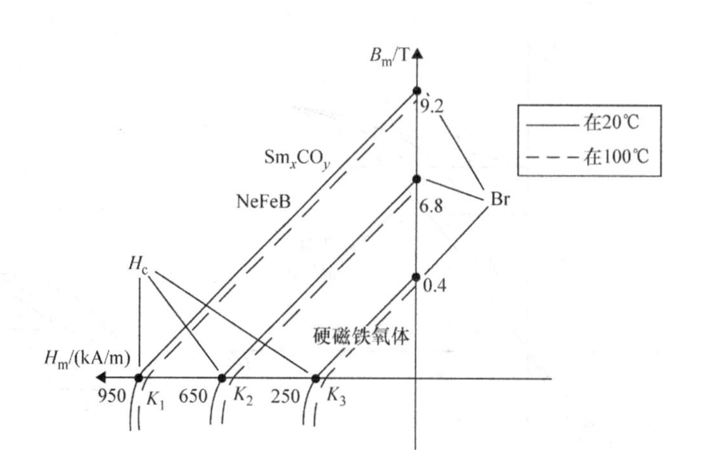

图 2.8 永磁材料磁化曲线

磁点在第三象限。根据剩磁磁通密度 B_r（$H_m=0$）和矫顽力 H_c（$B_m=0$）即可确定永磁体的磁化曲线。

当永磁体温度升高时，烧结和粘结的钕铁硼、钐钴材料的 B_m/H_m 曲线向下移动，硬磁铁氧体的 B_m/H_m 曲线向上移动。在发生不可逆退磁之前，钐钴材料的工作温度可高达300℃，而钕铁硼材料的工作温度只有120℃。外部电磁场产生的涡流会在永磁体内部产生损耗。永磁体用于产生直流磁场，以代替有刷直流电机和同步电机中的直流励磁绕组。

永磁体在充磁机中充磁，充磁机可在几毫秒的脉冲时间内产生矫顽力为 $3H_c$ 的磁场，在永磁体内产生 $3B_r$ 的磁通密度。低回复磁导率 μ_{rec}/μ_0 = (1.05 ~ 1.3)，永磁体可长久地保持磁性，除非温度或过电流（磁动势）使磁体退磁。更多关于永磁体的内容参见文献[3]。

2.2.3 软磁材料中的损耗

通常，软磁材料的损耗分为磁滞损耗 P_h（单位为 W/kg 或 W/m^3）和涡流损耗 P_{eddy}（单位为 W/kg 或 W/m^3）。在正弦工作模式下，每个磁滞回线的磁滞损耗与磁滞面积和磁场频率 f 成正比：

$$P_h \approx K_h f B_m^2 (\mathrm{W/kg}) \tag{2.23}$$

式中，B_m 是最大交流磁通密度；系数 K_h 取决于磁滞回线轮廓（形状）和频率（关于磁滞回线的更多信息见文献[4]）。

磁滞损耗还取决于磁场特性，如变压器和定场式电机中的交流脉振磁场、感应电机和同步电机中的交流旋转磁场。当 B_m < 1.6T 时，旋转磁场的磁滞损耗比脉振磁场高出 10% ~30%。然而，在旋转磁场中，硅钢片铁心损耗最大值出现

在1.6T左右，在2.0T左右出现下降。

软磁材料中的涡流损耗是由平行于软铁板的交流磁场产生的，该磁场在垂直于磁场方向的平面上产生涡流，因此不能完全穿透软铁板（见图2.9a）。感应电流密度路径闭合（因为 $\mathrm{div}\bar{J}=0$），其幅值沿硅钢片厚度方向减小。

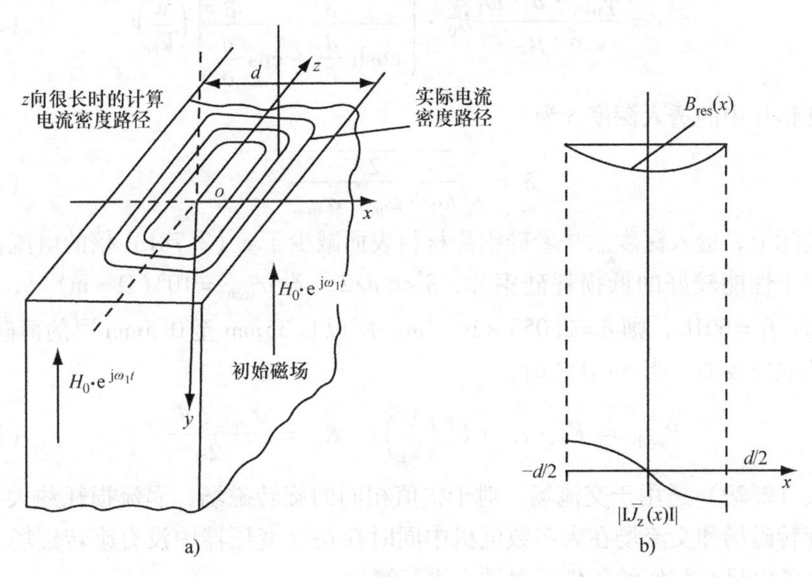

图2.9 a）软铁磁材料中的涡流路径 b）合成磁通密度 B_{res} 和涡流密度与硅钢片厚度的关系

利用安培定律和法拉第定律，可导出感应磁场方程 H_y：

$$\mathrm{rot}\bar{H}=\bar{J};\mathrm{rot}(\sigma_{iron}^{-1}\bar{J})=-\frac{\mathrm{d}B_{res}}{\mathrm{d}t}$$

也可用一维电流密度 J_z 推导

$$\frac{\partial H_y}{\partial x}=J_z;H_{0y}=H_0\cdot e^{j\omega_1 t} \tag{2.24}$$

$$\frac{1}{\sigma_{iron}}\cdot\frac{\partial J_z}{\partial x}=j\omega_1\cdot\mu_m\cdot(H_{0y}+H_y)=j\omega_1 B_{res}$$

式中，B_{res} 为合成磁通密度；H_{0y} 为初始外部磁场。

从式（2.24）中消去 H_y 可以得到

$$\frac{\partial^2 J_z}{\partial x^2}-j\omega_1\cdot\mu_m\cdot\sigma_{iron}\cdot J_z=j\omega_1\cdot\sigma_{iron}\cdot B_0 \tag{2.25}$$

边界条件（见图2.9b）

$$(\partial J_z)_{x=\pm d/2}=0 \tag{2.26}$$

由此可得薄板内的涡流密度。然后，根据密度 γ_{iron}（单位为 $\mathrm{kg/m^3}$）可计算

出单位重量的涡流损耗为

$$P_{\text{eddy}} = \frac{2\gamma_{\text{iron}}}{d \cdot \sigma_{\text{iron}}} \cdot \frac{1}{2} \cdot \int_{d/2}^{0} [J_z(x)]^2 \mathrm{d}x$$
$$= \frac{\gamma_{\text{iron}} \cdot d \cdot \omega_1}{\delta \cdot \mu_m} B_0^2 \cdot \left(\frac{\sinh \frac{d}{\delta} - \sin \frac{d}{\delta}}{\cosh \frac{d}{\delta} - \cos \frac{d}{\delta}} \right) \left(\frac{\text{W}}{\text{kg}} \right) \tag{2.27}$$

硅钢片中的透入深度 δ 为

$$\delta = \sqrt{\frac{2}{\omega_1 \cdot \mu_m \cdot \sigma_{\text{iron}}}} \tag{2.28}$$

实际上，透入深度意味着硅钢片材料表面减少了 e（2.781）倍的电流密度。

对于性能较好的低损耗硅钢片，$\delta << d/2$。若 $\sigma_{\text{iron}} = 10^6 (\Omega \cdot \text{m})^{-1}$，$\mu_m = 2000\mu_0$，$f_1 = 60\text{Hz}$，则 $\delta = 2.055 \times 10^{-3}\text{m}$。所以 0.35mm 至 0.5mm 厚的薄硅钢片其趋肤效应较弱。当 $\delta < d/2$ 时，

$$P_{\text{eddy}} \approx K_w \cdot \omega_1^2 \cdot B_m^2 \left(\frac{\text{W}}{\text{kg}} \right); \quad K_w = \frac{\sigma_{\text{iron}} \cdot d_{\text{iron}}^2}{24} \tag{2.29}$$

式（2.29）适用于交流场。对于幅值相同的旋转磁场，涡流损耗约大 2 倍。由于旋转磁场和交流场在大多数电机中同时存在（变压器中没有旋转磁场），因此建议各电机在相似的条件下对铁心进行测试。

文献[5]给出了软磁材料总损耗的较为完备的公式。

$$P_{\text{iron}} \approx K_h \cdot f \cdot B_m^2 \cdot K(B_m) + \frac{\sigma_{\text{iron}}}{12} \cdot \frac{d^2 \cdot f}{\gamma_{\text{iron}}} \cdot \int_{1/f} \left(\frac{\mathrm{d}B}{\mathrm{d}t} \right)^2 \mathrm{d}t$$
$$+ K_{ex} \cdot f \int_{1/f} \left(\frac{\mathrm{d}B}{\mathrm{d}t} \right)^{1.5} \mathrm{d}t \left(\frac{\text{W}}{\text{kg}} \right) \tag{2.30}$$
$$K(B_m) = 1 + \frac{0.65}{B_m} \sum_1^n \Delta B_i$$

式中，B_m是最大磁通密度；f是频率；K_{ex}是附加损耗系数；ΔB_i 为积分时间步长期间的磁通密度变化。

该公式适用于 $\delta > d/2$ 的情况，在非正弦场变化的同时包含一个附加损耗项。然而，必须通过回归分析方法才能确定给定频率范围内系数 K_h、K_{ex}、K 的数值。

表 2.1 和表 2.2 给出了典型的、厚度为 0.5mm 的 $B-H$ 曲线和损耗（交流场）的原始数据。

注意：随着磁性材料性能的逐年提高，读者应访问主要磁性材料生产商的网站，如 Hitachi、Vacuum Schmelze、mag-inc.com、Magnet sales manufacturing Inc 及 Hoganas AB 等。

表 2.1 50Hz 时硅钢片（3.5%，0.5mm 厚）的 $B-H$ 曲线

B/T	0.05	0.1	0.15	0.2	0.25	0.3	0.35	0.4	0.45	0.5
H/(A/m)	22.8	35	45	49	57	65	70	76	83	90
B/T	0.55	0.6	0.65	0.7	0.75	0.8	0.85	0.9	0.95	1.0
H/(A/m)	98	106	115	124	135	148	162	177	198	220
B/T	1.05	1.1	1.15	1.2	1.25	1.3	1.35	1.4	1.45	1.5
H/(A/m)	237	273	310	356	417	482	585	760	1050	1340
B/T	1.55	1.6	1.65	1.7	1.75	1.8	1.85	1.9	1.95	2.0
H/(A/m)	1760	2460	3460	4800	6160	8270	11170	15220	22000	34000

表 2.2 剪切后的 M19_ 29G 无取向冷轧硅钢片的典型铁耗

（单位：W/lb）

钢片重量/kg	50Hz	60Hz	100Hz	150Hz	200Hz	300Hz	400Hz	600Hz	1000Hz	1500Hz	2000Hz
1.0	0.008	0.009	0.017	0.029	0.042	0.074	0.112	0.205	0.465	0.900	1.451
2.0	0.031	0.039	0.072	0.119	0.173	0.300	0.451	0.812	1.786	3.370	5.318
4.0	0.109	0.134	0.252	0.424	0.621	1.085	1.635	2.960	6.340	11.834	18.523
7.0	0.273	0.340	0.647	1.106	1.640	2.920	4.450	8.180	17.753	33.720	53.971
10.0	0.404	0.617	1.182	2.040	3.060	5.530	8.590	16.180	36.303	71.529	116.702
12.0	0.687	0.858	1.648	2.860	4.290	7.830	12.203	23.500	54.258	108.995	179.321
13.0	0.812	1.014	1.942	3.360	5.060	9.230	14.409	27.810	65.100	131.918	
14.0	0.969	1.209	2.310	4.000	6.000	10.920	17.000				
15.0	1.161	1.447	2.770	4.760	7.150	13.000	20.144				
15.5	1.256	1.559	2.990	5.150	7.710	13.942	21.619				
16.0	1.342	1.667	3.179	5.466	8.189						
16.5	1.420	1.763	3.375	5.788	8.674						
17.0	1.492	1.852	3.540	6.089	9.129						

2.3 导体与趋肤效应

变压器和电机中的电流在电导体中流动，电导体具有较高电导率，其磁导率等于真空磁导率。

使用纯电解铜（个别时候是铝）来制造电导体。铜导体的电导率 ρ_{Co} 为

$$\rho_{Co} \approx 1.8 \times 10^{-8} \times \left[1 + \frac{1}{273}(T - 20°)\right], [\Omega \cdot m] \tag{2.31}$$

对于直流电流，电流均匀地分布在导体截面上。圆形导线的最大非绝缘直径为3mm。截面积超过$6mm^2$的截面采用矩形截面导线。圆形铜（磁性）裸线直径的标准范围是从0.3mm到3mm。从0.3mm到1.5mm的数值如下：0.3、0.32、0.33、0.35、0.38、0.40、0.42、0.45、0.48、0.5、0.53、0.55、0.58、0.6、0.63、0.65、0.67、0.7、0.71、0.75、0.8、0.85、0.9、0.95、1.0、1.05、1.1、1.12、1.15、1.18、1.2、1.25、1.3、1.32、1.35、1.40、1.45、1.5。

对于直流导体，直流电阻只产生铜耗$(P_{Co})_{dc}$：

$$(P_{Co})_{dc} = R_{dc}I_{dc}^2 \tag{2.32}$$

换向器式直流电机定子和同步电机转子上都存在直流电流。磁路（槽壁）附近的磁场不会改变槽内导体中直流（励磁）电流的均匀分布。但是，在变压器和其他交流电机中，在转子或定子绕组的导体中流过交流电流，即使导体被空气包围，随着频率的升高，一旦导体半径接近透入深度，趋肤效应会显著增强。对于式（2.28），铜导体的透入深度表示为

$$\delta_{Co} = \sqrt{\frac{2}{\mu_0 \cdot \omega_1 \cdot \sigma_{copper}}} \tag{2.33}$$

在导体内部越靠近中心的区域，电流密度越小，于是出现了趋肤效应。

铜导体$\sigma_{copper}=5.55\times10^7$S，当频率$f_1=60$Hz时，$\delta=6.16\times10^{-3}$m。因此，如果导体直径$d_{con}\ll\delta$，并且在60Hz，最大非绝缘直径为3mm，所有标准圆导线均符合弱趋肤效应的要求。空气中的导体，如电机绕组的端部连接就是这种情况的典型代表。在叠压磁心附近，如变压器窗口内或电机槽内（见图2.10a、b）时情况有所不同。

很明显，在图2.10的两种情况下，通过频率为f的交流电流的运动导体都被放置在某种开槽中（有三个软铁心壁）。在现实中，电机槽可能是半封闭的，甚至是封闭的，这些情况将在本书的相应章节中进行讨论。对于转子槽中的单个导体（棒），在A点（见图2.10b）应用安培定律和法拉第定律可得

$$\frac{\partial H_y}{\partial x} = J_z;\ \frac{1}{\sigma_{Al}} \cdot \frac{\partial J_z}{\partial x} = \mu_0 \frac{\partial H_y}{\partial t} \tag{2.34}$$

其边界条件为

$$(H_y)_{x=0} = 0 \text{ 且 } b_S \int_0^h J_z(x)\,dx = \sqrt{2}I \tag{2.35}$$

图2.10b导体棒中的交流电流可以用复数表示为

$$\overline{I} = \sqrt{2}I \cdot e^{j\omega_1 t} \tag{2.36}$$

当条形导体电流为正弦时，磁场$\overline{H}_y$以相同的方式变化，因此，

$$\overline{H}_y = H_y(x) \cdot e^{j\omega_1 t} \tag{2.37}$$

因此，从式（2.34）中消除J_z后，可得到一个与式（2.26）相似的方程：

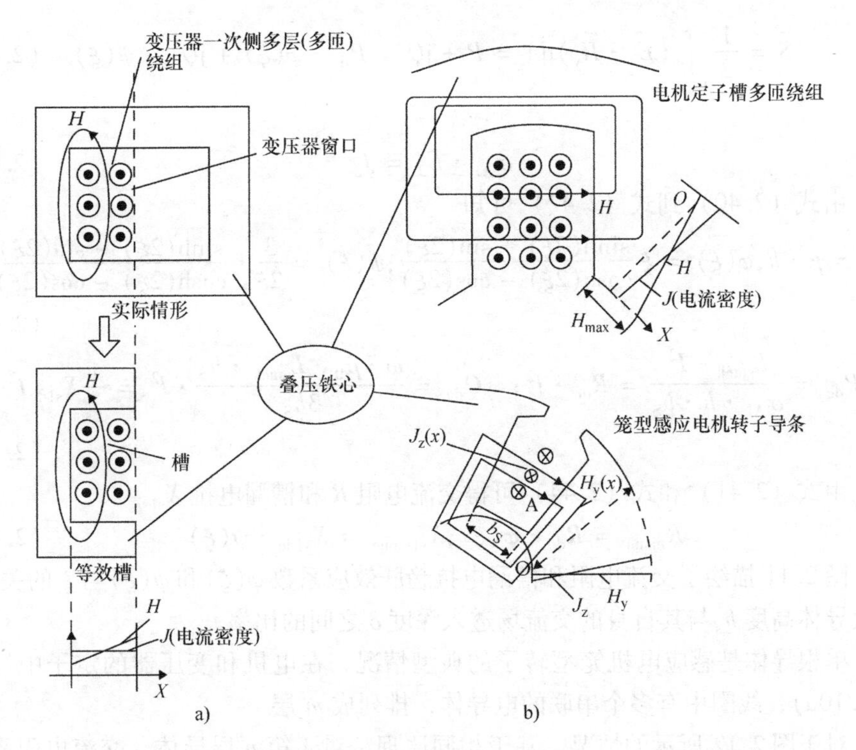

图 2.10　a）变压器和 b）电机中叠压铁心邻近区域交流绕组放置位置

$$\frac{\mathrm{d}^2\overline{H}_y}{\mathrm{d}x^2}=\overline{\gamma}^2\cdot\overline{H}_y(x);\overline{\gamma}=\pm\beta(1+\mathrm{j});\beta=\sqrt{\frac{\omega\cdot\mu_0\cdot\sigma_{A1}}{2}} \tag{2.38}$$

其次，其自身磁场在导体中的透入深度 δ_{A1} 为

$$\delta_{A1}=\frac{1}{\beta}=\sqrt{\frac{2}{\omega\cdot\mu_0\cdot\sigma_{A1}}} \tag{2.39}$$

式（2.38）的解是

$$\overline{H}_y(x)=\overline{A}_1\sinh\beta(1+\mathrm{j})+\overline{A}_2\cosh\beta(1+\mathrm{j}) \tag{2.40}$$

最后，利用边界条件［式（2.35）］得到

$$\overline{H}_y(x)=\frac{\sqrt{2}I}{b_S}\cdot\frac{\sinh\beta(1+\mathrm{j})x}{\sinh\beta(1+\mathrm{j})h};$$

$$\overline{J}_z(x)=\frac{\sqrt{2}I}{b_S}\cdot\beta\cdot(1+\mathrm{j})\cdot\frac{\cosh\beta\cdot(1+\mathrm{j})\cdot x}{\cosh\beta\cdot(1+\mathrm{j})\cdot h} \tag{2.41}$$

电流密度 J_z 及其磁场 H_y 随槽深的加大而幅值减小，如图 2.10b 所示。当频率下降时，透入深度 δ_{A1} 增大，电流密度在整个导体截面上变得均匀。为了计算穿透槽的有功和无功功率，采用坡印廷矢量 $\overline{S}$ 为

$$\overline{S} = \frac{1}{2}\int_{A_{\text{upper}}} (\overline{E}_z \cdot \overline{H}_y)\mathrm{d}A = P + \mathrm{j}Q = P_{\text{dc}} \cdot \varphi(\xi) + \mathrm{j}Q_{\text{dc}} \cdot \psi(\xi) \tag{2.42}$$

且

$$\sigma_{\text{A1}} \cdot \overline{E}_2 = \overline{J}_z \tag{2.43}$$

由式（2.40）到式（2.42）可知

$$\xi = \beta \cdot h;\varphi(\xi) = \xi\frac{\sinh(2\xi) + \sin(2\xi)}{\cosh(2\xi) - \cos(2\xi)};\psi(\xi) = \frac{3}{2\xi} \cdot \frac{\sinh(2\xi) - \sin(2\xi)}{\cosh(2\xi) - \cos(2\xi)} \tag{2.44}$$

$$P_{\text{dc}} = \frac{L_{\text{stack}} \cdot I^2}{\sigma_{\text{A1}} \cdot h \cdot b_{\text{S}}} = R_{\text{dc}} \cdot I^2;\quad Q_{\text{dc}} = \frac{\omega \cdot \mu_0 \cdot L_{\text{stack}} \cdot h_{\text{S}}}{3b_{\text{S}}} \cdot I^2 = \frac{1}{2}X_{\text{s1dc}}I^2 \tag{2.45}$$

由式（2.41）和式（2.44）可得交流电阻 R 和槽漏电抗 X_{sl}

$$R_{\text{mono}} = R_{\text{dc}} \cdot \varphi(\xi);X_{\text{s1mono}} = X_{\text{s1dc}} \cdot \psi(\xi) \tag{2.46}$$

图2.11描绘了交流电阻和槽漏电抗趋肤效应系数 $\varphi(\xi)$ 和 $\psi(\xi)$ 与 ξ 的关系，以及导体高度 h_{s} 与其自身的交流场透入深度 δ 之间的比率。

单根导体是感应电机笼型转子的典型情况，在电机和变压器的定子中（见图2.10a），线圈中有多个串联的电导体，排列成 m 层。

对于图2.12所示的情况，基于相同原理，对于第 p 层导体，交流电阻系数 $K_{\text{R}p}$ 为

$$K_{\text{R}p} = \varphi(\xi) + \frac{I_u[I_u + I_p\cos(\gamma_{up})]}{I_p^2} \cdot \psi'(\xi) \tag{2.47}$$

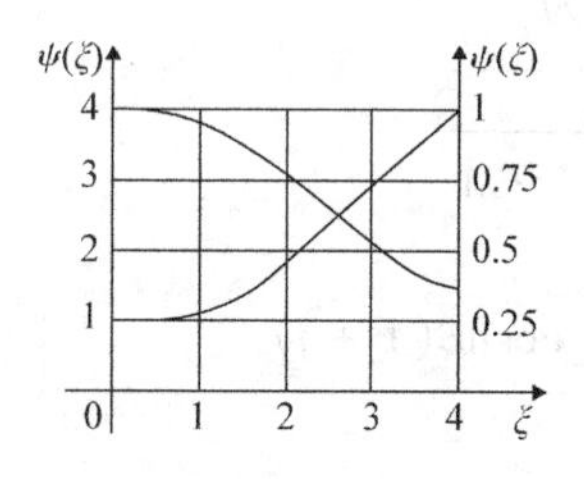

图2.11　槽上单根导体的趋肤效应交流电阻和电抗的系数 $\varphi(\xi)$ 和 $\psi(\xi)$

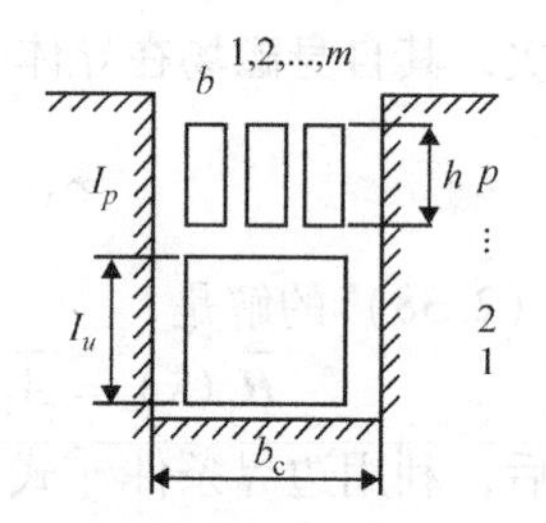

图2.12　槽中的多层导体

且

$$\psi'(\xi) = \frac{\sinh(\xi) + \sin(\xi)}{\xi \cdot [\cosh(\xi) + \cos(\xi)]} \tag{2.48}$$

γ_{up} 是第 p 层电流与其下面的层中电流的时间滞后角。

如果槽中所有的电导体都是串联在一起，$I_u = (p-1)I_p$，

$$K_{\text{R}p} = \varphi(\xi) + p \cdot (p - 1) \cdot \psi'(\xi) \tag{2.49}$$

所有 m 层的 K_{Rp} 的平均值 K_{Rm}

$$K_{Rm} = \varphi(\xi) + \left(\frac{m^2 - 1}{3}\right) \cdot \psi'(\xi);\xi = \frac{h}{\delta_{A1}} \tag{2.50}$$

注意：在大多数电机定子中，槽内有两个典型的多匝线圈，不一定属于同一相位，这会影响交流电阻系数 K_{Rm}。

对于图2.12中的给定槽（总体槽高度 $h_{slot} = m \cdot h$），导体层的数目 m 增加，允许导体高度 h 减小；因此，当 K_{Rm} 最小时，存在一个最佳的导体高度，称为临界导体高度 $h_{critical}$。

对于电网中的大型变压器和电机（50Hz 或 60Hz），或高频小容量变压器、小功率高速（频率）电动机而言，单匝（单根）导条是由相当多的导体并联而成。为削弱邻近效应（互感应涡流），单根导体依次填充进槽内。于是就有了 Roebel 导体（见图2.13）。对于 Roebel 导体，$K_{Rm} \approx \varphi(\xi)$，这在设计上保证了 $1 < K_R \leqslant 1.1$，限制了交流趋肤效应引起的损耗，是一个很大的优势。

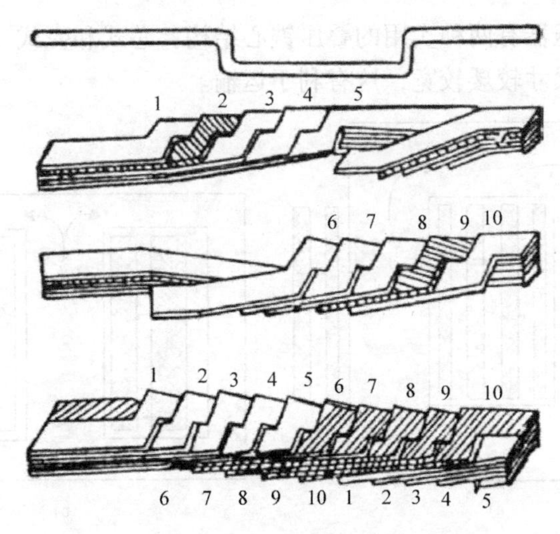

图2.13 单根导体的交叉移位（Roebel Bar）

2.4 单相和三相变压器的组成部件

同样，变压器是一种静态的交流能量（功率）传输设备，通过电磁耦合电路在给定的频率上使电压升高或降低。单相电力变压器（频率为 50Hz 或 60Hz）包含的部件参阅文献[6]。

- 封闭的叠压铁心
- 一个（或多个）低压、高压绕组

- 带保护装置的油箱（如有）
- 低压和高压油气套管端子
- 电缆连接
- 冷却装置
- 散热器
- 风扇
- 强制油（强制空气）热交换
- 油泵
- 断路器和有载分接开关
- 其他部件

本书中将主要讨论磁路和绕组。

2.4.1 铁心

单相电力变压器有两种实用的叠压铁心结构：芯式和壳式（见图 2.14）。显然，壳式结构的尺寸较矮较宽，这有利于运输。

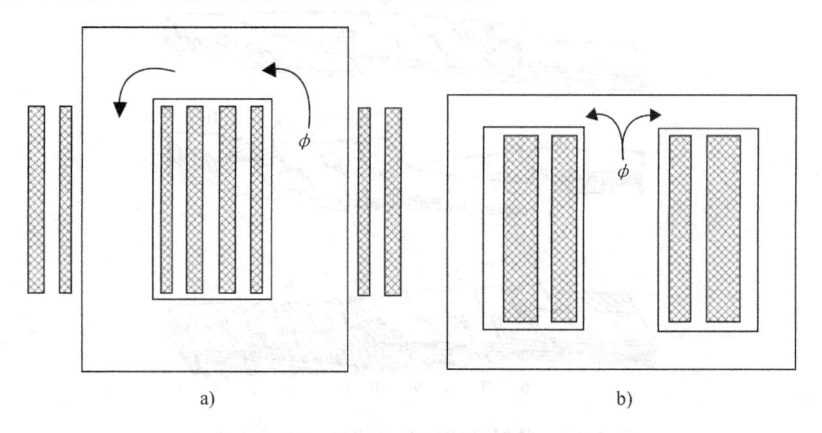

图 2.14 单相电力变压器铁心结构

a）芯式 b）壳式

三相电力变压器的铁心柱可以有三柱（见图 2.15a）或五柱（见图 2.15b）。每个铁心柱上环绕着一相绕组（低压和高压绕组）。在五柱结构中，轭部厚度减半，因此变压器的高度较低，但更宽。通常在对称运行时，相电压和电流是对称的（幅值相同，相位相差 120°）。因此，所有铁心柱的磁通都是正弦波，根据高斯通量定律，它们在 A 点和 B 点（见图 2.15a）的和为零。

从图 2.15b 中看，流过五柱三相电力变压器的外侧铁心柱和轭部的磁通是中间三柱磁通的一半。图 2.14b 中的单相壳式铁心的情形也是这样。

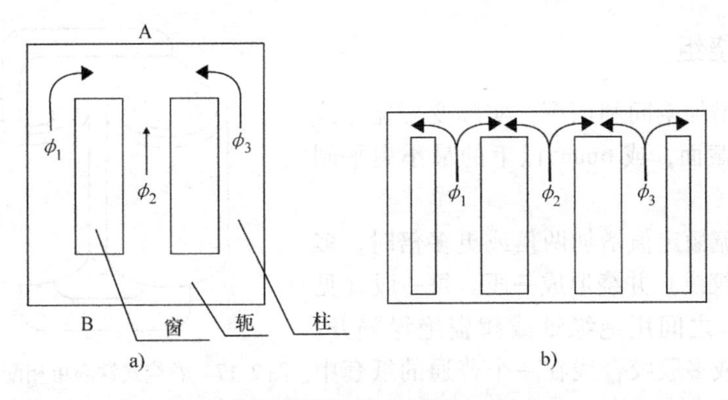

图 2.15 三相电力变压器铁心结构

a) 三柱 b) 五柱

0.5mm 厚、50（或 60）Hz 的取向晶粒硅钢片叠压在一起构成铁心，以实现低磁芯损耗和低磁化电流。

立柱与轭架之间一般采用 45°连接，在非首选磁化方向上有大的截面部分和低磁通密度。它们两片或四片构成一组，相邻两层的连接位置依次偏移（见图 2.16）。

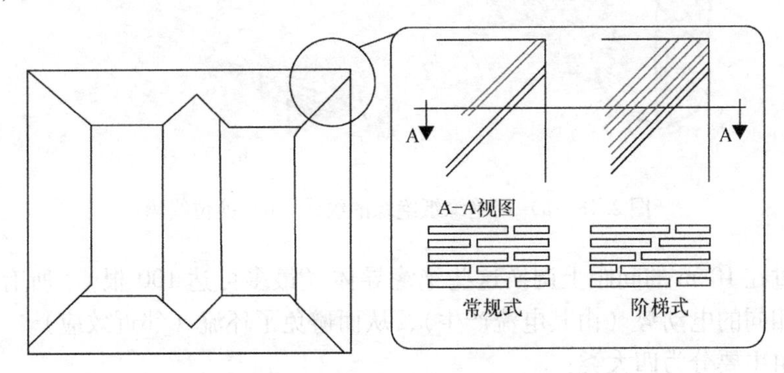

图 2.16 变压器铁心柱的两种叠压方式

一般而言，铁心有一个接地点。硅钢片上有一薄绝缘层，小功率变压器的硅钢片用胶粘在一起，大功率变压器铁心用钢带缠绕或环氧树脂成型。叠压铁心中不应出现孔洞，以减小杂散损耗。带有弯曲拉杆螺栓的夹具可保持轭架的紧固。

立柱的横截面是方形或多边形，但磁轭的内侧是直的，以方便在变压器窗口中放置绕组。叠压式铁心通常用于大容量变压器，单相配电变压器使用卷绕式铁心（价格较低），如图 2.17 所示。

2.4.2 绕组

为了增加空间利用率，实际变压器导线采用矩形截面，或 6mm^2 以下的最小扁平圆形导线。

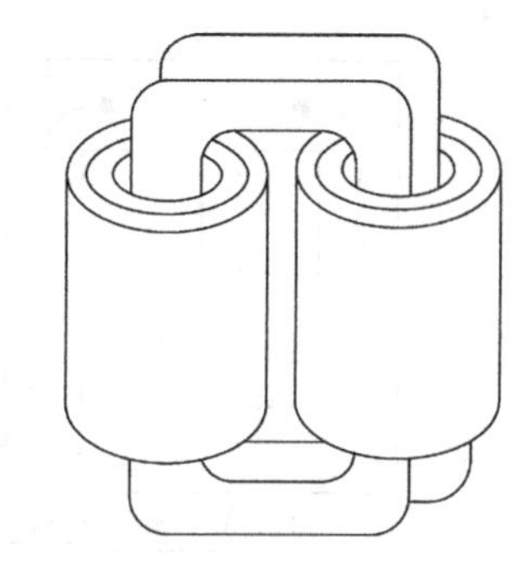

图 2.17 卷绕式铁心单相配电变压器

当电流额定值增加两倍或更多倍时，多根导体（绞线）并绕形成一匝。每一股（见图 2.18a）之间用绝缘纸或陶瓷绝缘隔开。如果两股或多股绞合线在一个普通的纸套中绝缘，则将它们视为一根电缆——最小的可见导体。几根电缆并绕时共同分担一相电流。如 2.3 节所述，在额定电流较大的变压器中，采用换位线棒（Roebel bar）来降低邻近效应（见图 2.18b）。

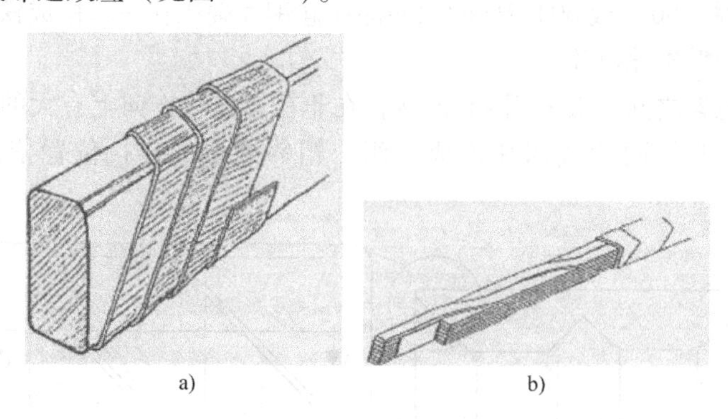

图 2.18 a）用绝缘纸绝缘的绞线 b）换位线棒

通过在 10cm 的间距上调换这些绝缘导体（最多可达 100 根），所有导体都感应出相同的电动势（由其电流产生），从而避免了环流（邻近效应）。

绕组主要分为四大类：

- 层式（圆筒式）绕组
- 螺旋绕组
- 盘式绕组
- 箔式绕组

电流大小和每相匝数决定绕组类型。

层式绕组（见图 2.19a）的每一匝沿轴向布置，单层或多层紧密缠绕，主要用于中小功率机组，或在大型变压器中作为调节绕组（见图 2.19a）。

螺旋绕组（见图 2.19b）类似于层叠绕组，但在每匝或每条螺纹之间都有衬垫，适用于大电流多路并绕的情形。

盘式绕组中，同一绝缘纸包裹的单根或多根股线形成的导体并联时属于同一

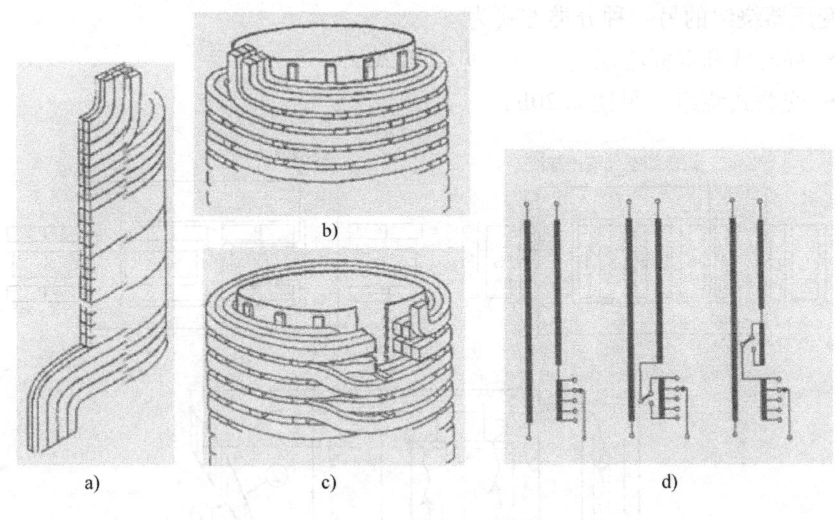

图2.19 变压器绕组

a）分层设计的调节绕组 b）双螺纹螺旋绕组 c）常规交错盘式绕组 d）三种基本调压方式

线匝。

为避免股线之间的环流，绕组中的每一股导线循环换位，使得每一股导线经历的交流总磁通相等。螺旋绕组具有较高的空间因数，机械强度高，可以很方便地由换位线棒改造而来。盘式绕组（见图2.19c）适用于较多匝数（以及较低电流）的情形，它由许多盘式绕组串联而成。圆盘上的线匝沿径向螺旋缠绕。

螺旋绕组每个圆盘有一匝，而盘式绕组每个圆盘有两匝或多匝。常规盘式绕组分段之间的电容比它们的对地电容低，因此快波前（大气或换相）电压脉冲的分布不均匀。为了克服这个缺点，使用交错盘式绕组（见图2.19c）。

箔式绕组由厚度为0.1～1.2mm的铝箔或铜箔制成，其主要优点是变压器突然短路时产生较小的轴向电动力，这是由于一个箔片中的电流磁场与其在相邻箔片中感应的涡流磁场相互抵消，但会造成额外损耗。因为易于制造且节省空间，低压配电变压器常采用箔式绕组，但大型变压器经常遇到强过电流，因而不采用这种绕组。

对于不太大的电流（见图2.19d），可利用分接抽头调节匝数比从而调节电压。在这种情况下，绕组的一小部分将没有电流流过，在机械设计中必须考虑补偿过电流时巨大的轴向力。对于宽调节范围的变压器（如机车变压器），分层和螺旋调节线圈置于一个单独的绕组封套中，其高度与主绕组轴向高度相同，用以减小过电流时巨大的轴向力。调节线圈位于绕组中性点附近，相间电势很小，有空载和有载分接开关。有载分接开关发展迅速，早期为机械式，如今已发展成电子（晶闸管）式。

变压器绕组的另一种分类方式为

- 同心式和双同心层式绕组（见图 2.20a）
- 交叠式绕组（见图 2.20b）

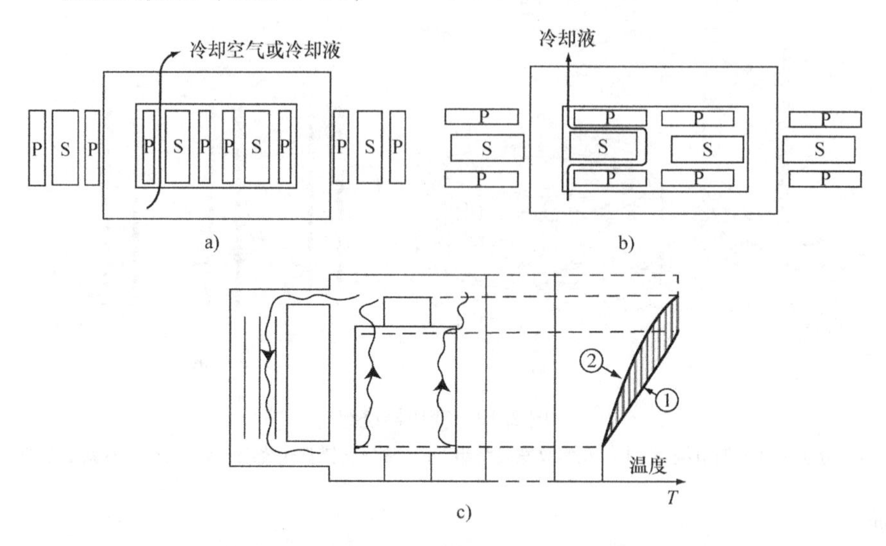

图 2.20　a）层式绕组　b）交叠式绕组　c）冷却油循环

大型变压器采用交叠式绕组以减小漏电抗，因为其一次/二次绕组中的反向电流会降低漏磁场和泄漏的能量。这种方式可降低电压调整量（负荷增加时电压下降），高压交流输电时也需要这种特性。

绕组和铁心会产生绕组铜耗和铁耗，因而会发热，变压器油具有高热容量（1.8kW s/kg K），它将热量传递给换热器。对于 20℃进出油温差和 180kW 损耗（30～50MVA 变压器），需要 180/(1.8×20) = 5kg/s 的油流量。400MVA 变压器需再提高 10 倍以上。

流经热交换器的变压器油在热虹吸效应的作用下自然地循环，或者以油泵来实现可控的循环。然而，油泵辅助电源的损耗将导致变压器立即跳闸。变压器油箱及其储油柜如图 2.21a 和 b 所示。

油箱的设计是为了应对运行过程中的温度上升和变压器油膨胀，在大多数情况下，还会有一个储油柜（见图 2.21b）。

中小功率变压器使用瓦楞油箱。图 2.21c 给出了外壳、波纹壁（用于增强区域散热）和底盒。它们通常是密闭的。变压器油与湿热空气隔绝是瓦楞油箱的一个显著优点。从图 2.21c 中可以清楚地看到油—空气套管，其结构和几何形状取决于电流和电压水平。

用于熔炉和电解的低压大电流（30kA）端子为扁平棒或圆柱状，安装在塑料面板上。

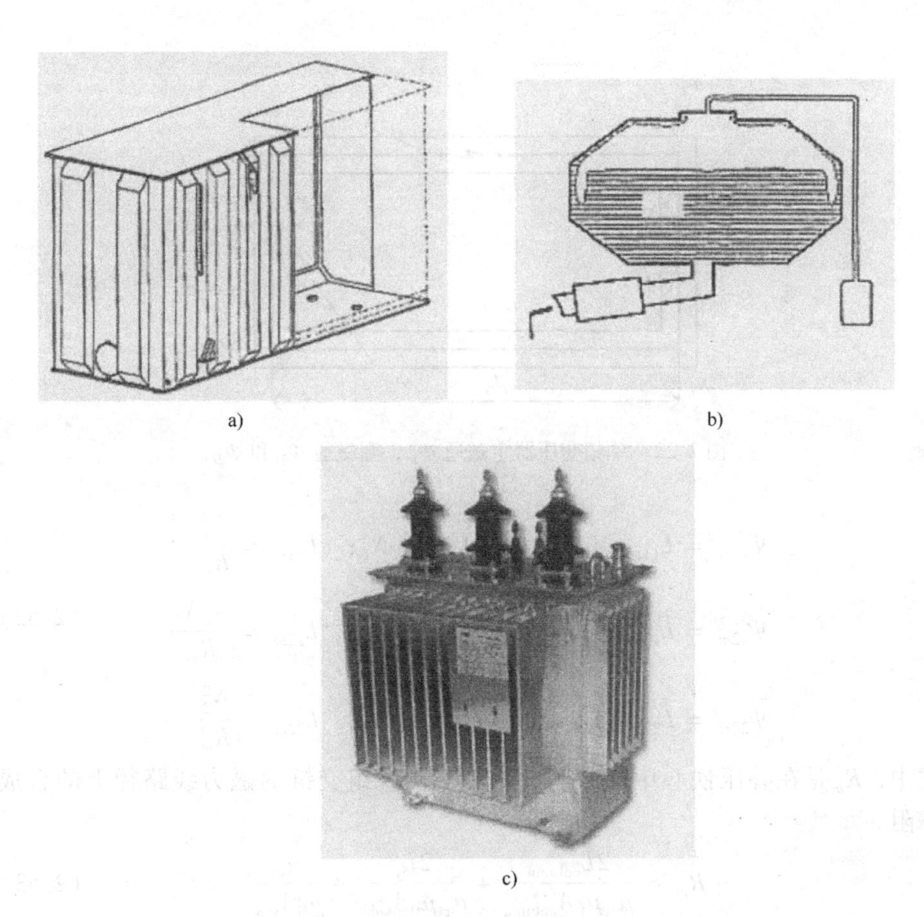

图2.21 a）变压器油箱 b）储油柜 c）瓦楞油箱

2.5 单相变压器的磁链和电感

如2.1节所述，变压器的运行基于法拉第定律、安培定律和高斯定律，适用于静止时耦合的磁路/电路。

根据图2.22，在负载情况下，变压器二次电流为I_2。一次和二次磁动势通过磁芯（耦合）共同产生主磁通，$\Phi_m = B_m \cdot A$，其中A是叠压铁心平均横截面积，B_m是平均磁通密度。

因此，变压器一次和二次感应电动势V_{e1}和V_{e2}正比于匝数N_1和N_2：

$$V_{e1} = -N_1 \frac{\mathrm{d}\Phi_m}{\mathrm{d}t};\quad V_{e2} = -N_2 \frac{\mathrm{d}\Phi_m}{\mathrm{d}t} \tag{2.51}$$

我们可以根据主磁链Ψ_{11m}，Ψ_{12m}，Ψ_{22m}定义变压器的自感L_{11m}、L_{22m}和互感L_{12m}：

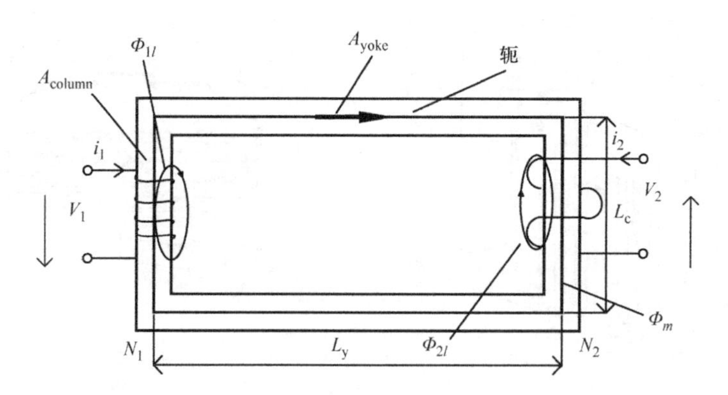

图 2.22　单相变压器主磁通 Φ_m，漏磁通 Φ_{1l}和 Φ_{2l}

$$\begin{aligned}
\Psi_{11m} &= L_{11m} \cdot i_1 = (B_{\mathrm{m}}A)_{i_2=0} \cdot N_1; \quad L_{11m} = \frac{N_1^2}{R_m} \\
\Psi_{12m} &= L_{12m} \cdot i_1 = (B_mA)_{i_2=0} \cdot N_2; \quad L_{12m} = \frac{N_1N_2}{R_m} \\
\Psi_{22m} &= L_{22m} \cdot i_2 = (B_mA)_{i_1=0} \cdot N_2; \quad L_{22m} = \frac{N_2^2}{R_m}
\end{aligned} \tag{2.52}$$

式中，R_m是在叠压铁心中同时与一次、二次绕组交链的磁力线路径上的合成磁阻。

$$R_m \approx \frac{2L_{\mathrm{column}}}{\mu_{\mathrm{rc}}\mu_0 A_{\mathrm{column}}} + \frac{2L_{\mathrm{y}}}{\mu_{\mathrm{ry}}\mu_0 A_{\mathrm{yoke}}} + \frac{g_{\mathrm{cy}}}{\mu_0 A_{\mathrm{yoke}}} \tag{2.53}$$

式中，μ_{rc}和μ_{ry}分别是铁心柱和轭部的磁导率相对值（pu）；g_{cy}是轭部/铁心柱叠压后的等效气隙；A_{column}和A_{yoke}是铁心柱和轭部的横截面面积。

很明显，μ_{rc}和μ_{ry}取决于铁心柱和轭部的平均磁通密度B_{mc}和B_{uy}，根据安培定律以及图 2.21 可得

$$N_1 \cdot i_1 + N_2 \cdot i_2 = R_m \cdot \Phi_m = N_1 \cdot i_{01} \tag{2.54}$$

电流 i_{01} 称为磁化电流，一般小于额定一次电流 I_{1n} 的 2%（$I_{01}/I_{1n} < 0.02$）。额定电流 I_{1n}是指一次绕组在满载时的电流，根据设计，该电流允许变压器在其整个寿命（一般超过 10 ~ 15 年）内的给定过温下在平均工作周期占空比（负载功率与时间）条件下安全运行。

现在，如果在式（2.53）中首先忽略 i_{01}，则有

$$N_1 \cdot i_1 + N_2 \cdot i_2 = 0; \quad i_2 = -\frac{N_1}{N_2} \cdot i_1 \tag{2.55}$$

因此，由式（2.51）和式（2.55）可得

$$V_{\mathrm{e}1} \cdot i_1 = -V_{\mathrm{e}2} \cdot i_2 \tag{2.56}$$

现在，由于 V_{e1} 和 V_{e2} 同相位，见式（2.51），从式（2.56）可以得出电流 i_1 和 i_2 在理想情况下有（实际上略微小于或大于）180°的时间相位差，其瞬时磁动势的幅值几乎相等。

圆圈标志是因为我们在一次侧/二次侧分别采用了左螺旋和右螺旋的参考方向（见图2.22）。

从图2.22也可以看出，一次侧和二次侧磁动势的一部分磁力线通过空气闭合，没有相互交链，而不与另一个绕组相接触。这部分磁力线称为漏磁线，它们产生相应的漏磁通 Φ_{1l} 和 Φ_{2l}，以及磁能 W_{m1l} 和 W_{m2l}（每个绕组内的空气部分和两个绕组之间的空间），由此可以定义漏电感 L_{1l} 和 L_{2l}：

$$L_{1l} = \frac{N_1 \cdot \Phi_{1l}}{i_1} = \frac{\Psi_{1l}}{i_1} = \frac{2W_{m1l}}{i_1^2};\ L_{2l} = \frac{N_2 \cdot \Phi_{2l}}{i_2} = \frac{\Psi_{2l}}{i_2} = \frac{2W_{m2l}}{i_2^2} \quad (2.57)$$

这些漏电感分别在2.5.1节和2.5.2节中以层式绕组和交叠式绕组为例计算。

2.5.1 层式绕组的漏感

磁心是平的，线圈为圆形，图2.23a中漏磁线给出了真实的三维路径。

变压器窗口内外可进行简化近似，磁场路径可被视为直线（垂直部分），如图2.23b所示（同心绕组）和图2.23c所示（双同心绕组）。

通过这种大体简化（最终由Rogowski漏感系数进行校正），磁场 H_x 仅随 x（水平变量）变化：

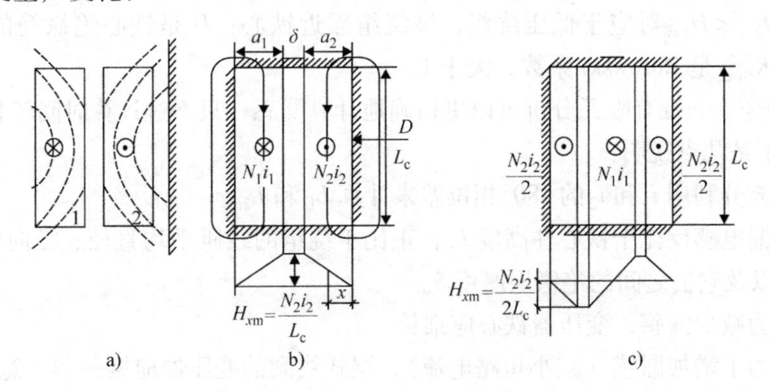

图2.23 层式绕组的漏磁通

a）实际磁通路径 b）计算路径（同心绕组） c）双同心绕组

$$H_x \cdot L_c = N_2 \cdot i_2 \cdot \frac{x}{a_2} \quad (2.58)$$

式中，a_1和a_2分别是两个绕组的径向厚度。在绕组间的空间δ内，

$$H_{xm} = \frac{N_2 \cdot i_2}{L_c} \approx -\frac{N_1 \cdot i_1}{L_c},\ a_2 < x < a_2 + \delta \tag{2.59}$$

每个绕组的磁通路径占据其自身大小加上它们之间间隔的一半，因此每个绕组的磁能可以单独计算：

$$L_{2l} = K_{\mathrm{Rog2}} \cdot \frac{2W_{\mathrm{m2}l}}{i_2^2} = \frac{2K_{\mathrm{Rog2}}}{i_2^2} \cdot \frac{1}{2}\mu_0 \cdot \int_0^{a_{20}+\frac{\delta}{2}} H_x^2 \cdot \pi \cdot (D + 2x) \cdot L_c \mathrm{d}x$$

$$= \frac{\mu_0 \cdot N_2^2}{L_c} \cdot \pi \cdot D_{2\mathrm{av}} \cdot a_{\mathrm{r2}} \cdot K_{\mathrm{Rog2}};$$

$$a_{\mathrm{r2}} = \frac{a_2}{3} + \frac{\delta}{2} \tag{2.60}$$

同样的，对于一次绕组而言，

$$L_{1l} = \mu_0 \cdot \frac{N_1^2}{L_c} \cdot \pi \cdot D_{1\mathrm{av}} \cdot a_{\mathrm{r1}} \cdot K_{\mathrm{Rog1}};a_{\mathrm{r1}} = \frac{a_1}{3} + \frac{\delta}{2} \tag{2.61}$$

线匝的平均直径$D_{2\mathrm{av}}$和$D_{1\mathrm{av}}$为

$$D_{2\mathrm{av}} \approx D + 3 \times \frac{a_2}{2} \tag{2.62}$$

$$D_{1\mathrm{av}} \approx D + 2 \cdot (a_2 + \delta) + 3 \times \frac{a_1}{2} \tag{2.63}$$

式中，$D_{2\mathrm{av}} < D_{1\mathrm{av}}$对应于低压绕组，该绕组靠近铁心；$D$是铁心绝缘筒的外径；$K_{\mathrm{Rog1}}$和$K_{\mathrm{Rog2}}$是Rogowski系数，大于1。

（如今，三维有限元分析可以更精确地计算漏感，只不过计算时间较长。）

以下是几点说明：

- 充分利用i_1和i_2的180°相位差来计算L_{1l}和L_{2l}。
- 漏电感反比于铁心柱高度L_c，正比于绕组的线匝平均直径、径向厚度a_1和a_2，以及它们之间的绝缘层厚度δ。
- 为减少漏感，变压器铁心应细长。
- 为了增加漏感（减小短路电流），层式线圈的变压器应矮一些、宽一些。
- 双同心绕组，其低压绕组的两半在高压绕组周围径向交替，绕组间的最大漏磁场减少一半，漏电感降低得更多。
- 利用大电感L_c减小漏磁能，降低了绕组间的电磁力。

2.5.2 交叠式绕组的漏感

交叠式绕组及其实际和计算的漏磁通路径、沿绕组的漏磁场变化如图2.24

所示，图中将两个绕组分成 q 个单独的绝缘线圈串联（$2q$ 个半线圈）。

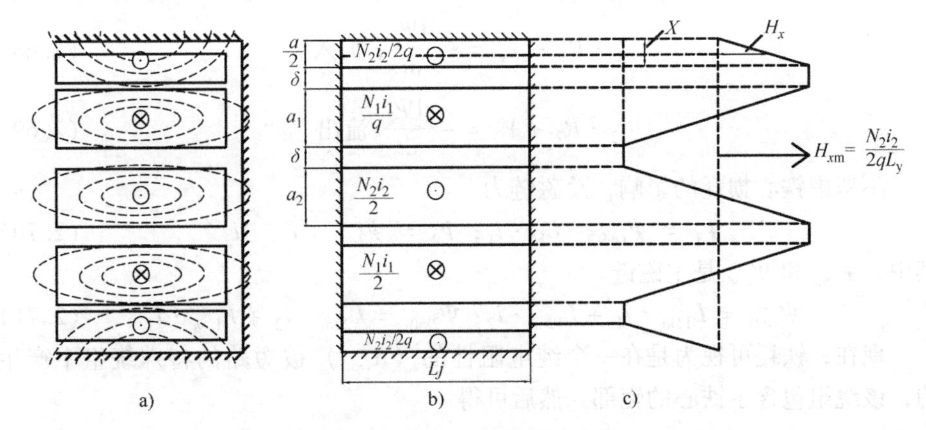

图 2.24 交叠式绕组漏磁场

a）实际磁通路径 b）计算磁通路径 c）垂直方向磁场分布

漏磁场 H_x 沿垂直方向交变，且

$$H_x = \frac{N_2 i_2}{2qL_y} \cdot \frac{2x}{a_2}, 0 \leqslant x \leqslant \frac{a_2}{2} \tag{2.64}$$

$$H_x = \frac{N_2 i_2}{2qL_y}, \frac{a_2}{2} < x < \frac{a_2}{2} + \delta \tag{2.65}$$

对于层式绕组，我们得到了两个漏感：

$$L_{2l} = \frac{\mu_0 N_2^2}{2qL_y} \cdot \pi \cdot D_{av} \cdot a_{r1} \cdot K_{Rog}; \ a_{r2} = \frac{a_2}{6} + \frac{\delta}{2} \tag{2.66}$$

$$L_{1l} = \frac{\mu_0 N_1^2}{2qL_y} \cdot \pi \cdot D_{av} \cdot a_{r2} \cdot K_{Rog}; \ a_{r1} = \frac{a_1}{6} + \frac{\delta}{2} \tag{2.67}$$

由于线匝平均直径 D_{av} 相同，因而 Rogowski 系数 K_{Rog} 也相同。

注：显然交叠式绕组的漏电感要小得多，$L_y = L_c$ 时漏感小于主电感的 $1/2q$。对于电力变压器和其他应用，交叠式绕组有利于降低电压调整量（负载增大时电压降低），但短路电流标幺值较高（p. u.）。电感与变压器的几何尺寸密切相关，即便是在初步电磁设计中，准确的表示电感也非常重要。

上述方程对稳态和瞬态均成立，我们首先讨论稳态的情况。

2.6 考虑铁耗的单相变压器电路方程

将法拉第定律应用于变压器的一次和二次电路可得单相变压器的电路方程（见图 2.23），其自感和互感 L_{11m}、L_{22m}、L_{12m} 以及漏感 L_{1l}、L_{2l} 已在前一节中定义和计算。

$$i_1 \cdot R_1 - V_1 = -\frac{\mathrm{d}\Psi_1}{\mathrm{d}t};\text{ 汇入} \tag{2.68}$$

$$i_2 \cdot R_2 + V_2 = -\frac{\mathrm{d}\Psi_2}{\mathrm{d}t};\text{流出} \tag{2.69}$$

不考虑铁心损耗的影响，总磁链为

$$\Psi_1 = \Psi_{1m0} + L_{1l} \cdot i_1;\ \Psi_2 = \Psi_{2m0} + L_{2l} \cdot i_2 \tag{2.70}$$

其中，Ψ_{1m0}和Ψ_{2m0}是主磁链。

$$\Psi_{1m0} = L_{11m} \cdot i_1 + L_{12m} \cdot i_2;\ \Psi_{2m0} = L_{22m} \cdot i_2 + L_{12m} \cdot i_1 \tag{2.71}$$

现在，铁耗可视为是在一个纯电阻性的（R_{iron}）被短路的特殊绕组中产生的，该绕组包含了铁心的轭部。然后可得

$$-\frac{\mathrm{d}\Psi_{1m0}}{\mathrm{d}t} = R_{\text{iron}} \cdot i_{\text{iron}} \tag{2.72}$$

式（2.72）表明，虚拟的铁耗绕组电流在电阻R_{iron}中产生铁心损耗，虚拟绕组的匝数与一次绕组相同，为N_1。可以确定的是，铁心损耗涡流i_{iron}通过主电感L_{11m}产生一个反应磁场，因此，合成的主磁通Ψ_{1m}变成

$$\Psi_{1m} = \Psi_{1m0} + L_{11m} \cdot i_{\text{iron}} \tag{2.73}$$

从式（2.72）和式（2.73）中消去i_{iron}得

$$\Psi_{1m} = \Psi_{1m0} - \frac{L_{11m}}{R_{\text{iron}}} \cdot \frac{\mathrm{d}\Psi_{1m0}}{\mathrm{d}t} \tag{2.74}$$

Ψ_{1m}和Ψ_{2m}将取代式（2.70）中的Ψ_{1m0}和Ψ_{2m0}，从式（2.68）和式（2.69）得到

$$i_1 \cdot R_1 + L_{1l}\frac{\mathrm{d}i_1}{\mathrm{d}t} - V_1 = V_{\text{e1}} = -\frac{\mathrm{d}\Psi_{1m}}{\mathrm{d}t} \tag{2.75}$$

$$i_2 \cdot R_2 + L_{2l}\frac{\mathrm{d}i_2}{\mathrm{d}t} + V_2 = V_{\text{e2}} = -\frac{\mathrm{d}\Psi_{2m}}{\mathrm{d}t} = \frac{N_2}{N_1} \cdot V_{\text{e1}} \tag{2.76}$$

以及

$$V_{\text{e1}} = -\frac{\mathrm{d}\Psi_{1m}}{\mathrm{d}t} = -L_{11m}\frac{\mathrm{d}i_{01}}{\mathrm{d}t} + \frac{L_{11m}^2}{R_{\text{iron}}} \cdot \frac{\mathrm{d}^2 i_{01}}{\mathrm{d}t^2}\text{㊀} \tag{2.77}$$

$$i_{01} = i_1 + i_2';\ i_2' = \frac{N_2}{N_1} \cdot i_2 \tag{2.78}$$

将式（2.76）乘以N_1/N_2得到

$$i_2^2 \cdot R_2' + L_{2l}'\frac{\mathrm{d}i'_2}{\mathrm{d}t} + V_2' = V_{\text{e1}} \tag{2.79}$$

㊀ 原书此处有误。——译者注

$$R'_2 = R_2 \frac{N_1^2}{N_2^2};\ L'_{2l} = L_{2l} \frac{N_1^2}{N_2^2};\ V'_2 = V_2 \frac{N_1}{N_2} \tag{2.80}$$

现在，由于一次绕组和二次绕组都有相同的电动势 V_{e1}，这意味着新的式（2.75）和式（2.79）描述的是一次侧、二次侧具有相同匝数（N_1）或二次绕组折算到一次绕组的变压器。很明显，从功率损耗角度看，实际的二次侧和折算的二次侧是等效的。

2.7 稳态与等效电路

在稳定状态下，负载不变，输入电压 $V_1(t)$ 为时域正弦波。如果忽略磁饱和（及磁滞回线）的非线性，则输出电压 V_2 与输入、输出电流 i_1、i_2 也是时域正弦波：

$$V_1(t) = V_1\sqrt{2}\cdot\cos(\omega_1 t + \gamma_0) \tag{2.81}$$

因此，可以使用复变量 $V_1(t)\rightarrow\overline{V}_1$，且有 $\mathrm{d}/\mathrm{d}t = \mathrm{j}\omega_1$。

所以，在复变量（相量）中，式（2.74）、式（2.75）和式（2.79）变成

$$\overline{I}_1\overline{Z}_1 - \overline{V}_1 = \overline{V}_{e1};\overline{Z}_1 = R_1 + \mathrm{j}X_{1l};X_{1l} = \omega_1 L_{1l};\overline{I}'_2\overline{Z}'_2 + \overline{V}'_2 = \overline{V}_{e1}$$
$$\overline{Z}'_2 = R'_2 + \mathrm{j}X'_{2l};X'_{2l} = \omega_1 L'_{2l};\overline{V}_{e1} = -\overline{Z}_{1m}\overline{I}_{01}$$
$$\overline{Z}_{1m} = R_{1m} + \mathrm{j}X_{1m};X_{1m} = \omega_1 L_{1m} \tag{2.82}$$

并有 $R_{1m} = \omega_1^2\frac{L_{1m}^2}{R_{\mathrm{iron}}}$。

负载方程为

$$\overline{V}'_2 = \overline{Z}'_s\overline{I}'_2;\overline{Z}'_s = \overline{Z}_s\frac{N_1^2}{N_2^2} \tag{2.83}$$

式中，$\overline{Z}_s$ 是以幅值 Z_s 和相位角 φ_2 为特征的负载阻抗。

式（2.82）中有关 $\overline{V}_{e1}$ 的前几个方程同时表明，一次侧和折算后的二次侧在电路上相连，形成变压器的稳态等效电路，串联电阻 R_{1m} 是与铁耗相关的等效电阻（见图2.25）。

R_{1m} 是铁耗等效串联电阻（见图2.25b），在等效电路中很实用，根据测量（或设计阶段预先计算）的铁损可求得其数值：

$$p_{\mathrm{iron}} = I_{01}^2 R_{1m} = \frac{(X_{1m}I_{01})^2}{R_{\mathrm{iron}}} \tag{2.84}$$

以下是几点说明：

- 在常规变压器中，L_{1l} 和 L'_{2l} 的数值相差不大（$X_{1l}\approx X'_{2l}$），并且至少为主电感 L_{11m} 的1/100，因此 $X_{1l}(X'_{2l}) \ll X_{1m}$。

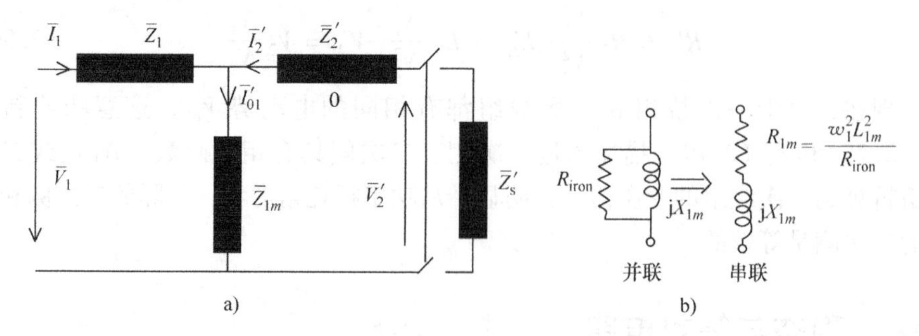

图 2.25　变压器稳态

a）等效电路　b）铁耗的并联电阻 R_{iron} 与串联电阻 R_{1m}

- 铁耗串联电阻 $R_{1m} << R_{iron}$，但其值远小于 X_{1m}，比一次绕组电阻 R_1 大数十倍。
- 因为二次侧已折算到一次侧，R_1 和 R'_2 在数值上相差不远（$R_1 \approx R'_2$），两者的设计电流密度也相差不大。因此，一次绕组铜耗和二次绕组铜耗相差不大。

为了深入分析变压器的稳态，我们首先讨论空载和短路的工作模式与试验。

2.8　稳态空载运行（$I_2=0$）/实验 2.1

空载时二次电流为零或二次侧端子不接任何负载，此时变压器事实上变成一个带有导磁（叠压）铁心的交流绕组。

将 $\overline{I}'_2=0$ 代入式（2.82）得到

$$\overline{I}_{10}Z_1 - \overline{V}_1 = \overline{V}_{e10};\overline{V}_{e10} = -\overline{Z}_{1m}\overline{I}_{10};\overline{V}'_{20} = \overline{V}_{e1} \tag{2.85}$$

最终有

$$\overline{I}_{10} = \frac{\overline{V}_1}{\overline{Z}_0};\overline{Z}_0 = \overline{Z}_1 + \overline{Z}_{1m} = R_0 + j\omega_1 L_0 \tag{2.86}$$

并且

$$R_0 = R_1 + R_{1m}(R_1 << R_{1m})\text{ 且 }L_0 = L_{1l} + L_{1m} \tag{2.87}$$

空载等效电路如图 2.26a 所示。R_0 和 L_0（X_0）是空载电阻和电感（电抗），对于标准电力变压器（50 或 60Hz），$X_0/R_0>20$，因此空载时的功率因数非常低。

在大多数电力变压器中，由于 $\overline{Z}_1$ 上的电压降很小（小于 1%～2%），所以额定电压 V_{1n} 下的空载电流约等于额定负载下的磁化电流 I_{01}。

于是，在空载和负载情况下，铁心的磁通密度基本相同，铁耗亦然。

由此，在相同的（额定）频率和电压 V_1 条件下，可测出空载铁心损耗，然后将其作为常数用于分析负载变化的情况。

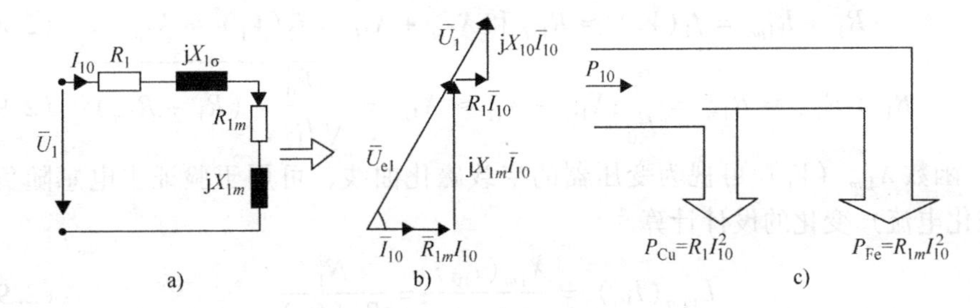

图 2.26 变压器空载

a）等效电路 b）相量图 c）功率分解图

由于 $I_{10} < 0.02I_{1n}$ 且 $R_{1m} > R_1$，因此铜耗比铁耗小得多。因此，测得的空载功率 P_0 为

$$P_0 = R_1I_{10}^2 + R_{1m}I_{10}^2 \approx R_{1m}I_{10}^2 = p_{\text{iron}} \tag{2.88}$$

上述空载试验在额定电压下进行，所测得的铁耗（$P_0 = P_{\text{iron}}$）在负载条件下仍然有效。

空载试验时，用一个可调输出电压的外部变压器，将被测变压器输入电压 V_1 从 $0.1V_{1n}$ 逐渐升高至 $1.05V_{1n}$，每次调节 0.02 ~0.05 倍标幺值，测量 P_0 和 I_{10}，可绘制出空载特性曲线（见图 2.27）。

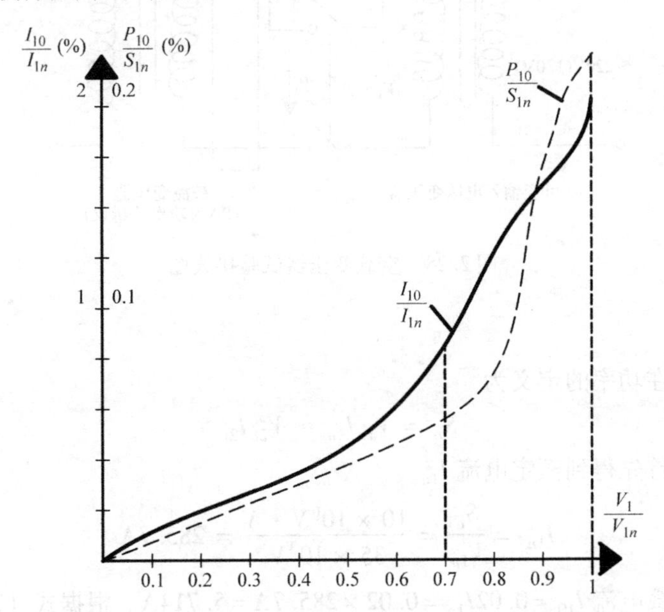

图 2.27 空载电流 I_{10} 和铁耗随输入电压变化的曲线

根据测得的 I_{10}、P_0 和电压 V_1，我们可以算出

$$R_1 + R_{1m} = f_1(V_1) \approx R_{1m} \text{ 和 } X_{1m} + X_{1l} = f_2(V_1) \approx X_{1m} \tag{2.89}$$

$$R_1 + R_{1m} \approx R_{1m} = \frac{P_0}{I_{10}^2}; X_{1m} + X_{1l} \approx X_{1m} = \sqrt{\frac{P_0^2}{I_{10}^2} - (R_1 + R_{1m})^2} \tag{2.90}$$

函数 X_{1m}（V_1）可视为变压器的空载磁化曲线，可用于验证主电感随负载（磁化电流）变化的设计计算。

$$L_{11m}(I_{10}) = \frac{X_{1m}(I_{10})}{\omega_1} = \frac{N_1^2}{R_m(I_{10})} \tag{2.91}$$

式中，R_m是铁心磁阻，它取决于磁通密度 B_m以及硅钢片叠压气隙 g_e。

例 2.2 空载变压器

一台单相变压器的额定值为 S_n = 10MVA，V_{1n}/V_{2n} = 35/6kV，一次侧设计电阻为 R_1 = 0.612Ω，一次侧漏电抗为 X_{1l} = 25Ω，在空载和额定电压下，变压器吸收功率 P_e = 25kW，空载电流 $I_{10} = 0.02I_{1n}$（I_{1n}为额定电流）。求磁化（铁心损耗）串联和并联电阻 R_{1m}和 R_{iron}、磁化电抗 X_{1m}和功率因数 $\cos\varphi_0$（见图 2.28）。

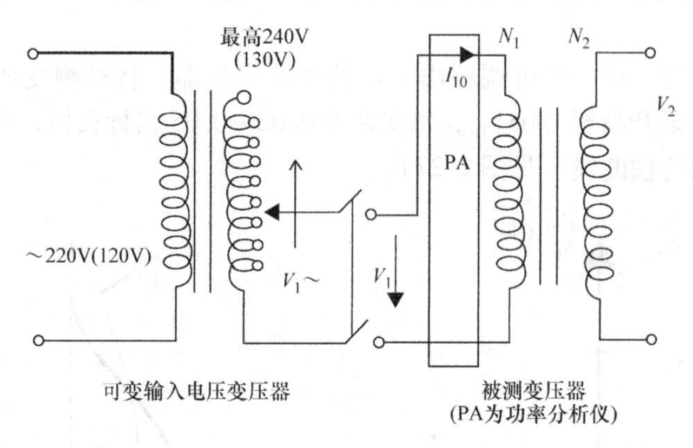

图 2.28 空载变压器试验接线图

解：

额定视在功率的定义为

$$S_n = V_{1n}I_{1n} \approx V_{2n}I_{2n}$$

因此，首先得到额定电流 I_{1n}

$$I_{1n} = \frac{S_n}{V_{1n}} = \frac{10 \times 10^6 \text{V} \cdot \text{A}}{35 \times 10^3 \text{V}} = 285.7\text{A}$$

所以额定空载电流 $I_{10} = 0.02I_{1n} = 0.02 \times 285.7\text{A} = 5.714\text{A}$。根据式（2.89），

$$R_{1m} = \frac{P_0}{I_{10n}^2} - R_1 = \left(\frac{22 \times 10^3}{5.714^2} - 0.612\right)\Omega = (673.8 - 0.612)\Omega = 673.2\Omega$$

因此

$$R_{1m} >> R_1$$

且

$$X_{1m} = \sqrt{\frac{V_{1n}^2}{I_{10n}^2} - (R_1 + R_{1m})^2} - X_{1l} = \sqrt{\frac{(35 \times 10^3)^2}{5.714^2} - 673.8^2} - 2.5$$
$$= (6088 - 2.5)\Omega = 6085.5\Omega$$

本例中 $X_{1m} \approx 10R_{1m}$，所以空载时的功率因数 $\cos\varphi_0$ 可简化为

$$\cos\varphi_0 = \frac{P_0}{V_{1n}I_{10}} = \frac{22000}{35000 \times 5.714} = 0.11$$

如预期的那样，由于铁心损耗不高，铁心饱和程度适当，因此空载功率因数较低。此外，$\frac{X_{1l}}{X_{1m}} = \frac{L_{1l}}{L_{11m}} = \frac{2.5}{6063} = \frac{1}{2420} < \frac{1}{1000}$。

2.8.1 空载时的磁路饱和

磁路饱和与磁滞回线不仅会减小磁化电抗（电感）X_{1m}（L_{11m}）、增大额定电压时的空载电流，而且会增加空载电流和主磁链 Ψ_{1m} 的非线性度（见图2.26，$L_{11m} = \Psi_{1m}/I_{10}$），导致输入正弦电压时电流波形畸变为非正弦：

$$V_1(t) = V_1\sqrt{2}\cos(\omega_1 t) = \frac{d\Psi_{10}}{dt} \approx \frac{d\Psi_{1m}}{dt} \tag{2.92}$$

所以

$$\Psi_{1m}(t) \approx \frac{V\sqrt{2}}{\omega_1}\sin\omega_1 t \tag{2.93}$$

但是当我们在非线性磁化曲线 $\Psi_{1m}(I_{10})$ 中按正弦磁链 $\Psi_{1m}(t)$ 查表求取相应的瞬时电流时，得到一个非正弦电流波形（见图2.29）。

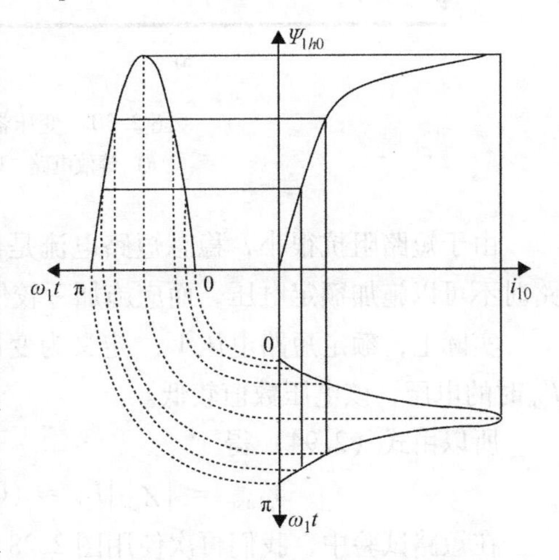

图2.29 磁路饱和时的空载电流实际波形

很明显，上述电流中存在3、5、7次谐波（一般为奇数）。作为“空载变压器试验”的一部分，使用数字示波器或带计算机接口和电流隔离的宽频带电流传感器，可以捕捉并分析 $I_{10}(t)$ 波形。现在，如果在先前的电流和功率测量中用电流表测得电流的有效值，那么即使是标准化的工业试验（见IEEE、NEMA和IEC变压器试验

标准）中也可计算出 R_{1m}和 X_{1m}。

磁滞回线还会产生磁通/电流滞后和额外的电流谐波。但是，一旦变压器负载运行，由于 $I_{10n}<0.02I_{1n}$，空载（磁化）电流的影响将变得很小以至于无法计算。

2.9 稳态短路模式/实验 2.2

稳态短路是指在变压器二次侧已经短路的情况下（$V_2'=0$）在一次侧施加正弦电压。从式（2.92）得出

$$\bar{I}_{1sc}\bar{Z}_1-\bar{V}_1=\bar{V}_{e1};\bar{V}_{e1}=-\bar{Z}_{1m}\bar{I}_{01sc}=\bar{I}'_{2sc}\bar{Z}'_2;\bar{I}_{01sc}=\bar{I}_{1sc}+\bar{I}'_{2sc} \quad (2.94)$$

因为 I_{1sc}和 I'_{2sc}远大于 I_{10}，考虑到 $\bar{I}_{01sc}\approx 0$，由式（2.94）得到

$$\bar{I}_{1sc}=-\bar{I}'_{2sc};\bar{I}_{1sc}=\frac{\bar{V}_1}{\bar{Z}_{sc}};\bar{Z}_{sc}=\bar{Z}_1+\bar{Z}'_2 \quad (2.95)$$

因此，变压器（二次侧折算到一次侧后）简化为其短路阻抗 $\bar{Z}_{sc}$（见图 2.30）。

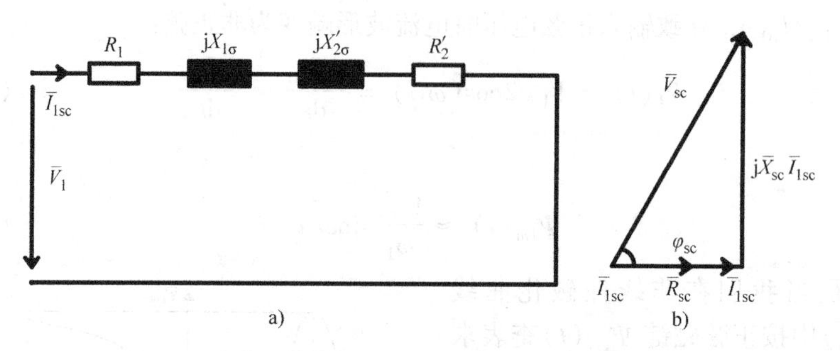

图 2.30　变压器稳态短路
a）等效电路　b）相量图

由于短路阻抗很小，稳态短路电流是额定电流的 10～30 倍。因此，稳态短路时不可以施加额定电压，而应施加一较低的电压使其不超过额定电流 I_{1n}。

实际上，额定短路电压 V_{1scn}定义为变压器在短路状态下流入额定电流 $I_{1n}\approx I'_{2n}$时的电压，该电压数值较低。

所以由式（2.94）得

$$V_{1nsc}=|Z_{sc}|I_{1n}\approx(0.03\sim0.12)V_{1n} \quad (2.96)$$

在短路试验中，我们再次使用图 2.28 中的接线图，但须注意施加低于 12% 的额定电压即可达到一次侧额定电流 I_{1n}。

同样，我们测量功率 P_{sc}、电流 I_{1sc}和电压 V_{1sc}，用以计算短路阻抗 $|Z_{sc}|$［采

用式（2.95）]，短路电阻 R_{sc} 和短路电抗 X_{sc}：

$$R_{sc} = \frac{P_{sc}}{I_{1sc}^2}; X_{sc} = \sqrt{\frac{V_{1sc}^2}{I_{1sc}^2} - R_{sc}^2} \tag{2.97}$$

功率因数 $\cos\varphi_{sc}$ 为

$$0.3 > \cos\varphi_{sc} = \frac{R_{sc}}{|\overline{Z}_{sc}|} > \cos\varphi_0 \tag{2.98}$$

变压器并联运行时，短路功率因数对于避免并联变压器之间的环流至关重要。

例 2.3 变压器短路

例 2.2 中变压器的额定短路电压 $V_{1scn} = 0.04V_{1n}$，额定电流为 I_{1n} 时测得的有功功率为 $P_{scn} = 100\text{kW}$。求 Z_{sc}、R_{sc}、X_{sc}、$\cos\varphi_{sc}$、R'_2、X'_2。

解：

根据式（2.95），在额定电流下，短路阻抗 $|\overline{Z}_{sc}|$ 为

$$|\overline{Z}_{sc}| = \frac{V_{1scn}}{I_{1n}} = \frac{0.04 \times 35000}{285.7}\Omega = 4.9\Omega$$

短路电阻 R_{sc}［式（2.96）］为

$$R_{sc} = \frac{P_{scn}}{I_{1n}^2} = \frac{100 \times 10^3}{285.7^2}\Omega = 1.225\Omega$$

由于 $R_1 = 0.612\Omega$（见例 2.2），$R'_2 = R_{sc} - R_1 = 1.225\Omega - 0.612\Omega = 0.613\Omega \approx R_1$，与预期相同。

此时，短路功率因数为［式（2.98）］[㊀]

$$\cos\varphi_{sc} = \frac{R_{sc}}{Z_{sc}} = \frac{1.225}{4.9} = 0.25$$

短路电抗 X_{sc} 为

$$X_{sc} = Z_{sc}\sin\varphi_{sc} = 4.9 \times 0.968\Omega = 4.744\Omega$$

由于 $X_{1l} = 2.5\Omega, X'_{2l} = X_{sc} - X_{1l} = (4.744 - 2.5)\Omega = 2.244\Omega$，数值与 X_{1l} 接近。

通常，在测量中，无法将 R_1 与 R'_2，或 X_{1l} 与 X'_{2l} 分离开；所以在测量 R_{sc} 和 X_{sc} 时 $R_1 \approx R'_2$，$X_{1l} \approx X'_{2l}$。现在，可以在 V_{1nsc} 以下的电压重复试验，以使电流为 0.25、0.5、0.75、1.0 倍 I_{1n}，并测量不同电流时的 R_{sc} 和 X_{sc}。最后，取 R_{sc} 和 X_{sc} 的平均值作为最终数值。额定电流（和短路试验）时的交流绕组铜耗与额定负载下的铜耗相同。所以，在给定的负载下

$$P_{copper} = P_{scn} \times \frac{I_1^2}{I_{1n}^2} \tag{2.99}$$

㊀ 此处原书有误。——译者注

在额定电流以下进行短路试验，有助于确定给定负载（电流）下的 R_{sc} 和绕组铜耗 P_{copper}。

因此，空载和短路试验可用于分离铁耗和铜耗，从而评估负载时的效率。

2.10 单相变压器的负载稳态运行/实验 2.3

在变压器一次侧施加给定（或额定）电压，变压器将功率传输至二次侧负载。能量传输通过电磁感应完成，并产生铁耗和铜耗。

变压器负载时的有功功率和无功功率分解如图 2.31 所示。

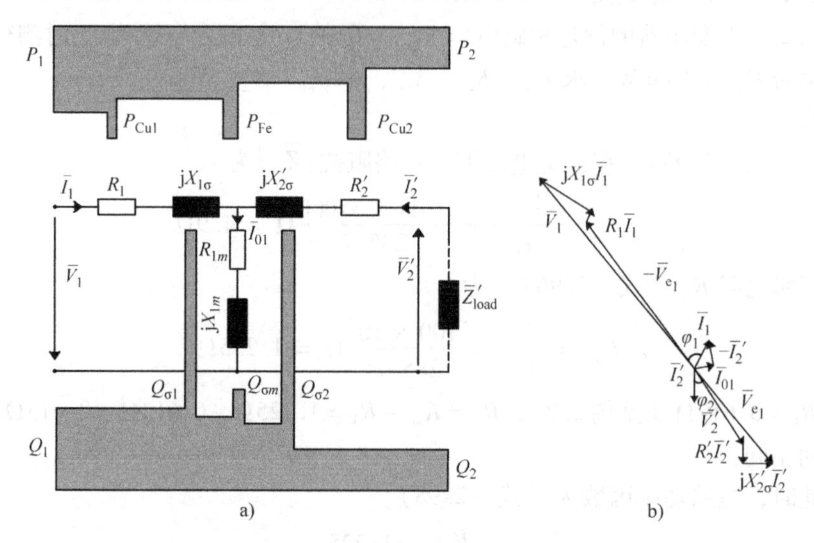

图 2.31 变压器负载时的 a）有功功率和无功功率平衡和 b）相量图

变压器负载运行效率特性 η 与给定功率因数 $\cos\varphi_2$（1，0.8，0.6）时的负载系数 $K_s = I_1/I_{1n}$、负载电压调整量（下降）密切相关。

效率 η 定义为

$$\eta = \frac{\text{输出有功功率}}{\text{输入有功功率}} = \frac{P_2}{P_2 + p_{copper} + p_{iron}} \tag{2.100}$$

考虑到空载和短路工况，式（2.100）[⊖]变为

$$\eta = \frac{V'_2 I'_2 \cos\varphi_2}{V'_2 I'_2 \cos\varphi_2 + p_{0n} + p_{sc} \times \frac{I_1^2}{I_{1n}^2}} \tag{2.101}$$

此时，如果 $I'_2 \approx I_1$（即 $I_1/I_{1n} > 0.2$），且负载系数 $K_s = I_1/I_{1n}$，则

⊖ 此处原书有误。——译者注

式（2.101）为

$$\eta = \frac{S_{2n}K_s\cos\varphi_2}{S_{2n}K_s\cos\varphi_2 + p_{0n} + p_{scn}K_s^2} \tag{2.102}$$

当$\partial\eta/\partial K_s = 0$时取得最大效率$K_{sk}$

$$K_{sk} = \sqrt{\frac{p_{0n}}{p_{scn}}} \tag{2.103}$$

事实上，临界（最大效率）负载系数时的铜耗和铁耗是相等的。

注：长期满载运行的变压器按照$K_{sk}=1$设计，而断续运行、轻载运行的变压器（如学校、事业单位、大公司等单位的配电变压器）按照$K_{sk}=0.5$设计。效率随负载系数$K_s = I_1/I_{1n} \approx P_2/P_{2n}$变化的典型曲线如图2.32所示。

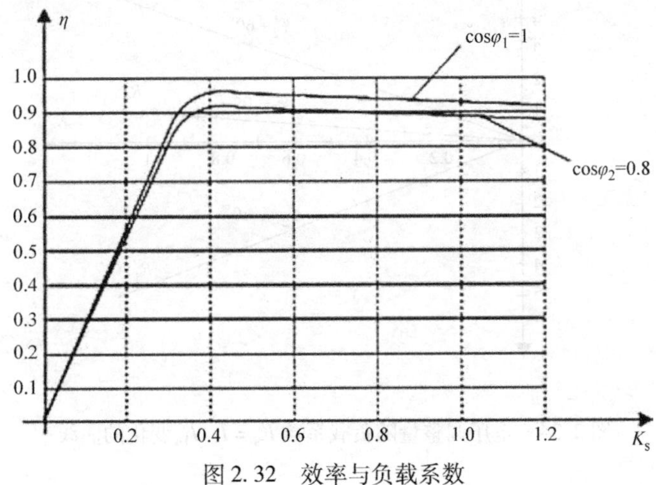

图2.32　效率与负载系数

若$I_1/I_{1n} > 0.2$，可以忽略磁化电流I_{01}，则$I_2 = -I_1$，则式（2.82）变为

$$-\overline{V}_2' = \overline{V}_1 - \overline{I}_1\ \overline{Z}_{sc} \tag{2.104}$$

由式（2.104）可得出图2.33a中的简化等效电路及相应的相量图（见图2.33b）。

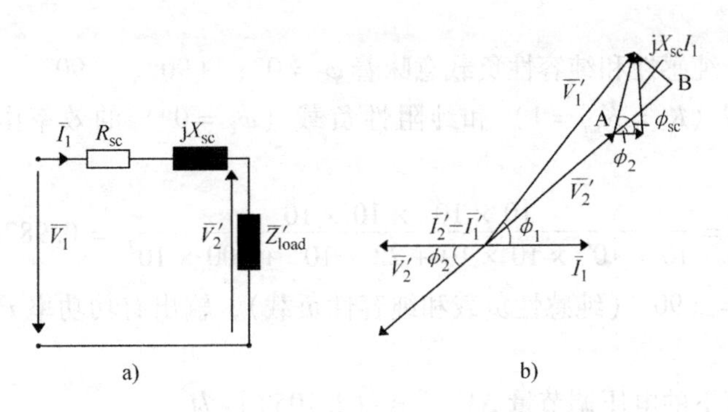

图2.33　忽略磁化电流I_{01}时的a）简化等效电路和b）相量图

负载是二次电压变化量ΔV 为

$$\Delta V = V_1 - V_2' \approx \overline{AB} \tag{2.105}$$

从图2.33b 可以看出，$\overline{AB}$是

$$\Delta V = I_1 R_{sc}\cos\varphi_2 + I_1 X_{sc}\sin\varphi_2 = K_s V_{1scn}\cos(\varphi_{sc} - \varphi_2) \tag{2.106}$$

一般来说 φ_{sc} = (80 ~ 85)°，如果 $\varphi_2 \geqslant 0$（阻感负载），则电压调整量（下降）为正；如果 $\varphi_2 < \varphi_{sc} - 90°$，则电压调整量为负（见图2.34），通常这种情况多见于阻容负载，如不带负载的架空长输电线。

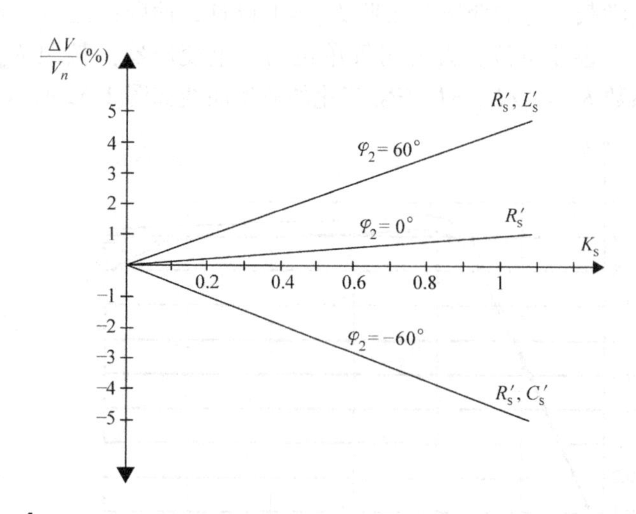

图2.34 电压调整量随负载系数 $K_s = I_1/I_{1n}$变化的曲线

例2.4 变压器负载

对于例2.3 和例2.4 中的变压器，p_{on} = 22kW，S_n = 10MVA，V_{1nsc} = 1400V，$\cos\varphi_{sc}$ = 0.25（$R_{sc} \approx 1.20\Omega$，$X_{sc}$ = 4.7Ω），V_{1n}/V_{2n} = 35kV/6kV，计算纯阻性、纯感性和纯容性额定负载下的额定效率、电压调整量和二次电压。

解:

纯阻性、纯感性和纯容性负载意味着 φ_2 = 0°、+90°、−90°。

额定负载（$K_s = K_{sn} = 1$）和纯阻性负载（$\varphi_2 = 0°$）的效率由式（2.102）得出:

$$\eta = \frac{10 \times 10^6 \times 10 \times 10}{10 \times 10^6 \times 10 \times 10 + 22 \times 10^3 + 100 \times 10^3} = 0.9879$$

对于 $\varphi_2 = \pm 90°$（纯感性负载和纯容性负载），输出有功功率 P_2为零，因此效率为零。

额定电流下的电压调节量 ΔV_n［式（2.105）］为

$$\Delta V = (V_1 - V_2') = V_{1nsc} \cdot \cos(\varphi_{sc} - \varphi_2)$$
$$= 1400 \times 0.25 = +350\text{V}(\varphi_2 = 0°)$$
$$\text{或} = 1400 \times \cos(85° - 90°) = +1394\text{V}(\varphi_2 = 90°)$$
$$\text{或} = 1400 \times \cos[85° - (-90°)] = -1394\text{V}(\varphi_2 = -90°)$$

二次电压为

$$V_2' = (V_1 - \Delta V_n) \times \frac{V_{2n}}{V_{1n}} = 5940\text{V}, 5761\text{V}, 6239\text{V}$$

空载二次电压为 6000V。

例 2.5　双输出电压单相家用变压器

在美国和其他一些国家，住宅电源使用 120V 和 240V 两种输出电压（见图 2.35）。

考虑一台 15kVA、2400/240/120V、60Hz 的变压器。负载 1 吸收功率 1.5kW，120V，功率因数 0.867（超前）。负载 3 吸收功率 4kW，功率因数为 0.867（滞后）。求在单位功率因数和 120V 时负载 2 的最大允许数值和电流 I_1、I_2、I_3（见图 2.35）。

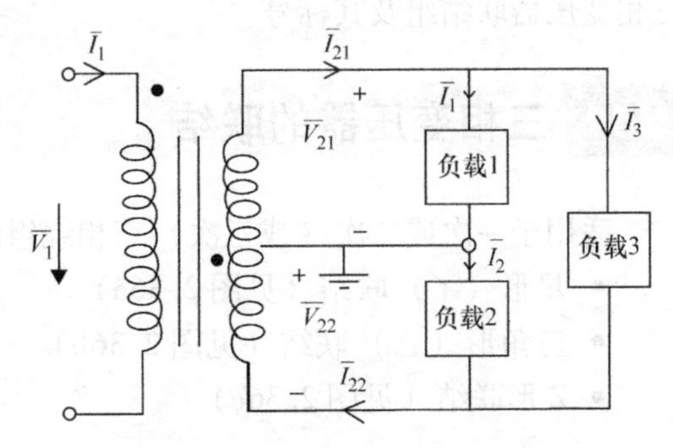

图 2.35　双电压输出单相家用变压器

解：

负载 2 中的电流与流过负载 1 的电流 I_1 的有效值值近似相等，即

$$I_1 \approx \frac{P_1}{V_1 \cos\varphi} = \frac{1500}{120 \times 0.867} = 14.41\text{A}$$

$$\bar{I}_1 = I_1(\cos\varphi - \text{j}\sin\varphi) = 14.41 \times (0.867 - \text{j}0.5)$$

同理

$$I_3 \approx \frac{P_3}{V_3 \cos\varphi} = \frac{4000}{240 \times 0.867} = 19.22\text{A}$$

$$\bar{I}_3 = I_3(\cos\varphi + \text{j}\sin\varphi) = 19.22 \times (0.867 + \text{j}0.5)$$

我们仍然无法计算 $\bar{I}_2$。

对于 120V 输出回路负载 2，功率因数为 1，因此仅提供有功功率 $P_{2\max}$。

现在，总的视在功率应为 $S_n = 10\text{kV} \cdot \text{A}$：

$$S_n = \sqrt{(P_1 + P_{2\max} + P_3)^2 + (Q_1 + Q_3)^2} = 10\text{kV} \cdot \text{A}$$

其中

$$Q_1 = P_1\tan\varphi_1 = 1500\sqrt{3}\text{V}\cdot\text{A};\ P_1 = 1500\text{W}$$
$$Q_3 = P_3\tan\varphi_3 = 4000\sqrt{3}\text{V}\cdot\text{A};\ P_3 = 4000\text{W}$$

最后

$$P_{2\max} = 10^3 \times \sqrt{15^2 - (1.5 + 4)^2 \times 3} - 5.5 \times 10^3 = 6.0866\text{kW}$$

因此，负载2中的电流 $I_{2\max}$（纯有功功率）为

$$I_2 = I_{2\max} = \frac{P_{2\max}}{120\text{V} \times \cos\varphi_2} = \frac{6086.6}{120 \times 1} = 50.722\text{A}$$

我们分析完单相变压器稳态运行，接着分析三相变压器稳态运行，首先讨论三相变压器联结组及其标号。

2.11 三相变压器的联结

适用于一次或二次（或三次）三相绕组的联结方式可以是

- 星形（Y）联结（见图2.36a）
- 三角形（△）联结（见图2.36b）
- Z形联结（见图2.36c）

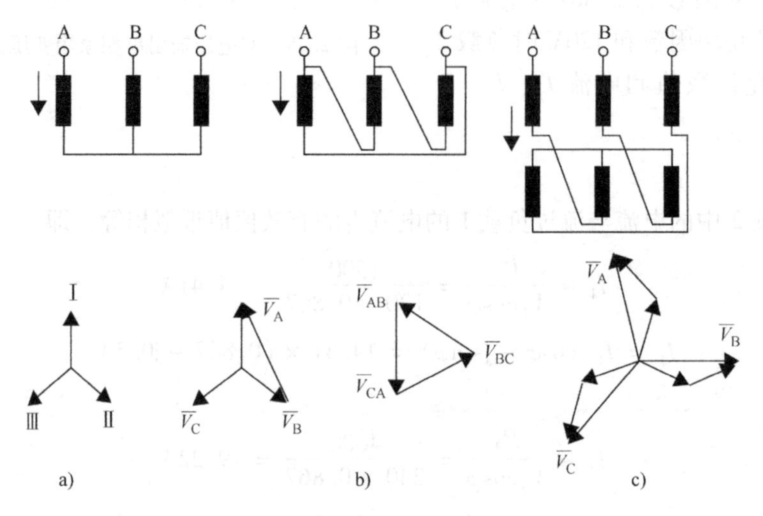

图2.36　三相变压器联结方式

a）星形　b）三角形　c）Z形

对于星形联结，三相的首端或末端接到中性点（O），该中性点（O）可引出或不引出。

这里使用大写字母（ABC）表示高压侧首端，小写字母（abc）表示低压侧首端，XYZ和xyz表示末端（不同的国家标准使用其他符号）。

对于星形（Y）联结（见图2.36a），线电压 $\overline{V}_{AB}=\overline{V}_A-\overline{V}_B$；同样地，$\overline{V}_{BC}=\overline{V}_B-\overline{V}_C$，$\overline{V}_{CA}=\overline{V}_C-\overline{V}_A$。对于对称线电压（幅值相等，相位相差120°），线电压 $V_{l\gamma}$ 为

$$V_{l\gamma}=V_{ph\gamma}\times\sqrt{3};\ I_{l\gamma}=I_{ph\gamma} \tag{2.107}$$

对于三角形（Y）联结（见图2.36b），线电流 $\overline{I}_{AB}=\overline{I}_A-\overline{I}_B$；$\overline{I}_{BC}=\overline{I}_B-\overline{I}_C$；$\overline{I}_{CA}=\overline{I}_C-\overline{I}_A$；线电压和相电压相等。对于对称相电流（幅值相同，相位相差120°），线电流 $I_{l\Delta}$ 为

$$I_{l\Delta}=I_{ph\Delta}\times\sqrt{3};\ V_{l\Delta}=V_{ph\Delta} \tag{2.108}$$

现在，三相视在功率 S 对于星形联结和三角形联结（对称电压和电流）具有相同的表达式：

$$S_{3ph}=3V_{ph}I_{ph}=\sqrt{3}V_lI_l \tag{2.109}$$

所有正弦变量［式（2.106）至式（2.108）］都使用有效值。应当注意，Y联结意味着三相电流之和为零，△联结会存在相间环流（同相位或3次谐波分量），此环流不会流出端口。

当负载在变压器的二次侧不平衡时会发生这种情况。

Z形联结（见图2.36c）的变压器二次绕组每一相由两个半相组成。半相绕组的铁心柱相互分离，半相绕组反相串联，因此每一相电压为两个半相分量的矢量差，因此 $V_a=\sqrt{3}V_{sb}$（不同于Y联结或△联结时的 $2V_{sb}$）。

为了获得同样的空载二次电压，Z形联结需要比星形联结或三角形联结多 $2/\sqrt{3}$ 倍的匝数（以及更多的铜耗）。但是，对于引出中性点的Z形联结可接单相负载，不会出现无负载相电压不对称的情况，因为中性点环流在所有半相上产生同相位电动势，它们在其他相上相互抵消。

一次侧或二次侧联结可以是Y（Y0）或△联结，二次侧还可以是Z形联结，将它们组合可得变压器联结组，例如YΔ、Yy0、Δy0、Δy、Yz等。变压器联结组的本质是，二次电压滞后于一次电压时，一次绕组和二次绕组对应线电压（$\overline{V}_{AB}$ 与 $\overline{V}_{ab}$、$\overline{V}_{BC}$ 与 $\overline{V}_{bc}$）的相位差为 β。

联结组标号 $n=\beta/30°$，是一个整数。

可以证明，当一次侧和二次侧联结方式相同时（Yy或ΔΔ），n 是偶数（0、2、4、6、8、10）；当它们不同时（Δy），n 是奇数（1、3、5、7、9、11）。考虑图2.37中的联结组Δy，并尝试找出其标号 n。

首先，沿变压器铁心柱Ⅰ、Ⅱ、Ⅲ选择 $\int d\overline{l}\cdot\overline{E}$ 的正方向，假定一次线电压是对称的。绕在同一个变压器铁心柱上的一次绕组和二次绕组，如果它们绕向相同，则它们产生的电动势同相位，因为它们是由相同的磁通产生的。

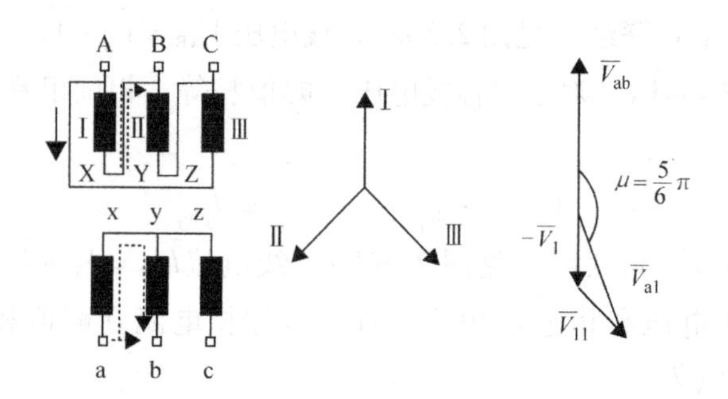

图 2.37 三相变压器联结组 Δy5

△联结的一次线电压，例如$\overline{V}_{AB}$，等于 A 相电动势；而$\overline{V}_{ab}$等于二次侧两个铁心柱上两相绕组电动势相减（见图 2.37）。

$\overline{V}_{ab}$和$\overline{V}_{AB}$之间的滞后角β为150°，因此$n=150°/30°=5$。显然n是奇数，因为两个线电压组成不同。变压器并联运行时，为了避免产生环流，联结组标号必须相同。

例 2.6 给定标号的联结组，n（Y△7）

解：

建立某种联结方案是设计阶段的典型问题。首先仅绘制在一次侧而非二次侧的相绕组，并标出首端和末端（见图 2.38）。

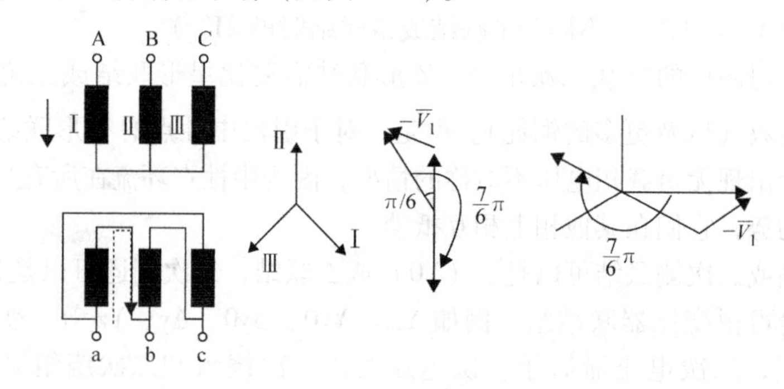

图 2.38 三相变压器连接组Y△7

通过设置三个铁心柱（电动势）的位置，可以从两相电压$\overline{V}_A$ 和$\overline{V}_B$ 得到$\overline{V}_{AB}$，然后根据滞后角 $7\times30°=210°$绘制$\overline{V}_{ab}$。

可以看出，由单个铁心柱绕组（△联结）上的电压$\overline{V}_{ab}$与铁心柱 I 上的正方向相反。由此可以标出端钮 a 和 b，剩余的端钮一定是 c。必须说明的是，n 对于所有对应的三相线电压都是成立的。接下来需再验证一对线电压（$\overline{V}_{BC}$和$\overline{V}_{bc}$）。

然而，可以证明，如果一次侧相序是 A-B-C 且二次侧相序是 a-b-c 或 b-c-a或 c-a-b，则所有三个对应线电压对都满足标号 n。

2.12 三相变压器空载的特殊情形

三相变压器的空载稳态运行受铁心结构（三柱、五柱或三个单相）和联结方式的影响较大。

本节仅讨论 Yy0 联结中由三柱铁心结构产生的不对称空载相电流和存在磁饱和时的空载电流波形。

2.12.1 空载电流不对称

由于三柱三相变压器 A、C 相磁阻略大于 B 相（见图 2.39a），因此这种变压器空载电流存在不对称现象，而五柱铁心或由 3 个单相变压器构成的三相变压器组则不存在这种情况。

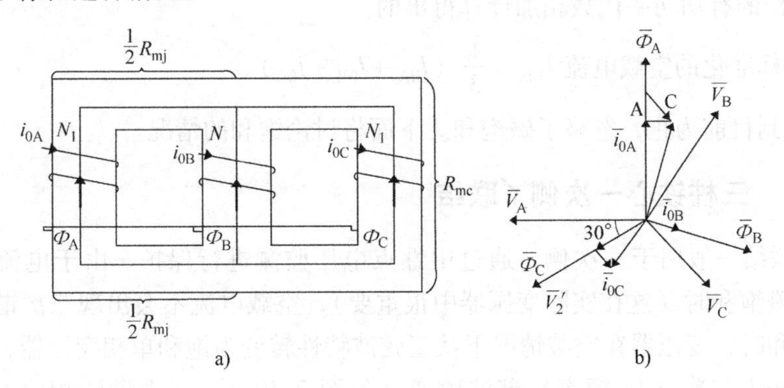

图 2.39　三柱变压器空载

a）铁心　b）空载相量图

如果忽略一次侧阻抗$\overline{Z}_1$的电压降，施加正弦电压时，三个铁心柱上的电动势和磁通$\overline{\Phi}_A$、$\overline{\Phi}_B$、$\overline{\Phi}_C$则都是正弦波。因此，对于对称电压 V_A、V_B、V_C，磁通 $\overline{\Phi}_A+\overline{\Phi}_B+\overline{\Phi}_C=0$，且磁通是对称的（幅值相等，相位相差 120°）。下面令电流之和为零，即星形联结（$\bar{I}_{0A}+\bar{I}_{0B}+\bar{I}_{0C}=0$）。

将基尔霍夫第二定理应用于图 2.39a 中的磁路，得到

$$N_1(\bar{I}_{0A}-\bar{I}_{0B})=(R_{mc}+R_{my})\cdot\overline{\Phi}_A-R_{mc}\overline{\Phi}_B \tag{2.110}$$

$$N_1(\bar{I}_{0A}-\bar{I}_{0C})=(R_{mc}+R_{my})\cdot(\overline{\Phi}_A-\overline{\Phi}_C) \tag{2.111}$$

当铁心磁通及电流之和为零时，可得

$$\bar{I}_{0A}=\frac{R_{mc}+R_{my}}{N_1}\cdot\overline{\Phi}_A+\frac{1}{3}\cdot\frac{R_{my}}{N_1}\cdot\overline{\Phi}_B$$

$$\overline{I}_{0B} = \left(R_{mc} + \frac{R_{my}}{3}\right) \cdot \frac{\overline{\Phi}_B}{N_1}$$

$$\overline{I}_{0C} = \frac{R_{mc} + R_{my}}{N_1} \cdot \overline{\Phi}_C + \frac{1}{3} \cdot \frac{R_{my}}{N_1} \cdot \overline{\Phi}_B \tag{2.112}$$

因此，只有位于中间铁心柱的 B 相电流与对应的磁通$\overline{\Phi}_B$ 同相，它是所有三个电流中最小的（$I_{0A} = I_{0C} > I_{0B}$）。式（2.112）的相量图（见图 2.38）中电压相量（$\overline{V}_A$、$\overline{V}_B$、$\overline{V}_C$）超前于$\overline{\Phi}_A$、$\overline{\Phi}_B$、$\overline{\Phi}_C$ 相量 90°，说明只有$\overline{I}_{0B}$是纯无功（磁化）电流，而$\overline{I}_{0A}$和$\overline{I}_{0C}$都包含有功分量，一个是正的，另一个是负的。它意味着 A 相和 C 相之间存在有功功率循环。

这种情况会导致如下结果：

- 对于三柱三相变压器，与铁耗相关的有功功率 p_0 可将所有相（一个侧边柱为负）的有功功率代数相加计算得出的。
- 标准化的空载电流 $I_{10n} = \frac{1}{3}$（$I_{0A} + I_{0B} + I_{0C}$）。
- 到目前为止，忽略了磁饱和。下面将讨论饱和的情况。

2.12.2　三柱铁心一次侧Y联结

Y联结一般用于一次侧，通过中性点电压监测进行保护。由于电流之和为零，在磁饱和时（这在实际变压器中很重要），空载电流不会出现三次谐波。但铁心饱和时，变压器在空载情况下从正弦波特性转变为饱和单相变压器，从而在铁心中产生三次（$3f_1$ 频率）谐波磁通（见图 2.40a）。三次谐波相位互差 3 × 120° = 360°。

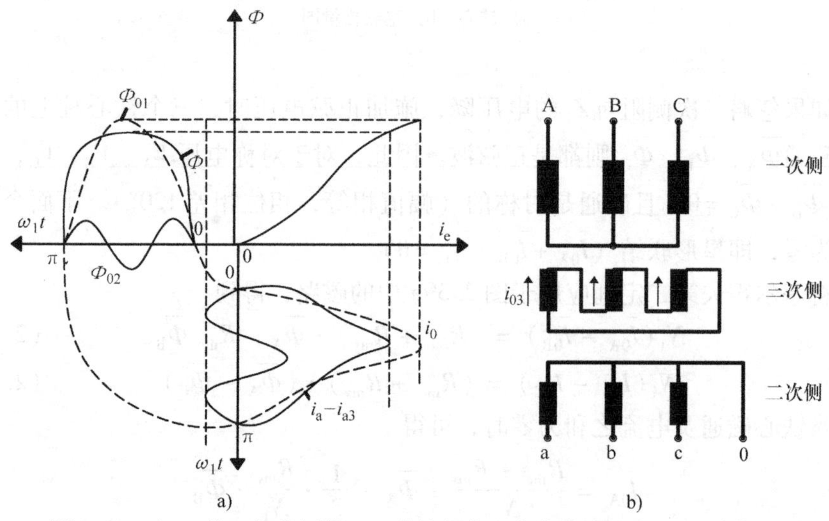

图 2.40　a）三柱三相变压器 Yy0 联结空载三次谐波磁通　b）三次绕组

由于必须遵守高斯定律，磁通的三次谐波无法通过三柱铁心闭合（中间铁心柱周围闭合区域的通量为零）。因此，$3f_1$ 频率（150Hz 或 180Hz）的磁通只能通过油箱壁闭合，因而产生显著的涡流损耗。为了减少这些额外的相当严重的空载损耗，可增加一个具有小额定值、同相串联的三次绕组（见图 2.40b）。

在短路绕组中感应的电流大大降低了 $3f_1$ 频率下的合成磁动势，因此油箱中的涡流损耗几乎为零（干式变压器没有油箱）。空气中 $3f_1$ 磁力线的电磁干扰减少了。值得注意的是，对于 3 个单相变压器构成的三相变压器组，三次谐波磁通经由铁心闭合，因此油箱中不会出现额外的涡流损耗。五柱三相变压器的情况几乎相似。

三次侧串接绕组对不平衡负载也有一定的作用，可以抵消额定频率下一次侧丫联结时（如 Yy0 联结组）二次侧零序电流（同相位）产生的磁场。

2.13 三相变压器的一般方程

对于三相变压器组，三个单相变压器铁心相互独立，相互之间没有磁耦合，因此只需将三个单相变压器的方程组合起来。

但是，大多数变压器都有三柱铁心（少数五柱铁心），因此有必要分析各相之间的耦合，至少可以正确测量三相变压器的参数，或研究一般（任何）情况下的瞬态。

图 2.41 所示为三柱铁心三相变压器相电压和相电流。

同样，一次侧是“流”，二次侧是“源”。因此，在相位坐标系中，

$$\frac{d\Psi_{A,B,C}}{dt} = V_{A,B,C} - R_1 \cdot i_{A,B,C};$$
$$\frac{d\Psi_{a,b,c}}{dt} = V_{a,b,c} - R_2 \cdot i_{a,b,c} \tag{2.113}$$

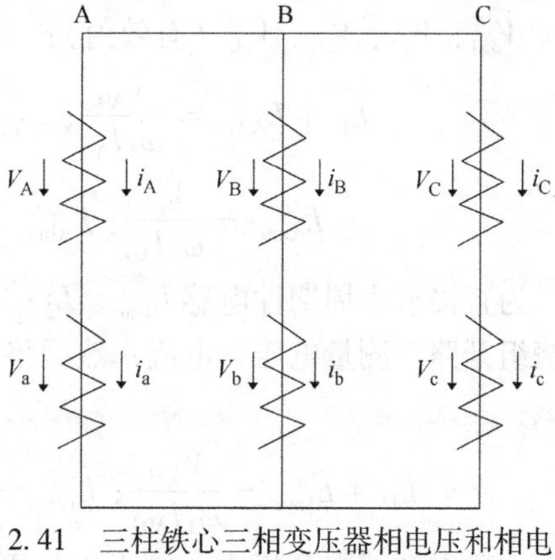

图 2.41 三柱铁心三相变压器相电压和相电流

六个绕组相互耦合。假定相间耦合只通过主（铁心）磁通发生，则有

$$\begin{aligned}\Psi_A &= L_{1l} \cdot i_A + L_{AAm} \cdot i_A + L_{ABm} \cdot i_B \\ &\quad + L_{ACm} \cdot i_C + L_{Aam} \cdot i_a + L_{Abm} \cdot i_b + L_{Acm} \cdot i_c \\ \Psi_a &= L_{aAm} \cdot i_A + L_{aBm} \cdot i_B + L_{aCm} \cdot i_C \\ &\quad + L_{2l} \cdot i_a + L_{aam} \cdot i_a + L_{abm} \cdot i_b + L_{acm} \cdot i_c \end{aligned} \tag{2.114}$$

同理可得 B、b、C、c 相的方程。因此，

$$|\Psi_{A,B,C}| = |L_{ABCabc}| \cdot |i_{ABCabc}|^T \tag{2.115}$$

L_{ABCabc}是一个6×6的矩阵，其中一些元素彼此相等，例如$L_{ABm} = L_{BCm}$，$L_{abm} = L_{bcm}$，$L_{AAm} = L_{CCm}$，$L_{aam} = L_{ccm}$等。

增加功率消耗方程，将一次电压作为输入，磁通（Ψ_{ABCabc}）作为变量，将i_{ABCabc}作为中间变量［通过式（2.114）消除］，则变压器方程可通过数值方法求解任意稳态或瞬态（对称或非对称输入电压，平衡或不平衡负载）。但前提是必须从设计或测量中已知变压器参数。

2.13.1 电感测量/实验 2.4

首先假定$i_A + i_B + i_C = 0$，$i_a + i_b + i_c = 0$，并且$L_{ABm} = L_{ACm}$，$L_{abm} = L_{acm}$，$L_{ABm} = L_{abm}$。在这种情况下，由式（2.113）得

$$\begin{aligned}\Psi_A &= L_{1l} \cdot i_A + (L_{AAm} - L_{ABm}) \cdot i_A + (L_{aam} - L_{abm}) \cdot i_a \\ \Psi_a &= L_{1l} \cdot i_a + (L_{aam} - L_{abm}) \cdot i_a + (L_{Aam} - L_{Abm}) \cdot i_A\end{aligned} \tag{2.116}$$

代入

$$L_{1mc} = L_{AAm} - L_{ABm};\ L_{2mc} = L_{aam} - L_{Abm};\ L_{12mc} = L_{Aam} - L_{Abm} \tag{2.117}$$

当所有电流都不为零且电流总和为零时，电感（L_{1mc}、L_{2mc}和L_{12mc}）周期性变化。在这种特殊情况下，其他相的物理量对一相磁通的影响并未体现在周期性电感的表达式中。为了测定式（2.116）中的所有电感，我们只需给一相通电，其余相开路，测量通电相的电流i_{A0}（有效值），以及所有相电压，即V_{A0}、V_{B0}、V_{C0}、V_{a0}、V_{b0}、V_{c0}（有效值）：

$$\begin{aligned}L_{1l} + L_{AAm} &\approx \frac{V_{A0}}{\omega_1 I_{A0}};\ L_{ABm} = \frac{-V_{B0}}{\omega_1 I_{A0}};\ L_{ACm} = \frac{-V_{C0}}{\omega_1 I_{A0}} \\ L_{Aam} &= \frac{V_{a0}}{\omega_1 I_{A0}};\ L_{Abm} = \frac{-V_{b0}}{\omega_1 I_{A0}};\ L_{Acm} = \frac{-V_{c0}}{\omega_1 I_{A0}}\end{aligned} \tag{2.118}$$

为直接求出周期性电感L_{1mc}、L_{2mc}、L_{12mc}，首先给所有的一次绕组通电，二次绕组开路，测量电压、电流；然后将一次绕组开路，二次绕组通电，做同样的测试：

$$L_{1l} + L_{1mc} = \frac{V_{A03}}{\omega_1 I_{A03}};\ L_{12mc} = \frac{V_{a03}}{\omega_1 I_{A03}};\ L_{2l} + L_{2mc} = \frac{V_{a03}}{\omega_1 I_{a03}} \tag{2.119}$$

在稳态和瞬态分析中，输入电压平衡且负载平衡时，单相变压器方程（尽管存在周期性电感）仍然是成立的。

但是，在输入电压不平衡或二次侧负载不平衡的情况下，已知电感的三相变压器一般方程只能用数值方法求解。特别是当输入电压和（或）频率随电力电子相关应用场景变化时，必须考虑磁饱和。

对于稳态不平衡负载问题，对称分量法既实用又直观。

2.14 三相变压器带不平衡负载的稳态/实验2.5

在三相配电系统中，通常为单相用户供电。对于交流电力机车、感应电炉、机构和居民用户，如果在三相馈电变压器联结方式和铁心结构中不加以注意，则二次侧和一次侧的相电压可能会不平衡。首先，中性点电位偏离大地电位；其次，轻载时的二次侧相电压可能较大，从而对该相的电压敏感用户造成损害。对称分量法处理这种情况非常有效。

在本质上，一次侧和二次侧的电压、电流可被分解为正、负和零序（+，-，0）（见图2.42）：

$$\begin{vmatrix} I_{a+} \\ I_{a-} \\ I_{a0} \end{vmatrix} = \frac{1}{3} \cdot \begin{vmatrix} 1 & a & a^2 \\ 1 & a^2 & a \\ 1 & 1 & 1 \end{vmatrix} \cdot \begin{vmatrix} \bar{I}_a \\ \bar{I}_b \\ \bar{I}_c \end{vmatrix} ; \begin{matrix} \bar{I}_{b+} = \bar{I}_{a+} \cdot a^2 & \bar{I}_{c+} = \bar{I}_{a+} \cdot a \\ \bar{I}_{b-} = \bar{I}_{a-} \cdot a ; & \bar{I}_{c-} = \bar{I}_{a-} \cdot a^2 \\ \bar{I}_{b0} = \bar{I}_{c0} = \bar{I}_0 & a = e^{j \cdot \frac{2\pi}{3}} \end{matrix} \quad (2.120)$$

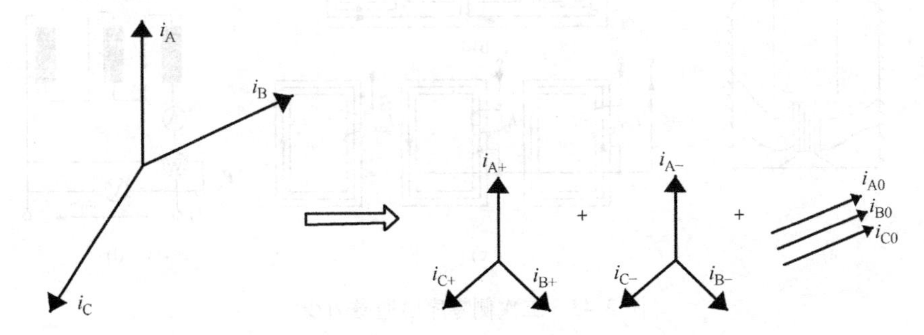

图2.42 对称分量叠加

逆变换是

$$\begin{vmatrix} \bar{I}_a \\ \bar{I}_b \\ \bar{I}_c \end{vmatrix} = \begin{vmatrix} 1 & 1 & 1 \\ a^2 & a & 1 \\ a & a^2 & 1 \end{vmatrix} \cdot \begin{vmatrix} I_{a+} \\ I_{a-} \\ I_{a0} \end{vmatrix} \quad (2.121)$$

如果忽略磁化电流正、负序分量：

$$I_{A+,B+,C+} = -\frac{N_2}{N_1} \cdot i_{a+,b+,c+}$$

$$I_{A-,B-,C-} = -\frac{N_2}{N_1} \cdot i_{a-,b-,c-} \quad (2.122)$$

由于变压器对相序（顺序）不敏感，因此不平衡负载引起的二次电流的正序和负序分量反映在一次电流中，如式（2.122）所示；如前面各段所述，它主要通过短路阻抗$\overline{Z}_{sc}=\overline{Z}_{+}=\overline{Z}_{-}$体现。二次侧零序电流分量$I_{0a}=I_{0b}=I_{0c}$，由于单相负载不平衡，尤其当一次侧采用 Y 联结时，除非添加三级串联绕组，否则二次侧不能采用Y_0、Δ、Z_0联结。如果一次电流中存在零序分量，则变压器对零序电流的行为与对正/负序电流的行相同。因此，例如，单相负载（在二次侧）意味着在一次侧和二次侧没有不平衡的相电压，没有中性点电位偏移。

相反，如果一次侧没有零序电流，那么从这个角度看，变压器一次侧零序等效电路开路，二次侧零序磁动势$N_2\cdot i_{a0}=N_2\cdot i_{b0}=N_2\cdot i_{c0}$在铁心中产生零序磁通。该磁通$\Phi_{a0}$的大小取决于三相变压器的铁心结构（见图 2.43a～c）。

因此对于三柱铁心（见图 2.43a），未补偿的二次侧零序电流产生的磁通经由油箱壁形成闭合路径。由于磁力线主要作用于空气，因而其零序阻抗$\overline{Z}_0$很小。

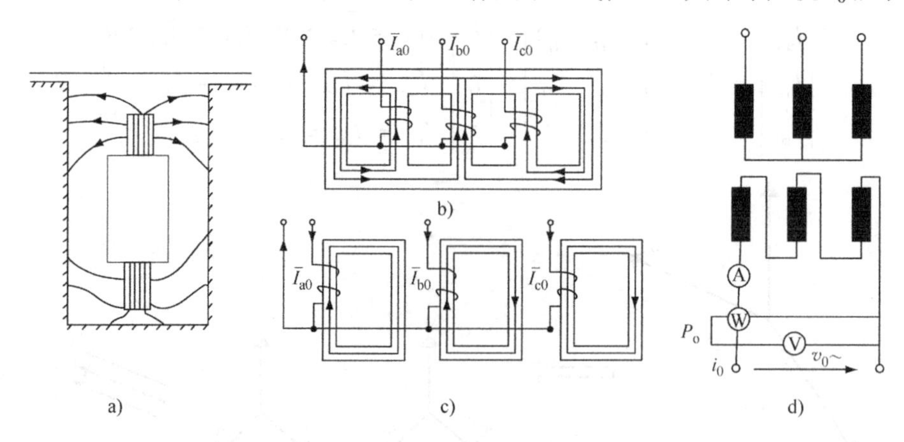

图 2.43　二次侧零序磁通磁力线

a）三柱变压器　b）五柱变压器　c）三相变压器组　d）测量零序阻抗的接线

相反，对于三相变压器组，未补偿的二次侧零序磁通经由铁心构成闭合磁通路径，变压器零序阻抗为空载阻抗，$Z_0=Z_{空载}=R_1+R_{1m}+\mathrm{j}(X_{11}+X_{1m})$，这在前一节中已讨论过。

二次侧中性点电位偏移V_{a0}（适用于所有相）为

$$V_{a0}=-I_{a0}\cdot Z_0 \tag{2.123}$$

给定负载不平衡度（I_{a0}）的零序阻抗越大，不平衡相电压越大（$\overline{V}_{a0}=\overline{V}_{b0}=\overline{V}_{c0}$）。

因此，三相变压器组一次侧采用Y联结，且二次侧带单相负载（y0 联结方式），则需要三次串联绕组。一次侧△联结时情况不是这样，△联结允许零序电流流通，因此$Z_0\to Z_{sc}$。另外，三柱铁心变压器可采用 Yy0 联结，由于$Z_{sc}<Z_0\ll Z_{空载}$，可限制二次侧零序电流。对于对称输入电压，忽略短路阻抗压降，电压等于电动势。因此，对于 Yy0 联结（没有三级串联绕组），$V_{A-}=0$，从而

A－a 相电压为

$$\overline{V}_{A} = \overline{V}_{A+} + \overline{V}_{A0} = -(\overline{V}_{ea+} - \overline{Z}_0 \overline{I}_{a0}) \times \frac{N_1}{N_2}$$

$$\overline{V}_{a} = \overline{V}_{a+} + \overline{V}_{a0} = \overline{V}_{ea+} - \overline{Z}_0 \overline{I}_{a0} \tag{2.124}$$

需要指出的是零序阻抗 Z_0［式（2.123）］应该在二次侧（见图 2.43d）中测量（计算），其中二次侧串接单相交流电源，且一次侧开路。现在，一次侧电流只“反映”了正序和负序的二次电流（没有三次串联绕组的 Yy0 联结）：

$$\overline{I}_{A} = \overline{I}_{A+} + \overline{I}_{A-} \approx -\frac{N_2}{N_1}(\overline{I}_{a+} + \overline{I}_{a-})$$

$$\overline{I}_{B} = a^2 \overline{I}_{A+} + a \overline{I}_{A-} \approx -\frac{N_2}{N_1}(a^2 \overline{I}_{a+} + a \overline{I}_{a-})$$

$$\overline{I}_{C} = a \overline{I}_{A+} + a^2 \overline{I}_{A-} \approx -\frac{N_2}{N_1}(a \overline{I}_{a+} + a^2 \overline{I}_{a-}) \tag{2.125}$$

当二次侧采用 Z_0联结时，即使是单相负载，当零序电流较大时，由半相绕组产生的磁动势也会相互抵消，从而使零序磁通 $\Phi_{a0} = \Phi_{b0} = \Phi_{c0} = 0$（$\overline{Z}_0 = 0$）。

Yz0 联结可以带单相负荷满载运行，且中性点电位无偏移。

例 2.7 带单相负载的 Yy0 联结

三相变压器采用 Yy0 联结，线电压 $V_{1nl}/V_{2nl} = 6000/380\text{V}$，二次侧 a 相接纯阻性负载，$I_a = 120\text{A}$（$I_b = I_c = 0$）。零序阻抗近似等于 X_0。计算两相之间的电流分布、二次侧中点电压（V_{a0}）和一次侧电压（V_A），以及 $X_0 = 1\Omega$ 时二次侧相电压 V_b、V_c。

解：

利用式（2.123），其中，$\overline{Z}_0 = \text{j}X_0$，$V_{ea+} = V_{2ln}/\sqrt{3} = 380/\sqrt{3} = 220\text{V}$。

a 相电流 I_a与 V_a 同相。

根据式（2.120）有

$$\overline{I}_{b} = \overline{I}_{c} = 0;\quad \overline{I}_{a+} = \overline{I}_{a-} = \overline{I}_{a0} = \frac{1}{3}\overline{I}_{a} = 40\text{A}$$

现在，$N_2/N_1 = V_{2\text{ph}n}/V_{1\text{ph}n} = 0.0633$，于是由式（2.125）得

$$\overline{I}_{A} = \overline{I}_{A+} + \overline{I}_{A-} = 2\overline{I}_{A+} = -2 \times \frac{N_2}{N_1} \times \overline{I}_{a+} = -2 \times 0.0633 \times 40 = -5.064\text{A}$$

$$\overline{I}_{B} = a^2 \overline{I}_{A+} + a \overline{I}_{A-} = (a + a^2)\overline{I}_{A+} = -\frac{1}{2}\overline{I}_{A+} = 2.532\text{A}$$

$$\overline{I}_{C} = a \overline{I}_{A+} + a^2 \overline{I}_{A-} = (a + a^2)\overline{I}_{A+} = 2.532\text{A}$$

因此，一次侧 A 相电流被二等分流入 B 相和 C 相，且相位相反，而二次侧只有 a 相电流，从图 2.44 中的直角三角形可以看出

$$V_{\mathrm{a}} = \sqrt{V_{\mathrm{ea1}}^2 - X_0^2 I_{\mathrm{a0}}^2}^{㊀} = \sqrt{220^2 - (1 \times 40)^2} = 216\mathrm{V}$$

求解图2.44中的三角形，得到$V_{\mathrm{b}}=258\mathrm{V}$，$V_{\mathrm{c}}=191\mathrm{V}$。

因此，二次相电压不平衡，但并不严重，这说明变压器有三个铁心柱。

二次侧中性点发生偏移，$V_{\mathrm{a0}}=i_{\mathrm{a0}}X_0=40\mathrm{V}$。对于一次侧的中性点，$V_{\mathrm{a0}}=N_1/N_2 \cdot V_{\mathrm{a0}}=631.58\mathrm{V}$。

另一方面，任何测量到的中性点电位都表示负载不平衡或输入电压不对称。篇幅所限，后一种情况不做过多说明。

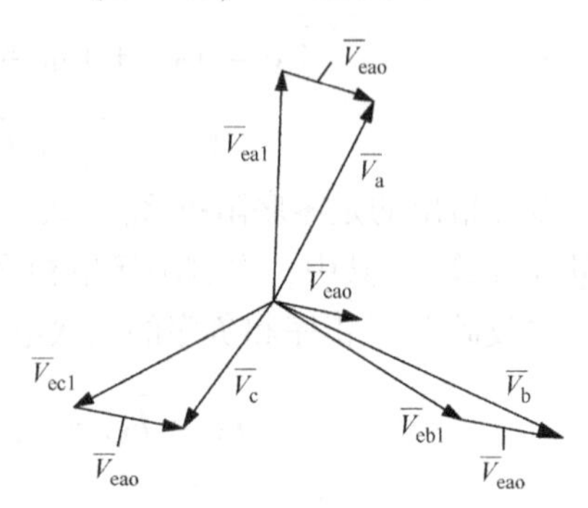

图2.44　Yy0联结三相变压器接单相负载时二次侧电压相量图

2.15 三相变压器并联运行

用户电力需求增长时，可在已有变压器上并联额外的变压器。

首先将一次侧同名端连接在一起，然后检查安全并联是否可行，再将二次侧同名端连接在一起。

本质上，并联运行的理想条件如下：

- 空载时变压器之间没有环流。
- 每台变压器按负载能力分担相同比例的负载（负载系数相同，$K_{\mathrm{s1}}=K_{\mathrm{s2}}$）。
- 所有并联变压器的电流同相位。

以下并联条件更直观：

- 所有变压器的一次侧和二次侧额定线电压相同。
- 变压器变比N_1/N_2相同。
- 联结组标号n相同，即二次侧线电压同相位（$n_1=n_2$）。

上述条件保证空载时环流为零。

为了确保所有变压器的负载系数K_{s}都相同，采用简化的等效电路，将变压器表示为短路阻抗$\overline{Z}_{\mathrm{1sc}}$，然后折算到二次侧，表示从二次侧看进去（见图2.45），$Z_{\mathrm{sc2}}=\dfrac{N_2^2}{N_1^2} \cdot \overline{Z}_{\mathrm{1sc}}$。

现在可以简单地计算第一台变压器的二次电流$\overline{I}_{\mathrm{2a}}$，将其视为关于负载电流

㊀　原书此处有误。——译者注

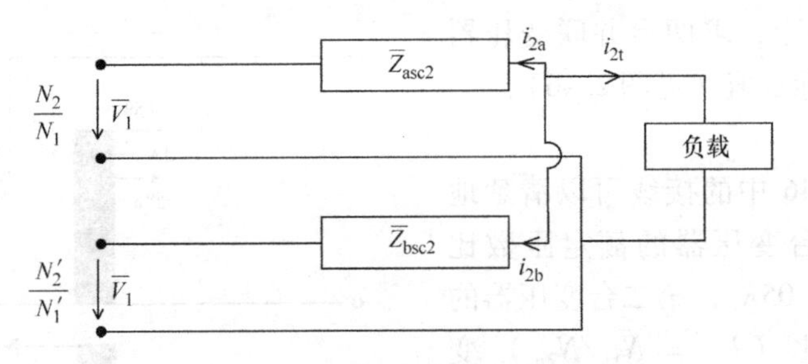

图2.45 从二次侧看进去的变压器并联

$\overline{I}_{2t}$的函数:

$$\overline{I}_{2a}=\frac{-\overline{V}_1\cdot\left(\frac{N_2}{N_1}-\frac{N'_2}{N'_1}\right)}{\overline{Z}_{asc2}+\overline{Z}_{bsc2}}+\frac{\overline{I}_{2t}\ \overline{Z}_{bsc2}}{\overline{Z}_{asc2}+\overline{Z}_{bsc2}} \tag{2.126}$$

另外，对于第二台变压器,

$$\overline{I}_{2b}=\frac{\overline{V}_1\cdot\left(\frac{N_2}{N_1}-\frac{N'_2}{N'_1}\right)}{\overline{Z}_{asc2}+\overline{Z}_{bsc2}}+\frac{\overline{I}_{2t}\ \overline{Z}_{asc2}}{\overline{Z}_{asc2}+\overline{Z}_{bsc2}} \tag{2.127}$$

式（2.126）和式（2.127）中的第二项表示对负载电流的贡献，而第一项（振幅相等，相位相反）表示空载环流（当$\overline{I}_{2t}=0$时）。环流是由变压器变比不同引起的。标准变压器变比可能不同，误差最多为1%，以避免显著的环流[式（2.126）中的分母为短路阻抗，数值很小]。

现在，为使负载系数相同,

$$\frac{\overline{I}_{2a}}{I_{2an}}=\frac{\overline{I}_{2b}}{I_{2bn}} \tag{2.128}$$

利用式（2.126）和式（2.127），当$N_1/N_2=N'_1/N'_2$时，式（2.128）变成

$$\overline{Z}_{bsc2}I_{2bn}=\overline{Z}_{asc2}I_{2an} \tag{2.129}$$

但这实际上意味着:

- 两台变压器的短路功率因数相同，$\cos\varphi_{sca}=\cos\varphi_{scb}$。
- 二次侧（和一次侧）额定短路电压相同，$V_{nsca2}=V_{nscb2}$，（$V_{1nsca}=V_{1nscb}$）。

如果变压器需要临时并联，且额定短路电压和功率因数误差大于+10%，则在可行的情况下，在额定短路电压较低的变压器上增加串联阻抗，以接近满足式（2.129）的要求。

例2.8 空载时通过相同的变压器并联进行温升试验/实验2.6

考虑两个相同的配电变压器（例如家用），可提供5%的额定电压变化。如果额定短路电压为5%，在空载情况下，一台连接在+5%抽头上，另一台连接

在 -5% 抽头上，求两台并联变压器之间的环流标幺值（见图 2.46）。

解：

从图 2.46 中的接线可以清楚地看出，第一台变压器的额定匝数比（K_n）变为 $1.05K_n$，第二台变压器的额定匝数比（$K_n = N_{1n}/N_{2n}$）变为 $0.95K_n$。

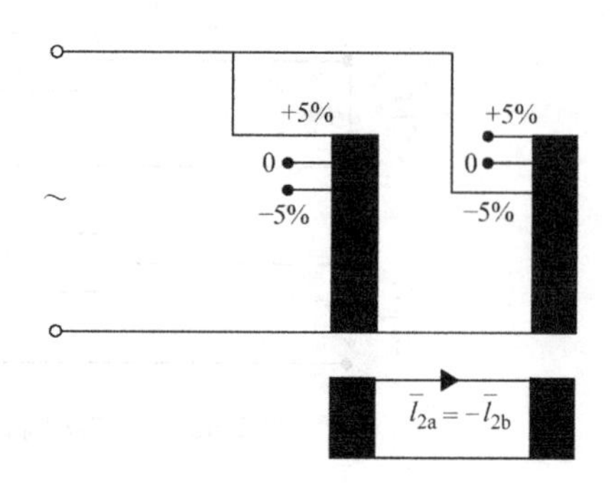

图 2.46　用于温升试验的并联抽头变压器

根据式（2.126）和式（2.127），环流 $\bar{I}_{2a}$ 为（$\bar{I}_{2t}=0$）：

$$\bar{I}_{2a} = -\bar{I}_{2b} = \frac{-\left(\frac{1}{1.05K_n} - \frac{1}{0.95K_n}\right) \times V_1}{\bar{Z}_{asc2} + \bar{Z}_{bsc2}}$$

但是，从二次侧看，随着匝数的轻微变化，

$$\bar{Z}_{asc2} = Z_{1sc} \cdot \frac{1}{(1.05K_n)^2}$$

$$\bar{Z}_{bsc2} = Z_{1sc} \cdot \frac{1}{(0.95K_n)^2}$$

当 $I_{2n}/K_n \approx I_{1n}$、$Z_{1sc}I_{1n} = V_{1nsc}$ 时，

$$I_{2a} \approx \frac{\frac{0.1}{K_n} \cdot I_{2n}}{\frac{Z_{1sc}}{K_n^2} \cdot I_{2n} \cdot \left(\frac{1}{1.05^2} + \frac{1}{0.95^2}\right)} \approx \frac{0.1I_{2n}}{2 \times \frac{V_{1nsc}}{V_1}} = \frac{0.1}{2 \times 0.05} \times I_{2n} = I_{2n}$$

此时，环流等于额定电流，从而两台变压器得到额定温升。电网仅提供两台相同变压器的损耗。

磁饱和条件是不相同的，本例中额定损耗可视为平均损耗。如果 $v_{1nsc} \neq 5\%$（百分比），则所激发的环流与额定值不等，但比例已知。

2.16 变压器的瞬态

输入电压或负载变化常常伴随着电压或电流幅值的短时突变，突变的一瞬间，电压或电流已不再是正弦波。

变压器空载合闸时的浪涌电流、二次侧突然短路、空气或电力电子的高压陡前沿脉冲都会产生瞬态。

目前已有的变压器模型可适用于慢瞬态（达数千赫兹）。但是频率更高时

（从现代电力电子中的数万赫兹到微秒级的电压脉冲），对变压器匝间电容、油箱（地）的电容会产生重要影响。本节用“电磁瞬态”表示慢瞬态（变压器方程和等效电路中只有电阻和电感），用“静电瞬态”表示快瞬态（其中变压器串联和并联产生的寄生电容起着关键作用）。

2.16.1 电磁（R，L）瞬态

回到对电磁瞬态有效的式（2.75）和式（2.79），对于单相变压器有

$$i_1 \cdot R_1 - V_1 = -(L_{1l} + L_{11m}) \cdot \frac{\mathrm{d}i_1}{\mathrm{d}t} - L_{11m} \cdot \frac{\mathrm{d}i'_2}{\mathrm{d}t}$$
$$i'_2 \cdot R'_2 + V'_2 = -L_{11m} \cdot \frac{\mathrm{d}i_1}{\mathrm{d}t} - (L'_{2l} + L_{11m}) \cdot \frac{\mathrm{d}i'_2}{\mathrm{d}t} \tag{2.130}$$

用 s（拉普拉斯算子）代替 $\mathrm{d}/\mathrm{d}t$，得到矩阵形式

$$\begin{vmatrix} R_1 + s \cdot (\underbrace{L_{1l} + L_{11m}}_{L_1}) & s \cdot L_{11m} \\ s \cdot L_{11m} & R'_2 + s \cdot (\underbrace{L'_{2l} + L_{11m}}_{L'_2}) \end{vmatrix} \cdot \begin{vmatrix} i_1 \\ i'_2 \end{vmatrix} = \begin{vmatrix} V_1 \\ -V'_2 \end{vmatrix} \tag{2.131}$$

由特征方程得到 s 的两个特征值

$$s^2 \cdot (L_1 L'_2 - L_{11n}^2) + s \cdot (L_1 R'_2 + L'_2 R_1) + R_1 R'_2 = 0 \tag{2.132}$$

由 $R_1 = R'_2 = R_{\mathrm{sc}}/2$，$L_{1l} = L'_{2l}$（$L_1 = L'_2$）并忽略 $L_{1l}L_{2l}$，根据式（2.132）可得

$$s^2 L_{\mathrm{sc}} L_{11m} + s L_1 R_{\mathrm{sc}} + \frac{R_{\mathrm{sc}}^2}{4} = 0 \tag{2.133}$$

$$s_{1,2} = \frac{(-L_1 \pm \sqrt{L_1^2 - L_{\mathrm{sc}} L_{11m}}) \cdot R_{\mathrm{sc}}}{2 L_{\mathrm{sc}} L_{11m}} \approx \left\langle \begin{matrix} -\dfrac{R_{\mathrm{sc}}}{L_{\mathrm{sc}}} \\ \dfrac{-R_1}{L_{11m}} \end{matrix} \right. \tag{2.134}$$

因此，变压器的电磁瞬态始终是稳定的，可用两个时间常数描述其特征：快时间常数 $T_{\mathrm{sc}} = L_{\mathrm{sc}}/R_{\mathrm{sc}}$ 对应于负载变化过程，约为几十毫秒；大时间常数 $T_m = L_{11m}/R_1$ 对应于磁化（电压变化）过程，如图2.47所示。

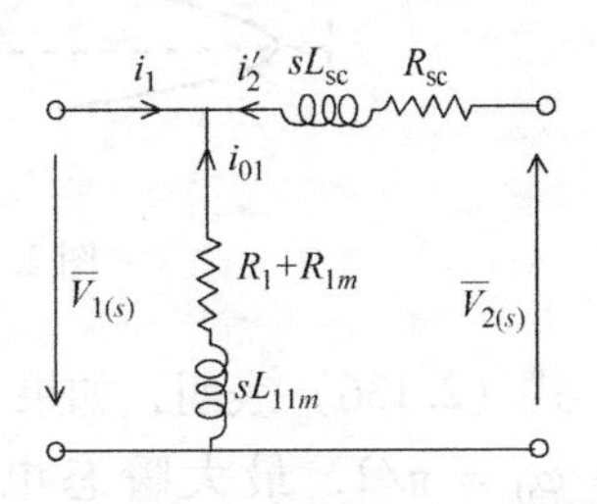

图2.47 变压器电磁瞬态结构图

接下来研究两种具有重要实际意义的特殊电磁瞬态。

2.16.2 浪涌电流瞬态/实验 2.6

一台单相变压器二次侧开路，一次侧接到电网上，

$$V_{1t} = V_1\sqrt{2}\cos(\omega_1 t + \gamma_0) = R_1 \cdot \frac{\Psi_{10}}{L_1(i_{10})} + \frac{\mathrm{d}\Psi_{10}}{\mathrm{d}t}; \quad \Psi_{10} = L_1(i_{10}) \cdot i_{10} \tag{2.135}$$

在零时刻，$\Psi_{10(t=0)} = \Psi_{1\mathrm{rem}}$，其中，$\Psi_{1\mathrm{rem}}$是变压器铁心对应于材料的磁滞回线的剩磁。从式（2.135）中可以看出，图 2.47 中只有并联支路有电流（$i_2' = 0$）。由于磁路饱和，Ψ_{10}（i_{10}）为非线性函数，式（2.135）可以通过数值法或做图法求解，从而得到真实结果。

在式（2.135）的右边第一项中考虑 L_1（i_{10}）为常数，可以求得式（2.134)的解析解如下：

$$\Psi_{10}(t) = \Psi_{1\mathrm{m}} \cdot [\sin(\omega_1 t + \gamma_0 - \varphi_0) - \sin(\gamma_0 - \varphi_0) \cdot \mathrm{e}^{\frac{-t}{T_0}}] + \Psi_{1\mathrm{rem}}$$

$$\varphi_0 = \tan^{-1}\left(\omega_1 \cdot \frac{L_{10}}{R_1}\right) \tag{2.136}$$

以 $\Psi_{\mathrm{m}} = V_1\sqrt{2}/\omega_1$ 和 $T_0 = L_{10}/R_1 \approx T_{\mathrm{m}}$ 为前述较慢的时间常数，加入非线性函数 Ψ_{10}（i_{10}），忽略磁滞效应，可以用做图法得出浪涌电流波形（见图 2.48）。

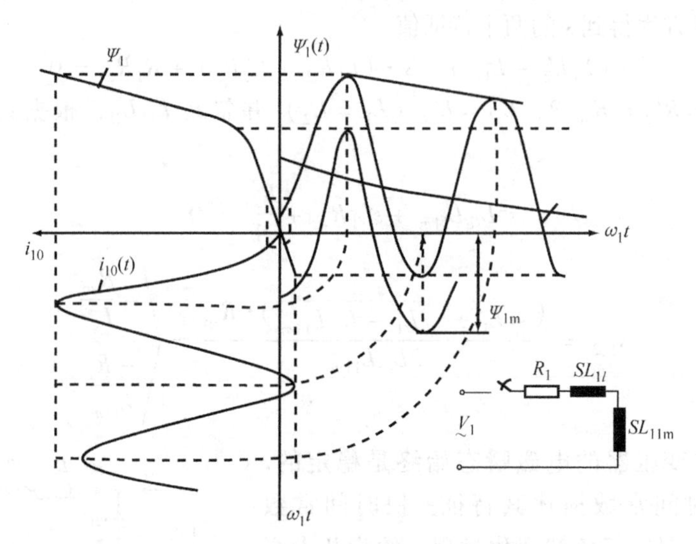

图 2.48 做图法得出浪涌电流波形

式（2.136）表明，如果 $\gamma_0 = \varphi_0$，则不存在瞬态电流分量（指数项）；如果 $\gamma_0 - \varphi_0 = \pi/2$，最大瞬态电流所对应的磁通几乎是最大磁通幅值的 2 倍（$\approx 2\Psi_{1\mathrm{m}}$），磁路早已进入饱和区。

因此，尽管空载稳态电流小于 $0.02I_{1\text{rated}}$，但空载合闸时的峰值电流可达额定值的5~6倍。为了避免过电流保护跳闸，串联一个短时工作电阻，将电流限制在跳闸阈值以下。瞬态（几秒钟）结束后，此电阻被切除。

2.16.3 空载突然短路（$V_2'=0$）/实验2.7

在这种情况下，变压器仅用 R_{sc} 和 sL_{sc}（串联阻抗）表示，如图2.47所示。

电流初始值为空载电流 i_{10}，可忽略不计（$i_{10}\approx0$）。所以变压器方程变为

$$V_1\sqrt{2}\cos(\omega_1 t+\gamma_0)=R_{sc}i_1+L_{sc}\frac{di}{dt};\ (i_1)_{t=0}=0 \tag{2.137}$$

由于磁饱和不起作用，方程求解比较简单：

$$i_{1sc}(t)=\frac{V_1\sqrt{2}}{Z_{sc}}\left[\cos(\omega_1 t+\gamma_0-\varphi_{sc})-\cos(\gamma_0-\varphi_{sc})\cdot e^{\frac{-t}{T_{sc}}}\right] \tag{2.138}$$

其中，φ_{sc} 为短路功率因数角。

$$\cos\varphi_{sc}=\frac{R_{sc}}{Z_{sc}};\ Z_{sc}=\sqrt{R_{sc}^2+\omega_1^2L_{sc}^2};\ T_{sc}=\frac{L_{sc}}{R_{sc}} \tag{2.139}$$

同样，$\gamma_0-\varphi_{sc}=\pi/2$ 时不存在瞬态。

这一次，瞬态现象很快，持续时间很短（1~7个周期）。i_{1sc} 的峰值可从 $\partial i_{1sc}/\partial t=0$ 求得，表达式为

$$i_{sk}=\frac{V_{1n}\sqrt{2}}{Z_{sc}}\cdot K_{sc};\frac{i_{sk}}{I_{1n}}=\frac{V_{1n}\sqrt{2}\cdot K_{sc}}{Z_{sc}I_{1n}}=\frac{K_{sc}\sqrt{2}}{\frac{V_{1nsc}}{V_{1n}}} \tag{2.140}$$

短路系数 $K_{sc}=1.2\sim1.8$，一般情况下，变压器越大，短路系数越大。因此，当 $V_{1nsc}/V_{1n}=0.04\sim0.12$、$K_{sc}=1.5$ 时，$i_{sk}/I_{1n}=2/(0.04\sim0.12)=50\sim17$。短时峰值短路电流可能产生巨大的电动力，引起机械变形，从而损坏绕组。

由于稳态短路电流为

$$\frac{I_{1scn}}{I_{1n}}=\frac{V_{1n}}{Z_{sc}I_{1n}}=\frac{V_{1n}}{V_{1nsc}}=25\sim8.5$$

即使额定电压下的稳态短路也可能导致绕组快速过热，如果由于任何原因，温度保护未能及时使变压器跳闸，则变压器的设计指标应能承受短路直到绕组温度达到250℃。小型变压器相应的承受时间为5~8s，大型变压器的短路时间为20~30s。

2.16.4 峰值短路电流下的受力

由于峰值短路电流 i_{sk} 非常大，相邻的一次绕组和二次绕组彼此会互相施加电动力（如平行导体之间）。

位于二次侧区域内的一次侧漏磁场（按二次电流为零计算）与二次电流相互作用，产生这些力，其 iBl 的一般形式为

$$\mathrm{d}\vec{F} = \mathrm{d}\vec{l} \times \vec{B} \tag{2.141}$$

漏磁通密度有两个分量：一个为轴向分量 B_{a}（见图 2.23 中的竖直方向）；另一个是径向分量 B_{r}，它只出现在靠近磁轭的位置。所以力的增量由两个部分组成：一个径向力 $\mathrm{d}\vec{F}_{\mathrm{r}}$ 和一个轴向力 $\mathrm{d}\vec{F}_{\mathrm{a}}$，表示为

$$\mathrm{d}\vec{F}_{\mathrm{r}} = i(\mathrm{d}\vec{l} \times \vec{B}_{\mathrm{a}});\ \mathrm{d}\vec{F}_{\mathrm{a}} = i(\mathrm{d}\vec{l} \times \vec{B}_{\mathrm{r}}) \tag{2.142}$$

当 B_{r} 在径向坐标上改变符号时，F_{a} 施加两个相反的力，每个力作用在一半绕组上。

径向力将低压绕组挤压到铁心上，并拉长高压绕组。

径向力和轴向力的近似设计表达式可以从沿所需方向的漏磁能量变化得到

$$F_{\mathrm{r}} = -\frac{\partial W_{\mathrm{ml1}}}{\partial a_{1\mathrm{r}}};\ F_{\mathrm{a}} = \frac{1}{2}\frac{\partial W_{\mathrm{ml1}}}{\partial L_{\mathrm{c}}};\ W_{\mathrm{ml1}} = L_{11} \cdot \frac{i_{\mathrm{sk}}^2}{2} \tag{2.143}$$

根据前几节推导出的漏电感表达式为

$$\frac{\partial L_{11}}{\partial a_{1\mathrm{r}}} = -\frac{L_{11}}{a_{1\mathrm{r}}};\ \frac{\partial L_{11}}{\partial L_{\mathrm{c}}} = -\frac{L_{11}}{L_{\mathrm{c}}} \tag{2.144}$$

因而，

$$F_{\mathrm{r}} = -\frac{L_{11} i_{\mathrm{sk}}^2}{2a_{1\mathrm{r}}};\ F_{\mathrm{a}} = \frac{L_{11} i_{\mathrm{sk}}^2}{4L_{\mathrm{c}}} \tag{2.145}$$

所以

$$\frac{F_{\mathrm{r}}}{F_{\mathrm{a}}} = \frac{2L_{\mathrm{c}}}{a_{1\mathrm{r}}} \geqslant 1(\text{一般情况}) \tag{2.146}$$

通过设计，变压器绕组必须承受最大短路电流的冲击力而不发生机械变形。

例 2.9 峰值电动势

一台峰值电动势为 1MVA 的单相变压器，频率 60Hz，铁心柱（窗）高 $L_{\mathrm{c}} = 1.5\mathrm{m}$，圆柱（多层）绕组径向厚度 $a_1 = a_2 = 0.1\mathrm{m}$，层间绝缘厚度 $\delta = 0.01\mathrm{m}$。额定短路（峰值瞬态过电流）系数 $K_{\mathrm{sc}} = 1.6$。求峰值突发短路电流施加在两个绕组的径向力 F_{r} 和轴向力 F_{a}。

解：

径向变量 $a = \frac{\delta}{2} + \frac{a_1}{3} = 0.01 + \frac{0.1}{3} = 0.0433\mathrm{m}$。

根据式（2.145），F_{r} 和 F_{a} 都可以用式（2.140）中的峰值短路电流 i_{sk} 来计算，

$$i_{sk} = \frac{K_{sc}\sqrt{2}}{\frac{V_{1nsc}}{V_{1n}}} \cdot I_{1n}$$

假定 $L_{1l} = L_{2l} = L_{sc}/2$，通常，

$$F_r = \frac{1}{2}\frac{\omega_1 L_{sc}}{2\omega_1} \cdot \left(\frac{K_{sc}\sqrt{2}}{\frac{V_{1nsc}}{V_{1n}}}\right)^2 \cdot I_{1n}^2 \cdot \frac{1}{a_{1r}} \approx \frac{1}{2}\frac{V_{1n}I_{1n}K_{sc}^2}{\omega_1 V_{1nsc}}\frac{1}{L_{a1}} = \frac{S_n K_{sc}^2}{2\omega_1 a_{1r}\frac{V_{1nsc}}{V_{1n}}}$$

$$= \frac{10^6 \times 1.6^2}{4\pi \times 60 \times 0.0433 \times 0.04} = 3.62 \times 10^6\mathrm{N} = 3620\mathrm{kN} \qquad (2.147)$$

轴向力 F_a 要小得多：

$$F_a = F_r \cdot \frac{a_{1r}}{2L_c} = F_r \times \frac{0.0433}{2 \times 1.5} = 0.01443F_r = 3620 \times 0.01443 \approx 52.25\mathrm{kN}$$

注：与配电变压器绕组一样，提供至少 ±5% 的抽头（发电机变压器为 ±10%），如果一次绕组和二次绕组的垂直长度不相等，则预计会产生更大的轴向力。

2.16.5 静电（C，R）超快瞬态

由于大气放电（雷雨）和电磁、电力电子电源开关的快速切换，可能产生具有微秒级陡前沿的过电压脉冲。对于这种超快电压脉冲，电力变压器不能再由电磁模型来表示。

对于微秒级前沿电压脉冲，其等效频率可认为在 $10 \sim 10^3$kHz，因此至少在瞬态开始后的前几个微秒内，可以忽略变压器的电阻和电感。结果表明，超高频条件下变压器模型由其匝间电容、绕组间电容和对地电容表示。在实际变压器中，有许多并联（C）和串联（R）寄生电容，它们相互连接，在多层或交叠绕组的三相变压器中形成一个非常复杂的网络。

单层绕组可简单地表示为如图 2.49 所示的等效电路。

现在把所有的分布电容集中表示成一个等效电容 C_e，它表示雷电产生的微秒前电压大气波沿着架空传输线向变压器传播（见图 2.50）。

令 V_d 为直射电压波，V_r 为反射电压波，变压器等效电容 $C_e = (10^{-7} \sim 10^{-10})$F，$I_d$ 为直射波电流，I_r 为反射波电流，I_t 为变压器电流，Z 为传输线阻抗（约 500Ω）。从图 2.50 可得

$$V_d = ZI_d;\ V_r = ZI_r;\ i_t = i_d - i_r;$$

$$V_t = V_d + V_r = \frac{1}{C_e}\int i_t \mathrm{d}t \qquad (2.148)$$

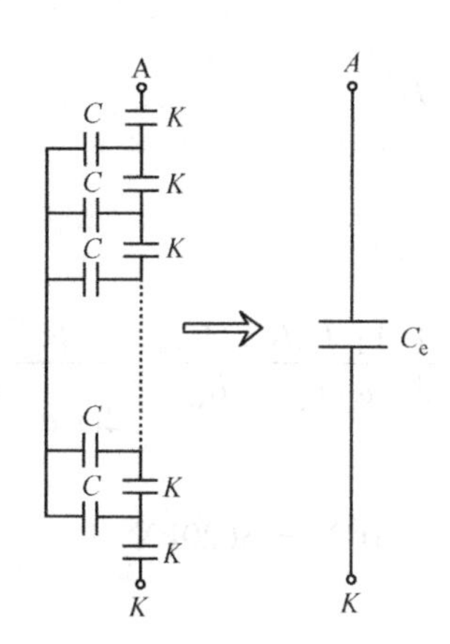

图 2.49　单层绕组变压器超高频（静电）等效电路

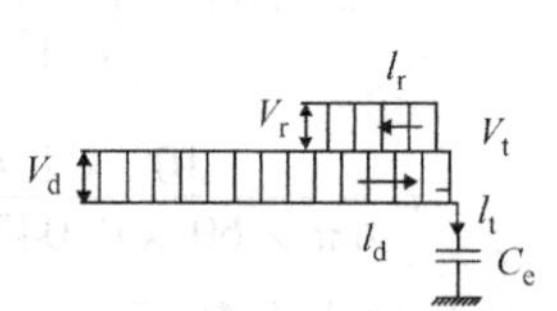

图 2.50　微秒前电压向变压器传播

变压器初始电压为零$(V_t)_{t=0}=0$，从方程（2.148）中消去i_d、i_r、V_d和V_r，并解出V_t中的一阶微分方程，得到

$$
\begin{aligned}
V_t &= 2V_d(1-e^{\frac{t}{C_eZ}})\\
i_t &= \frac{2V_d}{Z}\cdot e^{\frac{-t}{C_eZ}}
\end{aligned}
\tag{2.149}
$$

通常，该过程的时间常数$T_e=(50\sim0.05)\mu s$。

因此，当变压器中的电阻和电感还未响应时，变压器的表征电容C_e就会在微秒内以双电压脉冲电平$2V_d$充电。

现在问题变为这个双电压脉冲沿着绕组从终端到中性点（星形联结）是如何分布的。这个过程也发生得很快，因此仍然忽略变压器中的电阻和电感，但需要应用分布式电容模型（见图 2.51）。

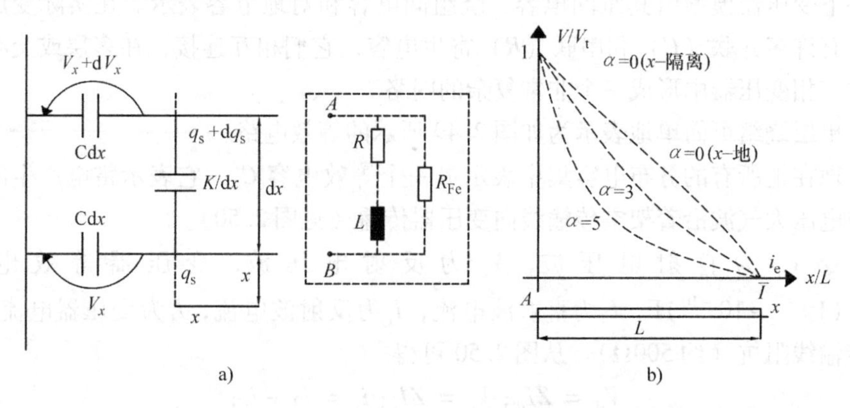

图 2.51　a）变压器分布式电容模型　b）沿绕组的“初始”电压分布

根据图 2. 51，可以写出

$$V(x)+\mathrm{d}V-V(x)=q(x)\cdot\frac{\mathrm{d}x}{K}$$

$$q(x)+\Delta q-q(x)=V(x)C\mathrm{d}x \tag{2.150}$$

或者

$$\frac{\mathrm{d}V(x)}{\mathrm{d}x}=\frac{q}{K};\ \frac{\mathrm{d}q(x)}{\mathrm{d}x}=C\cdot V(x) \tag{2.151}$$

从式（2. 150）中消去 q（电荷局域值），

$$\frac{\mathrm{d}^2V(x)}{\mathrm{d}x^2}-\frac{C}{K}V(x)=0 \tag{2.152}$$

这是一个关于 x 的波动方程，其中，x 是中性点到相端（入口）的距离，

$$V(x)=A\sinh(\alpha x)+B\cosh(\alpha x);\ \alpha=\sqrt{\frac{C}{K}} \tag{2.153}$$

边界条件为

$$V=0,\text{当 } x=0 \text{ 时(中性点接地)}$$

$$\frac{\mathrm{d}V}{\mathrm{d}x}=0,\text{当 } x=0 \text{ 时(中性点隔离)}$$

$$V=V_{\max}=2V_{\mathrm{d}},\text{当 } x=l \text{ 时(相端入口)} \tag{2.154}$$

因此

$$V(x)=V_{\max}\cdot\frac{\sinh(\alpha x)}{\sinh(\alpha L)};\text{中性点接地}$$

$$cV(x)=V_{\max}\cdot\frac{\cosh(\alpha x)}{\cosh(\alpha L)};\text{中性点隔离} \tag{2.155}$$

对于单相变压器，中性点被相绕组末端代替，它可以接地也可以隔离。

很明显（见图 2. 51b），如果 $\alpha=\sqrt{\frac{C}{K}}>5$，两种中性点接地条件下的初始电压沿绕组的分布是高度非线性的，因此前 10% 的绕组可能会承受超过 50% 的初始电压，如果初始电压本身很大，则会对前 10% 的绕组产生严重的应力。这种现象在电力电子变压器和电机中也很常见。当电压重复出现时（通过脉冲宽度调制），这样的电压脉冲不仅可能导致电压加倍，而且可能变成三倍，沿绕组长度的电压分布仍然不均匀。需要采取特别措施来处理这种情况。

现在，在这个“初始”分布电压施加完毕后（几微秒左右），电阻和电感，包括 R_{iron}（铁心损耗电阻）出现在等效电路中（见图 2. 51a），因此可能会发生谐振现象，甚至可能导致 20% ~40% 以上的过电压。必须采取防谐振措施来避免这种现象。

2.16.6 防过电压静电瞬态保护措施

有一些外部（对变压器）的措施可以减小 $V_{max}=2V_d$ 过电压水平对变压器的影响，从而间接地降低了变压器绕组中的静电应力。火花隙是对中低压变压器电流衬套采取的典型措施。本质上，火花隙在高压下受到电离作用，因此电荷通过火花隙而非通过变压器流向大地。更好的外部保护是通过近端避雷器与短接地连接器来实现。

减少变压器绕组前 10% 的初始过电压应力的内部措施包括在前 10% 匝数中采用扁平线匝（减少 C 和增加 K）、相端入口和靠近油箱处采用金属保护环、位于相端入口处采用的圆柱形垂直金属丝网、交叠的前 10% 线匝随机缠绕，以及在绕组敏感部位（如调压抽头）周围增加氧化锌压敏电阻元件。

2.17 仪器用互感器

为了将感应到的交流电压和电流降低到较低的水平，可使用现有仪器（转换器或传感器）、电位（电压）互感器和电流互感器。

这类互感器可将变压器、电机从高压线路或中压电源侧隔离。当电流达 5A 时，电压可达 600V（或 1kV）。

如果要测量 34kV 线电压，则让一台电压比为 350:1 的电压互感器工作在空载状态（二次侧开路），因此，

$$V_1 = V_{20}\frac{N_1}{N_2} \tag{2.156}$$

然而，由于沿 R_1 和 X_{1l} 存在电压降，因此 $\overline{V}_{20}$ 相对于测量电压 $V_1 \cdot N_2/N_1$ 存在微小的幅值误差和相位误差。通过合理的设计，这些误差可降到最低，同时在精密敏感应用场合中应给出误差修正系数。在设计考虑时，一次侧按空载电流设计，二次侧按空载考虑。所以电压互感器体积较小。

电流互感器通常采用圆形低损耗磁心，其二次侧多匝绕组与一个小电阻并联，其电压与二次电流成正比。一次侧大电流电缆可以穿过圆形磁心 2、3 乃至 N_1 次（通常 $N_1<5$）。电流互感器二次侧工作在短路状态，短路电流会反馈（有限）到一次侧。如果磁心具有高磁导率，则磁化电流 i_{10} 可以忽略不计。

$$N_1 i_1 + N_2 i_2 = N_1 i_{10} \approx 0;\quad i_1 = \frac{-N_2 i_2}{N_1}; N_2 > N_1 \tag{2.157}$$

实际上，测量的电流 $i_2 \leqslant 5\text{A}$。若 $I_1=1\text{kA}$ 且 $I_2=5\text{A}$，我们需要 $N_2/N_1 = 1000/5 = 200/1$。此外，电流互感器除了磁化电流小外，绕组损耗也要小，以保证 i_1 和 i_2 之间的相位和幅值误差小。

电流互感器的额定电压低，体积小。

电压互感器在电流被严重低估时，应保护其不发生短路；而电流互感器在电压被低估时，应保护其不发生二次开路；同时，一次绕组中未补偿的磁动势过大，会产生过大的铁心损耗，使铁心严重饱和。

2.18　自耦变压器

长距离输电线需要以高达2∶1（或1∶2）的电压比升高或降低电压以补偿由于长输电线电抗而引起的电压降，使用一个带有抽头的单相绕组（见图2.52）的变压器（称为自耦变压器），以降低变压器成本和损耗。自耦变压器也用作低成本的调压电源。

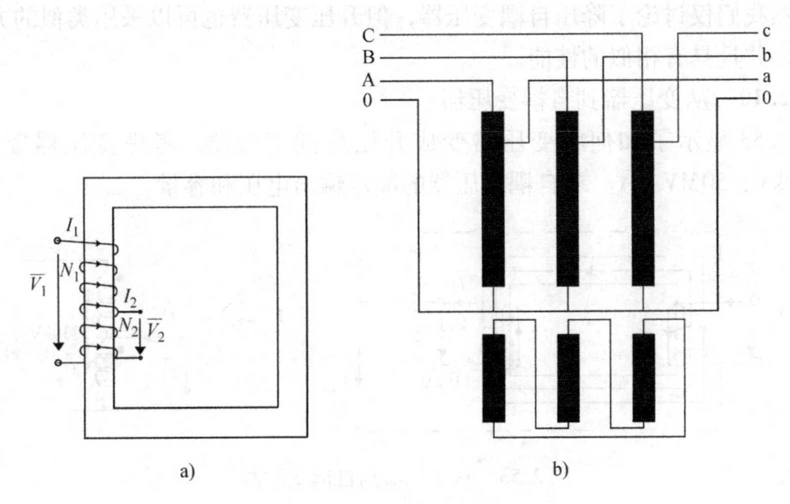

图2.52　降压自耦变压器

a）单相　b）带第三绕组的三相Y0y0自耦变压器

忽略磁化电流，有

$$(N_1 - N_2)\bar{I}_1 - N_2\bar{I}_s = 0;K_T = \frac{N_1}{N_2} \tag{2.158}$$

式中，$\bar{I}_s$为二次电流；$\bar{I}_1$为一次电流。绕组中的负载电流$\bar{I}_2$为

$$\bar{I}_2 = \bar{I}_1 + \bar{I}_s \tag{2.159}$$

根据方程（2.158），

$$\bar{I}_s = \bar{I}_1(K_T - 1);\bar{I}_2 = \bar{I}_s\frac{K_T}{K_T - 1} \tag{2.160}$$

如果忽略所有损耗，则输入和输出功率相等：

$$V_1 I_1 = V_2 I_2 \tag{2.161}$$

因此，通过电磁感应（经由铁心）传送的电磁功率 S_e 等于

$$S_{en} = V_2 I_s = V_2 I_2 \left(\frac{K_T}{K_T - 1}\right)^{-1} = S_n \left(\frac{K_T}{K_T - 1}\right)^{-1} \quad (2.162)$$

若 $K_T = 2$，则 $S_e = S_n/2$ 且 $I_s = I_1$，只有一半的功率通过铁心传输，因此自耦变压器铁心设计额定值是相应双绕组变压器的 50%，其余的功率通过导线从一次侧直接传输至负载。

由此可见，自耦变压器的成本显著降低。正如预期的那样，铁心损耗以及铜损耗更小，短路额定电压 V_{1scn} 也更小。因此，其电压调整量比相同额定值的双绕组变压器的电压调整量更小，但短路电流会更大，因而需要更强大的过电流保护系统。

虽然我们仅讨论了降压自耦变压器，但升压变压器也可以采用类似的方法进行处理，并且具有相似的性能。

例 2.10　从变压器到自耦变压器

图 2.53 显示了如何将变压器变成升压自耦变压器。考虑变压器额定值：220/110kV，50MV · A。求自耦变压器的额定输出电压和容量。

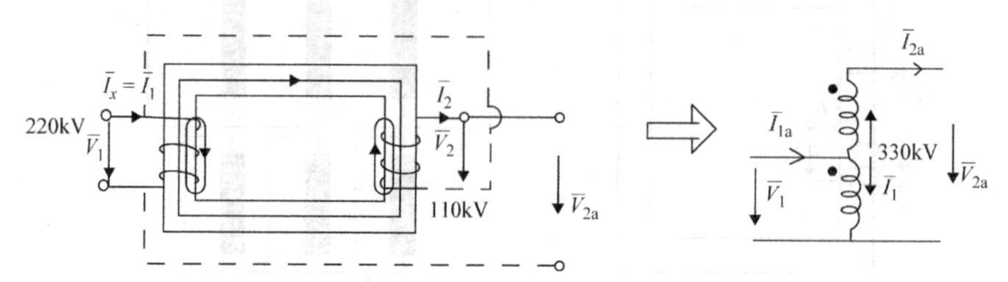

图 2.53　从变压器到自耦变压器

解：

额定输入电流 I_x 为

$$\bar{I}_1 = \bar{I}_x = \frac{S_n}{\bar{V}_1} = \frac{50 \times 10^6}{220 \times 10^3} = 227\text{A}$$

$$I_{2a} = I_2 = \frac{S_n}{\bar{V}_2} = \frac{50 \times 10^6}{110 \times 10^3} = 454\text{A}$$

通过标量相加，自耦变压器的输入电流 I_{1a} 和输出电压 V_{2a} 为

$$I_{1a} = I_1 + I_2 = 227 + 454 = 681\text{A}$$

$$V_{2a} = V_1 + V_2 = (220 + 110) \times 10^3 = 330\text{kV}$$

因此，自耦变压器的总输出容量 S_{an} 为

$$S_{an} = V_1 I_{1a} = V_{2a} I_{2a} = 220 \times 10^3 \times 681 = 150\text{MV} \cdot \text{A}$$

因此，如本例所示，改成升压自耦变压器后可提供原来三倍的容量。但是，

也应该注意，由于输入电流增加三倍，相应地绕组导体截面积也应增大。而且，输出电压也增加三倍，因此必须加强二次绕组的绝缘。由于额定损耗相同且容量增加三倍，因此与原变压器相比，自耦变压器的效率显著提高。

2.19 电力电子变压器和电感器

电力电子技术通过可控的静态功率半导体快速开关来改变电压/电流波形(振幅和频率)，或者换句话说，改变电力参数。

现代的静态功率可控开关器件可以在数个纳秒内㊀实现开关转换。

在电力电子技术中，电能的快速处理是通过半导体控制的功率开关器件［或可控硅整流器（SCRs）］来实现的，它同时还需要使用电感和电容等储能元件。为了实现交流电压的电流隔离，常采用电压比较高的升压或降压的高频变压器，其频率范围为1~100kHz，容量可达千瓦乃至数百千瓦。在分布式电力系统中，电力电子技术用于消除电流或电压谐波，补偿长输电线的无功功率或电压降。此外，高压直流输电也采用很多电力电子技术，它使得标准的交流输电更加灵活。

在所有这些应用中，变压器与电力电子器件一起使用，容量可达数十乃至数百MVA，开关频率达MHz㊁。

图2.54为带储能电感L的直流升压DC/DC变换器。

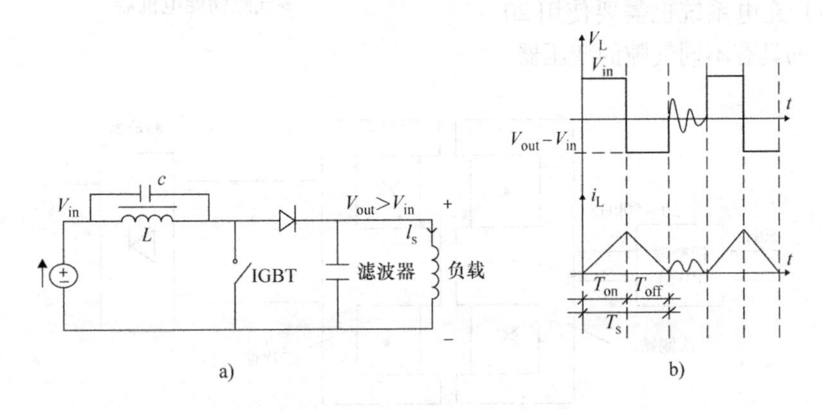

图2.54 升压DC/DC变换器

a）等效电路 b）储能电感的电压和电流

在时间间隔T_{on}内，电感L通过IGBT（绝缘栅双极型晶体管）与输入直流电源连通。然后，当电感充电回路断开时（在时间间隔T_{off}内），输出电压V_{out}为

㊀㊁ 此处原书有误。——译者注

$$V_{out} = V_{in} - L\frac{di}{dt} \tag{2.163}$$

如果开关周期 $T_s > T_{on} + T_{off}$，则会出现某个时间间隔内电感电流为零。

理想零电流时间间隔（见图 2.54b）期间，在 IGBT 的高换相频率（$1/T_s$）=（10~20）kHz 下工作的电抗寄生电容 C 会引起电感电流脉动。

全混合动力电动汽车（HEV）中，升压 DC/DC 变换器是这种电抗器（见图 2.55）的典型应用，其功率为 60kW（DC 220~500V），开关频率为 10kHz。

如图 2.55 所示，磁心必须具有多个气隙，以允许电抗器流过大电流时磁心不发生磁饱和，并且磁心应由非常薄（小于 0.1mm）的硅钢片或软磁复合材料制成，以减少在高达 10kHz 开关频率下的磁心损耗。

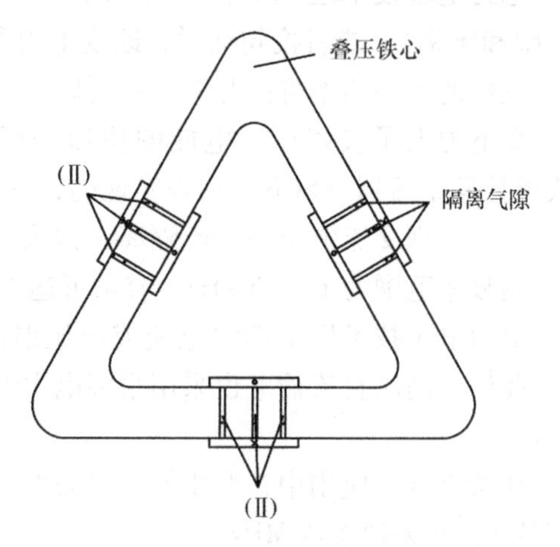

图 2.55 升压 DC/DC 变换器中的多气隙储能电抗器

一台体积小（重量轻）的电焊设备包含整流器、20~100kHz 降压变压器和快速二极管整流器。

混合动力汽车的非接触式电池充电系统（见图 2.56）或手机电池（现场）充电系统也需要使用 20~50kHz 的具有不同气隙的变压器。

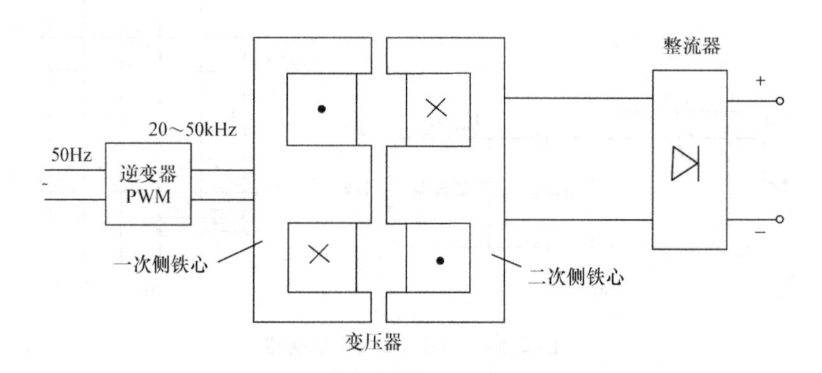

图 2.56 由高频逆变器—变压器—高频二极管整流器构成的电池充电器

另一种应用中，为了补偿沿长距离交流输电线路产生的电压降，采用了两级交流电力电子变换器和串联变压器。这里变压器的基频为 50（60）Hz，但由于变换器的快速开关，存在谐波等问题。

以上所有带有电力电子设备的变压器的例子都表明，在与功率和频率密切相关的变换器领域，必须考虑特殊的材料、结构、模型等问题[1]。

2.20 变压器初步设计实例

这里所说的设计，是指根据给定规格确定变压器的尺寸。所以，我们所说的设计指的是一种综合，计算给定几何尺寸的性能被称为分析。设计（综合）需使用分析迭代，而分析必须建立数学模型。

数学模型可以是场的分布（有限元模型）或电路。由于有限元模型在计算时间上的限制，在大多数情况下，常常在基于解析模型的设计优化之后，将有限元模型用于性能验证。这里，我们将利用本章已经推导的变压器参数（电路模型的实际表达式），来举例说明（通用的）变压器初步设计。

2.20.1 规格

- 变压器额定容量：$S_n = 100\text{kV} \cdot \text{A}$
- 相数：3
- 联结方式：Yz0
- 磁化电流，$i_{01} < 0.015 I_n$
- 频率，$f_1 = 50\text{Hz}$
- 线电压，$V_{1l}/V_{2l} = 6000/380$㊀
- 额定短路电压，$V_{1scn} = 0.045 V_1$
- 额定电流密度，$j_{co} =$ （3 ~3.5） A/mm^2
- 圆柱（层）绕组三柱铁心

2.20.2 设计需求

- 铁心几何尺寸
- 绕组设计
- 电阻、电抗和等效电路
- 损耗与效率
- 额定空载电流和额定短路电压

2.20.3 磁路尺寸确定

三柱铁心及其主要几何变量如图 2.57 所示。叠压硅钢片的磁化曲线（B_m—

㊀ 原书此处有误。——译者注

H_m）见表2.3。在 $B_m = 1.5\text{T}$、频率为50Hz时的铁心损耗为 $p_{iron} = 1.12\text{W/kg}$，其损耗取决于 $(B_m/1.5)^2$。

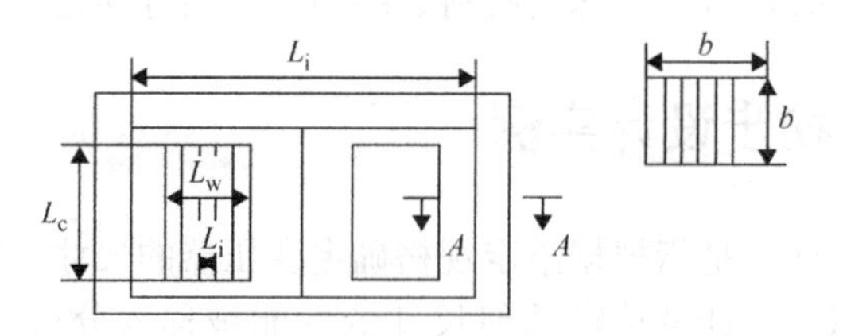

图2.57 三柱铁心及其主要几何变量

表2.3 硅钢片磁化曲线

B_m㊀（T）	0.1	0.15	0.2	0.3	0.4	0.5	0.6	0.7	0.9	1.4	1.5	1.6
H_m㊀（A/m）	35	45	49	65	76	90	106	124	177	760	1340	2460

磁路设计首先设定铁心柱和铁轭的磁通密度，$B_c = B_y = 1.4\text{T}$。将磁化曲线表中数据进行插值，可得到铁心柱内的磁场强度，$H_c = H_y$。

根据磁路定律：

$$H_c \times \left(L_c + L_w + \frac{\pi D_c}{4}\right) = N_1 I_{01} \tag{2.164}$$

式中，L_w为窗口长度；D_c为铁心柱外径。

相电动势 V_{e1} 约等于相电压 $V_{1l}/\sqrt{3}$（一次侧星形联结）：

$$V_{e1} = \sqrt{2}\pi f_1 B_c A_c N_1 = K_e \cdot \frac{V_{1n}}{\sqrt{3}}; K_e = 0.985 \sim 0.95 \tag{2.165}$$

2.20.4 绕组尺寸

铁心的窗口必须足以放置一次侧和二次侧绕组及绝缘空间。对于 $V_{1nl} = 6\text{kV}$，应满足 $10\text{mm} < L_i < 60\text{mm}$。

假设 $N_1 I_1 = N_2 I_2$，因此，

$$(L_c - b) \cdot (L_w - L_i) = \frac{2 \times 2N_1 I_{1n}}{j_{co} K_{fill}} \tag{2.166}$$

其中，槽满率 $K_{fill} \approx 0.5$。

对于星形联结，铁心柱初始面积设为 $A_c = 10^{-2}\text{m}^2$。

在方程（2.165）中，一次绕组匝数 N_1 是

㊀㊀ 原书此处有误。——译者注

$$N_1 = \frac{6000}{\sqrt{3} \times \pi \times \sqrt{2} \times 50 \times 1.4 \times 10^{-2}} \approx 1085 \text{ 匝}$$

另一方面，根据 10kVA 变压器设计经验，一次绕组每匝电动势[7]为

$$E_{\text{turn}} = K_{\text{E}} \cdot \sqrt{S_n(\text{kVA})} \tag{2.167}$$

其中，对于三相工业用变压器，$K_{\text{E}}=0.6 \sim 0.7$；对于三相配电（民用）变压器，$K_{\text{E}}=0.45$；对于单相变压器，$K_{\text{E}}=0.75 \sim 0.85$。

本例中

$$E_{\text{turn}} = 0.45 \times \sqrt{100} = 4.5\text{V/匝}$$

由此得 N_1

$$N_1 = \left(\frac{V_{1n}}{\sqrt{3}}\right) \cdot \frac{K_{\text{E}}}{E_{\text{turn}}} = \frac{6000 \times 0.97}{\sqrt{3} \times 4.5} = 778 \text{ 匝} \tag{2.168}$$

我们仍然选取 $N_1=1085$ 匝［根据公式（2.165）］。

额定电流 I_{1n} 是

$$I_{1n} = \frac{S_n}{\sqrt{3}V_{1nl}} = \frac{100 \times 10^3}{\sqrt{3} \times 6000} = 9.6334\text{A} \tag{2.169}$$

二次侧线圈匝数 N_2 等于

$$N_2 = N_1 \cdot \frac{V_{2n}}{V_{1n}} \cdot \frac{2}{\sqrt{3}} = 1085 \times \frac{380/\sqrt{3}}{6000/\sqrt{3}} \times \frac{2}{\sqrt{3}} = 80 \text{ 匝} \tag{2.170}$$

式中，系数 $2/\sqrt{3}$ 是由于二次侧采用 z_0 联结。

窗内绕组径向宽度 a_1 和 a_2 分别为

$$a_1 = \frac{N_1 I_{1n}}{j_{\text{co}} K_{\text{fill}} L_{\text{c}}}; \quad a_2 = \frac{N_2 I_{2n}}{j_{\text{co}} K_{\text{fill}} L_{\text{c}}} = \frac{2}{\sqrt{3}} a_1 \tag{2.171}$$

线圈的平均直径是

$$D_{\text{av2}} = D_{\text{core}} + a_2; D_{\text{av1}} = D_{\text{core}} + 2a_2 + \delta + a_1 \tag{2.172}$$

漏电抗表达式（在本章前述内容导出）为

$$X_{1l} = \omega_1 \mu_0 \frac{N_1^2}{L_{\text{c}}} \pi D_{\text{av1}} \left(\frac{a_1}{3} + \frac{\delta}{2}\right)$$

$$X'_{2l} = \omega_1 \mu_0 \frac{N_2^2}{L_{\text{c}}} \pi D_{\text{av2}} \left(\frac{a_2}{3} + \frac{\delta}{2}\right) \tag{2.173}$$

直接得到一次电阻和二次电阻

$$R_1 = \frac{\rho_{\text{co}} \pi D_{\text{av1}} N_1}{I_{1n}/j_{\text{co}}}$$

$$R'_2 = \frac{\rho_{\text{co}} \pi D_{\text{av2}} N_1}{I_{1n}/j_{\text{co}}} \times \frac{2}{\sqrt{3}} \tag{2.174}$$

绕组之间的距离δ设定为$\delta = 0.012\text{m}$。公式（2.171）至式（2.174）中消去a_1和a_2，只留下一个未知数，即短路（额定）电压表达式中的铁心柱高度L_c，有

$$V_{1scn} = I_{1n}\sqrt{(R_1 + R_2')^2 + (X_{1l} + X_{2l}')^2} \tag{2.175}$$

当$\delta = 0.012\text{m}$时，$L_c = 0.5\text{m}$，$D_{av1} = 0.2028\text{m}$，$D_{av2} = 0.14768\text{m}$，$X_{21} = 6.5\Omega$，$X_{11} = 7.245\Omega$，$R_2' = 4.666\Omega$，$R_1 = 4.8185\Omega$。

则额定短路电压V_{1scn}等于

$$V_{1scn} = 160.87\text{V} \tag{2.176}$$

现在校核额定短路电压比为

$$\frac{V_{1scnl}}{V_{1n}} = 4.638\% \tag{2.177}$$

这个数值接近预期的4.5%，因此L_c取值0.5m保持不变。

2.20.5　损耗和效率

额定铜耗P_{copper}

$$P_{copper} = 3(R_1 + R_2')I_{1n}^2 = 2640\text{W} \tag{2.178}$$

为了计算铁心损耗，首先需要计算磁心几何尺寸，磁心窗口长度为L_w

$$L_w = 2(2a_1 + 2a_2 + \delta) + D \tag{2.179}$$

其中，D是相邻相绕组之间的径向距离（对于6kV变压器，D可取值0.1m）。

所以，从方程（2.179）可得L_w为

$$L_w = 0.27\text{m} \tag{2.180}$$

对于相同的铁心柱和磁轭截面面积A_c，铁心重量（G_{iron}）为

$$G_{iron} = A_c[3(L_c + D_c) + 4L_w]\gamma_{iron} = 225.49\text{kg} \tag{2.181}$$

在磁通密度为1.4T时，铁心损耗密度为

$$(P_{iron})_{1.4\text{T}} = (P_{iron})_{1.5\text{T}} \times \left(\frac{B_c}{1.5}\right)^{1.7} = 1.0\text{W/kg} \tag{2.182}$$

所以铁耗p_{iron}

$$p_{iron} = G_{iron}(P_{iron})_{1.45} = 225.44 \times 1.0 = 225.44\text{W} \tag{2.183}$$

因此，额定效率η_n为

$$\eta_n = \frac{S_n}{S_n + p_{iron} + p_{copper}} = \frac{100000}{100000 + 2640 + 225.44} = 0.972 \tag{2.184}$$

2.20.6　空载电流

额定空载电流（I_{10n}）等于磁化电流，I_{01}：

$$I_{10} \approx I_{01} = (H_c)_{1.4\text{T}} \times \frac{L_c + L_w + \frac{\pi}{4} \times D_c}{N_1} = 200 \times \frac{0.5 + 0.27 + \frac{\pi}{4} \times 0.1288}{1085}$$

$$= 0.16 \times \frac{I_{d0}}{I_{1n}} = \frac{0.16}{9.6344} = 1.66\% \tag{2.185}$$

2.20.7 有源材料重量

铜的重量 G_{copper} 为

$$G_{copper} = 3 \times \left(\pi D_{av1} + \pi D_{av2} \times \frac{4}{3}\right) \times \frac{I_n}{\rho C_o} \times N_1 \times \gamma_{copper}$$

$$= 3 \times \left(\pi \times 0.2028 + \pi \times 0.14768 \times \frac{4}{3}\right) \times \frac{9.6344}{3.2 \times 10^6} \times 1085 \times 8900$$

$$= 109.32\text{kg} \tag{2.186}$$

活性物质的总重量 G_a 为

$$G_a = G_{iron} + G_{copper} = 225.44 + 109.32 = 334.72\text{kg} \tag{2.187}$$

变压器的 kV · A/kg 比值为

$$\frac{S_n}{G_a} = \frac{100\text{kVA}}{334.72\text{kg}} \approx 0.29 \frac{\text{kV} \cdot \text{A}}{\text{kg}} \tag{2.188}$$

2.20.8 等效电路

从等效电路计算磁化电抗 X_m 和磁心损耗电阻 R_{1m}

$$X_m = \frac{V_{1n}}{\sqrt{3}I_{10}} - X_{1l} = \frac{6000}{\sqrt{3} \times 0.16} - 7.245 = 21676 - 7.245 \approx 21670\Omega \tag{2.189}$$

$$R_{1m} = \frac{p_{iron}}{3I_{10}^2} = \frac{225.44}{3 \times 0.16^2} = 2935.4\Omega \tag{2.190}$$

等效电路中各阻抗的数值如图 2.58所示。

注：由于初步设计的结果是合理的，这为热设计和机械设计以及本书第 3 部分的优化设计奠定了良好基础。

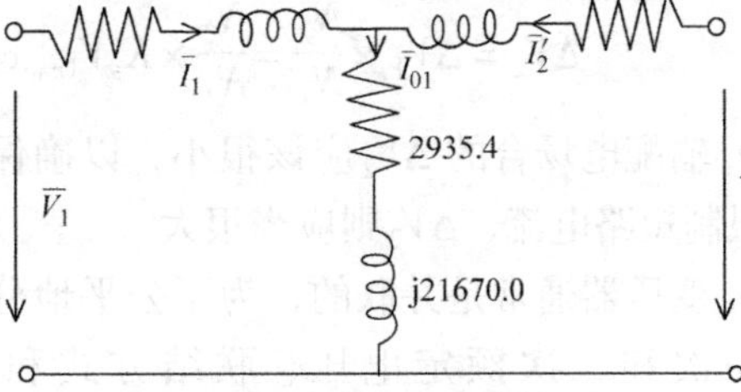

图 2.58 等效电路

2.21 总结

• 电力变压器是一组磁耦合电路，能够在交流输电中提高或降低电压。它们是基于法拉第定律的静止物体，变压器也可用于电隔离。

• 变比 $K_T = N_1/N_2 = (V_{1n}/V_{2n})_{ph}$，反映电压升高（$K_T < 1$）或电压降低（$K_T > 1$）的比例。

• 变压器可分为单相、三相（或多相）结构。另外，变压器还可分为电力变压器（用于电力系统、工业和配电）、互感器、自耦变压器和电力电子变压器。

• 变压器的磁路由工频（50 或 60Hz）薄硅钢片或软铁氧体或坡莫合金等构成，高频情况下与电力电子技术相结合。

• 磁路的特性通过磁路饱和特性和（磁滞、涡流）损耗来描述。薄硅钢片可降低涡流损耗，因而可实现高效率。

• 电路中流通的电流与磁心耦合，趋肤效应会增加阻抗、降低漏感。在变压器中，采用绞线（Roebel 线棒或 Litz 线）可降低趋肤效应。

• 为了研究变压器的稳态和瞬态特性，定义并计算了变压器的漏感、主电感及电阻，得出了将二次侧折算到一次侧的等效电路。

• 变压器主（励磁）电抗越大，空载电流越小（可达额定电流的 2%）；而漏电抗和电阻决定了短路电流的大小（其数值很大）。

• 额定电压下的空载损耗 p_0 与负载时的铁心损耗近似相等。流过额定电流 I_{1n}［此时短路额定电压 V_{1nsc}㊀ $= Z_{sc} \cdot I_{1n} \approx (0.04 \sim 0.12) V_{1n}$］时绕组的短路损耗与在额定负载时相同。因此，从这两个试验中不仅可以计算出变压器等效电路的参数，还可以计算出在指定负载系数 $K_s = I_1/I_{1n}$ 下的损耗。

• 负载时，二次电压 V_2 与其空载电压 V_{20} 的差值 ΔV_2 称为二次电压调节，它与负载系数 K_s、短路额定电压和 $\cos(\varphi_{sc} - \varphi_2)$ 成正比；φ_{sc} 和 φ_2 分别是短路和负载功率因数角：

$$\Delta V_2 = \Delta V_1 \times \frac{N_2}{N_1} = \frac{N_2}{N_1} \times K_s V_{1nsc} \cos(\varphi_{sc} - \varphi_2) = V_{20} - V_2$$

• 输配电场合的 ΔV_2 应该很小，以确保负载时输出电压保持稳定。但如果必须限制短路电流，ΔV_2 则应当很大。

• 变压器通常是并联的，为了公平地分担负载，并联的变压器必须具有相同的一次和二次额定电压、联结方式和联结组标号 n，以及相同的 V_{1nsc}

㊀ 原书此处有误。——译者注

和 $\cos\varphi_{sc}$。

- 三相变压器有时会接不平衡负载，因此必须明智地确定联结方式和磁心类型，以降低零序负载电流电动势，该电动势使相电压不平衡，并产生中性点电位偏移。与电压不平衡的弱电网相连的三相变压器也会出现类似的情况。
- 变压器经历电磁和超高频（静电）瞬态，需要采取足够的变压器保护措施，以避免变压器因瞬变而受到热损坏或机械损坏。
- 请参阅更多关于变压器的专门书籍和标准。

2.22 思考题

2.1　交流线圈的叠压铁心由 0.5mm 厚的硅钢片制成，其电导率 $\sigma = 1\times10^6(\Omega\cdot m)^{-1}$，相对磁导率 μ_{rel}：

$\mu_{rel} = 3000$（当 $B < 0.8T$ 时）

$\mu_{rel} = 3000 - (B - 0.8)^2\times10^3$（当 $0.8T \leqslant B < 2T$ 时）

求 60Hz 和 600Hz 时单位体积铁心中的涡流损耗。

提示：使用式（2.27）到式（2.29）。

2.2　在电机的开口槽里，有一根矩形铜棒，$h = 0.020m$（高），$b = 0.005m$（宽）。铜电导率 $\sigma_{co} = 5\times10^7(\Omega\cdot m)^{-1}$。

a. 计算 60Hz 和 1Hz 时导体的趋肤效应电阻系数和电抗系数 K_R 和 K_x。

b. 用高度为 $h' = h/2$ 的两根导线替换单根导体，串联连接，再次计算与（a）相同条件下的趋肤效应系数。

提示：在 $m = 2$ 的情况下，使用式（2.44）至式（2.50）。

2.3　变压器的圆柱形（多层）绕组 $N_1 = 100$ 匝，径向厚度 $a_{1r} = 0.01m$ 或 $0.03m$，绕组之间的距离 $\delta_{is} = 0.005m$，铁心直径 $D = 0.1m$。

a. 当铁心柱高度 $L_c = 0.08m$、$a_{1r} = 0.01m$ 和 $0.03m$ 时，计算绕组漏电感。

b. 若铜的体积相同且 $L_c = 0.15m$，求绕组径向厚度 a_{1r}，计算漏电感，比较并讨论案例（a）和（b）的结果。

提示：使用式（2.61）至式（2.63）。

2.4　一台单相变压器，容量为 1MV·A，$V_{1nl}/V_{2nl} = 110/20kV$，空载电流 $I_{10} = 0.01I_{1n}$，空载功率因数 $\cos\varphi_0 = 0.05$，额定短路电压 $V_{1scn} = 0.04V_{1n}$，$\cos\varphi_{sc} = 0.15$。求：

a. 额定电流 I_{1n} 和空载电流 I_{10n}；

b. 短路电阻 R_{sc} 和短路电抗 X_{sc}；

c. 额定铜耗 p_{co}；

d. 铁耗 p_{iron}；

e. $\cos\varphi_2=1$ 和 $\cos\varphi_2=0.8$（滞后）时的额定效率；

f. 获得最大效率时的负载系数 $K_{scn}=I_1/I_{1n}$；

g. 考虑功率因数 $\cos\varphi_2=1$、$\cos\varphi_2=0.867$（滞后或超前）三种情况下变压器带额定负载时的电压调整率 ΔV，以额定电压的百分比表示；

h. 额定短路电压 V_{1scn}，单位：V（伏特）。

提示：见示例2.2至例2.4。

2.5　一台空载运行的三相三柱变压器，频率为60Hz，一次侧采用星形联结，每相电压有效值为220V，铁心柱和磁轭的磁阻为 $R_{mc}=R_{my}=1[\mathrm{H}]^{-1}$。

a. 忽略变压器中的所有电压降，写出磁通相量 $\overline{\Phi}_A$、$\overline{\Phi}_B$、$\overline{\Phi}_C$ 及其幅值。

b. 求空载时三相电流的复数形式。

c. 求每相的有功功率，注意电压与磁通相位差为90°。

提示：参见图2.39和方程（2.112）。

2.6　一台三相20/0.38kV、500kVA的Yy0变压器，其二次侧为额定电流 I_{2n}，仅在二次侧的 a 相上接单相负载，功率因数 $\cos\varphi_2=0.707$（滞后）。求

a. 一次侧额定相电流；

b. 二次侧 a 相电流；

c. 接单相负载时一次侧A、B、C相电流；

d. 如果空载电流为 $I_{10}=0.01I_{1n}$，则每相的空载电抗 X_m 是多少；

e. 如果 $X_0=0.1X_m$（或中性点对地电位），则二次侧和一次侧中每相的零序电动势；

f. 二次相电压 V_a、V_b、V_c；

g. 一次相电压 V_A、V_B、V_C。

提示：请参考例2.7。

2.7　两台三相Yy6变压器，$S_{na}=500\text{kVA}$，$S_{nb}=300\text{kVA}$，额定电压为 $V_{1nl}/V_{2nl}=6000/380\text{V}$，$V_{nsca}=1.1V_{nscb}=0.04V_{1n}$，$\cos\varphi_{sca}=\cos\varphi_{scb}=0.3$，匝数和变比相同，并联运行。

a. 两台变压器空载运行，第一台变压器在一次绕组中抽头+5%，第二台变压器在一次绕组中抽头-5%，计算两台变压器一次侧和二次侧之间的环流。

b. 当两台变压器的抽头均为0%时，第一台变压器以额定电流运行，第二台变压器并联运行，两台变压器同时给阻性负载供电，计算第二台变压器的二次电流和负载电流，并讨论结果。

提示：请参阅式（2.120）至式（2.127）和例2.6。

2.8　一台单相60Hz变压器在空载情况下突然接入电网。一次电阻 $R_1=0.1\Omega$，一次电压有效值为220V。求：

a. 稳态空载时的近似总磁链幅值 Ψ_{1m0}；

b. 给定磁化曲线 $I_0 = a\Psi_{1m0} + b\Psi_{1m0}^2$，已知当 $i_0 = 0.1$A 时，$\Psi_{1m0} = 0.95$Wb，当 $i_0 = 50$A 时，$\Psi_{1m0} = 1.8$Wb，请确定电感函数 $L_{10}(i_0) = \Psi_{1m0}/i_0$。

c. 对于图 2.48 中零剩磁和 $\gamma_0 - \varphi_0 = 90°$ 的情况，恒定时间常数 $T_0 = L_{10} \cdot (0.2\text{A})/R_1$ 和常数 $\varphi_0 = \tan^{-1}(\omega_1 T_0)$，求浪涌电流随时间的变化关系。

提示：请查看图 2.48 和等式（2.136）。

2.9　三相变压器单位绕组长度（高度单位：米）的匝间电容 K 和匝地电容 C 为 $C = 10\mu\text{F} = 25K$。

a. 计算孤立接地中性点 1MV 大气微秒前电压沿绕组高度的初始分布。

b. 使用 $C = K$ 处的一次相接线端子金属屏蔽后，计算两种情况下的初始电压沿绕组高度的分布，并对结果进行讨论。

提示：检查式（2.150）和式（2.155），图 2.51。

2.10　考虑一台 10kV · A、220/110V 的单相自耦变压器，求

a. 电磁额定容量 S_{em}；

b. 额定一次电流、二次电流和负载电流；

c. 计算自耦变压器在相同电压和设计电流密度下的铜损耗比（这意味着两个电阻只与匝数二次方成正比）。

提示：参考式（2.158）至式（2.162）和例 2.8。

参考文献

1. A. Van den Bossche and V.C. Valchev, *Inductors and Transformers for Power Electronics*, Chapter 3, Taylor & Francis, New York, 2004.
2. R.J. Parker, *Advances in Permanent Magnetism*, John Wiley & Sons, New York, 1990.
3. P. Campbell, *Permanent Magnet Materials and Their Application*, Cambridge University Press, Cambridge, U.K., 1993.
4. I.D. Mayergoyz, *Mathematical Models of Hysteresis*, Springer-Verlag, New York, 1991.
5. M.A. Mueller, Calculation of iron losses from time-stepped finite-element models of cage induction machines, *International Conference on EMD*, IEEE Conference Publication 412, 1995.
6. ABB Transformer Handbook, 2005.
7. G. Say, *Performance and Design of AC Machines*, Pitman and Sons Ltd., London, U.K., 1961, p. 143.

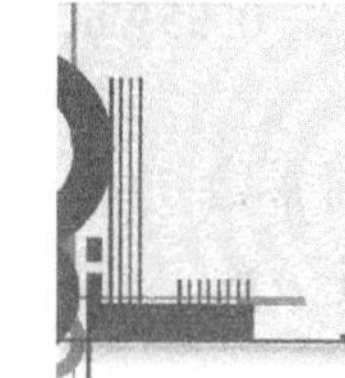

第3章 能量转换原理与电机类型

本章总述旋转电机的一般性问题，是后续直流电机和交流电机的先导性内容。首先从能量变换的角度论述电机中电路和磁路的耦合关系，然后从磁场和能量的角度推导电磁转矩，接着论述各种旋转电机中定子和转子磁场的相互作用，并从旋转电机扩展到直线电机。

3.1 电机中的能量转换

电机是具有可移动元件（转子）的磁电耦合电路系统，它将电能转换成机械能（电动机状态）或将机械能转换成电能（发电机状态）。电机中的相对运动部件遵循能量转换定律和法拉第定律。在接下来的内容中，我们将讨论电机的能量转换工作原理，并利用频率理论介绍电机的基本类型。

电机中的能量转换涉及四种能量转换形式：

$$\text{电源输入的电能} = \text{机械能} + \text{磁场储能} + \text{电机中的损耗} \tag{3.1}$$

$$\xrightarrow{\text{电动机}} \quad \xrightarrow{\text{电动机}}$$

$$\xleftarrow{\text{发电机}} \quad \xleftarrow{\text{发电机}}$$

电机中的损耗主要有以下三种：

- 铁心中的磁滞损耗和涡流损耗（如变压器）：p_{iron}
- 绕组铜耗（如变压器）：p_{copper}
- 机械损耗（轴承损耗与风摩损耗）：p_{mec}

图3.1描述了式（3.1）中存在的相应损耗。根据图3.1，转换成磁能的净电能 $\mathrm{d}W_{\mathrm{e}}$ 是

$$\mathrm{d}W_{\mathrm{e}} = (V - Ri)i\mathrm{d}t \tag{3.2}$$

为了将电机中的电能转换成磁能，耦合磁场（即构成电机的磁路/电路网络）必须在电路中产生相互作用，这种相互作用体现为电动势（emf）V_{e}：

$$-V_{\mathrm{e}} = V - Ri;\mathrm{d}W_{\mathrm{e}} = (-V_{\mathrm{e}})i\mathrm{d}t \tag{3.3}$$

如果电能经由若干个电路传输到耦合磁场，则式（3.3）将包含它们的总和。

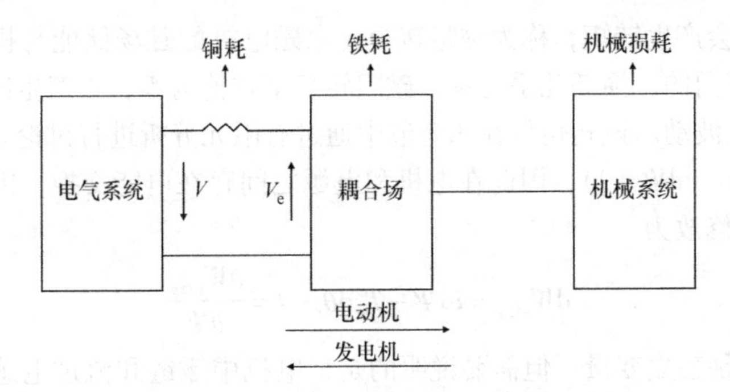

图 3.1　电机中的机电能量转换

3.2 电磁转矩和齿槽转矩（零电流激励时的永磁转矩）

根据法拉第电磁感应定律，电动势 V_e 为

$$V_e = \frac{-d_s\Psi}{dt} = -\frac{-\partial\Psi}{\partial t} - \frac{\partial\Psi}{\partial\theta_r}\frac{d\theta_r}{dt} \tag{3.4}$$

其中，s 表示磁链对时间的全微分；V_e 包含变压器电动势和运动电动势（θ_r 是转子位置）。

事实证明，只有运动电动势直接参与电机的机电能量转换并在电机中产生转矩。从式（3.3）和式（3.4）得到

$$dW_e = i d_s \Psi \tag{3.5}$$

因此，当磁链恒定时（$d_s\Psi = 0$），在电机和电源之间没有电能传递；另一方面，机械能的增量 dW_{mec} 由电磁转矩 T_e 和转子角增量 $d\theta_r$ 确定：

$$dW_{mec} = T_e d\theta_r \tag{3.6}$$

用 dW_{mag} 表示磁场储能增量，并结合上述方程，我们得到：

$$dW_e = i d_s \Psi = dW_{mag} + T_e d\theta_r \tag{3.7}$$

现在，如果 Ψ 为常数，如上所述，从电源传递的能量是零，因此，所有的磁场储能都来自机械能：

$$T_e = \left(-\frac{\partial W_{mag}}{\partial\theta_r}\right)_{\Psi = \text{const}} \tag{3.8}$$

实际上，当电机处于发电机状态时这种情况总是存在，即转子的机械能转换成磁场储能，并最终转换成电机的铁耗和铜耗，或消耗在电阻上（例如电动自行车的刹车电阻）。此时，电磁转矩为负，会使电机转速降到零。

在永磁电机中，由于定转子铁心槽开口（或者凸极转子）使气隙中永磁体产生的磁场储能随转子位置变化，即使永磁电机电流为零（电源传递的电能为

零），电机也会产生转矩，称为磁阻转矩。永磁电机的磁场储能与机械能之间的能量交换是双向的，损耗几乎为零。磁阻转矩平均值为零，不产生净机械能，只会使转矩产生波动。该转矩将在3.3节中通过有限元分析进行讨论。在大多数情况下，$dW_e \neq 0$（$d\Psi \neq 0$），因此在电机和电源之间存在电能交换，因此我们必须将式（3.7）修改为

$$dW_{mag} = id\Psi - T_e d\theta_r;\ I = \frac{\partial W_{mag}}{\partial \Psi} \tag{3.9}$$

这里Ψ和θ_r是独立变量。但需要说明的是，电机中磁链和流过电感的电流之间的关系相当简单。接下来，我们介绍一种新的能量函数，称为磁共能W'_{mag}，表示为

$$W'_{mag} = -W_{mag} + i\Psi \tag{3.10}$$

或者

$$dW'_{mag} = id\Psi + \Psi di - dW_{mag} \tag{3.11}$$

将式（3.11）代入式（3.9）中，消去W_{mag}，我们得到

$$T_e = \left(+\frac{\partial W'_{mag}}{\partial \theta_r}\right)_{I=\text{const}};\ \Psi = +\frac{\partial W'_{mag}}{\partial i} \tag{3.12}$$

一般来说，因为电机铁心磁路饱和，函数$\Psi(i)$是非线性的，如图3.2所示。从式（3.9）和式（3.11）得

$$W_{mag} = \int_0^{\Psi_m} id\Psi;\ W'_{mag} = \int_0^{i_m} \Psi di \tag{3.13}$$

式（3.13）表明了电机与电源之间的非零能量交换（$dW_e = id\Psi \neq 0$）。

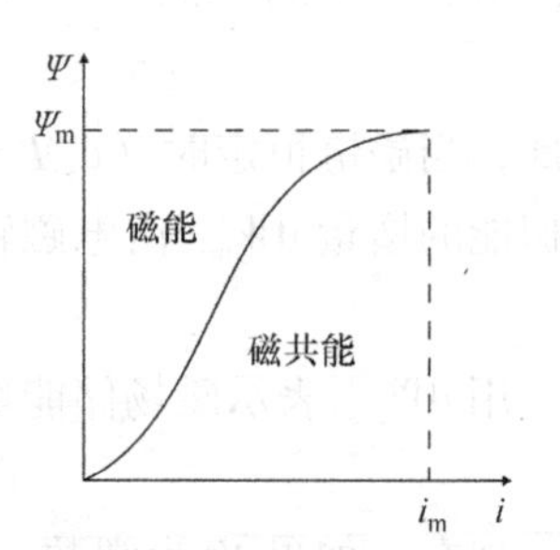

图3.2　单一激励源（电流源）时的磁场储能和磁共能

根据式（3.9）和式（3.12），仅当电机中的磁场储能（或磁共能）相对于转子（或动子）位置θ_r变化时，电磁转矩不为零。这一普遍原理的应用产生了电机在旋转或直线运动上的许多实用结构。为了对电机进行分类，随后我们将使用两个法则：无源或有源转子、静止的或旋转的气隙磁场。气隙是位于固定部件（定子）和运动部件（转子）之间的空隙，气隙磁场可由定子、转子单独或由两者同时产生。

3.3　无源转子电机

无源转子由软磁材料制成，转子上没有任何绕组或永磁体。为了产生转矩（磁共能随转子位置变化），它必须是凸极铁心，即至少一个自感或互感随转子

位置变化而变化（见图 3.3）。

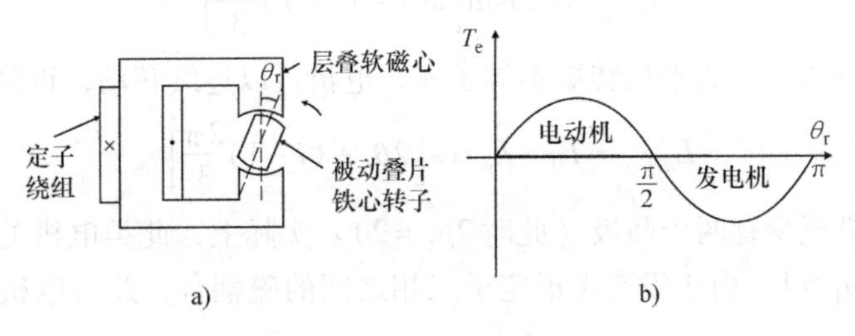

图 3.3　单相磁阻－无源转子－电机

a）结构　b）电磁转矩随转子位置 θ_r 变化曲线

$$L(\theta_r) = L_0 + L_m \cos 2\theta_r \tag{3.14}$$

在这种基本结构中，定子和转子都是凸极铁心。磁共能可由单个电感计算得到：

$$W'_{mag} = \int_0^i \psi \mathrm{d}i = \int_0^i iL(\theta_r)\mathrm{d}i = \frac{1}{2}L(\theta_r)i^2 \tag{3.15}$$

根据式（3.11），电磁转矩 T_e 为

$$T_e = \frac{\partial W'_{mag}}{\partial \theta_r} = \frac{i^2}{2}\frac{\partial L}{\partial \theta_r} = -i^2 L_m \sin 2\theta_r \tag{3.16}$$

显然，电磁转矩随转子位置发生变化，最大转矩在 π/4 处。转子回到 $\theta_r = 0$ 位置时不受力。转子轴线倾向于对准定子磁场轴线，这便是磁阻电机的原理。在图 3.3的单相电机结构示意中，电机不能连续旋转，但可在有限的角度内运动(理想情况下为 0°～90°)。每一圈内的平均转矩为零。

但是，如果沿转子圆周放置 a、b、c 三相定子绕组（见图 3.4a），它们在空间依次相差 120°电角度，并通以三相对称交流电流 i_a、i_b、i_c。

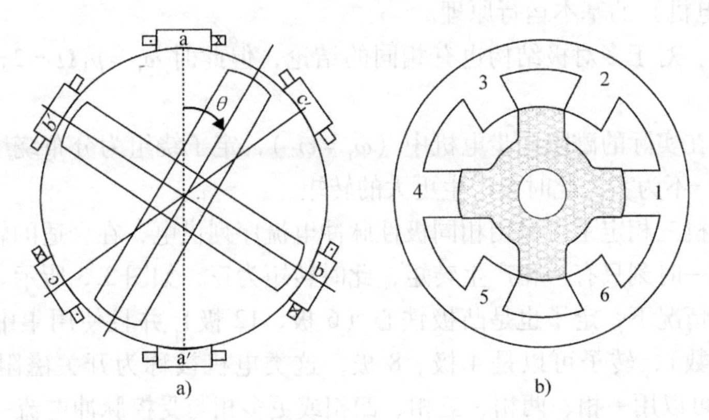

图 3.4　a）无源转子三相磁阻电机结构　b）4 极转子开关磁阻电机结构

$$i_{\mathrm{a,b,c}}=\sqrt{2}I\sin\left[\omega_1 t-(i-1)\frac{2\pi}{3}\right] \tag{3.17}$$

此时，电机每转一圈的平均转矩不等于零，电机可以连续转动，得到

$$L_{\mathrm{a,b,c}}=L_0+L_{\mathrm{m}}\cos\left[2\theta_{\mathrm{r}}+(i-1)\frac{2\pi}{3}\right] \tag{3.18}$$

无源转子电机至少有两个凸极（此时 $2p_1=2$）。实际上，此类电机的转子也可以是多极，即 $p_1>1$。由于没有考虑定子三相之间的磁耦合，此时电机磁共能公式仅有三项：

$$W'_{\mathrm{mag}}=\sum_{\mathrm{a,b,c}}L_{\mathrm{a,b,c}}(\theta_{\mathrm{r}})\frac{i_{\mathrm{a,b,c}}^2}{2} \tag{3.19}$$

电磁转矩 T_{e} 为

$$T_{\mathrm{e}}=\left(\frac{\partial W'_{\mathrm{mag}}}{\partial\theta_{\mathrm{r}}}\right)_{i=\mathrm{const}}=\frac{3}{2}I^2L_{\mathrm{m}}\cos(2\theta_{\mathrm{r}}-2\omega_1 t) \tag{3.20}$$

对于恒转子角速度 ω_{r} 有

$$\theta_{\mathrm{r}}=\int\omega_{\mathrm{r}}\mathrm{d}t=\omega_{\mathrm{r}}t+\theta_{\mathrm{r}0} \tag{3.21}$$

式（3.20）变为

$$T_{\mathrm{e}}=\frac{3}{2}I^2L_{\mathrm{m}}\cos2[\theta_0+(\omega_{\mathrm{r}}-\omega_1)t] \tag{3.22}$$

仅当 $\omega_{\mathrm{r}}=\omega_1$ 时，平均电磁转矩不为零并且没有转矩脉动，

$$T_{\mathrm{e}}(t)=\frac{3}{2}I^2L_{\mathrm{m}}\cos2\theta_0 \tag{3.23}$$

因此，为了在2极三相交流电机中获得恒定的瞬时（理想）转矩，定子电流角速度 ω_1 和转子角速度应彼此相等。这也是无源转子三相（或多相）交流电机（包括磁阻电机）的基本运行原理。

同样地，对于多对极结构也有相同的结论，但此时 $\omega_{\mathrm{r}}=p_1\Omega=2\pi np_1$（$n$ 的单位为 r/s）。

注意：在实际的磁阻同步电机中（$\omega_{\mathrm{r}}=\omega_1$），定子绕组为分布绕组，而互感（相间电感）不为零，此时会产生更大的转矩。

凸极电机三相定子可采用相同极性脉冲电流序列供电，在合适的转子位置时通电，在同一时刻只有一相产生转矩，此时转矩为正，如图3.3所示。

在这种情况下，定子也是凸极铁心（6极、12极）并且使用集中线圈（每相为2的倍数），转子可以是4极、8极，这类电机被称为开关磁阻电机（见图3.4b），可以用一相、两相、三相、四相或更多相与受控脉冲电流一起按顺序导通，以产生随转子位置变化的低脉动转矩。步进磁阻电动机的工作原理同上，但它们的脉冲电压（电流）是开环（前馈）的。

多数电机是有源转子（有直流、交流线圈或有永磁体）电机，转子仍为凸极并因此产生磁阻转矩分量。

3.4 有源转子电机

简单有源转子单相电机如图 3.5 所示。定子、转子磁链分别为

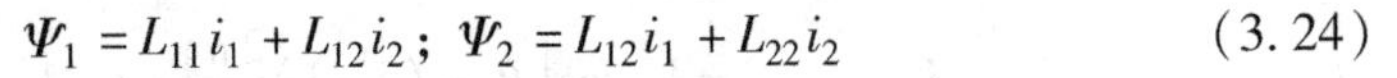

$$\Psi_1 = L_{11} i_1 + L_{12} i_2\text{；}\ \Psi_2 = L_{12} i_1 + L_{22} i_2 \tag{3.24}$$

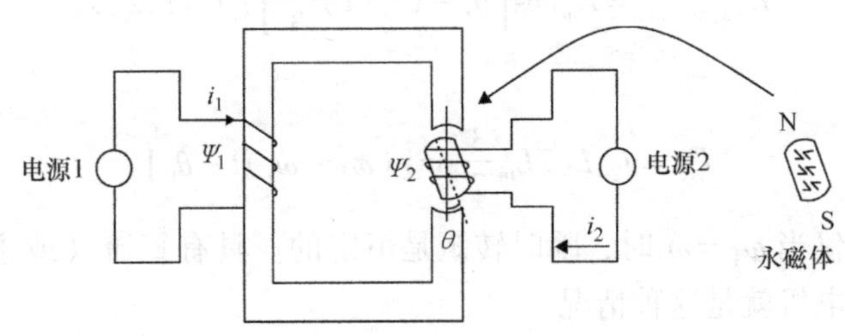

图 3.5　简单有源转子单相电机

定子和转子绕组之间的耦合显而易见。因此磁共能为

$$W'_{\mathrm{mag}} = \frac{1}{2} L_{11} i_1^2 + L_{12} i_1 i_2 + \frac{1}{2} L_{22} i_2^2 \tag{3.25}$$

转矩为

$$T_{\mathrm{e}} = \frac{\partial W'_{\mathrm{mag}}}{\partial \theta_{\mathrm{r}}} = \frac{1}{2} i_1^2 \frac{\partial L_{11}}{\partial \theta_{\mathrm{r}}} + \frac{1}{2} i_2^2 \frac{\partial L_{22}}{\partial \theta_{\mathrm{r}}} + i_1 i_2 \frac{\partial L_{12}}{\partial \theta_{\mathrm{r}}} \tag{3.26}$$

如前所述，转矩的前两个分量是磁阻转矩，第三项是新增加的一项，称为交互转矩。不难发现，互感必随转子位置变化，从而产生非零转矩。这种情况在三相电机中依然存在。为了获得稳定的电磁转矩，我们必须弄清定子、转子电流到底用交流还是直流。

3.4.1　转子侧直流且定子侧交流

假定上面的自感是恒定的（L_{11} 和 L_{22}），并且 $L_{12} = L_{\mathrm{m}} \cos\theta_{\mathrm{r}}$（2 极），同时 $i_1 = \sqrt{2} I \sin\omega_1 t$，$i_2 = I_{20} =$ 常数。由式（3.26）得

$$T_{\mathrm{e1}} = I I_{20} \sqrt{2} L_{\mathrm{m}} \frac{1}{2} [\cos(\omega_1 t + \theta_{\mathrm{r}}) - \cos(\omega_1 t - \theta_{\mathrm{r}})] \tag{3.27}$$

仅当 $\omega_1 = \omega_{\mathrm{r}}$ 或 $\omega_1 = -\omega_{\mathrm{r}}$（$\theta_{\mathrm{r}} = \omega_{\mathrm{r}} t$）时可以产生稳定的转矩。但是，此时式（3.27）中其中一项是常数，而另一项随 $2\omega_1$ 变化，例如带有源转子的单相同步电机（转子电流 I_{20} 为常数或转子上有永磁体，$\omega_1 = \omega_{\mathrm{r}}$）就是这样。当 $\theta_{\mathrm{r}} - \omega_1 t = \theta_0 =$ 常数时（$\omega_1 = \omega_{\mathrm{r}}$），为消除式（3.27）中的脉动转矩，我们假设定子三相绕

组在空间相差 120° 电角度，并通入三相交流电流 $i_{a,b,c} = \sqrt{2}I \sin\left[\omega_1 t-(i-1)\cdot\frac{2\pi}{3}\right]$，如果忽略各相之间的耦合，则

$$T_{e3}=I_{20}\left(i_a\frac{\partial L_{ma}}{\partial\theta_r}+i_b\frac{\partial L_{mb}}{\partial\theta_r}+i_c\frac{\partial L_{mc}}{\partial\theta_r}\right) \tag{3.28}$$

且

$$L_{ma,mb,mc}=L_m\cos\left[\theta_r-(i-1)\frac{2\pi}{3}\right];\ i=1,2,3 \tag{3.29}$$

转矩变为

$$T_{e3}=I_{20}I\sqrt{2}L_m\frac{3}{2}\sin[(\omega_1-\omega_r)t-\theta_0] \tag{3.30}$$

同样地，仅当 $\omega_1=\omega_r$时，瞬时转矩是恒定的。具有直流（或永磁）转子励磁的三相同步电机就是这种情况。

注意：在这里直接提到了永磁体，实际上永磁体可以用直流电流或恒定磁动势（mmf）的理想（超导）线圈来代替，其中，mmf 是安匝数或磁动势。

因此，利用电力电子设备调频（ω_1）通常都可以实现对转速的控制（ω_r）。

3.4.2 转子侧和定子侧均为交流

若电机结构仍然为单相电机，但是转子电流 i_2变为

$$i_2=\sqrt{2}I_2\sin(\omega_2 t) \tag{3.31}$$

由式（3.25）得到的转矩变为

$$T_{e1}=-II_2\sin\omega_1 t(2L_m\sin\omega_2 t)\sin\theta_r$$

对于恒转速 ω_r，$\theta_r=\omega_r t$，当满足下式（3.32）时，转矩存在非零平均分量

$$\omega_1\mp\omega_2=\omega_r \tag{3.32}$$

但此时转矩也存在三个附加脉动分量。

为了消除转矩的脉动分量，在定子和转子上放置三相绕组，分别通入频率为 ω_1和 ω_2的三相对称交流电流，得到总转矩为

$$T_{e3}=3L_m I_1 I_2\sin[(\omega_1-\omega_2-\omega_r)t+\gamma] \tag{3.33}$$

当 $\omega_1=\omega_2+\omega_r$（$\omega_2>0$ 或 $\omega_2<0$）时，得到转矩为

$$T_{e3}=3L_m I_1 I_2\sin(\gamma) \tag{3.34}$$

其中，γ 是定子、转子磁场之间的夹角。实际上，由外部 PWM 逆变器提供频率为 $\omega_2=\omega_1-\omega_r$的转子电流时，就变成了所谓的双馈感应电机；若转子绕组是端部短路的导条，就变成了笼型转子异步电机，转子绕组感应电动势严格满足 $\omega_2=\omega_1-\omega_r$的频率关系。笼型转子异步电机在工业领域中有着广泛的应用。

3.4.3　直流（永磁）定子和交流转子

这类电机的定子采用直流励磁，主极（或永磁体的磁极）数目为 $2p_1$，转子采用交流馈电，转子每相绕组由 n 个交流线圈沿转子圆周均匀放置，每个线圈跨度为 $2\pi/2p_1n$，每个线圈的电流在时间上依次滞后 $2\pi/n$ 电角度（见图 3.6）。

$$I_{2i}=I_2\sqrt{2}\sin\left[\omega_2 t-(i-1)\frac{2\pi}{n}\right] \tag{3.35}$$

定子绕组和转子绕组之间的互感为

$$L_{12i}=L_{\mathrm{m}}\cos\left[\omega_{\mathrm{r}} t-(i-1)\frac{2\pi}{n}\right];\ i=1,n \tag{3.36}$$

所以电磁转矩 T_{en} 为

$$T_{en}=I_2I_0\sqrt{2}L_{\mathrm{m}}\sum_{i=1}^{n}\cos\left[\omega_2 t-(i-1)\frac{2\pi}{n}\right]\cos\left[\theta_{\mathrm{r}}-(i-1)\frac{2\pi}{n}\right] \tag{3.37}$$

最终，

$$T_{en}=I_2I_0\sqrt{2}L_{\mathrm{m}}\frac{n}{2}\sin(\omega_2 t-\theta_{\mathrm{r}}) \tag{3.38}$$

因为 $\theta_{\mathrm{r}}=\omega_{\mathrm{r}}t+\theta_0$，所以只有当 $\omega_2=\omega_{\mathrm{r}}$时平均电磁转矩不为零。

$$T_{en}=-I_2I_0\sqrt{2}L_{\mathrm{m}}\frac{n}{2}\sin\theta_0 \tag{3.39}$$

因此转子电流角速度 ω_2 等于转子角速度 ω_{r}。有刷换向电机通过机械换向器将直流电流转换为频率 $\omega_2=\omega_{\mathrm{r}}$ 的交流电流，从而满足了这一条件。实际有刷电机转子绕组中的交流电流波形是梯形波而不是正弦波，但上述原理仍然适用。电刷换向器电机也可看作直流（或永磁）定子带多相交流转子绕组的电机。

根据频率 $\omega_1=\omega_2+\omega_{\mathrm{r}}$ 可将交流电机分为同步电机、开关磁阻电机、感应电机三类。同步电机的转子可采用直流励磁、永磁或导磁凸极。开关磁阻电机与同步电机类似，但它的转子是无源转子，需根据位置依次触发电流控制脉冲。感应电机的定子和转子都采用交流，包括双馈电机、笼型转子异步电机、绕线式转子异步电机等。

所有的电机都遵循定转子磁场保持相对静止这一关系，所以利用角频率关系可将所有的电机分类。此外，我们还可以从行波磁场和驻波磁场的角度对电机分类。

总之，获得理想（无纹波）转矩的条件是定、转子产生的气隙磁场在空间保持相对静止。

3.5 固定磁场（电刷－换向器）电机

如果我们稍微修改图3.6中电机的磁路，并添加电刷换向器，就变成了电刷换向器式电机，如图3.7a和b所示。

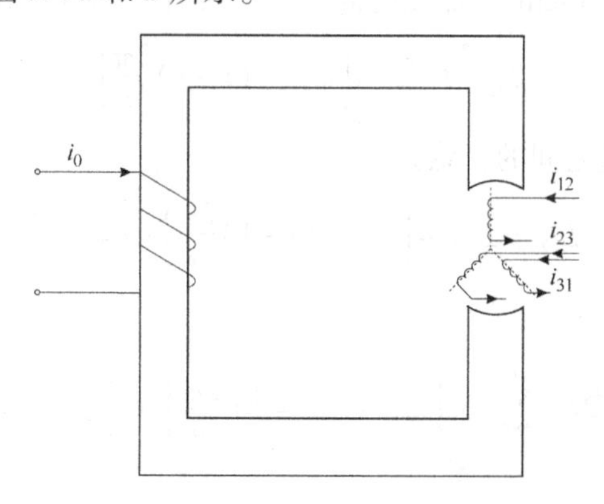

图3.6 直流（永磁）定子和多相交流转子电机

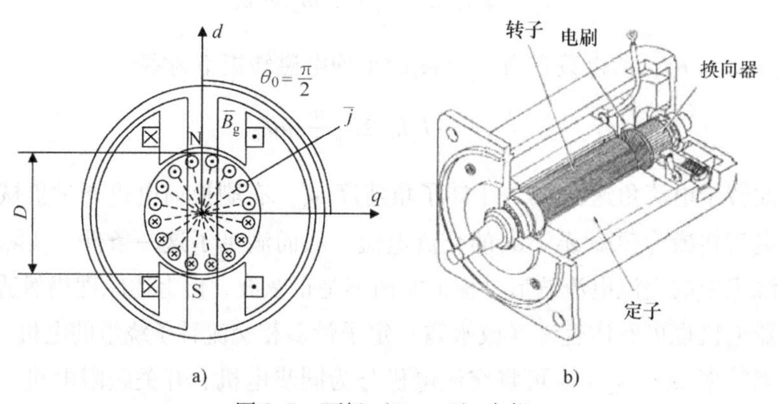

图3.7 两极（$2p_1=2$）电机

a）定子固定磁场 b）无槽转子

同一定子主极下方的转子绕组中的电流具有相同的方向，当线圈移动到下一个定子主极下方时，电流方向发生改变（见图3.7a）。图中定子磁场在定子主极轴线处最大，所以这个位置也是定子磁场的轴线。转子电流在气隙中产生的磁场与定子磁场相距90°电角度，这一位置即是所谓的电枢几何中性线。不管转子转速如何，直流励磁（或永磁）定子磁场在空间的位置始终保持不变，转子电流产生的磁场也固定在相距定子磁场轴线90°电角度的位置。通过电刷（机械）－换向器的作用，由定子和转子产生的两个磁场都处于静止状态，在空间彼此固定不动。

两个磁场轴线相距90°电角度，此时它们相互作用产生的转矩最大。转子电流的变化会改变转矩，但不会在定子直流（励磁）绕组中产生任何感应电动势，不会对定子磁场造成影响。因此，转子上的转矩和定子上的励磁电流通过电机结构实现解耦。定子主极直流励磁绕组可用永磁体代替，定转子磁场在空间仍然保持静止。

现在我们可以利用 BIL 切向力公式计算转矩如下：

$$T_e = \frac{D}{2}F_t = \frac{D}{2}B_{gav}(A \times \pi D)L \tag{3.40}$$

其中，B_{gav}是定子产生的平均气隙磁通密度；A 是转子电流平均线负荷，单位为安匝/m；D 是转子直径；L 是铁心叠片长度（定子和转子大致相同）。

对于给定的气隙磁通密度 B_{gav}，如果 A 与 D 和 L 无关，则转矩与转子体积成正比。因此，决定电机尺寸大小的是电机的转矩。

3.6 旋转磁场同步电机

现在将转子励磁替换成直流励磁（或永磁体），重新讨论同步电机的例子（见图 3.8）。

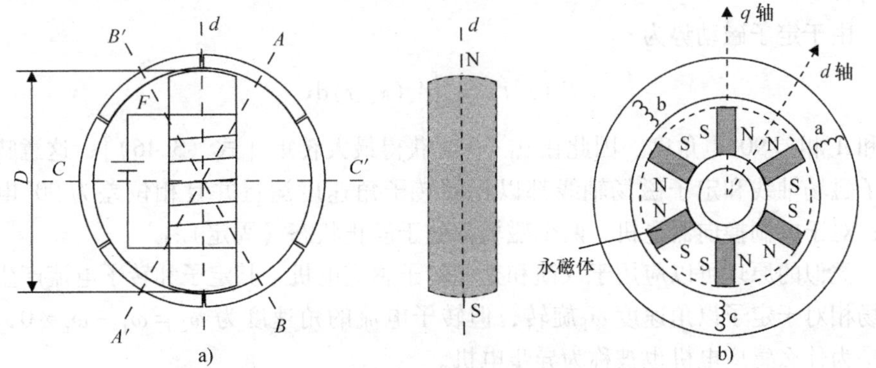

图 3.8　旋转磁场同步电机

a）两极转子直流励磁　b）六极转子永磁励磁

首先，直流或永磁转子磁场的轴线在转子磁极 d 轴上。只有在转子运动时，比如转子速度为 ω_r，该励磁磁场变为旋转磁场。

假设气隙均匀，转子磁密为

$$B_F^r(x_r) = B_{Fm}\sin\frac{\pi}{\tau}x_r;\ \tau = \frac{\pi D}{2p_1} \tag{3.41}$$

就定子而言

$$x_r = x_s - vt = x_s - \omega_r\frac{\tau}{\pi}t \tag{3.42}$$

其中，x_s是相对于定子坐标系的位置，转子以恒定速度 ω_r转动。因此，对于定子（坐标 x_s），

$$B_F^s(x_s, t) = B_{Fm}\sin\left(\frac{\pi}{\tau}x_s - \omega_r t\right) \tag{3.43}$$

因此，旋转磁场相对于定子的角速度为 ω_r。

假设定子电流产生线电流密度为 $A_s(x_s, t)$，由式（3.40）可得转矩为

$$T_e(t) = \frac{D}{2}L\int_0^{2p_1\tau} B_F^s(x_s, t)A_s(x_s, t)\,dx \tag{3.44}$$

为了获得恒定的瞬时（理想）转矩，应去除时变影响。显然，$A_s(x_s, t)$应是如下形式：

$$A_s(x_s, t) = A_{ms}\sin\left(\frac{\pi}{\tau}x_s - \omega_r t - \theta_0\right) \tag{3.45}$$

在此条件下，

$$A_s(x_s, t) = A_{ms}\sin\left(\frac{\pi}{\tau}x_s - \omega_r t - \theta_0\right) \tag{3.46}$$

因此，在稳定状态下转子磁场和定子磁动势都以相同的转速旋转，并产生恒定的瞬时转矩。

由于定子磁动势为

$$F_s(x, t) = \int A_s(x_s, t)\,dx$$

F_s和 A_s相差90°电角度，因此在 $\theta_0 = 0$ 时获得最大转矩［式（3.46）］，这意味着转子磁场轴线和定子磁场轴线都以相同转子角速度运行并且相位差为90°电角度；对于电刷换向器电机，两个磁场都处于静止状态（固定）。

类似的原理可以应用于双馈和笼型转子感应电机，其定子和转子电流产生的磁场相对于定子以角速度 ω_1旋转，但转子电流的角速度为 $\omega_2 = \omega_1 - \omega_r \neq 0$，这就是为什么感应电机也被称为异步电机。

3.7 直线电机

所有类型的旋转电机都有圆柱形或盘形转子，将它们沿纵向剖开并拉直展开成一个平面（平板型）或将展开的平面沿轴向重新卷绕（有限行程的管型），可得到与旋转电机对应的一种直线电机，如图 3.9 和图 3.10 所示。

三相直线感应电动机和直线同步电动机已经应用于电动车驱动以及城际高速（时速约 400 ~ 500km/h）磁悬浮列车（MAGLEVs）[3]。

管型单相直线振荡同步电机（永磁体为动子，或永磁体在定子上、铁心为动子）用于驱动小功率压缩机（例如，冰箱）或直线发电机（例如，斯特林发

动机的原动机），如图 3.11a 和图 3.11b 所示。它们可用于驱动永磁柱塞式电磁阀，或与电力电子装置、电网相连。

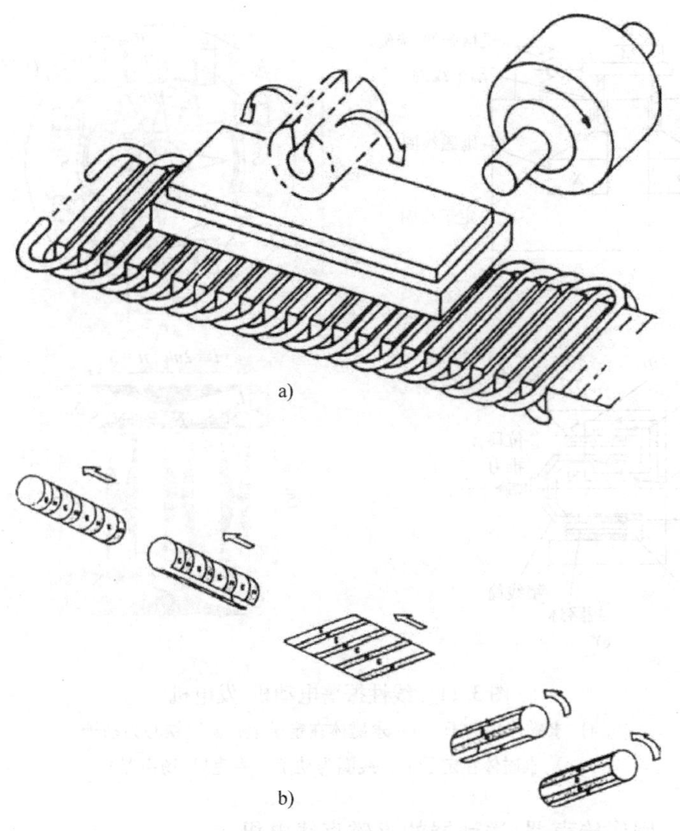

图 3.9　旋转电机转化成三相感应直线电机（行波磁场）

a）平板型　b）管型

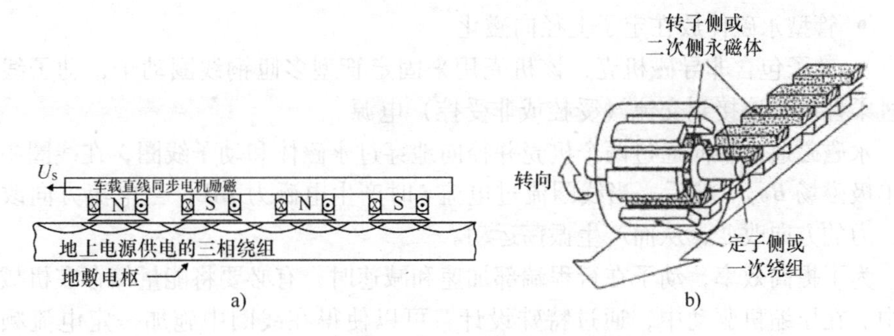

图 3.10　三相平板型直线同步电机（行波磁场）

a）直流电励磁　b）永磁体励磁

永磁体在定子上、线圈为动子的单相直线振荡同步电机的一种典型应用（见图3.11c）是扬声器/麦克风。它作为电动振动器的频率高达500Hz。

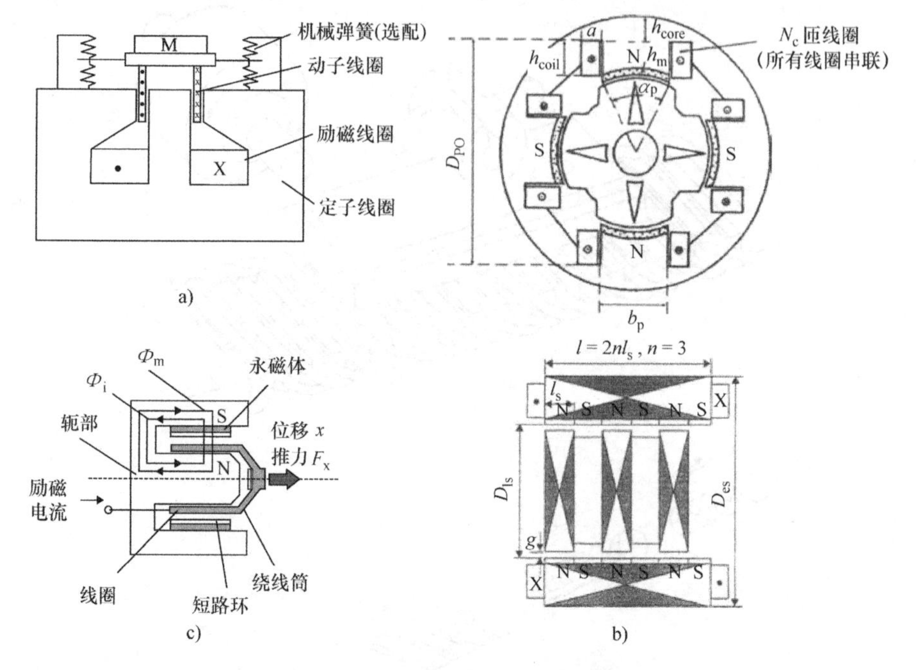

图3.11 线性振荡电动机/发电机

a）永磁体为动子 b）永磁体在定子上，磁阻铁心为动子

c）永磁体在定子上，线圈为动子（麦克风/扬声器）

例3.1 用作传声器/送话器的永磁直线电机

考虑图3.12中的管状结构，包含：

- 软铁氧体或软磁铁心 Somaloy 550 等管型内外软磁复合材料壳体
- 管型永磁体放在定子上径向磁化
- 动子包含非导磁机壳，该机壳用来固定管型多匝铜线圈动子，动子线圈通过柔性端子连接到交流（受控或非受控）电源

永磁磁通沿轴向通过两个机壳并径向地穿过永磁体和动子线圈，在线圈中产生单极磁场 B_{PM}。然后，当线圈流过电流 i 时产生电磁力 BIL。当电流方向改变时，力的方向改变，从而产生振荡运动。

为了提高效率，动子在行程端部加速和减速时，有必要将能量储存在机械弹簧中。在压缩机驱动中，通过特殊设计，可以使得在线圈中施加一定电流频率（$f_m = f_e$）时机械弹簧发生机械共振。在这种情况下，可以在低至20W功率或更低功率下获得非常高的效率。

线圈中的电动势用方程式 $B_{PM}lU$ 计算，l 为线圈每匝平均长度；U 为线速度。

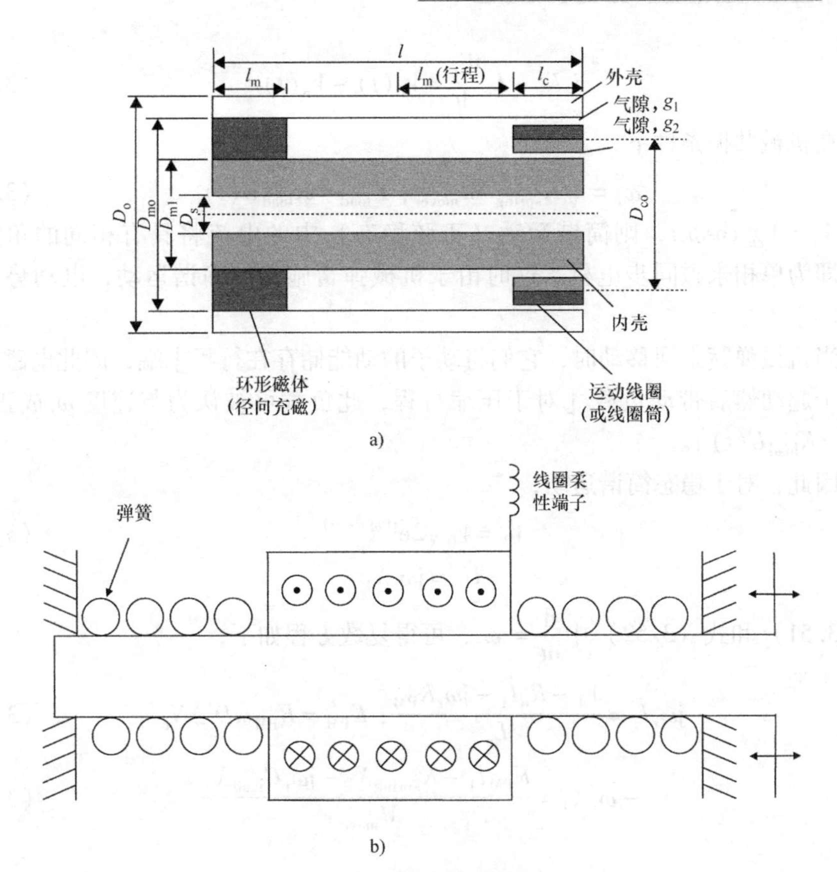

图 3.12 扬声器/麦克风

a）永磁直线电机 b）中间带有弹簧的动子

$$V_{\mathrm{e}}=B_{\mathrm{PM}}\pi D_{\mathrm{arc}}N_{\mathrm{c}}\frac{\mathrm{d}x}{\mathrm{d}t} \tag{3.47}$$

由 BIL 公式得到弹簧受力 F_{e} 为

$$F_{\mathrm{e}}=B_{\mathrm{PM}}\pi D_{\mathrm{arc}}i_{\mathrm{c}}N_{\mathrm{c}} \tag{3.48}$$

其中，N_{c} 是每个线圈的串联匝数。

由于振荡运动是准正弦的，即

$$x=x_1\cos\omega_{\mathrm{r}}t \tag{3.49}$$

结合式（3.47），线圈中的电动势是正弦曲线，

$$V_{\mathrm{e}}=-B_{\mathrm{PM}}\pi D_{\mathrm{arc}}N_{\mathrm{c}}\omega_{\mathrm{r}}x_1\sin\omega_{\mathrm{r}}t \tag{3.50}$$

由于线圈电感不随着动子位置 L_{c}（常数）变化，因此运动和电压方程式为

$$M_{\mathrm{mover}}\frac{\mathrm{d}U}{\mathrm{d}t}=F_{\mathrm{e}}-F_{\mathrm{load}}-K_{\mathrm{spring}}(X-l_{\mathrm{stoke}}/2) \tag{3.51}$$

$$\frac{\mathrm{d}x}{\mathrm{d}t}=U$$

$$i_c R_c + L_c \frac{di_c}{dt} = V_c(t) - V_e(t) \tag{3.52}$$

在机械共振条件下，

$$\omega_r = \sqrt{K_{spring}/M_{mover}};\ F_{load} \approx K_{load}U(t) \tag{3.53}$$

如果 $V_e = V_{em}\cos\omega_r t$，则简谐运动（正弦稳态）中的电流将具有相同的角速度 ω_r，即为单相永磁同步电机。这时由于机械弹簧施加的简谐运动，电动势是正弦波。

当机械弹簧来回移动时，它们将动子的动能储存在行程末端，因此电磁力主要用于起动然后带动负载［对于压缩行程，此负载可被认为与速度 ω_r 成正比，$F_{load} \approx K_{load}U(t)$］。

因此，对于稳态简谐运动，

$$\dot{V}_1 = V_0\sqrt{2}e^{j(\omega_r t+\gamma)} \tag{3.54}$$
$$\dot{U}_1 = j\omega_r X_1$$

式（3.51）和式（3.52）中 $\frac{d}{dt} = j\omega_r$，可得复数方程如下，

$$j\omega_r \dot{I}_1 = \frac{\dot{V}_1 - R_c\dot{I}_1 - j\omega_r K_{PM}}{L_c};\ K_{PM} = B_{PM}\pi D_{arc}N_c \tag{3.55}$$

$$-\omega_r^2 X_1 = \frac{K_{PM}\dot{I}_1 - K_{spring}X_1 - j\omega_r C_{load}X_1}{M_{mover}} \tag{3.56}$$

并且

$$K_{spring} = M_{mover}\omega_r^2 \tag{3.57}$$

还有机械共振条件，

$$\dot{I}_1 = j\omega_r X_1 \frac{C_{load}}{K_{PM}} = \dot{U}_1 \frac{C_{load}}{K_{PM}} \tag{3.58}$$

根据公式（3.55）和公式（3.58）可以分别计算出正弦电流 I_1 和位置相量 X_1（包括幅值和相位）。

对于正弦振荡运动，当负载力与速度成比例时，式（3.58）表明电流 I_1 与线速度 U_1（即电动势 V_{e1}）同相，因此获得了单位电流的最大推力（最佳效率）。

例 3.2 动圈式直线压缩机永磁直线电机

电机数据为 $P_N = 125W$，电压 120V，频率 60Hz，压缩机负载参数 $C_{load} = 86.8Ns/m$，$l_{stroke} = 0.01m$，$R_c = 6.3\Omega$，$L_c = 91.6mH$，$K_{PM} = 78.6Wb/m$，$M_{mover} = 0.57kg$，在共振条件下（$K_{spring} = M_{rotor}\omega_r^2 = 0.57\ (2\pi 60)^2 = 76772N/m$），从式（3.55）和式（3.58）得到运动位移幅值 X_1 如下：

$$X_1 = 4.8\times10^{-3}m,\ I_N = 1.46A\text{（有效值）}$$

铜耗 $p_{copper}=R_cI_n^2=6.3\times1.46^2=13.4W$；铁心和机械弹簧损耗超过 4W，效率为

$$\eta_N=\frac{P_N-\sum p}{P_r}=\frac{120-13.4-5}{120}=0.877$$

功率因数为

$$\cos\varphi_N=\frac{P_N}{V_NI_N\eta_N}=\frac{120}{120\times1.46\times0.877}=0.817$$

这种性能非常令人满意，其最大速度 $|U|=\omega_rX_1=2\pi\times60\times4.8\times10^{-3}=1.76m/s$。

弹簧的作用是将动子的动能转换为弹簧的势能，通过振荡运动以减轻电磁力和动力源对动子的加速和减速作用，从而确保上述优异的性能。

如果负载增加，运动幅度（X_1）会如预期的那样减小，但效率仍然较高。

设计的电气谐振频率等于机械固有（共振）频率，通过电力电子控制使得谐振频率 ω_1 保持恒定或稍微变化，以跟踪由于温度和机械磨损引起的微小机械共振频率变化（K_{spring} 变化），从而保持高效率。

有关直线电机的更多资料，请见参考文献 [2]。

3.8 总结

- 本书仅涉及用于储存磁能的电磁设备。
- 本书还包括静电能量转换的静电电器，但它们用于毫米（10^{-3}m）直径的微型电机，在这里不作讨论（参见 IEEE Transactions on Microelectromechanical Systems for Knowledge Acquisition）。
- 还有压电（移动）磁场电机（旋转电机和直线电机，见参考文献 [4, 5]），在很低的速度下具有大扭矩（Nm 或更大）。本书不讨论此类电机。
- 基于广义力学概念，本章所讨论的电机的电磁转矩来自储存的磁能（磁共能）。
- 基于频率关系 $\omega_1=\omega_2+\omega_r$（$\omega_1$ 为定子频率，ω_2 为转子频率，ω_r 为转子机械转速对应的电角频率，$\omega_r=p_1\Omega_1$，p_1 为极对数或每转电周期数），针对无源和有源（磁或电）转子给出电机的主要类型，介绍了三相和单相电机。
- $\omega_2=0$（转子直流励磁）时为同步电机，而 $\omega_1=0$（定子直流励磁）时表示电刷换向器式直流电机。感应电机 $\omega_2\neq0$，电动机时取值为正，发电机时取值为负。
- 电机也可分为转枢式（电刷换向器式）和转场式（交流同步和感应）电机。
- 直线电机的所有结构（原理）都有对应的旋转电机。

- 详细讨论了扬声器作为一种直线振荡式永磁电机的稳态情况，以某小型压缩机为例了解其他所有电机的一般能量转换细节。
- 由于这一章是概述性章节，因此只包括一个思考题。

3.9 思考题

3.1 一个带有软磁复合材料铁心的管状（U 型）柱塞电磁阀（见图 3.13）用来起动内燃机（ICE）阀门。

行程从气隙 0.5×10^{-3}m 处开始，在 8.5×10^{-3}m 处结束。对于图 3.13 中的几何结构数据和理想铁心（磁导率无限大）：

a. 对于给定的线圈电流 i_c，已知每个线圈匝数 N_c 和气隙 A 处的有效面积，从能量公式出发，推导出以气隙为函数的推力（用能量公式）表达式：

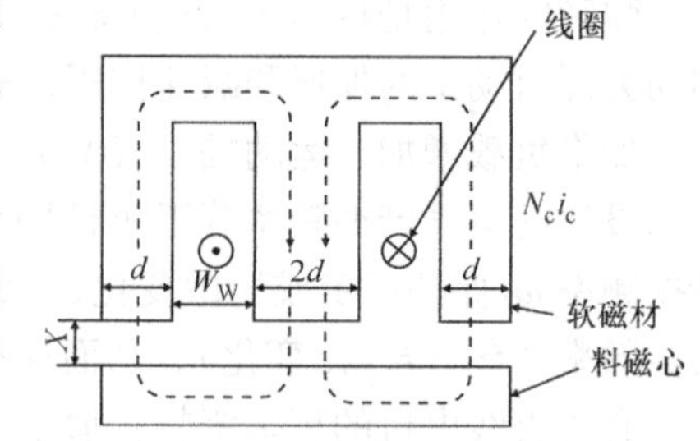

图 3.13 管状柱塞电磁阀

- $W_W=20\times10^{-3}$m
- $d=20\times10^{-3}$m
- 叠片高度 $L=0.05$m

b. 推力 $F_x=500$N 保持不变，$x_{min}=0.5\times10^{-3}$m 和 $x_{min}=8.5\times10^{-3}$m，求线圈安匝数 $N_c i_c$。

提示：首先计算线圈电感，注意有两个并联分支气隙磁路，$L_c=(\mu_0 N_c^2/2x)\,\mathrm{d}L/2$，$F_x=(i_c^2/2)(\partial L_c/\partial x)$。

参考文献

1. I. Boldea and S.A. Nasar, *Electric Machines Dynamics*, Chapter 1, MacGraw Hill, New York, 1986.

2. I. Boldea and S.A. Nasar, *Linear Motion Electromagnetic Devices*, Chapter 7, Taylor & Francis Group, New York, 2001.

3. I. Boldea and S.A. Nasar, *Linear Motion Electromagnetic Systems*, John Wiley & Sons, New York, 1985.

4. T. Sashida and T. Kenjo, *An introduction to Ultrasonic Motors*, Oxford University Press, Oxford, U.K., 1993.

5. M. Bulo, Modeling and control of traveling piezoelectric motors, PhD thesis, EPFC, Lausanne, Switzerland, 2005.

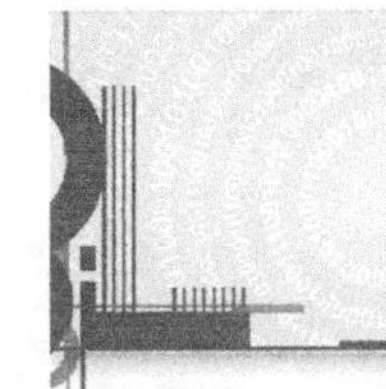

第4章

直流电机：稳态分析

本章首先介绍直流电机的结构、电枢绕组、气隙磁场分布、励磁方式，然后分析直流电机的电动势、推导等效电路，在此基础上讨论不同励磁方式直流电机的稳态运行，最后给出永磁有刷直流电机初步设计的实例。

4.1 概述

有刷换向器电机在商业上也称为直流电机，但是现在只要有电力电子变换器，任何电机都可以用直流电源供电。

此外，除有刷换向器直流电机外，串励有刷交流电机也广泛应用于许多家用电器（如吸尘器、家用机器人和吹风机）、建筑（振动）工具中，转速为30000r/min时功率高达1kW。当它们运行时，磁场在空间静止（定子直流、转子交流，见第3章）。

与电子换向的旋转电机相比，有刷电机存在换向火花和电刷的磨损等问题，因而被认为必将被市场淘汰。在单象限变速驱动应用场合中的小型永磁有刷直流电机和兆瓦级低速（低于150r/min）电机成本低廉，常用于汽车或冶金行业，这类电机生命力顽强。

我们将首先讨论小型永磁直流电机和串励电机，它们具有相当大的发展潜力。

目前仍在铁路、城市交通、海上运输或冶金方面使用的直流电机将仅对其做简要讨论，因为很可能这些电机在不远的将来便不再使用。永磁有刷换向器直流电机及其主要部件如图4.1所示。

图4.1　典型的永磁有刷换向器直流电机及其主要部件

4.1.1　定子和转子结构

永磁有刷直流电机的主要部件包括定子和转子[1-4]，可分为以下几类：

- 径向气隙（或圆柱形转子/定子）（见图4.1）；

- 轴向气隙（或盘式转子/定子）；
- 开槽的薄硅钢片转子铁心（见图 4.2）；
- 无槽转子铁心；
- 定子上放置极数为 $2p_1$ 的表贴式永磁电机；
- 定子上放置极数为 $2p_1$ 的内置式永磁电机（见图 4.2b）；
- 内转子（见图 4.2a 和 b）；
- 外转子（见图 4.2c）。

电机定子和转子之间的部分称为气隙。

盘式转子电机采用轴向气隙结构（转子绕组在气隙中，$2p_1 \geq 4$）常用来减小轴向长度、体积和转子电气时间常数，采用电力电子设备可获得转子电流（转矩）快速控制以降低成本。

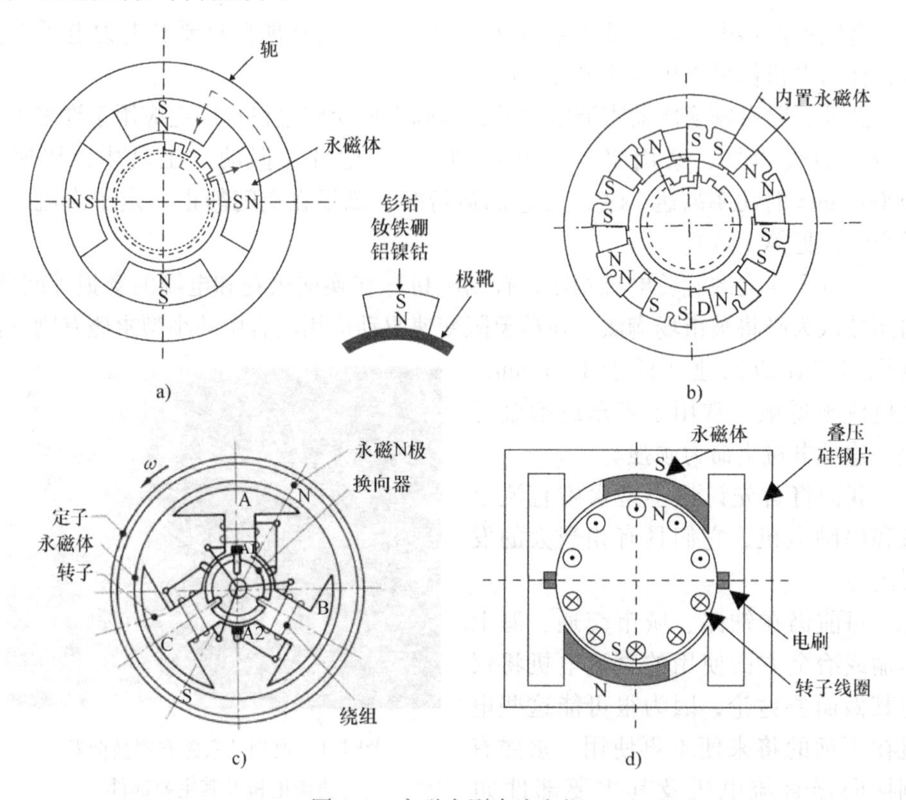

图 4.2 永磁有刷直流电机

a）表贴式永磁电机 b）内置式永磁电机 c）外转子永磁电机（用于通风机）
d）混合励磁定子型永磁－铁极（磁阻铁心）电机

定子由叠压铁心（或实心铁）和径向磁化的表贴式强磁永磁体构成（见图 4.2a），或永磁体沿径向嵌入到硅钢片中，永磁体沿切向方向磁化，可以采用易退磁的铝镍钴［$B_r=0.8T$，$H_c=80kA/m$］或铁氧体［$B_r=0.4T$，$H_c=350kA/m$］（见图4.2b）。

在无槽转子或有铁心转子中，转子上有均匀的开槽来放置跨距为 π/p_1 弧度的相同线圈，并且都通过相互绝缘的换向片串联，它们被称为电枢绕组。在径向气隙的无槽转子中，转子叠压硅钢片铁轭使永磁体磁通形成闭合磁路。

对于汽车发动机的起动电机，当发动机在低温环境下点火时（见图4.2d，详见参考文献［4］），采用圆柱形开槽转子、永磁/磁阻混合励磁定子以确保产生高起动转矩和300～400r/min时的大转矩。

由叠压铁心（0.5mm厚的硅钢片叠成）构成的直流（或交流）电励磁定子为凸极结构，定子采用集中线圈产生励磁磁场（见图4.3）。

在通用电机中，交流励磁定子的励磁线圈通过电刷换向器串联，一般没有辅助极铁心，集中线圈缠绕在定子凸极上并放置在定子铁心中（或软复合材料）（见图4.4）。

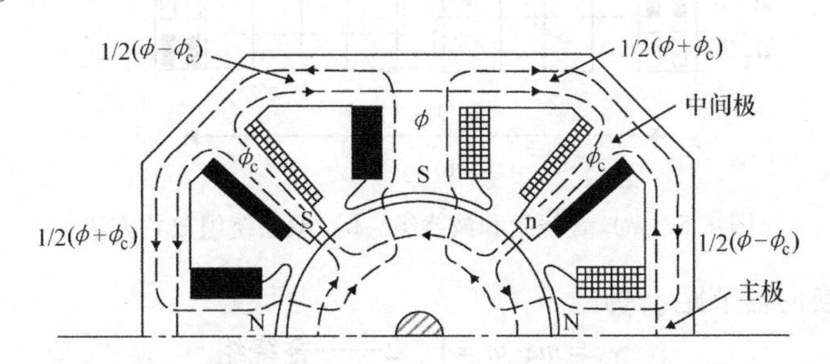

图4.3　直流有刷电机的截面图（带有辅助极铁心以改善换相过程）

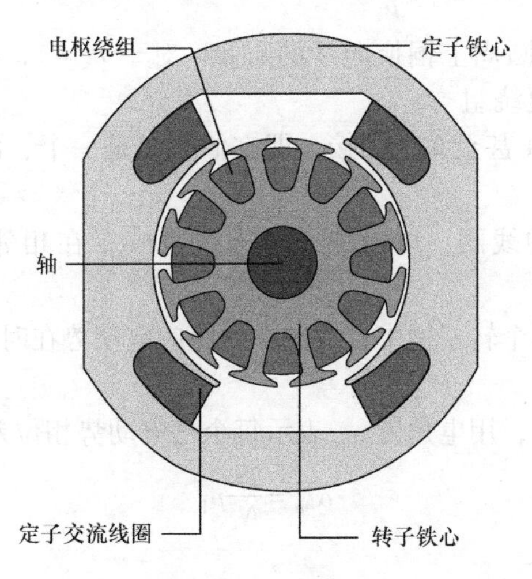

图4.4　通用电机截面图（电刷换向器单相交流电机）

4.2 直流电机电枢绕组

转子铁心的均匀开槽中嵌入电枢绕组，电枢绕组有叠绕组和波绕组两种类型（见图4.5）。

线圈的节距 $y_c \approx \tau$（τ 为极距，$\tau = \pi D/2p_1$），尽可能囊括定子磁极下的所有磁通，从而产生最大电动势（emf）。

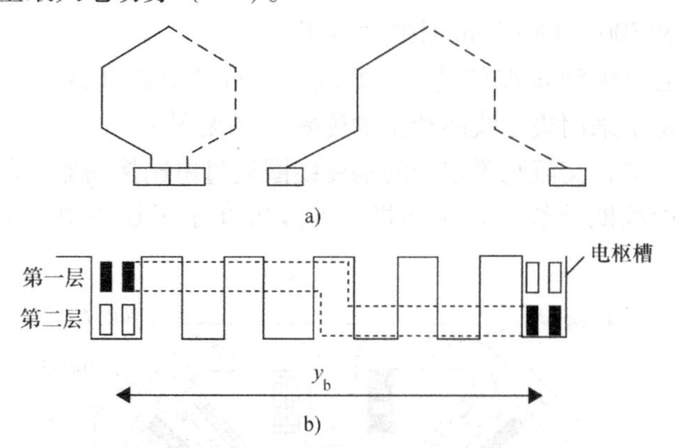

图4.5　a）叠绕组和波绕组　b）双层绕组放置方法

线圈的换向器节距 y_c 为

$$y_c = m;\ m = 1、2——叠绕组 \tag{4.1}$$

$$y_c = \frac{k-m}{p_1};\ m = 1、2——波绕组 \tag{4.2}$$

式中，k 是沿换向器圆周上铜换向片的数量。对于 $m = 1$，得到单绕组[㊀]；对于 $m = 2$，得到所谓的复绕组[㊁]。

线圈可以有2、4甚至6个端接，即它们可以是一个、两个或三个线圈并联（见图4.6）。

对于多个端接的线圈，可以将一部分线匝放置在相邻的槽中以改善换向过程。

线圈的边位于某个转子槽中，线圈中的感应电动势在时间上是交变的，但在此仅考虑基波。

在后一种情况下，用电角度 α_{ec} 表示每个槽电动势相位差：

$$\alpha_{ec} = \frac{2\pi}{N_s} p_1 \tag{4.3}$$

㊀ 单绕组，例如单叠、单波绕组。——译者注

㊁ 复绕组，例如双叠、双波绕组。——译者注

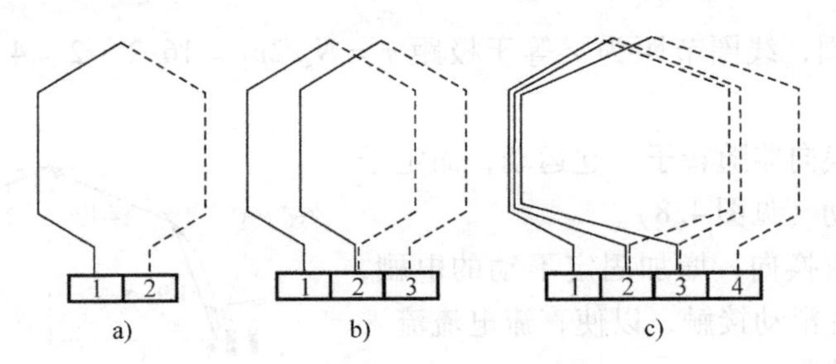

图4.6 叠绕组
a）单叠 b）双叠 c）三叠

式中，p_1是定子极对数；N_s是转子槽数。

如果绕组是完全对称的，每隔两个极（一个周期）之后，电动势同相位。但一般来说，有 t 个电动势同相位，

$$t = \mathrm{GCD}(N_s, p_1) \leqslant p_1 \tag{4.4}$$

其中，GCD 表示最大公约数[⊖]。

所以槽中不同相位反电势的个数是 N_s/t，它们形成一个有 N_s/t 条边、相位差为 α_{et}的正多边形：

$$\alpha_{et} = \frac{2\pi}{N_s}t \tag{4.5}$$

如果所有槽电动势相量一个接一个地放置，最终得到 t 个多边形槽电动势相量图。

4.2.1 单叠绕组举例：$N_s = 16$，$2p_1 = 4$

下面直接举一个例子。

考虑一个单叠绕组，$N_s = 16$，$2p_1 = 4$。根据公式（4.3）到式（4.5），

$$\alpha_{ec} = \frac{2\pi}{N_s}p_1 = \frac{2\pi}{16}2 = \frac{\pi}{4}$$

$$\alpha_{et} = \frac{2\pi}{16}t = \frac{2\pi}{16}2 = \frac{\pi}{4} = \alpha_{ec}$$

因此，电动势多边形中槽的顺序与沿转子圆周的槽的物理顺序相同，并且多边形具有 $N_s/t = 16/2 = 8$ 个边。因为 $t = p_1$（见图4.7），所以有两个多边形完全重叠。

多边形的每一边包含一个线圈的前后两个有效边，它们分别位于相邻励磁磁极之下。

电刷换向器由铜换向片组成，片间互相绝缘，$K = uN_s = 1 \cdot N_s = 16$ 个换向片

⊖ 此句原书没有，加上帮助理解。——译者注

串联所有线圈，线圈节距为 y 等于极距 $\tau = N_s/2p_1 = 16/2 \cdot 2 = 4$ 个槽距（见图 4.7）。

线圈和换向器随转子一起运动，而定子磁极固定不动（见图 4.8）。

为了完成换向，增加固定不动的电刷，它们与换向片滑动接触，以使直流电流流入或流出转子线圈。

在定子磁极之间（几何中性线）位置的励磁磁场为零，导体位于此处的线圈处于换向状态，在换向瞬间该线圈恰好被电刷短路。对于端接对称元件（见图 4.8），电刷的空间物理位置位于定子磁极中心线处。仅对于非对称（西门子）元件，电刷处于几何中性线处。

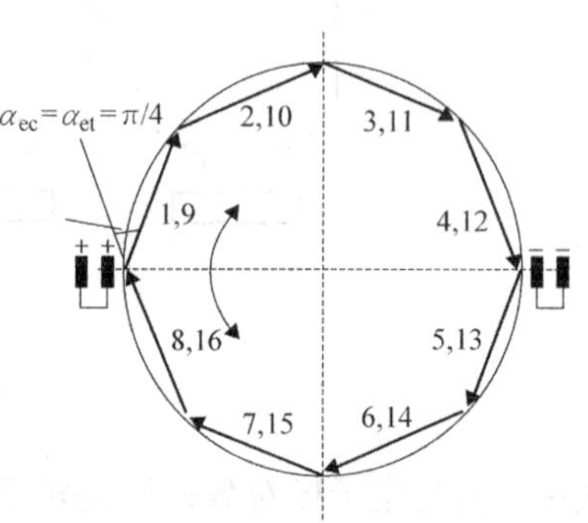

图 4.7　基波电动势组成的正多边形：$N_s=16$，$2p_1=4$，$m=1$（单叠绕组），$u=1$（双端单线圈）

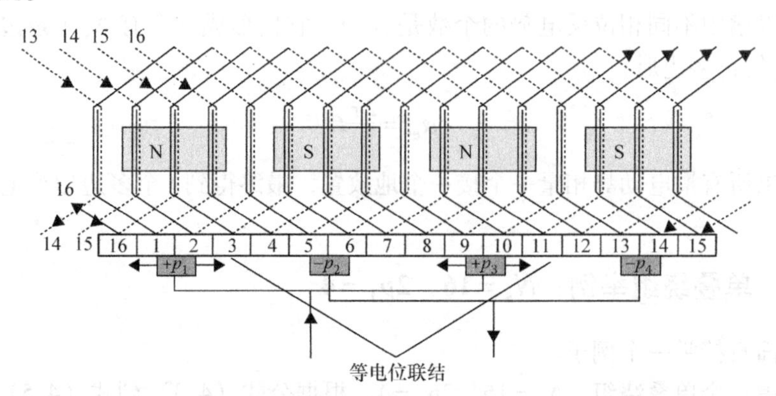

图 4.8　单叠绕组（$m=1$）展开图：$N_s=16$，$2p_1=4$

电刷正负极（+）和（-）之间的距离是一个极距（见图 4.7），从而产生最大电动势。串联元件的前有效边位于一个定子极下时，后有效边位于相邻的定子极（相反极性）下，构成电流回路。在图 4.7 和图 4.8 中，共有 $2a=4$ 条电流支路，因此电刷上的电流 I_{brush} 除以 $2a$ 得到线圈电流 I_{coil}：

$$I_{brush} = 2aI_{coil} \tag{4.6}$$

对于叠绕组，电流支路 $2a$ 为

$$2a = 2p_1 m \tag{4.7}$$

对于单叠绕组，$m_1=1$，因此在上面例子中 $2a=2p_1=4$。电刷的数量等于极数，$2a=2p_1$（对于双叠绕组，电刷跨距为两个换向片的距离）。

因此，单叠绕组适用于低压、大电流（汽车）电机，电流支路数多，可使用细导线，便于制造和嵌入槽中。

还应该注意到，当转子随换向片一起运动时，每时每刻在每条电流路径上总有一个线圈被电刷短路，此时该线圈处于换向状态，正从一条电流路径（+）切换到另一条（-）。

因此，每条电流路径上的4个（$N_s/2a$）线圈，只有3[$=(N_s/2a)-1$]个线圈有效串联并产生电动势（见图4.9）。图中处于换向状态的线圈为1—5'，5—9'，9—13'和13—1'。由于制造缺陷，各定子磁极下的不均匀气隙可能在每条支路中产生不相等的电动势/电流。由于所有支路并联，因此可能通过电刷—换向器产生环流，如图4.8所示。为了削弱环流，在所有（或大多数）多边形顶点处连接等电位线（见图4.7）。

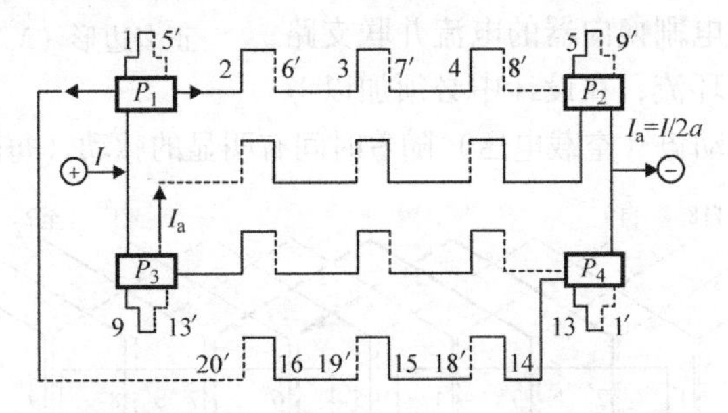

图4.9　单叠绕组电流支路图：$N_s=16$，$m=1$，$2p_1=4$，$2a=4$

注意：双叠绕组（$m=2$）本质上是构建两个单叠绕组，一个用于偶数槽，一个用于奇数槽，电刷跨距增加一倍，再将支路并联。因此最终得到$2a=2p_1m$条电流并联支路，虽然是双倍跨距，但电刷数仍是$2p_1$。

4.2.2　单波绕组举例：$N_s=9$，$2p_1=2$

对于高电压和小（中）电流的电机，例如某些应用场合的串励电动机，以220V（110V），50（60）Hz供电，波绕组更合适。

极数可取2或4极，但$2p_1=2$更常见。

下面以$2p_1=2$为例。

元件的换向器节距y_c为［公式（4.1）］

$$y_c=\frac{k-m}{p_1}=\frac{9-1}{1}=8;\ k=N_s=9,m=1$$

这时线圈跨距$y=$取整（$N_s/2P_1$）=取整（9/2）=4个槽距。

这时，$t=\text{GCD}$（9，1）=1；所有槽电动势的相位都不相同。因此，槽电动势多边形边的顺序仍然对应于槽的物理顺序（见图4.10）。

对于$2p_1=4$，情况并非如此。

电流并联支路数 $2a=2$ [即使 $2p_1=4$ 极，仍然有 $2a=2$；对于双波绕组（$m=2$），$2a=2m$]。

单波绕组展开图如图 4.11 所示。

应注意到现在线圈 6—9'在电刷（+）处短路，线圈 1—5'在电刷（-）处短路。

因此，一条电流支路包含三个串联的有效槽（线圈）电动势，而另一条支路包含四个。这对实际设计中计算每条支路的平均电动势 V_{ea} 非常重要。

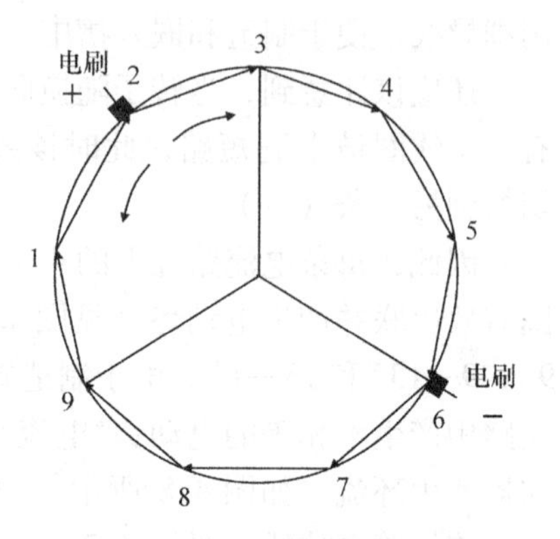

图 4.10　单波绕组组成的正多边形（$N_s=9$，$2p_1=2$）

因此，在通过电刷换向器的电流并联支路之间总是存在一些环流，在设计中必须加以考虑。此外，支路电动势（空载电压）随着时间有明显的脉动（每圈脉动 N_s 次）。

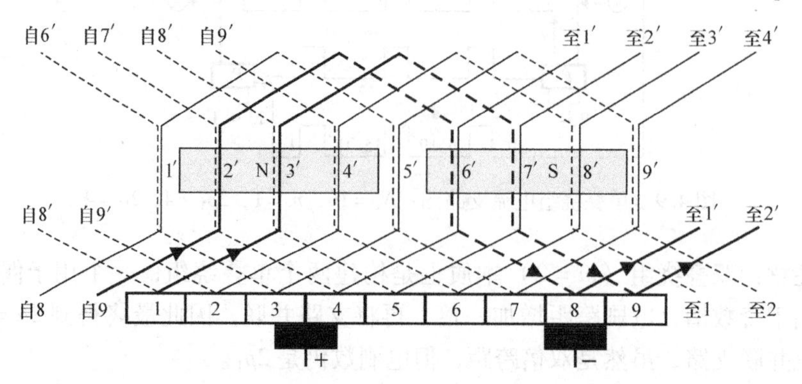

图 4.11　单波绕组展开图（$N_s=9$，$2p_1=2$，$m=1$）

为了改善换向，可以采用双波绕组来增加换向片数量（$u=2$，$K=N_s u=9\times2=18$）。

注意：用于微电机的 $N_s=3$，$2p_1=2$ 极槽配合是一个元件一直换向（短路）的特殊情况。这种情况中，短路（换向）线圈的线圈边并非都准确地位于几何中性线上。

将电刷从其理想位置移动一个角度，可以改善小型电机特定方向上的换向能力。

重型（运输或冶金）电刷换向器电机绕组混合了单叠/双波绕组，更多相关信息详见参考文献 [3]。

许多结构采用无槽绕组后其特性会发生显著变化[1-3,5]。

4.3 电刷—换向器

小型电机的电刷—换向器由 K 个硬拉或镀银的铜 V 形环（扇形）组成，它们彼此绝缘并连接到电枢绕组的首端和尾端（见图 4.12a 和 b）。换向片通过压铸树脂支架固定在电动机轴上，并实现绝缘。镀银的铜片可承受浸流焊的 300°C 高温，将线圈端部连接到换向器上。

换向片之间的垫片由虫胶漆云母片（90°云母）或环氧树脂粘结的细云母（铝矾土）制成。它们应像换向片一样会缓慢磨损，并且机械上坚硬且有弹性。

刷架上有 $2a$ 个刷握，安装在绝缘材料的轭架上，该轭架内装有电导率和硬度合适的电刷（见图 4.12c）。

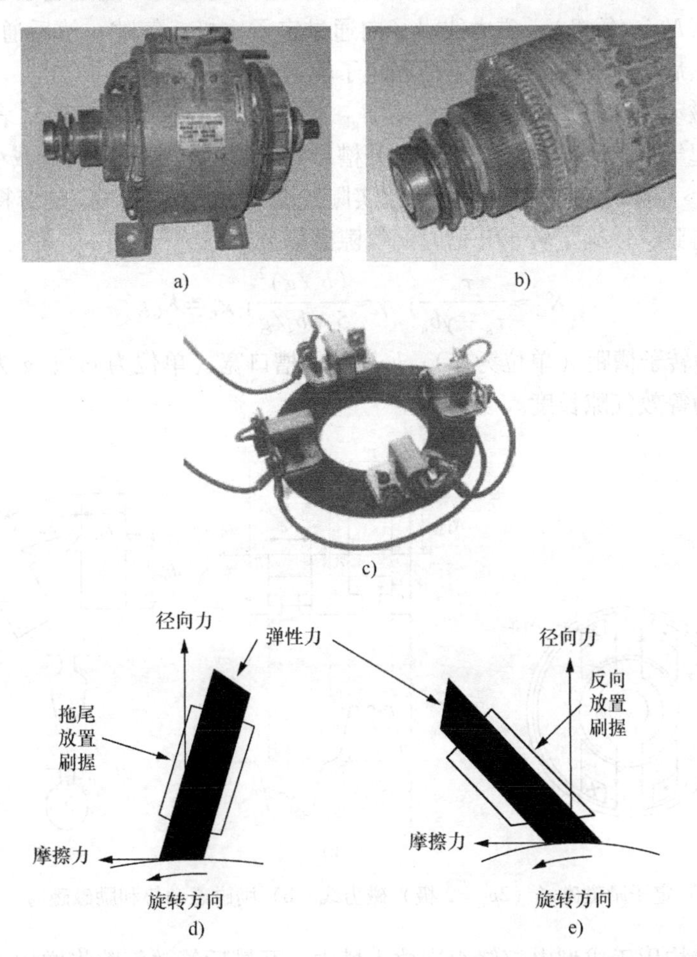

图 4.12 a）有刷直流电动机 b）转子 c）刷架 d）拖尾放置刷握 e）反向放置刷握

良好的滑动摩擦和足够大的电导率保证了电刷良好的工作状态。电刷材料主要有以下几种：①天然石墨（适用于高压、小型电机）；②硬碳（低成本，用于小功率和低速电机）；③人造石墨（良好的导电性，适用于工业和牵引电机）；④金属石墨（高导电性，适用于汽车起动电机等低压电机）。

电刷通过机械弹簧压在换向器上，沿径向放置，用于双向运动（对于窄电刷倾斜30°~40°）；也可拖尾放置或反向放置（倾斜10°~15°），适用于预先设定的运动方向（见图4.12d）。

4.4 定子励磁磁动势产生的气隙磁密

当电枢电流为零（空载），励磁绕组通入励磁电流时，通过定子每极产生励磁磁动势（$N_F i_F$/每极）。磁力线沿径向通过定子主极、气隙，然后通过转子齿、转子轭，然后回到气隙、定子主极和定子轭（见图4.13a）。

励磁磁动势产生的气隙磁通密度 B_{gF}（x）分布（见图4.13b）表明转子槽开口会引起气隙磁密波动。事实上，开槽导致气隙磁通密度平均值减小，可通过考虑用 $K_C>1$ 来增加等效气隙 g_e（比实际气隙 g 大）计算。K_C是卡特系数（由保角变换得到，以确定转子开槽时的气隙磁场分布）：

$$K_C \approx \frac{\tau_s}{\tau_s-\gamma b_s};\ \gamma \approx \frac{(b_s/g)^2}{5+b_s/g};\ g_e=K_C g \tag{4.8}$$

式中，τ_s为转子槽距（单位为m）；b_s为转子槽口宽（单位为m）；g 为实际气隙长度；g_e为等效气隙长度。

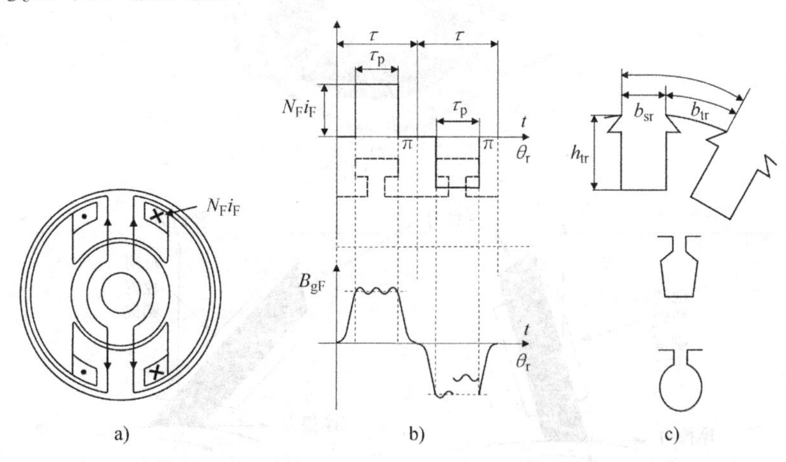

图4.13 a）定子励磁磁场（$2p_1=2$ 极）磁力线 b）励磁磁动势和励磁磁通 c）转子槽

开槽结构用于成型电枢绕组嵌放入槽中，开槽后等效气隙将增加多达20%~30%，因此在任何实际设计中都必须考虑它。

4.5 空载磁化曲线举例

电枢电流为零时，励磁（或永磁）每极磁通 Φ_{pole} 和励磁磁动势 $N_F i_F$ 之间的关系称为空载磁化曲线，它是一个至关重要的设计目标。

图4.14a中的磁通路径分解为几个部分：两段气隙、定子轭、定子主极、两个转子齿、转子轭。这几个部分可由磁通密度/磁场值表示，它们相应产生的磁动势为：$2F_g$、$2F_{ps}$、F_{ys}、$2F_{tr}$ 和 F_{yr}（见图4.14）。

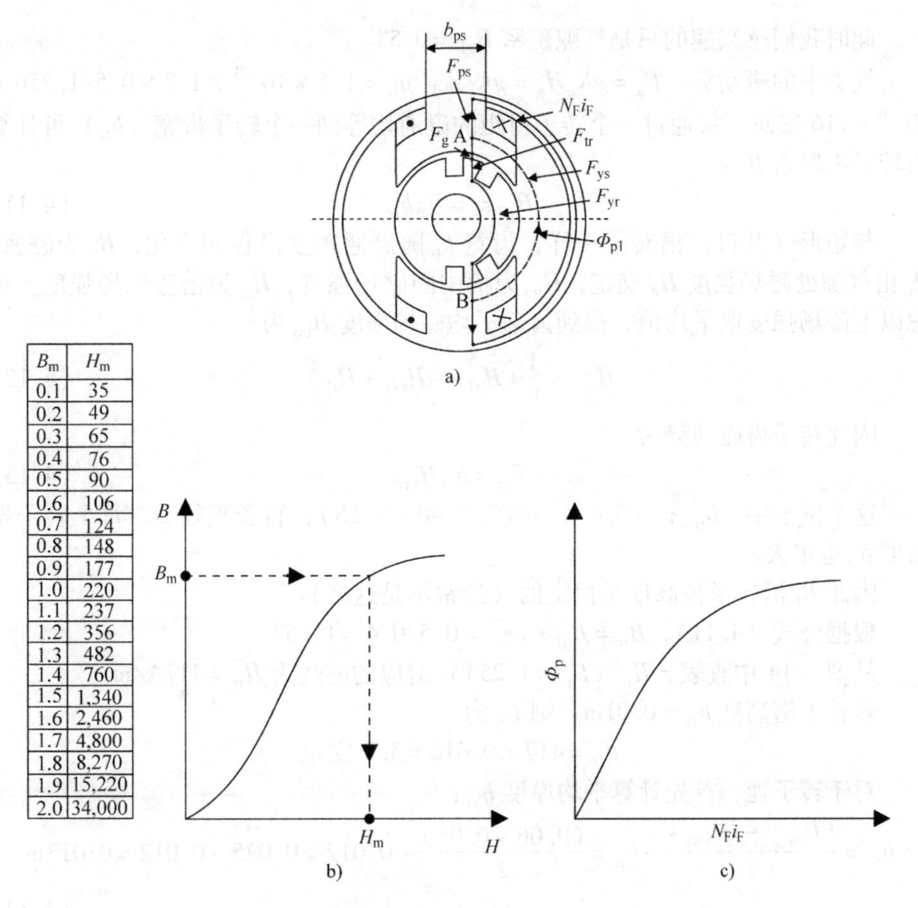

B_m	H_m
0.1	35
0.2	49
0.3	65
0.4	76
0.5	90
0.6	106
0.7	124
0.8	148
0.9	177
1.0	220
1.1	237
1.2	356
1.3	482
1.4	760
1.5	1,340
1.6	2,460
1.7	4,800
1.8	8,270
1.9	15,220
2.0	34,000

图4.14 a）励磁磁通及其产生的磁动势 b）铁心 B（H）曲线和表 c）空载磁化曲线 Φ_p（$N_F i_F$）

沿磁力线应用安培环路磁路定律可得

$$2N_F i_F = 2F_g + 2F_{tr} + F_{yr} + 2F_{ps} + F_{ys} \tag{4.9}$$

首先假定气隙磁通密度为 B_{gF}，则每极磁通 Φ_p 为

$$\Phi_p \approx \tau_p L_e B_{gF}; \frac{\tau_p}{\tau} = 0.65 - 0.75 \tag{4.10}$$

式中，τ_p是定子主极极靴长度；τ 是极距（$\tau = \pi D/2p_1$）；L_e是等效铁心叠片长度；$L_e = K_{fill} L$，其中，$K_{fill} > 0.9$，为铁心叠压系数；L 是铁心实际叠长。

举一个例子，$B_{gF} = 0.5\text{T}$，铁心长度 $L_e = 0.05\text{m}$，转子直径 $D = 0.06\text{m}$，$2p_1 = 2$，气隙 $g = 1.5 \times 10^{-3}\text{m}$，$K_C = 1.2$，$\tau_p/\tau = 0.7$；$(\Phi_{pg})_{0.5T}$为

$$(\Phi_{pg})_{0.5T} = 0.5 \times \frac{\pi 0.06}{2} \times 0.7 \times 0.05 = 1.648 \times 10^{-3}\text{Wb}$$

此时我们感兴趣的只是气隙磁密 $B_{gF} = 0.5\text{T}$。

气隙中的磁动势：$F_g = gK_c H_g = gK_c B_{gF}/\mu_0 = 1.5 \times 10^{-3} \times 1.2 \times 0.5/1.256 \times 10^{-6} = 716$ 安匝。将通过一个转子齿距的磁通均等到一个转子齿宽（b_{tr}）可计算出转子齿磁密 B_{tr}：

$$B_{gF}\tau_s = B_{tr} b_{tr} \tag{4.11}$$

与矩形（开口）槽转子一样，齿宽 b_{tr}随磁通密度沿径向变化，B_{tr}为磁密，H_{tr}由气隙处磁场强度 H_{t0}确定，H_{tm}为槽中间磁场强度，H_{t1}为槽底磁场强度。考虑以上磁场强度取平均值，得到齿部平均磁场强度 H_{tav}为

$$H_{tav} = \frac{1}{6}(H_{t0} + 4H_{cm} + H_{t1}) \tag{4.12}$$

因此转子齿磁动势为

$$F_{tr} = h_{sr} H_{tav} \tag{4.13}$$

这个例子中，$b_{tr}/\tau_s = 0.4$（一般为 0.40 ~ 0.55）；转子直径 D、每个转子槽高度 h_{tr}也很大。

因此 B_{tr}沿转子齿高度是恒定的（通常不是这样）。

根据公式（4.11），$B_{tr} = B_{gF}\tau_s/\tau_{tr} = 0.5/0.4 = 1.25\text{T}$。

从图 4.14 中查表，H_{tr}（$B_{tr} = 1.25\text{T}$）对应的磁场为 $H_{tr} = 417\text{A/m}$。

若转子槽高度 $h_{tr} = 0.01\text{m}$，则 F_{tr}为

$$F_{tr} = 417 \times 0.012 = 5.3 \text{ 安匝}$$

对于转子轭，首先计算平均厚度 h_{yr}：

$$h_{yr} = \frac{(D_{rotor} - D_{shaft})}{2} - h_{tr} = \frac{(0.06 - 0.01)}{2} - 0.012 = 0.025 - 0.012 = 0.013\text{m} \tag{4.14}$$

因此转子轭平均磁密 B_{yr}是：

$$B_{yr} = \frac{(B_{gF} \times (\tau/2))}{h_{yr}} = \frac{(0.5 \times 0.0471)}{0.013} = 1.81\text{T}$$

$$\tau \approx \pi \frac{D_r}{2p_1} = \pi \frac{0.06}{2} = 0.0942\text{m} \tag{4.15}$$

因为电枢电流磁动势将使得轭部磁通增加，转子轭磁密 B_{yr} 的值在实际中接近饱和值。

从图4.14中查表，转子轭磁场强度 $H_{yr}=8310\mathrm{A/m}$。转子背轭平均磁路长度 l_{yr} 为

$$l_{yr}=\frac{\pi(D-2h_{sr}-h_{yr})}{2}=\frac{\pi(0.06-2\times0.012-0.013)}{2}=0.0316\mathrm{m} \quad (4.16)$$

则转子轭磁动势 F_{yr} 为

$$F_{yr}=l_{yr}\times H_{yr}=0.0361\times8310=300\text{安匝} \quad (4.17)$$

如图4.14a所示，漏磁通 Φ_{pe} 直接通过定子磁极（或永磁体）构成闭合磁路，它与通过定转子主磁路之间的总磁动势 F_{pp} 成正比（点AB）：

$$F_{pp}=2F_g+2F_{tr}+F_{yr}=2\times716+2\times5.3+300=1742\text{安匝} \quad (4.18)$$

作为一个近似值，可以考虑：

$$\Phi_{pe}=\Phi_{pg}\frac{F_{pp}-2F_g}{2F_g}=1.648\times10^{-3}\times\frac{1742-1432}{1432}=0.3574\times10^{-3}\mathrm{Wb} \quad (4.19)$$

所以定子每极总通量 Φ_{PF} 是

$$\Phi_{PF}=\Phi_{pg}+\Phi_{pe}=(1.648+0.3574)\times10^{-3}=2.01\times10^{-3}\mathrm{Wb} \quad (4.20)$$

这时定子极靴和极身的磁通密度分别是

$$B_{pshoe}=B_{gF}\times\frac{\Phi_{PF}}{\Phi_{pg}}=0.5\times\frac{2.01\times10^{-3}}{1.648\times10^{-3}}=0.61\mathrm{T} \quad (4.21)$$

$$B_{pbody}=B_{pshoe}\times\frac{\tau_p}{b_{pstator}}=\frac{0.61}{0.5}=1.22\mathrm{T} \quad (4.22)$$

（这个例子中 $\tau_p=0.7\tau$）。

定子极身宽度 $b_{pstator}/\tau_p\approx0.4\sim0.55$，为励磁绕组留出足够的空间，同时避免过重的磁饱和（这里采用 $b_{pstator}/\tau_p=0.5$）。

现在可以合理地假设励磁绕组径向高度 h_{cF} 小于或等于转子槽高。

从图4.14的表中可知，在 $B_{pbody}=1.22\mathrm{T}$ 时，$H_{pb}=360\mathrm{A/m}$，极身高度 $h_{cF}=h_{tr}=0.012\mathrm{m}$ [由于极靴磁密 B_{pshoe} 较小（0.61T），忽略极靴中的磁动势]，主极极身磁动势 F_{ps} 为

$$F_{ps}=h_{tr}\times H_{pbody}=0.012\times360=5\text{安匝} \quad (4.23)$$

最终，定子轭中的磁密 B_{ys} 为

$$B_{ys}=B_{gF}\times\frac{(\tau_p/2)}{h_{ys}} \quad (4.24)$$

定子铁心磁密的设计值 $B_{ys}\leqslant1.4\mathrm{T}$，以便在达到过饱和之前给电枢反应磁通作用留出裕量。

当 $\tau_p = 0.7\tau = 0.7 \times 0.0942 = 0.066\text{m}$，$B_{gF} = 0.5\text{T}$，$B_{ys} = 1.3\text{T}$ 时，得到定子轭高 h_{ys}：

$$h_{ys} = \frac{B_{gF}}{B_{ys}} \frac{\tau_p}{2} = \frac{0.5}{1.3} \times 0.066 = 0.02536\text{m} \tag{4.25}$$

现在，对于图 4.14b 的表中 $B_{ys} = 1.3\text{T}$，知 $H_{ys} = 482\text{A/m}$。

轭部磁路长度 l_{ys} 近似为

$$l_{ys} = \frac{\pi(D_{rotor} + 2g + 2h_{pshoe} + 2h_{pbody} + h_{ys}^{㊀})}{2p_1} \tag{4.26}$$

$$h_{pshoe} \approx \frac{(\tau_p - b_{pbody})}{2\sqrt{3}} = \frac{(0.066 - 0.06612)}{2\sqrt{3}} = 0.0095\text{m} \tag{4.27}$$

系数$\sqrt{3}$体现了极靴几何夹角为 30°角（极靴与水平线的夹角）：

$$l_{ys} = \frac{\pi(0.06 + 2 \times 0.0015 + 2 \times 0.00095 + 2 \times 0.12 + 0.02536)}{2 \times 1} = 0.206\text{m}$$

电机定子外径 D_{out} 为

$$D_{out} = D_{rotor} + 2g + 2h_{pbody} + h_{ys} = 0.15672\text{m} \tag{4.28}$$

$D_{rotor}/D_{out} = 0.06/0.15672 = 0.3828$。这个数值远非最优设计。对于两极电机，这个数值的推荐范围大致为 $(D_{rotor}/D_{out})_{2p1=2} \approx 0.45 \sim 0.55$。

定子轭中的磁动势 F_{ys} 为

$$F_{ys} = h_{ys} \times H_{ys} = 0.206 \times 482 = 99.292 \text{ 安匝} \tag{4.29}$$

现在公式（4.10）每极总励磁磁势 $N_F i_F$ 为

$$\begin{aligned} N_F i_F &= F_g + F_{tr} + F_{pr} + (F_{yr} + F_{ys})/2 = 716 + 5.3 + 5 \\ &\quad + (300 + 99.292)/2 = 926.3 \text{ 安匝/极} \end{aligned} \tag{4.30}$$

电机磁路的饱和程度可以通过饱和系数 $K_S > 0$ 来表示：

$$1 + K_S = \frac{N_F i_F}{F_g} = \frac{926.3}{716} = 1.294 \tag{4.31}$$

$K_S = 0.2 \sim 0.4$ 或甚至更大的值可认为是合理的。

通过编写计算机程序可以很容易地实现上述计算顺序，其中气隙磁通密度设置为计算 10（20）个值，最终绘出整个 $N_F i_F$（ϕ_{pg}）曲线，即空载磁化曲线，用于设计和性能评价。

请注意在本段中，事实上已经完成了电机尺寸的初步设计。

已经给出了转子直径 D_{rotor} 和叠长 L，但是它们可以基于切向力 f_{tn} 选取 $L/D_r = 0.5 \sim 2.5$ 的初始值。

在这里考虑逆过程设计，即为本例计算合理的额定转矩。对于额定切向力

㊀ 磁路取的是中间的平均路径，所以 h_{ys} 不需要乘 2。——译者注

$f_t = 0.7\text{N/cm}^2$，额定转矩为

$$T_e = f_t \pi D_r L_e \frac{D_r}{2} = 7 \times 10^3 \pi 0.06^2 \frac{0.05}{2} = 1.978 \approx 2\text{N} \cdot \text{m} \tag{4.32}$$

我们甚至可以计算出产生这种转矩所需的槽磁动势（根据公式 BIL［第 1 章］）：

$$T_e \approx B_{gF} \frac{\tau_p}{\tau} L \frac{D_r}{2} \pi D_r A \tag{4.33}$$

$$A = \frac{2 \times 2.2}{0.5\pi 0.06^2 \times 0.7 \times 0.05} = 22242 \text{ 安匝/m} \tag{4.34}$$

对于转子直径 $D_r = 0.06\text{m}$ 来说这是一个相当大的值，但是如果槽深 $h_{tr} = 0.012\text{m}$ 并且齿距/槽距（b_{tr}/b_{sr}）之比为 1，那么让我们看看它在电流密度方面有什么要求：

$$A = \frac{2N_c i_c N_s}{\pi D_r};\ 2N_c i_c = K_{fill} \frac{\pi D_r}{N_s} \frac{1}{2} h_{tr} j_{corotor} \tag{4.35}$$

式中，K_{fill}是转子槽的槽满率，$K_{fill} = 0.4 \sim 0.6$，$K_{fill} > 0.45$ 仅适用于成型线圈；槽宽 $b_{tr} \approx (\pi D_r / N_s)\ 1/2$（转子槽距的一半）。

因此，根据公式（4.35），可以确定额定电流密度 $j_{corotor}$，然后每个线圈的安匝数 $N_c i_c$（因为电枢绕组为双层，每个转子槽中有两个线圈边），然后是槽的数量，槽为偶数时对应单叠绕组（低电压），为奇数时是单波绕组（高电压）。

$$j_{corotor} = \frac{2A}{K_{fill} h_{tr}} = \frac{2 \times 22242}{0.45 \times 0.012} = 8.2377 \times 10^6 \text{A/m}^2 = 8.2377 \text{A/mm}^2 \tag{4.36}$$

在以上电流密度下，需要强制空气冷却以确保其在此电流密度下的热安全运行。

选择的槽数 N_s应考虑有利于槽数多的换向，但是必须考虑换向器的几何结构限制。

本例（$D_{rotor} = 0.06\text{m}$），可以合理地选择 $N_s = 12$、16 或 18。

4.6 永磁体气隙磁密和电枢反应举例

表贴式永磁电机和内置式永磁电机（见图 4.2）已经获得应用，但用钕铁硼（NdFeB）或硬磁材料（用于微电机）制成的强磁表贴式永磁电机更受欢迎。主要原因在于它改善了电刷换向。磁路各部分总的气隙包含永磁体径向厚度 h_{PM}（见图 4.15a），对于轴向气隙结构来说为永磁体轴向高度。

永磁体可以径向或平行磁化，两者各有优缺点。有限元分析表明，永磁体边角为圆角可以减少其端部磁密的变化程度，从而减小零电流激励下由于槽开口引起的齿槽转矩。一个极距下的永磁体极弧长度 τ_{PM} 可以取得更大：$\tau_{PM}/\tau =$

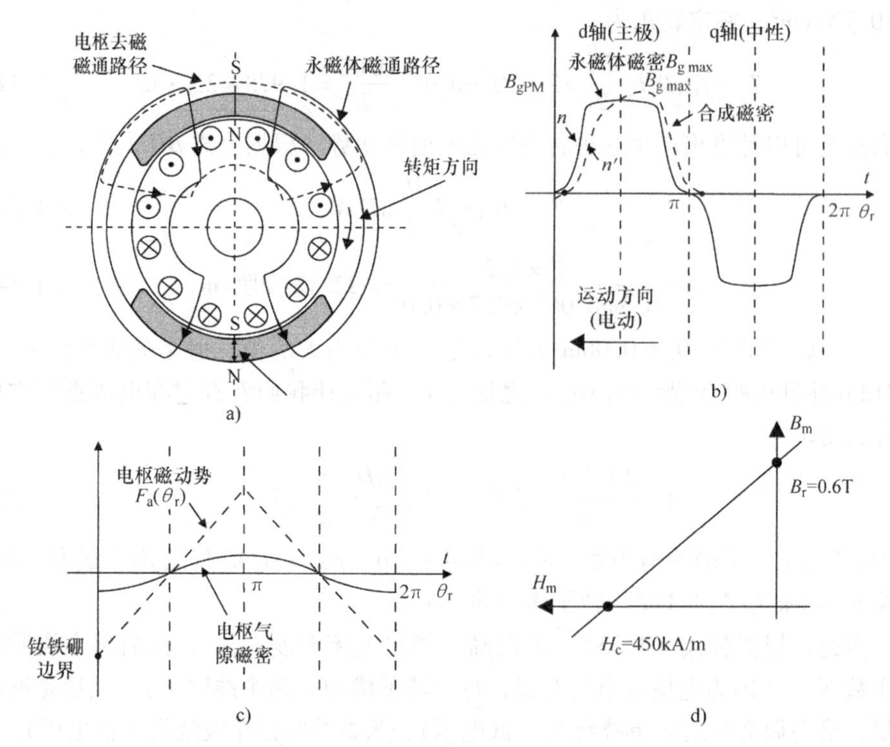

图 4.15 a）永磁体产生的气隙磁密 b）永磁体磁场分布
c）电枢磁动势和电枢磁密 d）退磁曲线

0.66～0.85。

极弧长度与极距之比越大，每单位给定电流产生的转矩也越大（外径越大效果越好），但现在主极之间的漏磁可由永磁体磁密 B_{gPM} 导出：

$$B_{gPM}=\frac{B_m}{1+K_{IPM}} \tag{4.37}$$

式中，B_m是永磁体内的磁通密度。

表贴式永磁电机的漏磁系数通常为 $K_{IPM}\approx 0.15\sim 0.3$，可以通过数值方法如 FEM（有限元法）以较高的精度计算出来。

有几点注意事项：

- 如果电刷处于理想位置（几何中性线），则由于电刷换向器换向作用，位于相同极性的永磁体磁极下所有线圈的电流极性都相同。
- 在每个槽中，转子电流磁动势随 d 轴（永磁体）位置（近似线性地）逐渐增大（见图 4.14c），其磁密亦然。

$$F_a(\theta_r)=F_{am}\left(\frac{2\theta_r}{\pi}-1\right);\ 0\leqslant\theta_r\leqslant\pi，单位为电弧度 \tag{4.38}$$

最大电枢磁动势 F_{am} 在距离零点半个极距位置处

$$F_{am}=\frac{2N_c i_c N_s}{4\pi} \tag{4.39}$$

对于现在使用的永磁体，永磁体相对磁导率 $(\mu_{PM})_{pu}=1.05\sim1.2$。

这时气隙中的电枢磁密为

$$B_a(\theta_r)\approx\frac{4F_a(\theta_r)\cdot\mu_0}{gK_C+h_{PM}/(\mu_{PM})_{pu}} \tag{4.40}$$

$(\mu_{PM})_{pu}$ 为永磁体的相对磁导率。

对于表贴式永磁电机沿整个定子内圆表面，因为总气隙长度 $gK_C+h_{PM}/(\mu_{PM})_{pu}$ 都是相同的（均匀的），$B_a(\theta_r)$ 是线性的［公式（4.40）和图 4.15］。

相反，对于电励磁电机或内置式永磁电机，定子磁极之间的气隙变得更大，因此在公式（4.40）中，磁极之下的气隙小，在 $0<\theta_r<1-(\pi/2)(\tau_p/\tau)$ 和 $\pi>|\theta_r|>\pi(\tau_p/\tau)$（两极之间）气隙增加。

- 气隙中的电枢（电枢磁动势）磁通密度使每个主极磁场下一半增加（后半极），而另一半被削弱（见图 4.15a 和 b）。
- 在表贴式永磁电机定子中，主极后半极的转子齿中不太可能发生磁路饱和。这与电励磁电机相反，其转子齿最大磁密 $B_{trmax}=B_{gmax}(\tau_s/b_{tr})$ 成为主要设计变量（限定值）。
- 正如预期的那样，表贴式永磁电机气隙磁阻大，使电枢换向绕组电感（漏感）L_a 明显更小，这反过来将使换向过程变得容易。
- 对于永磁电机，励磁磁通密度被赋一个初值，用于确定永磁体和电机的几何尺寸，空载磁化曲线已无意义。但是，确定永磁体尺寸以达到计算要求的永磁体磁密 B_{gPM} 是必要的。

让我们考虑与前一节 4.5 中相同的转子示例，现在 $B_{gPM}=0.5\text{T}$。

通常，对于表贴式永磁体设计，气隙磁密选取 $B_{gPM}\approx(0.5\sim0.8)B_r$，其中，$B_r$ 是永磁体的剩磁［较低的值足以用于无槽（空气中）电枢绕组］。

考虑粘结（成本低）NeFeB 永磁体，$B_r=0.8\text{T}$、$H_c=650\text{kA/m}$：

$$(\mu_{rPM})_{pu}=\frac{B_r}{(\mu_0 H_c)}=1.05$$

永磁体磁极可以用放在空气中的线圈代替，线圈磁动势为 $\theta_{PM}=H_c h_{PM}$，径向厚度等于磁极厚度。

永磁体产生的每极磁动势为 $h_{PM}\times H_m$，其中，H_m 是永磁体中对应于 B_m 的实际磁场，这里取正号。

从公式（4.37）得到永磁体中的磁密 B_m（漏磁系数 $K_{lPM}=0.3$）：

$$B_m=B_{gPM}(1+K_{lPM})=0.5(1+0.3)=0.65\text{T}$$

$$|H'_{\mathrm{m}}| \approx \frac{B_{\mathrm{m}}}{\mu_0} = \frac{0.65}{1.25 \times 10^{-6}} = 0.5175 \times 10^6 \mathrm{A/m} \tag{4.41}$$

因此永磁体内产生的磁动势为

$$F_{\mathrm{PM}} = H'_{\mathrm{m}} \times h_{\mathrm{PM}} = 0.5715 \times 10^6 \times h_{\mathrm{PM}} \tag{4.42}$$

现在就本例而言，磁动势平衡方程式是：

$$2H_{\mathrm{c}} \times h_{\mathrm{PM}} = 2\theta_{\mathrm{PM}} = 2F_{\mathrm{g}} + 2F_{\mathrm{tr}} + F_{\mathrm{yr}} + F_{\mathrm{ys}} + 2F_{\mathrm{PM}} \tag{4.43}$$

如4.5节所述，若$B_{\mathrm{gPM}} = 0.5\ \mathrm{T}$，则$F_{\mathrm{g}} = 716$安匝，$F_{\mathrm{tr}} = 5.3$安匝，$F_{\mathrm{yr}} = 300$安匝。

如果永磁体用磁动势为$H_{\mathrm{c}}h_{\mathrm{PM}}$的线圈代替，则永磁体的$B_{\mathrm{m}}(H_{\mathrm{m}}')$为一条过原点的直线［公式（4.41）］。但由于永磁体厚度未知，因而定子轭磁势F_{yr}未知。在4.5节中，定子轭磁势是合理的（$F_{\mathrm{ys}} = 99$安匝）。随着磁极高度h_{PM}变小，F_{ys}将更小（定子轭中的磁通路径变短）。

因此公式（4.43）中唯一未知的是磁极厚度h_{PM}，方程必须通过迭代求解。

保守的解决方案是保持$F_{\mathrm{ys}} = 99$安匝，由公式（4.43）得：

$$2h_{\mathrm{PM}}(0.650 \times 10^6 - 0.5175 \times 10^6) = 2 \times 716 + 2 \times 5.8 + 300 + 99 = 920.8 \tag{4.44}$$

因此磁极厚度为

$$h_{\mathrm{PM}} = 3.4747 \times 10^{-3}\mathrm{m}$$

注意：气隙$g = 1.5\mathrm{mm}$。

由于总定子轭厚度$h_{\mathrm{ys}} = 0.025\mathrm{m}$（因为每极的总磁通量保持不变），定子的外径为

$$\begin{aligned} D_{\mathrm{out}} &= D_{\mathrm{rotor}} + 2g + 2h_{\mathrm{PM}} + 2h_{\mathrm{ys}} \\ &= 0.06 + 2 \times 0.0015 + 2 \times 0.00347 + 2 \times 0.025 \approx 0.12\mathrm{m} \end{aligned} \tag{4.45}$$

（而不是直流激励时的0.156m）。

因此，在相同转子、气隙磁密、转矩、铜耗情况下表贴式永磁电机定子外径减小。

因此，永磁有刷直流电机不仅体积更小，而且效率更高（励磁损耗可认为是零）。

注意：为了公平比较，我们应该计及永磁体磁化能量损耗而不是励磁损耗。然而，在永磁电机的使用寿命中，永磁体磁化能量损失很小，可以忽略不计。

4.7 换向过程

换向可以定义为相关电枢绕组通过零励磁（永磁）磁密（中性）线时，电枢绕组电流方向改变的一系列现象。

事实上，电流方向改变时电流减小到零，线圈从（+）电流路径切换到后续（-）电流路径。

在换向期间，相应的电枢绕组被电刷短路，这种现象被称为电刷换向。

这非常类似于软开关电力电子换向，相应的线圈在零电压时进行开关切换。

如果在电机设计的最大转子电流和速度下连续工作时换向器表面保持清洁、未恶化，换向时没有可见的火花，则换向性能是良好的。

电刷换向现象还伴随着速度、电流等的影响，这本身就是一门学科，因此需要单独处理。这超出了我们的研究范围。

此外，这里的电刷跨距认为等于换向器节距，并且忽略了换向片间绝缘厚度。

换向过程的瞬时展开图如图4.16所示。

将电枢绕组电阻和电感分别表示为 R_c 和 L_c，换向片1和2与电刷之间的接触电阻分别表示为 R_{b1} 和 R_{b2}：

$$R_{b1}=R_b\frac{A_b}{A_{b1}}=R_b\frac{1}{1-t/T_c};\ R_{b2}=R_b\frac{A_b}{A_{b2}}=R_b\times T_c/t \tag{4.46}$$

式中，A_b 为单片换向片与电刷完整接触时的面积；R_b 为单片换向片与电刷完整接触时的接触电阻[㊀]。

现在换向元件回路（电压）方程是（见图4.16）

$$R_c i+R_{b1}(i_a+i)-R_{b2}(i_a-i)=-L_c\frac{\mathrm{d}i}{\mathrm{d}t}+V_{er}+V_{ec}=\sum V_{ei} \tag{4.47}$$

$-L_c$（$\mathrm{d}i/\mathrm{d}t$）>0 是自感电动势；$V_{er}>0$，$V_{er}=B_{amax}\pi D_r nLN_c$ 是由剩余未换向元件的运动电动势；$V_{er}<0$ 是定子中间极（辅助极，见图4.3）上的运动电动势，中间极绕组与电枢绕组串联接到电刷上（永磁电机无中间极）。与 V_{er} 和 $-L_c$（$\mathrm{d}i/\mathrm{d}t$）相比，V_{ec} 相反，以实现消除总的换向电动势，从而提供安全、及时的电阻换向（见图4.17b）。

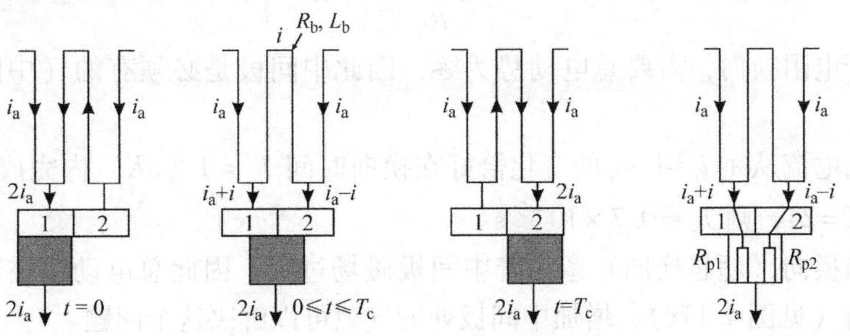

图4.16 换向期间电枢绕组电流反向

㊀ 此段为译者补充说明。

事实上，中间极（辅助极）的每极磁势 $F_{\text{interpole}} = N_{\text{cinterpole}} i_{\text{brush}}$ > 每半极下电枢磁动势［公式（4.39）］以确保使电刷放置在几何中性线上时 $|V_{\text{ec}}| > V_{\text{er}}$。

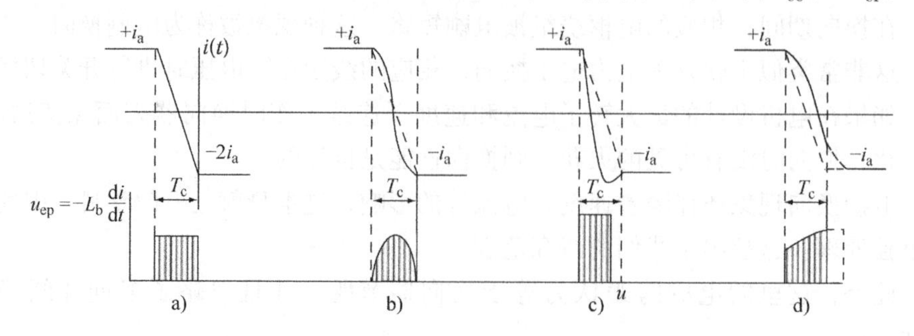

图 4.17　换向过程和自感电动势［$-L_c(\mathrm{d}i/\mathrm{d}t)$］

a）直线换向　b）电阻换向　c）超越换向　d）延迟换向

注意，中间极绕组电流是电刷处的电流：$i_{\text{brush}} = 2aI_c$。为了直观地解释电流的换向，只考虑一些特殊的简化情况：

直线换向：$\sum V_{\text{ei}} = 0$ 且 $R_c = 0$。

在这种情况下，由式（4.46）和式（4.47）得到的电流 $i(t)$ 为

$$i(t) = i_c(1 - 2t/T_c) \tag{4.48}$$

电流变化是线性的（见图 4.17a）和自感（注：电感）电动势 $e = -L_c(\mathrm{d}i/\mathrm{d}t) = L_c 2i_c nK$ 是常数，其中，n 是速度，单位 r/s；K 是换向片数。事实上，合成电动势为零的前提是中间极的存在。

电阻换向：$\sum V_{\text{ei}} = 0$ 但 $R_c \neq 0$。

由式（4.46）和式（4.47）又可得到（见图 4.17b）：

$$i(t) = \frac{i_c(1 - 2t/T_c)}{1 + \dfrac{R_c}{R_b}\dfrac{t}{T_c}\left(1 - \dfrac{t}{T_c}\right)} \tag{4.49}$$

对于电阻换向，需要总电动势为零，因此中间极是必须有的（中间极在定子上）。

换向电流从 $+i_c$ 到 $-i_c$ 的变化恰好在换向时间 $T_c = 1/(nK)$ 内完成；若 $n = 60\text{r/s}$，$K = 24$，则 $T_s \approx 0.7 \times 10^{-3}$ s。

提前换向（超越换向）意味着中间极磁场过强，因此总电动势在某些时候变为负值（见图 4.17c），增加中间极处的气隙可以解决这个问题。

延迟换向时相邻换向片之间有剩余电动势（见图 4.17d），会产生火花。解决方法是添加中间极或减少中间极的气隙。

对于没有中间极且运动方向单一的永磁电机，可以将电刷沿电机运动反方向

移动一个小角度（$-\alpha$），以在换向元件中产生负方向的永磁磁密（见图 4.15b 和图 4.18 中的 n、n'）。

这样产生负的反电势 V_{er} 可以抵消电感电动势 $-L_c(\mathrm{d}i/\mathrm{d}t)$，并在通过电刷短路的换向元件中再次产生零电动势。转子（电枢）磁动势的 α/π 部分对永磁体“去磁”（见图 4.18）。这是为了更好地换向而付出的“代价”。

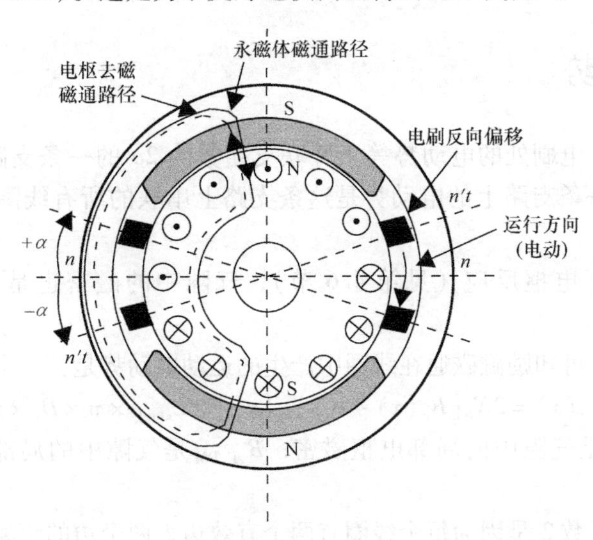

图 4.18　电刷从几何中性线沿电机运动反方向移动 α 角改善电机换向

4.7.1　交流励磁电刷—换向绕组

如上所述，通用电动机是串励交流电机。有刷直流电机换向元件中的励磁（或永磁体产生）的磁通是恒定的，因此没有励磁感应电动势。与之相比，串励交流电机换向元件在每极交流励磁磁通中感应出一个与定子频率附加电动势 V_e（与转速无关），即使在零速下这种电动势也会存在，V_e 必须限制在低于 3～4V，以最终确保安全换向。每个线圈的匝数越少（$N_c=1$，2）越好。

降低交流电频率是改善换相的另一种解决方法。

注意：换向元件的两边位于磁场过零处，因此换向元件的电感 L_c 指的是主磁通产生的 d 轴励磁电感 L_{cm} 和漏电感 L_{cl}：

$$L_c = L_{cl} + L_{cm} \tag{4.50}$$

元件漏电感 L_{cl} 的公式在形式上与交流旋转电机相同，包括槽漏电感 L_{cls} 和端部漏电感 L_{cle}，L_{cls} 由第 2 章［式（2.66）］中知：

$$L_{cls} = 2\mu_0 N_c^2\left(\frac{h_{rs}}{3b_{rs}} + \frac{L_{end}}{L_e}\ln\frac{L_{end}}{r_{end}}\right)$$

L_{cm} 为

$$L_{\mathrm{cm}} \approx \frac{N_{\mathrm{c}}^{2}}{R_{\mathrm{gm}}} = \frac{\mu_0 N_{\mathrm{c}}^{2} \tau_{\mathrm{p}} L_{\mathrm{stack}}}{g_{\mathrm{m}}};\ g_{\mathrm{m}} = gK_{\mathrm{c}} + h_{\mathrm{PM}} \tag{4.51}$$

式中，h_{rs}为槽高；b_{rs}为转子槽的平均宽度（适用于开口槽）；L_{end}为线圈一端的端部长度；r_{end}是线圈端部半径；L_{e}是电机叠长；R_{gm}是气隙磁阻。

很明显，表贴式永磁电机气隙磁阻更大（由于$h_{\mathrm{PM}} > g$），换向电感更小。

4.8 电动势

如前所述，电刷处的电动势等于并联支路数为 $2a$ 的一条支路上的电动势，因此电流流经一条支路上的电动势是这条支路上串联的所有线圈电动势（V_{ec}）之和。

但是，由于电枢反应（见第 4.6 节），气隙中的磁密也是不均匀的，如图 4.19所示。

由公式 BIL 可知励磁磁通在线圈中产生的运动电动势是：

$$V_{\mathrm{ea}}(x) = 2N_{\mathrm{c}}[B_{\mathrm{a}}(x) + B_{\mathrm{gF,PM}}(x)] \times L_{\mathrm{stack}} \times \pi \times D_{\mathrm{r}} \times n \tag{4.52}$$

式中，$B_{\mathrm{a}}(x)$ 是气隙中的局部电枢磁密；$B_{\mathrm{gF,PM}}$是气隙中的局部励磁（永磁）磁密。

式中存在系数 2 是因为每个线圈有两个有效边，两个边的距离可认为恰好是一个极距（电枢直径）。

从图 4.19 中可以看出，当元件在磁极下移动时，局部气隙合成磁密会发生变化，因此其电动势（相邻换向片之间的电压降）也会发生变化。

这种变化在非永磁电机中可能很大，并危及换向器的片间绝缘层寿命，因此换向片之间的电压降必须保持在 25V 以下。

补偿绕组放置在定子主极之间，并与电枢绕组（在电刷处）串联，消除掉所有转子电流在定子磁极下产生的电枢反应，从而解决换向问题（见图 4.19b）。

此外，补偿绕组仅在重型的运输电动机中使用，降低了电枢反应磁场产生的磁路饱和。

此外，电枢磁场在换向元件中产生的电动势 V_{ec}（为正）较小，因为每半个磁极的有效电枢磁动势减小到仅剩定子极外的未补偿部分（见图 4.19b）。因此换向显著改善，甚至只需添加一个轻巧的中间极即可。

现在可以定义平均总气隙磁密 B_{gan}：

$$B_{\mathrm{gan}} = \phi_{\mathrm{p}} / (\tau L_{\mathrm{e}}) \tag{4.53}$$

式中，L_{e}是铁心有效叠长（$L_{\mathrm{e}} = L_{\mathrm{stack}} K_{\mathrm{filliron}}$）。

理想情况下，每个并联电流支路有 $N_{\mathrm{s}}/2a$（实际上$\approx N_{\mathrm{s}}/2a - 1$）有效元件串联，并联支路电动势 V_{ea} 为

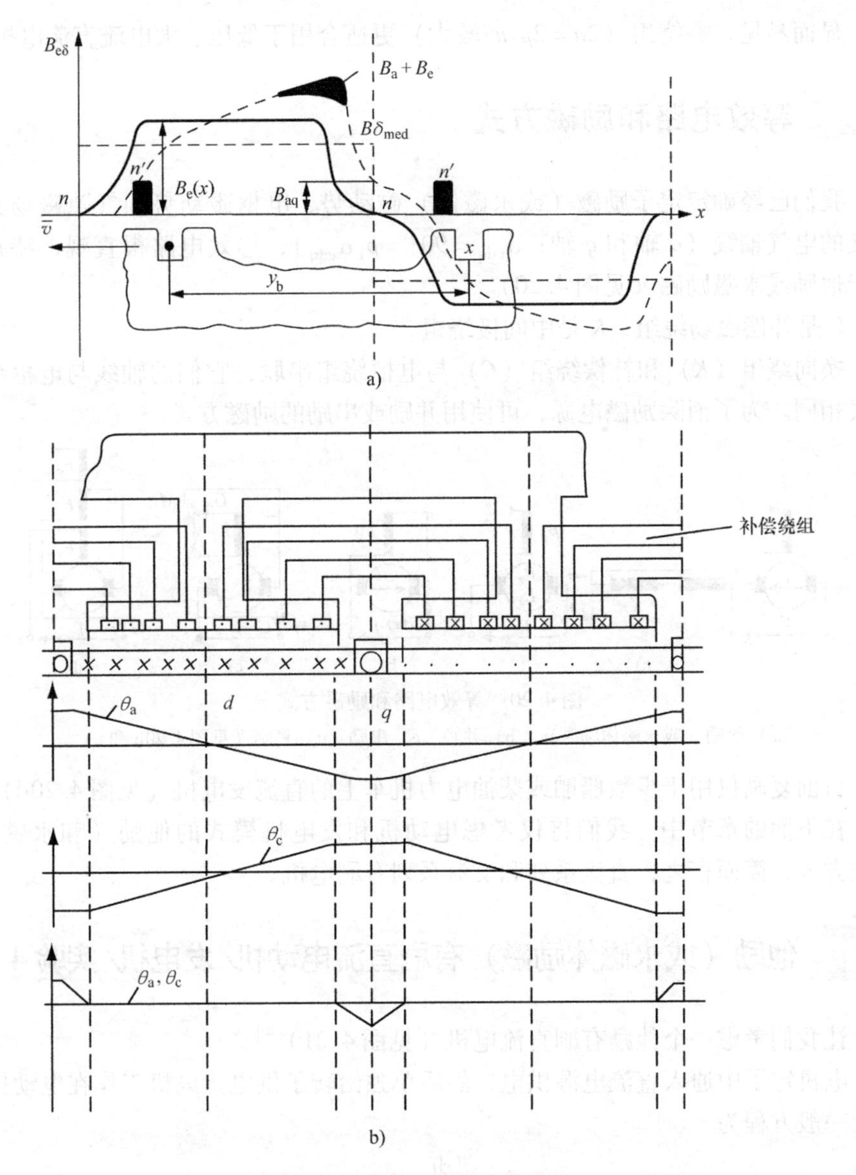

图 4.19　a）气隙中的不均匀合成气隙磁场　b）补偿绕组

$$V_{ea}=K_e n\phi_p \tag{4.54}$$

$$K_e=\frac{N_{p1}}{a};\ N=N_s 2N_c \tag{4.55}$$

式中，N 是转子所有槽内导体总数。因此，空载（平均）电压 V_{ea}（电刷处）与转速 n（r/s）和电动势常数成正比，电动势常数与转子槽数 N_s、极对数 p_1 和并联支路对数 a 的倒数有关。

显而易见，叠绕组（$2a=2p_1m$ 较大）更适合用于低压、大电流直流电机。

4.9 等效电路和励磁方式

我们已经确定定子励磁（或永磁体）磁动势、电枢磁动势和气隙磁场具有正交的电气轴线（d 轴和 q 轴；$\alpha_{edq}=90°=p_1\alpha_{gdq}$），等效电路很直观，特别是对于他励或永磁励磁（见图 4.20）。

C 是补偿磁场绕组，K 是中间极绕组。

换向绕组（K）和补偿绕组（C）与电枢绕组串联，它们的轴线与电枢绕组轴线相同。为了消除励磁电源，可使用并励或串励的励磁方式。

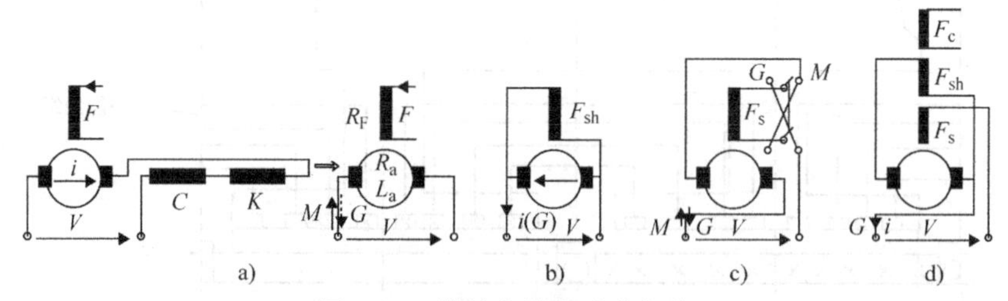

图 4.20 等效电路和励磁方式

a）他励（或永磁体励磁） b）并励 c）串励 d）复励（见图 4.20b 和 c）

目前复励仅用于少数船舶或柴油电力机车上的直流发电机（见图 4.20d）。

在下面的章节中，我们将仅考虑电动机和发电机模式的他励（和永磁体）励磁方式，简而言之，直流系列和交流系列有刷电机。

4.10 他励（或永磁体励磁）有刷直流电动机/发电机/实验 4.1

让我们考虑一个他励有刷直流电机（见图 4.21）[4]。

电机定子中通入直流电源供电，然后单独给转子供电。电机工作在电动机状态，一般方程为

$$V_a=R_ai_a+L_a\frac{di_a}{dt}+V_{ea}+\Delta V_{brush} \tag{4.56}$$

电机处于稳态时［见公式（4.54）］，

$$V_{ea}=K_en\phi_p;\ i_a=\text{const} \tag{4.57}$$

对于低压（汽车）电机，电刷压降 ΔV_{brush}（约 1V）不可忽略。

等式两边乘以电枢电流 i_a，得到功率平衡方程式：

$$V_ai_a=R_ai_a^2+V_{ea}i_a+\Delta V_{brush}i_a \tag{4.58}$$

电磁功率 $V_{ea}i_a$ 等于电磁转矩 T_e 和机械角速度（$2\pi n$）的乘积：

$$V_{ea}i_a = T_e 2\pi n \tag{4.59}$$

将式（4.57）代入到 V_{ea} 中得：

$$T_e = K_e\phi_p i_a/2\pi \tag{4.60}$$

电磁转矩与每极磁通 ϕ_p 和电刷（流入电枢）电流 i_a 成比例。并且，对于电刷在几何中性线上，电枢电流 i_a 的任何变化不会对励磁电流回路的磁场产生影响（由于电枢和励磁电路之间的 90°电相移）。

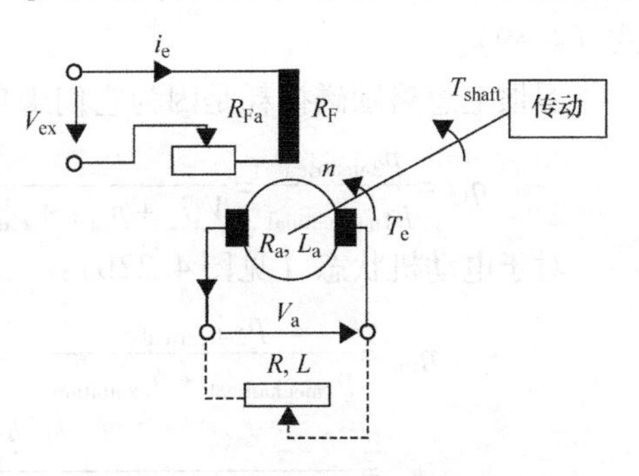

图 4.21 他励有刷直流电机

所以励磁电路方程为

$$V_F = R_F i_F + L_{Ft}\frac{di_F}{dt} \tag{4.61}$$

L_{Ft}（i_F）是存在磁路饱和时的瞬态电感（第 2 章）：

$$L_{Ft}(i_F) = L_F(i_F) + \frac{\partial L_F}{\partial_{i_F}} i_F \tag{4.62}$$

对于永磁体励磁，如果电机铁心的磁路饱和可忽略不计，则气隙磁通 ϕ_p 通常是恒定的。否则，随着电枢电流的增加，每极磁通量会减小。如果电源电压保持恒定，这可能导致电机在负载下自行超额定转速运行。然而，如果通过电力电子设备执行闭环转矩（速度）控制，则不会发生这种情况，但对于精确电机设计（确定尺寸）而言，这仍然很重要。

现在，如果我们增加机械损耗 p_{mec} 和转子铁耗［定子励磁（或永磁体）磁场在转子铁心的任何一点产生一个频率为 $\omega_r = 2\pi n p_1$ 的旋转磁场，从而在铁心中产生磁滞损耗和涡流损耗］，得到完整的功率平衡流程图（见图 4.22）。发电机状态（见图 4.22a）用于现代电机驱动中双向电力电子供电的再生制动。

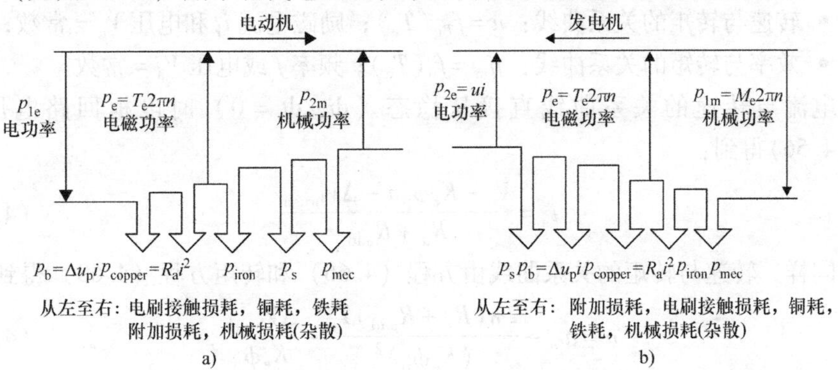

图 4.22 直流电机功率平衡流程图

a）电动机 b）发电机

发电机制动状态时转矩为负（$T_e<0$）且输入功率为负（$V_{ea}i_a<0$）［公式（4.59）］。

习惯上忽略励磁损耗是因为它们来自独立的电源，但是发电机的总效率是：

$$\eta_{tg}=\frac{p_{2electrical}}{p_{1mechanical}}=\frac{V_a i_a}{V_a i_a+p_{mec}+p_{iron}+p_{copper}+p_{brush}+p_{excitation}+p_s} \tag{4.63}$$

对于电动机状态（见图4.22b）：

$$\begin{aligned}\eta_{tm}&=\frac{p_{2electrical}}{p_{1mechanical}+p_{excitation}}\\&=\frac{T_{shaft}2\pi n}{T_{shaft}2\pi n+p_{mec}+p_{iron}+p_{copper}+p_{brush}+p_{excitation}+p_s}\\&=\frac{T_{shaft}2\pi n}{V_{1a}i_a+p_{excitation}}\end{aligned} \tag{4.64}$$

输出转矩T_{shaft}为

$$T_{shaft}=T_e\mp\frac{p_{mec}+p_{iron}}{2\pi n} \tag{4.65}$$

式中，p_s是杂散损耗；p_{mec}是机械损耗，单位W；n为速度，单位r/s。

符号（$-$）用于电动机，符号（$+$）用于发电机。

对于发电机［公式（4.63）］，

$$p_{1mechanical}=T_{shaftgen}2\pi n \tag{4.66}$$

4.11 有刷直流电机稳态分析和转速控制方法/实验4.2

永磁有刷直流电机［或任何直流（交流）］电机的稳态特性如下：

- 转速与电流的关系曲线：$n=f_i(i_a)$；励磁电流i_F和电压V_a=常数；
- 转速与转矩的关系曲线：$n=f_{Te}(T_e)$；励磁电流i_F和电压V_a=常数；
- 效率与转矩的关系曲线：$\eta_m=f_n(T_e)$；频率f或电压V_a=常数。

电流与转速的关系曲线直接从稳态（$di_a/dt=0$）时电枢回路电压方程（4.56）得到：

$$i_a=\frac{V_a-K_e\phi_p n-\Delta V_{brush}}{R_a+R_{add}} \tag{4.67}$$

同样，转速与转矩的关系曲线由方程（4.66）和转矩方程（4.60）得到：

$$n=n_{0i}-\frac{2\pi(R_a+R_{add})T_e}{(K_e\phi_p)^2}-\frac{\Delta V_{brush}}{K_e\phi_p} \tag{4.68}$$

$$n_{0i}=\frac{V_a}{K_e\phi_p} \tag{4.69}$$

电枢电流为零（$i_a=0$）的转速 n_{0i} 称为理想空载速度（单位为 r/s）。

理想空载转速与直流电机电枢电压 V_a 成正比。当 V_a 改变时，n_{0i} 改变，因此转速 n 也几乎按比例变化。

还可通过添加与 R_a 串联的电阻 R_{add} 来减小（改变）电流［式（4.67）和式（4.68）］。

所有这些特性曲线如图4.23所示。

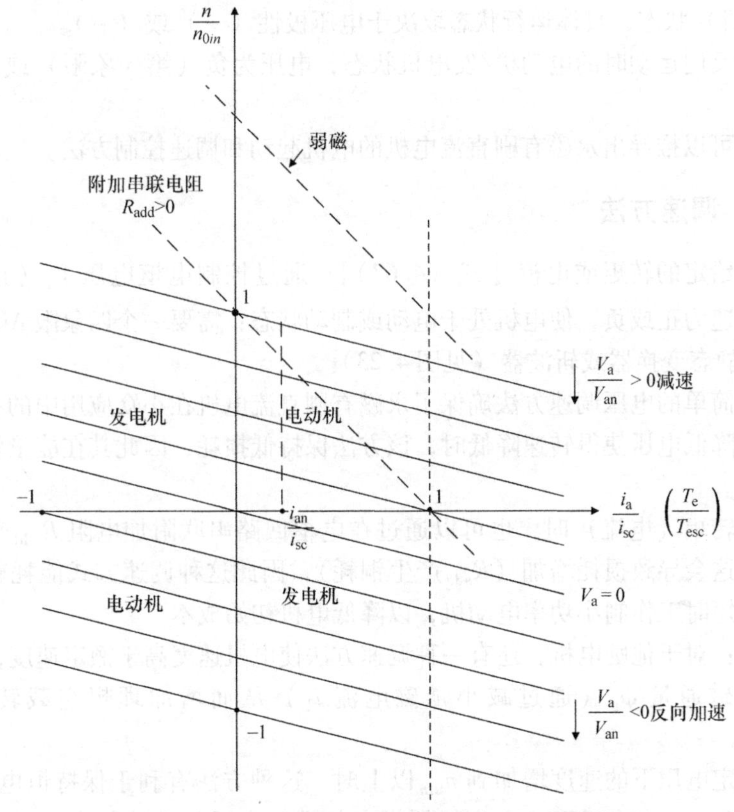

图4.23 转速与电流和转矩的特性曲线（标幺值）

短路转矩 T_{esc} 对应于短路（$V_a=0$ 时的）电流 i_{sc}：

$$T_{esc}=K_e\phi_p i_{sc} \tag{4.70}$$

$$i_{sc}=\frac{-V_{ea}}{R_a} \tag{4.71}$$

在额定电压 V_a 下的理想额定空载速度为

$$n_{0in}=\frac{V_{an}}{K_e\phi_p} \tag{4.72}$$

$$\frac{i_a}{i_{an}}=1-\frac{n}{n_{0in}};\ \frac{i_{sc}}{i_{an}}>\frac{20}{1} \tag{4.73}$$

$$\frac{n}{n_{0in}}=1-\frac{T_e}{T_{esc}} \tag{4.74}$$

电机四象限运行曲线如图4.23所示。转速与电流和转速与转矩（采用标幺值）的关系曲线是相同的［式（4.73）和式（4.74）］，表明转矩控制等同于电流控制。

当电流为正时，电机正向（反向）运动（第1和4象限）时处于电动机（或发电机）状态，具体运行状态取决于电压极性（+）或（-）。

对于反向运动时的电动机/发电机状态，电压为负（第3象限）或正（第2象限）。

由此可以推导出永磁有刷直流电机的电机起动和调速控制方法。

4.11.1 调速方法

对于给定的转矩或电流［式（4.67）］，通过控制电枢电压 V_a（正或负），可调节转速为正或负，使电机处于电动或制动状态：需要一个四象限AC-DC或DC-DC静态变换器或斩波器（见图4.23）。

这种简单的电压调速方法确保了永磁有刷直流电机在小众应用中的有着潜在发展。当降低电压使得转速降低时，该方法保持低损耗，因此其在能量转换方面是高效的。

给定转矩（电流）时，也可以通过在电枢回路串联附加电阻 R_{add} 来降低转速，但是这会导致损耗增加（R_{add} 产生铜耗），因此这种调速方式能耗较高，应该只用于短时工作制小功率电动机，以降低电机初始成本。

注意：对于他励电机，还有一种调速方法使电机速度高于额定速度，即通过减弱每极磁通量 ϕ_p（通过减小励磁电流 i_F）从而增加理想空载转速（见图4.23）。

当额定电压下的速度增加到 n_{0in} 以上时，这种方法有利于保持恒电磁功率，$P_e=T_e\times 2\pi n$；在有DC—DC变换器供电的城市交通驱动控制中，恒功率转速（高于额定转速）提升2倍或3倍是十分实用的。

以上所有内容均在算例4.1中进行了说明。

例4.1 永磁有刷直流电动机/发电机/反接制动

考虑一个小型汽车永磁有刷直流电机，额定电压 $V_{dc}=42\text{V}$，额定功率 $P_n=55\text{W}$，在额定速度 $n_n=30\text{r/s}$（1800r/min）时额定效率 $\eta_n=0.9$。额定电流下的电刷接触压降为 $\Delta V_{brush}=1\text{V}$，铁心损耗 p_{iron} 和机械损耗（额定转速时）p_{mecn} 为 $p_{iron}=p_{mecn}=0.01P_n$。求：

a. 额定电枢电流 I_{an}；

b. 额定运行时的铜耗 p_{con}；

c. 电枢电阻 R_a；

d. 额定电枢电动势 V_{en}和额定电磁转矩 T_{en}；

e. 额定输出转矩 T_{shaft}；

f. 理想空载转速 n_{0in}；

g. 计算在转速为额定转速的一半为 $n_n/2$，并且额定电流（转矩）和输入（降低的）电压为 V'_a时的输入功率和效率；注意铁耗和机械损耗与给定速度 n 成正比；

h. 计算转速为 $n_n/2$ 时所需的电压和再生制动时的额定转矩；

i. 在 $n_n/2$ 和 T_{en}（i_{an}）不变的情况下，计算所需的串联电阻 R_{add}和效率；

j. 转速为零时，确定在额定电压 V_a时的反接制动转矩 T_{en}（负方向）；

k. 在额定电压 V_{an}下电枢端口接电阻性负载，当转速为额定转速 n_n且电机处于发电机状态时，计算负载电阻 R_{load}。因为从负载电机获取能量（动能）的电机会逐渐减速，这时电机可能处于设定的直流发电机状态，也可能处于称为动态制动的制动状态；

l. 绘制所研究的电动机（发电机制动）状态的特性。

解：

a. 额定电流 i_{an}源于输入电功率 $P_{1e}=V_{an}i_{an}$：

$$p_{1e}=\frac{p_n}{\eta_n}=\frac{55\text{W}}{0.9}=61.11\text{W}$$

$$I_{an}=\frac{p_{e1}}{V_{an}}=\frac{61.11}{42}=1.455\text{A}$$

b. 额定铜耗是所有损耗 $\sum p$ 中唯一未知的一部分损耗：

$$\sum p=p_{e1}-P_n=61.11-55=6.11\text{W}$$

$$p_{coppern}=\sum p-p_{iron}-p_{mec}-p_{brushes}=6.11-0.01\times2\times55-1\times1.455=3.555\text{W}$$

c. 电枢电阻 R_a为

$$R_a=\frac{p_{coppern}}{I_{an}^2}=\frac{3.555}{1.455^2}=1.68\Omega$$

d. 对于额定电枢电动势 V_{ean}，由式（4.56）且 $di_a/dt=0$：

$$V_{ean}=V_{an}-R_aI_{an}-\Delta V_{brush}=42-1.68\times1.455-1=38.556\text{V}$$

电磁转矩 T_{en}为［式（4.59）］

$$T_{en}=\frac{V_{ean}I_{an}}{2\pi n_n}=\frac{38.556\times1.455}{2\pi\times30}=0.2977\text{N}\cdot\text{m}$$

e. 转轴上输出的额定转矩 T_{shaftn}［公式（4.66）］：

$$T_{\text{shaftn}}=T_{\text{en}}-\frac{(p_{\text{mecn}}+p_{\text{iron}})}{2\pi n_n}=0.2977-\frac{0.02\times55}{2\pi\times30}$$

$$=0.2918\text{Nm}=\frac{P_n}{2\pi\times n_n}$$

f. 理想空载转速 $n_{0ni}=V_{\text{an}}/(K_e\phi_p)$ [公式(4.72)]，又由公式(4.54)知 $V_{\text{ean}}=K_e\phi_p n_n$，得到：

$$n_{0ni}=\frac{V_{\text{an}}}{V_{\text{ean}}}n_n=\frac{42}{38.556}\cdot30=32.679\text{r/s}\approx1960\text{r/min}$$

g. 在额定转速的一半为 $n_n/2=15\text{r/s}$（900r/min），额定转矩为 $T_{\text{en}}=0.2977\text{Nm}$ 时，由公式(4.57)得到所需电枢端口电压为

$$V_a=R_aI_{\text{an}}+V_{\text{ean}}\frac{n_n/2}{n_n}+\Delta V_{\text{brush}}=1.68\times1.455+38.556/2+1=22.722\text{V}$$

由于铁耗和机械损耗都减少了 $[(n_n/2)/n_n]^2=1/4$ 倍，可以计算出这种情况下的总损耗 $\sum p$：

$$\left(\sum p\right)_{n_n/2}=P_{\text{coppern}}+(p_{\text{iron}}+p_{\text{mecn}})\left(\frac{n_n/2}{n_n}\right)^2+\Delta V_{\text{brush}}\cdot I_{\text{an}}$$

$$=3.555+2\times0.01\times55\times1/4+1.0\times1.455=5.286\text{W}$$

这时输入电功率 $P_{1e}=V_aI_{\text{an}}=22.722\times1.455=33.06\text{W}$。

因此效率 $\eta_{\text{motor}}=(P_{1e}-\sum p)/P_{1e}=(33.06-5.286)/33.06=0.84$。

这仍然是一个非常好的效率值。

h. 对于再生制动，转矩 $T_e=-T_{\text{en}}=-0.2977\text{Nm}$，电流 $I'_a=-I_{\text{an}}=-1.455\text{A}$；电刷压降 $\Delta V_{\text{brush}}=1\text{V}$。这时由公式(4.56)得：

$$V'_a=R_aI'_a+V_{\text{ean}}\frac{n_n/2}{n_n}-\Delta V_{\text{brush}}$$

$$=1.68\times(-1.455)+\frac{38.556}{2}-1=15.8336\text{V}$$

其损耗与电动机在转速为 $n_n/2$ 和转矩为 $+T_{\text{en}}$ 下的损耗相同，因此效率为

$$\eta'_{\text{gen}}=\frac{V'_a|I'_a|}{V'_a|I'_a|+\sum p}=\frac{15.8336\times1.455}{15.8336\times1.455+5.286}=0.813$$

转轴输出转矩 T_{shaft} 大于电磁转矩：

$$(T_{\text{shaft}})_{\text{regen}}=T_e-\frac{p_{\text{mec}}+p_{\text{iron}}}{2\pi n/2}=-0.2977-\frac{0.02\times55}{2\pi30/2}\frac{1}{4}=-0.3006\text{Nm}$$

i. 在转速为 $n_n/2$、额定转矩为 T_{en}、电流为 I_{an} 时，额定电压 V_{an} 下串入电阻 R_{add}，公式(4.56)变为

$$V_{an} = (R_a + R_{add}) I_{an} + \frac{1}{2} V_{ean}^* + \Delta V_{brush}$$

所以：

$$R_{add} = \left(42 - \frac{1}{2} \times 38.556 - 1\right) / 1.455 - R_a = 13.249\Omega$$

这时总损耗为

$$\left(\sum p\right)_{R_{add*}} = \left(\sum p\right)_{R_a, I_{an}, n_n/2} + R_{add} i_{an}^2$$

$$= 5.286 + 13.249 \times 1.455^2 = 33.33\text{W}$$

所以效率为

$$(\eta_n)_{n_n/2, R_{add}, I_{an}} = \frac{V_{an} I_{an} - \left(\sum_p\right)^{\ominus} R_{add}}{V_{an} I_{an}} = \frac{61.11 - 33.43}{61.11} = 0.4529$$

这个效率对于电机持续运行来说是不可接受的数值。

j. 在转速为零时，电压方程 4.56 简化为

$$V''_a = R_a I_a + \Delta V_{brush}$$

对于制动时的额定转矩，转矩 $T_e = -T_{en} = -0.2977\text{N}\cdot\text{m}$，电流 $I'_a = -I_{an} = -1.455\text{A}$，因此电压$(V''_a) n_n = 0, T_e = 1.68 \times (-1.455) + 1 = -1.444\text{V}$。四象限变换器必须能够在电压反向时提供反向电流（第三象限）。

这被称为反接制动（传统上用反向电压 $-V_{an}$ 和串入大电阻 R_{add} 以限制制动电流，其代价为低速或零转速下损耗很大）。

该方法与零转速下反向电动状态相对应，并且可以在零转速下用作可控加载电机，以方便测试接近零转速的其他变速驱动器。

k. 发电机状态下在转速 n_n 时接电阻性负载 R_{load}，由公式（4.57）：

$$R_{load} I_{an} = (V_{an})_{gen} = R_a(-I_{an}) + V_{ean} - \Delta V_{brush}$$

$$= 1.68 \times (-1.455) + 38.556 - 1 = 35.116\text{V}$$

因此，负载电阻 $R_{load} = (V_{an})_{gen} / I_{an} = 35.116/1.455 = 24.13\Omega$。

电阻性负载下输出电功率 $P_{2e} = (V_{an})_{gen} I_{an} = 35.116 \times 1.455 = 51.09\text{W}$。

在额定电流下，从空载电压 V_{ean} 到发电机满载电压 V_{an} 的电压降 ΔV 为

$$\Delta V = \frac{V_{ean} - (V_{an})_{gen}}{V_{ean}} = \frac{38.556 - 35.116}{38.556} = 0.0892$$

上式表明如果要满足额定负载电压或额定电压调整率，则必须单独进行发电机设计。

l. 上述例子的转矩与速度机械特性曲线如图 4.24 所示。

图 4.24 中 A 为额定电动状态；B 为额定发电状态（电阻性负载 R_{load}）；C

⊖ 原书此处有误。——译者注

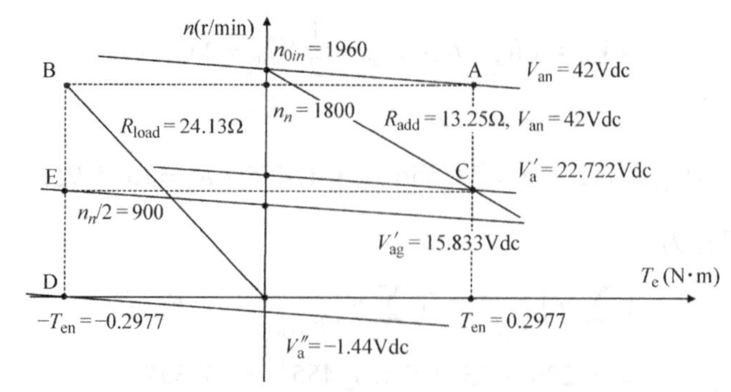

图 4.24　永磁有刷直流电机的电动机/发电机/制动状态时的转矩/转速曲线

为转速为额定转速的50%，产生电枢电压 V_a或串入电阻 R_{add}时的电机额定转矩；D 为在转速为零时额定电枢电流反向，反向电压 V''_a降低时的反接制动。E 为额定转矩、50%额定转速且电枢电压 V'_a降低时的回馈制动。

注意：他励有刷直流电机可采用弱磁调速（减小 ϕ_p）实现额定速度以上和恒定电磁功率控制转速；最大转速/额定转速之比可高达3∶1。在此情况下，再选用永磁有刷直流电机已不合适；如果排除了励磁有刷直流电机，那么带有电力电子控制的交流电机最适合这种情况。

例 4.2　转子电枢参数 R_a和 L_a的推导

转子电阻和漏电感对电机设计至关重要。电枢绕组电阻 R_a包含有刷换向器接触电阻。因此，考虑到每个电流支路串联的理想线圈数 $N_s/2a$，转子线圈电阻 R_{ar}为

$$R_{ar} \approx \left(\rho_{c0}\frac{l_{coil}N_c}{A_{copper}}\frac{N_s}{2a}\right)\frac{1}{2a};\ l_{coil} = 2(L_{stack} + L_{end}) \tag{4.75}$$

式中，ρ_{c0}为铜电阻率，单位为Ω·m；L_{end}为电机一端的线圈端部连接长度；N_s为转子槽数；A 为铜线（电缆）横截面积，表示为

$$A_{copper} = \frac{I_{an}}{2aj_{cor}};\ i_c = \frac{I_a}{2a} \tag{4.76}$$

式中，j_{cor}是转子中设计的电流密度；I_{an}是电枢端口的额定电流。

转子电感 L_a必须考虑由转子电流在气隙和电机铁心中产生的电枢磁场能量。电枢磁场的轴线在定子磁极的几何中性线上。

通过 FEM（有限元法）可以获得精确电感值，至少对于表贴式永磁电机，其总电磁气隙 $g_m = gK_c + h_{PM}/(\mu_{rPM})_{pu}[(\mu_{rPM})_{pu} = 1.05 \sim 1.2]$，其主要分量电枢励磁电感 L_{am}来自通过三角电枢磁势波在圆柱形大气隙 g_m中变化产生的电枢磁场磁能［见图 4.15c 和式（4.39）和式（4.40）］：

$$W_{ma} = \frac{L_a i_a^2}{2} = \frac{1}{2}H_0 L_e 4p_1\int_0^{\frac{\pi}{2}} g_m\left(\frac{2N_c i_c N_s}{4p_1 g_m}\ \frac{2\theta}{\pi}\right)^2\frac{D_r}{2}d\theta_r \tag{4.77}$$

仅对半个极距进行积分，在此区间电枢磁动势从零变化到最大值，然后结果乘以 $4p_1$（一个转子圆周上的半极数目），最后得到：

$$L_{am} \approx \frac{\mu_0 N_c^2 N_s^2}{24a^2} \frac{L_e \tau}{g_m} \tag{4.78}$$

转子（电枢）总电感 L_a 还包含漏电感 L_{al}，包括槽漏磁场和端漏磁场。

L_{al} 与一个绕组漏电感 L_{c1}［式（4.51）］有关，其中有 $N_s/2a$ 个线圈串联并且 $2a$ 个支路并联：

$$L_{al} = \left(L_{c1}\frac{N_s}{2a}\right)\frac{1}{2a} \tag{4.79}$$

最终得到：

$$L_a = L_{am} + L_{al} \tag{4.80}$$

对于表贴式永磁电机，L_{am} 和 L_{al} 可具有相同的数量级。

注意：对于气隙（无槽）绕组，总电磁气隙 g_m 包括绕组高度 h_{tr}，而总漏电感 L_{c1} 中的槽漏电感分量［式（4.79）中的第一项分量］被去除掉。

对于具有中间极和补偿极的有刷直流电机，L_a 的表达式采用更重要（更复杂）的数学形式。

4.12 串励有刷直流电机/实验 4.3

由于励磁电路在电刷处与电枢电路串联，串励有刷直流电机便于实现恒定功率下宽速度范围，因此常用作铁路牵引或 ICE（内燃机）起动电机（见图 4.25）。

这种电机主要用作电动机，若先对调励磁绕组的端口（使励磁磁场反向）后也可用于自励再生制动（见图 4.20）。

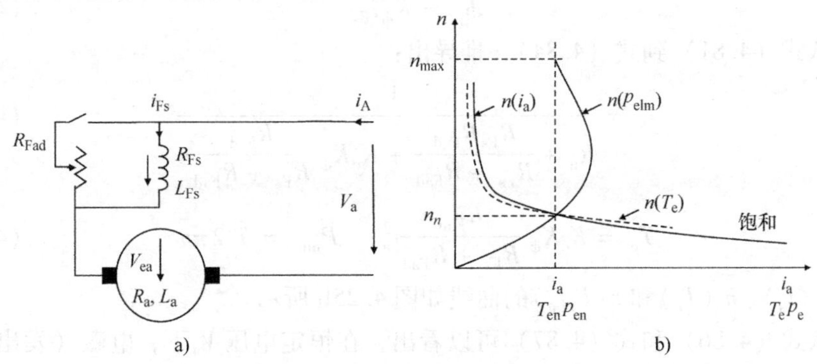

图 4.25　串励有刷直流电机

a）等效电路　b）额定电压下无调磁电阻时的自然特性曲线

或者，可以首先分离励磁绕组，然后给励磁绕组单独（在低电压下）供电进行再生制动，比如在标准柴油电动汽车或电力机车中常规地进行的那样（最新的铁路牵引驱动器使用具有全功率电子控制的感应电机）。

这里只讨论电动机状态下的电压方程：

$$V_a = (R_a + R_{Fs}^e)i_a + (L_a + L_{Fs})\frac{di_a}{dt} + V_{ea} \tag{4.81}$$

$$V_{ea} = K_e\phi_p(i_{Fs})n;\quad R_{Fs}^e = \frac{R_{Fs}F_{Fad}}{R_{Fs} + R_{Fad}};\ i_{Fs} = i_a\frac{R_{Fad}}{R_{Fs} + R_{Fad}} \tag{4.82}$$

稳态时 $di_a/dt = 0$。

现在每极磁通由励磁电流 i_F 产生，与电枢电流成正比［公式（4.82）］，当附加电阻 R_{Fad} 与励磁绕组电阻 R_{Fs} 并联而不进行弱磁时，励磁电流等于电枢电流。

电磁转矩 T_e 为

$$T_e = \frac{V_{ea}i_a}{2\pi n} = \frac{K_e\phi_p(i_{Fs})i_a}{2\pi} \tag{4.83}$$

串励有刷直流电机可用以下特性曲线描述：

- $n(i_a)$；
- $n(T_e)$；$n(P_{em})$；
- $\eta(P_{em})$。

$$\eta = \frac{P_{em} - P_{mec} - P_{iron}}{P_{em} + P_{copper} + P_{brush}} \tag{4.84}$$

磁路饱和发生在某个 i_a 值以上，从这个电流值开始，每极磁通量 ϕ_p 保持恒定，因此大电流下的电机特性曲线变化为他励有刷直流电机特性。忽略饱和并考虑 i_{Fs} 和 ϕ_p 之间为线性关系：

$$\phi_p \approx K_\phi i_{Fs} \tag{4.85}$$

从式（4.81）到式（4.84），推导出：

$$i_a = \frac{V_a}{R_a + \dfrac{R_{Fs}R_{Fad}}{R_{Fs} + R_{Fad}} + K_eK_\phi\dfrac{R_{Fad}}{R_{Fs} + R_{Fad}}n} \tag{4.86}$$

$$T_e = K_eK_\phi\frac{R_{Fad}}{R_{Fs} + R_{Fad}}i_a^2;\quad P_{elm} = T_e2\pi n \tag{4.87}$$

$n(i_a)$、$n(T_e)$ 和 $n(P_{elm})$ 的曲线如图 4.25b 所示。

从式（4.86）和式（4.87）可以看出，在恒定电压 V_a 下，电磁（发出）功率在某个转速下最大（见图 4.25b）。

此外，在电流为零时，磁通趋近于零（实际上是不变的某个小值 ϕ_{prem}），因而理想空载速度 $n_{0i}\to\infty$。所以串励有刷直流电机不能空载，这是电气传动中应满足的条件。

$n(i_a)$和$n(T_e)$特性曲线较软，允许通过适当的控制进行宽范围调速，在$n_{max}/n_n=3:1$的速度范围内保持恒定电磁功率。

4.12.1 起动方法和调速方法

式（4.86）和式（4.87）给出了两种有效的起动（限制起动电流）和调速方法（给定转矩）：

- 电压控制（通过降低电枢电压V_{an}）：$n<n_n$

给定转速下的转矩与电压的二次方成正比（忽略磁路饱和），因此如果$V_a<V_{an}$，$n(i_a)$和$n(T_e)$曲线则低于V_{an}时的曲线，以低于额定转速n_n的任意速度产生所需的电流（转矩）（见图4.26a）。例如，可以通过这种方式提供达到基速（额定）时的恒定扭矩（见图4.26b）。

- 弱磁调速控制：$n_n<n<n_{max}$

通过逐步改变与励磁绕组R_F并联的附加电阻R_{Fad}，使励磁电流i_{Fs}小于电枢电流i_a，因而可实现弱磁。

在基速以上，可以修改R_{Fad}（见图4.25a）以保持电磁功率不变$p_{elm}=p_{en}$，如果需要可以使速度达到最大速度n_{max}（见图4.26c）。

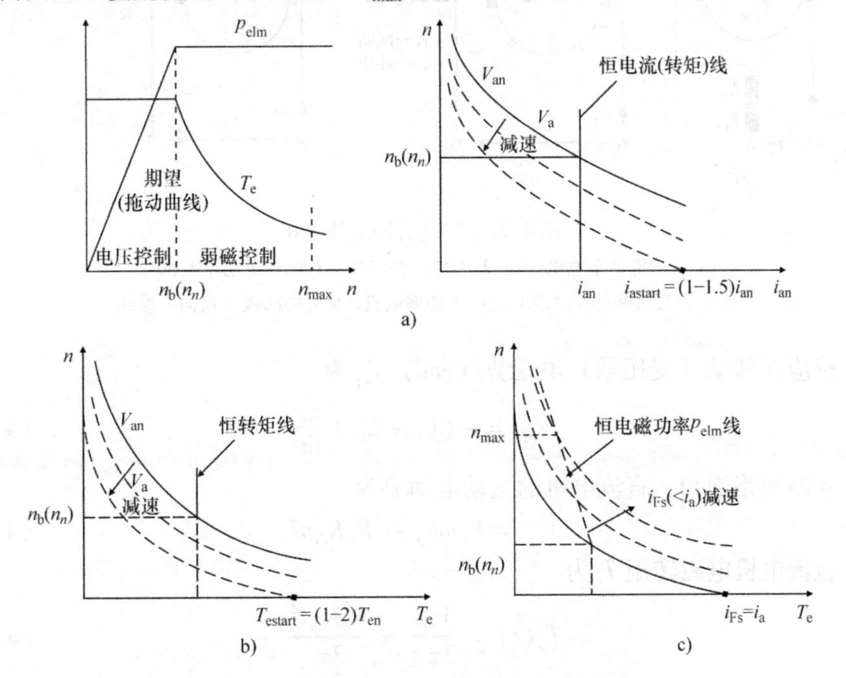

图4.26 串励有刷直流电机的调速控制曲线

a）牵引电机转矩（功率）转速包络线 b）基速n_b以下降低电枢电压调速，为恒转矩调速[$n(i_a)$和$n(T_e)$曲线] c）基速n_b以上弱磁调速，为恒功率p_{elm}调速

4.13 串励有刷交直流两用电机

如前所述，交直流两用电机在恒定（电网）频率下以交流串联励磁，但用于调速的电源电压幅值可变。对于家用电器或建筑工具（低于1kW），可用双向晶闸管交流电压变换器（软启动器）产生所需的电压。对于2（或3）个固定转速的简单家用电器，可使用分接头绕组或附加串联电阻。

1900年以后，瑞士安装了许多数十千瓦的交直流两用电机，这些电机的负载分接头绕组能输出可变电压，其结构包括中间极和串励补偿绕组或短路绕组（见图4.27)。直到今天，这些电机中仍有在运行的，例如频率为16.33Hz的山地铁路机车上仍在使用这种电机。

电机电压方程应考虑到交流励磁在转子电路中感应的脉动电动势 V_{ep} 和运动电动势 V_{er}：

$$(R_a + R_{Fs})i - V = V_{ep} - V_{er} \tag{4.88}$$

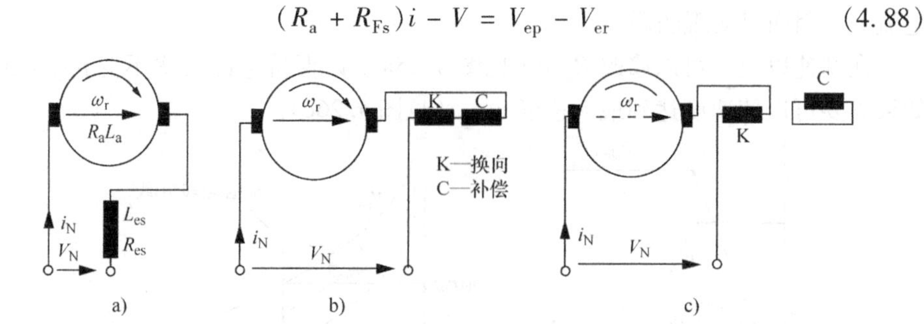

图4.27 串励有刷交流电机

a）低功率电机 b）具有串励补偿绕组C的中等功率电机

c）具有短路补偿绕组C的中等功率电机，K为中间极（换向）绕组

感应的脉动（变压器）电动势（emf）V_{ep} 为

$$V_{ep} = -(L_a + L_{Fs})\frac{di}{dt} \tag{4.89}$$

忽略磁路饱和，直流电机的运动电动势为

$$V_{er} = K_e n\phi_p \approx K_e K_\phi ni \tag{4.90}$$

直流电机电磁转矩 T_e 为

$$T_e(t) = \frac{V_{er}i}{2\pi n} \approx \frac{K_e K_\phi i^2}{2\pi} \tag{4.91}$$

转矩表达式类似于串励有刷直流电机的公式，但电流为交流电，在稳态时定子（电源）频率为 ω_1。

稳态时（恒转速和恒转矩负载）：

$$V(t)=V_1\sqrt{2}\cos\omega_1 t;\quad i(t)=I_1\sqrt{2}\cos(\omega_1 t-\varphi_1) \tag{4.92}$$

定子绕组和转子电刷中的电流 i，其频率为 ω_1，但是在转子绕组中，还出现频率为 $\omega_r=2\pi np_1$的电流。

额定转速 $\omega_r=(3\sim6)\omega_1$，确保有较大的运动电动势 V_{er}，它与电流同相，从而提高功率因数。

现在考虑公式（4.91）和公式（4.92），瞬时稳态转矩 $T_e(t)$为

$$T_e(t)=\frac{K_e K_\phi I_1^2}{2\pi}(1-\cos2(\omega_1 t-\varphi_1)) \tag{4.93}$$

正如预期的那样，在任何类型的单相交流电机中，转矩都以频率 $2\omega_1$ 脉动，因此必须注意减小电机结构振动。

与正弦交流电压和电流电路一样（转子中忽略频率 $\omega_1+\omega_r$），可以使用相量：

$$v\rightarrow\overline{V}=V_1\sqrt{2}e^{j\omega_1 t};\quad i\rightarrow\overline{I}=I_1\sqrt{2}e^{j(\omega_1 t-\varphi_1)} \tag{4.94}$$

将式（4.94）代入到式（4.88）~式（4.90）中，得到：

$$\overline{V}=(R_a+R_{Fs})\overline{I}+j\omega_1(L_a+L_{Fs})\overline{I}+K_e K_\phi n\overline{I} \tag{4.95}$$

令 $R_a+F_{Fs}=R_{ae}$，$\omega_1(L_a+L_F)=X_{ae}$，引入串联电阻 R_{iron}来考虑铁耗（定子和转子），式（4.95）变为

$$\overline{V}=\overline{I}(R_{ae}+jX_{ae}+R_{iron}+K_e K_\phi n) \tag{4.96}$$

平均电磁转矩 T_{eav}［根据式（4.93）］为

$$T_{eav}=\frac{K_e K_\phi I^2}{2\pi};\quad \cos\varphi=\frac{(R_{ae}+R_{iron}+K_e K_\phi n)I}{V} \tag{4.97}$$

将式（4.96）中的电流代入到式（4.97），转矩与转速关系曲线为

$$T_{ean}=\frac{K_e K_\phi}{2\pi}\frac{V^2}{(R_{ae}+R_{iron}+K_e K_\phi n)^2+X_{ae}^2} \tag{4.98}$$

$n(T_{ean})$曲线（见图 4.28c）与串励有刷直流电机类似，转速由电压幅值控制，电压调节通过双向晶闸管开关软启动器［带有容量足够大的功率滤波器，以削弱相当弱的（住宅）电源（变压器）中谐波电流］来控制[7]。

正如在关于换向的章节中已经解释的那样，交流电流换向更加困难，因为在任何速度下换向线圈中都存在附加的交流励磁电动势，这种交流励磁电动势必须在起动时减小到 3.5V 以下，在全速运行时需减小到 1.5~2.5V。

降低频率是改善换向的另一种方法，换向是设计时的主要限制因素。

由于总体成本降低，通用电机仍然大量用于家用电器，从吹风机到真空吸尘器和一些洗衣机，以及双速或变速的手持工具。

图 4.29 所示为一台用于现代汽车的小型永磁有刷直流电机和一台用于手持工具的通用电机。

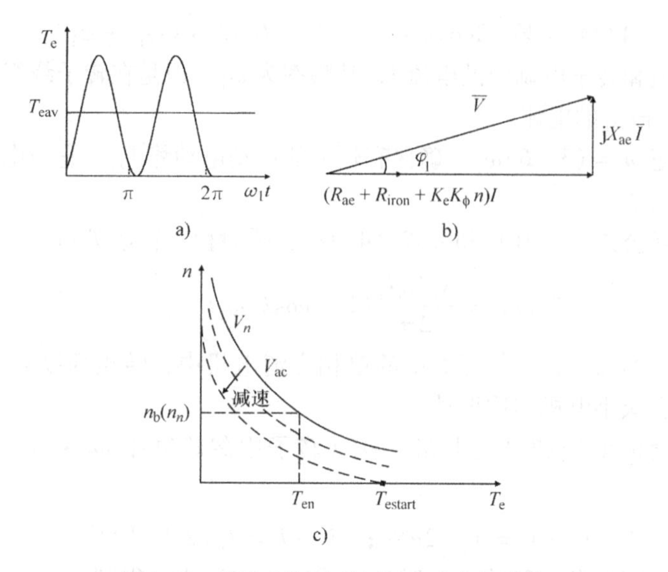

图 4.28 串励有刷（通用）交流电机特性

a）$2\omega_1$频率的瞬时转矩脉动 b）额定转速下的相量图：$p_1 n_n/f_1 \approx (3 \div 6)$，$\cos\varphi_1 > 0.9$

c）降低交流电压速度控制：$n(T_e)$曲线

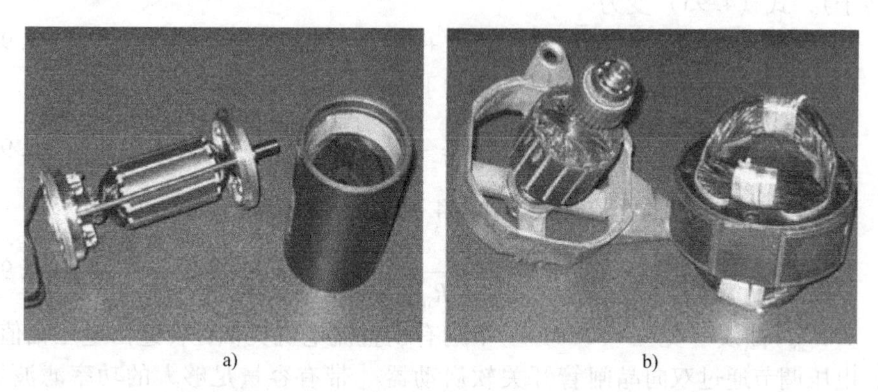

图 4.29 a）汽车用小型永磁有刷直流电机 b）用于手持工具的现代通用电机

4.14 电刷—换向器电机测试/实验 4.4

这里所讲的测试是为了检验电机的合格率和性能，测试有国际标准和国家标准，如 IEEE 或 IEC 标准。

在这里，我们重点关注评估电机的性能和温升（额定负载）的现代方法。

这一切都从效率的定义开始，以电动机状态为例：

$$\eta_{motor} = \frac{p_{2mechanical}}{p_{1electrical}} = \frac{p_{1electrical} - \sum p}{p_{1electrical}} \tag{4.99}$$

我们首先考虑永磁有刷直流电机。

4.14.1　永磁有刷直流电机的损耗、效率和齿槽转矩

首先我们要注意的是，永磁体的磁场始终存在，它所产生的铁耗也始终存在，主要位于转子中，频率 $f_r = p_1 n$，随转速变化。

假设我们能够将一台驱动电机（例如一台与被测电机完全相同的电机）与转矩传感器或至少一个编码器连接到被测电机轴上，该编码器测量的速度可降至非常低的速度（1 ~ 2r/min）（见图 4.30a 和 b）。

完整的试验台配有双电机、转矩传感器和编码器，我们可以将电机 M_2 作为电动机运行，电机 M_1 作为发电机运行，因此首先在额定电压 V_{an} 和额定电流 I_{a2n} 下让电机 2 带载运行。

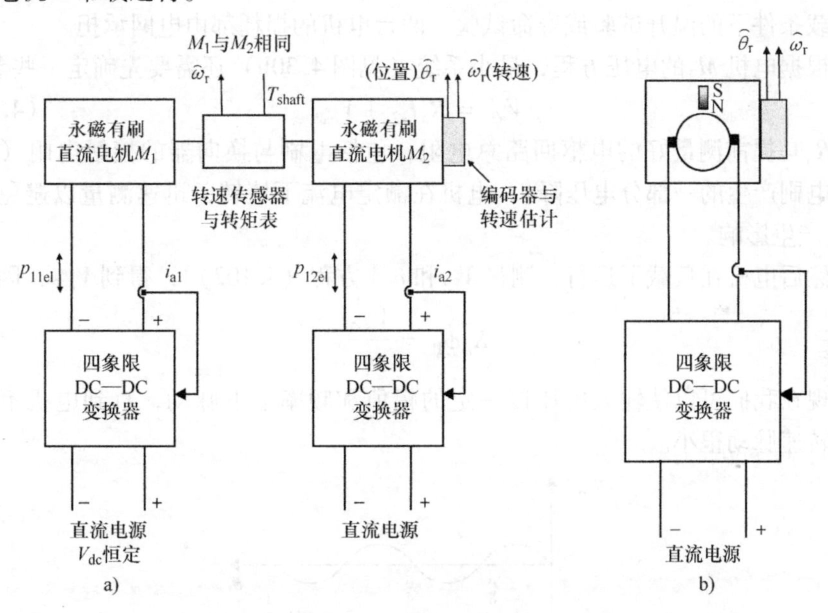

图 4.30　a）小型永磁有刷直流电机测试平台：完整试验台包括两台相同的电机 M_1 和 M_2　b）最小系统

我们可以精确地测量两台电机的电功率 p_{11el} 和 p_{12el}，二者之差即为一台电机总损耗的 2 倍：

$$2\left(\sum p\right) = p_{12el} - |p_{11el}| \tag{4.100}$$

当电机 1 作为电动机，在电机 2 电流为零（$i_{a2} = 0$）时，电机 1 在速度闭环

控制模式下以非常低的转速（1 ~ 20r/min）运行，我们可以同时记录转子位置 θ_r 和由转矩传感器测出的转矩。

电机 2 的齿槽转矩为 T_{cogg}（θ_r）。

齿槽转矩的周期数是定子磁极数 $2p_1$ 和转子槽数 N_s 的最小公倍数（LCM）。LCM 越大，齿槽转矩越小。

永磁体磁极的结构形状也可以显著降低齿槽转矩峰值。

齿槽转矩引起转速波动、振动噪声等，在目前使用的大多数（即便不是全部）驱动装置中必须降低齿槽转矩。

对于由电机 1 拖动的发电机 2 来说，通过测量空载电压 V_{ea2} 和空载转速可以确定空载下永磁体每极磁通 ϕ_{PM}：

$$K_e\phi_{PM} = \frac{V_{ea2}(V)}{n(r/s)} \tag{4.101}$$

根据实际占空比（控制电机 M_1 中的电流 i_{a1}），图 4.30a 中的示意图也可用于负载条件下的温升试验或寿命试验。两台电机的损耗都由电网承担。

根据电机 M_2 的电压方程，最小系统（见图 4.30b）还需要先确定一些参数：

$$V_{a2} = R_a I_{a2} + V_{ea2} \tag{4.102}$$

R_a 是提前测量好的电枢回路总电阻，包括电刷与换向器的接触电阻（它对应着电刷产生的一部分电压降），电机在额定电流下堵转，迅速测量以避免过热对 R_a 产生影响。

然后电机在负载下运行，测量 V_{a2} 和 n [方程（4.102）]，得到 V_{ea2}，因此：

$$K_e\phi_P = \frac{V_{ea2}}{n}$$

现在我们可以使输入电压以一定的幅值和频率上下脉动，直到电机不再跟随，转速脉动很小。

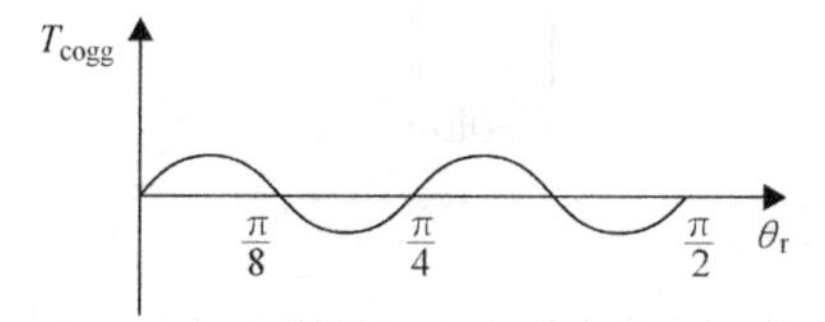

图 4.31 典型电机的齿槽转矩 T_{cogg}（$i_a = 0$）随位置变化，转子槽数 $N_s = 8$、$2p_1 = 2$；LCM（8，2）= 8

电机从电动机状态切换到发电机状态，逆变器的总平均功率等于电机的总损耗（见图 4.32）。这被称为人为负载特性。

$$\sum p = \frac{1}{T_s}\int_0^{T_s} p_{12e}\mathrm{d}t \tag{4.103}$$

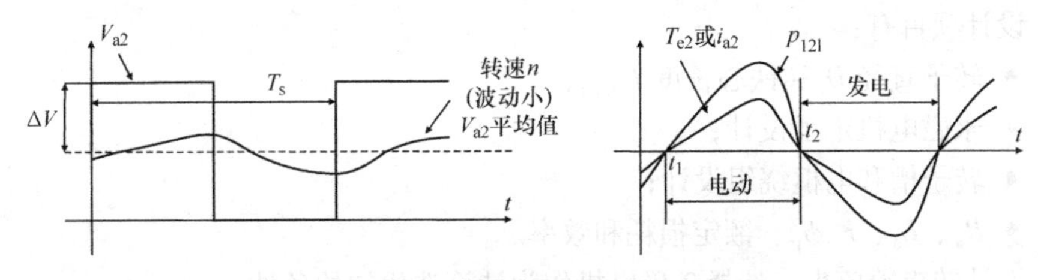

图4.32 永磁有刷直流电机的人为负载特性

$$i_{a2}(\mathrm{RMS}) = \sqrt{\frac{1}{T_s}\int_0^{T_s} i_{a2}^2 \mathrm{d}t} \tag{4.104}$$

$$(p_{an12e})_{motoring} = \frac{1}{T_s}\int_{T_1}^{T_2} p_{e12e}(t)\,\mathrm{d}t \tag{4.105}$$

这时的效率［由式（4.103）到式（4.105）］为

$$\eta_{motor} = \frac{(p_{an12e})_{motoring} - \sum p}{(p_{an12e})_{motoring}} \tag{4.106}$$

调节闭环电流调节器（i_{a2}）$_{RMS}$会使电压发生幅值为ΔV的脉动。如果在额定工作制下进行耐久性（温升）测试，仅需测量电压V_{a2}、电流i_{a2}和转速n($p_{12e} = V_{a2} \cdot i_{a2}$）并将它们代入式（4.103）~式(4.105）进行分析即可。

电动势V_{ea2}中的$K_e\phi_p$系数也可以通过电机M_2的自由减速时测量V_{ea2}和转速$n(K_e\phi_p = V_{ea2}/n)$。

使用这种最小系统试验台可能无法测量齿槽转矩。

交直流两用电动机的测试有些类似，但不可测人为负载特性。满载时，需要完整的试验台（见图4.30a)，包括交流双向晶闸管开关（软启动器）供电的永磁有刷直流负载电机（M_1）和交直流两用电机（M_2）。

4.15 永磁有刷直流汽车电机的初步设计算例

对于任何电机的设计，我们从以下的技术参数要求开始：

- 额定电压：$V_{dc} = 36\mathrm{V}$；
- 连续运行时额定转矩：$T_{en} = 0.5\mathrm{Nm}$，在最高转速n_{max}下恒转矩运行；
- 最高转速：$n_{max} = 3600\mathrm{r/min} = 60\mathrm{r/s}$；
- 最高转速时的峰值转矩：$(T_{emax})_{max} = 0.6\mathrm{Nm}$；
- 短时工作制：10% 自然风冷，电流密度$j_{comax} \approx 4.5\mathrm{A/mm^2}$；
- 表贴式永磁电机。

解：

设计项目有：

- 转子直径 D_r 和铁心长度 L_{stack}；
- 永磁电机定子设计；
- 转子槽和电枢绕组设计；
- R_a、L_a、$K_e\phi_p$、额定损耗和效率。

设计转矩数值小，选择2极电机作为计算迭代初始条件。

低电流密度时切向力选为 $f_{tmax}=0.3\times10^4\ \mathrm{N/m^2}$，因此［公式（4.32）］：

$$T_{emax}=f_{tmax}\pi D_r L_{stack}\frac{L_{stack}}{2}=f_{tmax}\frac{\pi D_r^3}{2}\frac{L_{stack}}{D_r} \tag{4.107}$$

将 $\lambda_s=L_{stack}/D_r=1.2$ 代入上式，得到转子直径：

$$D_r=\sqrt[3]{\frac{2T_{emax}}{f_{tmax}\pi\lambda_s}}=\sqrt[3]{\frac{2\times0.6}{0.3\times10^4\times\pi\times1.2}}=0.0474\mathrm{m}$$

则铁心长度为

$$L_{stack}=D_r\lambda_s=1.2\times0.0474=0.05685\mathrm{m}\approx0.06\mathrm{m} \tag{4.108}$$

4.15.1 定子结构尺寸设计

首先，我们必须考虑永磁体的材料、剩磁 B_r 和矫顽力 H_c。我们考虑成本较低的粘结钕铁硼，$B_r=0.6\mathrm{T}$，$H_c=450\mathrm{kA/m}$。对于表贴式永磁电机，我们初选气隙磁通密度 $B_{gPM}=0.45\mathrm{T}$，边缘漏磁系数 $K_{lPM}=0.15$。根据公式（4.25），永磁磁密 B_m 为

$$B_m=B_{gPM}(1+K_{lPM})=0.45(1+0.15)=0.5175\mathrm{T}$$

取气隙 $g=1\mathrm{mm}$，我们可以估算出永磁体高度 h_{PM}，假设铁心饱和系数 $1+K_s=1.15$［公式（4.31）］：

$$h_{PM}(H_c-H_m)\approx F_g(1+K_s);F_g=K_{cg}\frac{B_{gPM}}{\mu_0};H_m\approx\frac{B_m}{\mu_0\times1.05} \tag{4.109}$$

由于总的电磁气隙长度 $g_m\approx K_{cg}+h_{PM}$ 大，饱和系数 K_s 值较低。

而且由于 g_m 大，对于半闭口转子槽，$K_c\approx1.03\sim1.06$，初选 $K_c=1.05$。

根据公式（4.109）：

$$h_{PM}\approx\frac{F_g(1+K_s)}{H_c-H_m}=\frac{1.05\times10^{-3}\times0.45}{0.6-0.5175}=5.727\times10^{-3}\mathrm{m}$$

永磁体径向高度选取较大数值，以便减小转子线圈电感 L_c，从而改善转速在3000r/min时的换向过程。永磁体极距 $\tau_p=0.7\tau$，$\tau=\pi D_r/2p_1=\pi0.0474/2=0.0744\mathrm{m}$。

定子轭磁密 B_{ys} 为

$$B_{ys}=\frac{(\tau/2)B_{m}}{h_{ys}};B_{ys}=1.4\text{T} \tag{4.110}$$

所以，定子轭高 $h_{ys}=[(0.0744 \cdot 0.7)/2](0.5175/1.4)=0.0096\text{m}$

定子外径 D_{out} 为

$$\begin{aligned}D_{out}&=D_{r}+2g+2h_{PM}+2h_{ys}\\&=0.0474+2\times0.001+2\times0.005727+2\times0.00096=0.08\text{m}\end{aligned}$$

定子内径与外径之比 $D_{r}/D_{out}=0.0474/0.08=0.5925$，这个比值在2极电机的实际结构取值范围之内。

实际上，这时的转矩为［式（4.60）］：

$$T_{emax}=\frac{p_1}{2\pi}\frac{N}{a}\phi_{p}i_{a}\frac{\tau_{p}}{\tau};i_{a}=2ai_{c};N=N_{c}N_{s} \tag{4.111}$$

在确定了转矩0.6N·m时的轴直径为10mm后，我们首先必须确定转子轭高 h_{yr}：

$$h_{yr}\approx\frac{\tau_{p}B_{gPM}}{2B_{yr}}=\frac{0.7\times0.0747}{2}\frac{0.45}{1.5}=0.0078\text{m}$$

4.15.2 转子槽和绕组设计

槽高 h_{tr}（见图4.33）为

$$h_{tr}=\frac{D_{r}-D_{shaft}-2h_{ys}}{2}=\frac{0.0474-0.01-2\times0.0078}{2}\approx0.011\text{m}$$

根据公式（4.111），对于单叠绕组（$2a=2p_1=2$），转子单位圆周上的安匝数 Ni_{a} 为

$$\begin{aligned}Ni_{amax}&=\frac{T_{emax}\times2\pi\times a\times0.85}{p_1\times B_{gPM}\times l_{stack}\times\left(\frac{\tau_{p}}{\tau}\right)}=\frac{0.6\times2\pi\times1\times0.85}{1\times1.05688\times0.06\times0.7}\\&=4037\ \text{安匝/圈}\end{aligned}$$

单叠绕组的匝数应该是偶数。容易通过冲压成型的槽距 τ_{s} 一般为 $\tau_{s}=(0.009\sim0.012)$ m。

选转子槽数为16，槽距 $\tau_{s}=\pi D_{r}/N_{s}=\pi\times0.0474/16=0.0093\text{m}$。当转子齿面积等于槽面积，槽填充系数为 K_{fill} 时，电流密度为

$$\begin{aligned}j_{cormax}&=\frac{Ni_{amax}}{K_{fill}\times\frac{1}{2}\times\frac{\pi}{4}[D_{r}^{2}-(D_{r}-2h_{tr})^{2}]}\\&=\frac{4037\times10^{6}}{0.45\times\frac{1}{2}\times\frac{\pi}{4}[47.4^{2}-(47.4-2\times11)^{2}]}=14.27\times10^{6}\text{A/m}^{2}\end{aligned}$$

对于10%短时工作制，

$$(j_{cor})_e = j_{cormax}\sqrt{0.1} = 14.27\times10^6\ \sqrt{0.1}\text{A/m}^2 = 3.532 < 4.0\text{A/mm}^2$$

槽有效面积A_{slota}为

$$A_{slota} = \frac{\pi[D_r^2 - (D_r - 2h_{tr})^2]}{2\times4\times N_s} = \frac{\pi[47.4^2 - (47.4-21.1)^2]\times10^{-6}}{2\times4\times16}$$
$$= 39.29\times10^{-6}\text{m}^2$$

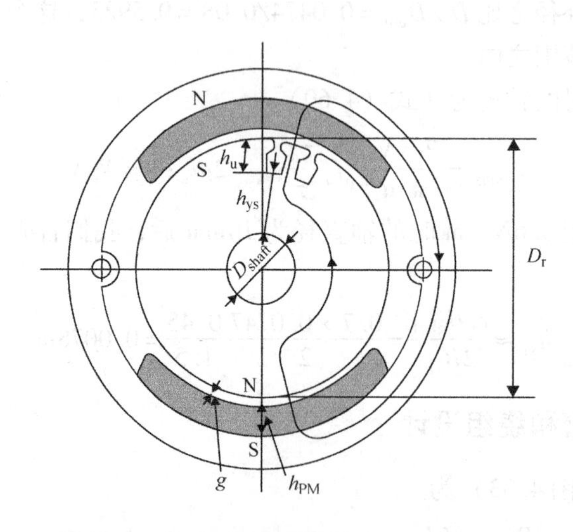

图4.33　永磁有刷直流电机截面图

取槽有效高度$h_{tra} = 8\text{mm} < h_{tr} = 11\text{mm}$，平均槽宽$b_{tsa} = A_{slota}/h_{tr} = 39.29/8 \approx 5\text{mm}$，平均齿宽$b_{tra} \approx \tau_s - b_{ta} \approx 9.3 - 5 = 4.3\text{mm}$，这个齿宽将确保空载时齿磁通密度低于1.2T（$B_{gPM} \approx 0.45\text{T}$）。

可以进一步减小转子齿宽以增加槽有效面积，从而进一步降低峰值电流密度和铜耗。每个转子圆周上总导体数N可以从反电动势表达式计算得出：

$$V_{ean} = \frac{p_1}{a}N\phi_p n_{max} = (0.9\sim0.92)V_{dcn} = (32.4 - 33.12)\text{V}$$

$$\phi_p = \tau_p B_{gPM} L_{stack} = 0.7\times0.0744\times0.45\times0.05689 = 1.333\times10^{-3}\text{Wb}$$

转子有16个槽，每槽2个线圈，因此每个线圈的匝数是：

$$N_c = \frac{N}{2N_s} = \frac{405}{2\times16} \approx 12.66 = 12\text{ 匝/线圈}$$

所以，$N = N_c 2N_s = 12\times2\times16 = 384$，$i_{amax} = \frac{Ni_{amax}}{N} = \frac{4037}{384} = 10.51\text{A}$

每条支路线圈电流$i_{cmax} = \frac{i_{amax}}{2a} = \frac{10.51}{2\cdot1} = 5.255\text{A}$

线圈线径 d_{c0} 为

$$d_{c0}=\sqrt{\frac{i_{cmax}}{j_{cormax}}\frac{4}{\pi}}=\sqrt{\frac{4.2\times4}{14.27\times10^6\pi}}=0.685\times10^{-3}\mathrm{m}$$

注意：现在我们继续使用电机参数 R_c、L_c、R_a 和 L_a。我们首先计算铜耗：

$$p_{copper}=R_aI_a^2=\frac{1}{2a}\rho_{c0}\frac{l_{coil}}{\frac{\pi d_{c0}^2}{4}}N_c\frac{N_s}{2a}I_a^2$$

$$=\frac{1}{2}\times2.1\times10^{-8}\frac{0.337\times4}{\pi\times(0.685)^2\times10^{-6}}\times12\times\frac{16}{2}\times5.255^2=75.57\mathrm{W}$$

$$l_{coil}=2(l_{stack}+1.5\tau)=2(0.05688+1.5\times0.0744)=0.337\mathrm{m}$$

电磁功率 p_{elmax} 为

$$p_{elmax}=T_{emax}\times2\times\pi\times n_{max}=0.6\times2\times\pi\times60=266.08\mathrm{W}$$

我们可以看到，这个初步设计的电机的效率是：

$$\eta<\frac{226.08}{226.08+75.57}=0.749$$

注意：我们还注意到铁心长度仍然太小，因此线圈有效长度（0.06m）远小于端部长度（0.11m）。

相同或稍小的转子外径 D_r，铁心长度越长，会产生越小的电枢磁动势 Ni_{amax}，因此铜耗明显更小。

此外，轴向气隙盘形转子的设计方案可考虑 $2p_1=4$ 极。

通过计算 R_c、L_c、R_a 和 L_a 来完成上述初步的电机设计，这至少为详细的优化设计程序提供了一个良好的开端，该程序考虑了所有损耗、换向器设计、成本、温度和机械限制等因素。

更多的电机设计资料，请参考文献［8－10］。

4.16 总结

• 电机（包括电动机和发电机）通过存储在一组磁耦合电路中的磁能（或磁共能）来实现电能和机械能之间的转换。这些磁耦合电路包括一个固定的部分（定子），一个运动的部分（转子），以及它们之间的气隙。

• 有刷直流电机用直流电压给转子两端供电，转子上包含一个由电气绝缘的换向片组成的机械换向器，换向片将所有相同的线圈串联连接，这些线圈放置在均匀开槽的转子硅钢片铁心中。固定在定子上的电刷紧压在换向片上，使转子线圈从一个极移动到另一个极时，线圈中的电流改变方向。

• 极距 τ 是由放置在凸极铁心上的 $2p_1$ 个集中线圈或定子上 $2p_1$ 个永磁体磁

极产生的正方向磁通量在电枢表面的跨距。

• 定子直流励磁磁势在气隙中产生 $2p_1$ 极（p_1 个电气周期）梯形波磁通密度分布，定义电角度 $\alpha_e = p_1\alpha_m$（α_m 为机械角度）。

• 定子直流励磁（或永磁）磁场轴线是固定的，其磁势最大值在 $2p_1$ 个定子磁极的轴线上（d 轴）。无论速度如何变化，转子电枢磁动势 $2p_1$ 个磁极的最大磁势在几何中性线上（q 轴，与 d 轴相差 90°电角度）。由于电刷换向器原理，其作为整流器（发电机状态）或作为逆变器（电动机状态）产生频率为 $f_r = p_1 n$ 的线圈电动势和电流 I_c。电刷换向器电机以固定的正交磁场工作[6]。

• 叠绕组和波绕组通过电刷有 $2a$ 个并联支路电流路径（叠绕组 $2a = 2p_1 m$，波绕组 $2a = 2m$；$m = 1$、2 是绕组层数），$m = 2$ 时电刷宽度为换向器两个换向片的宽度。叠绕组适用于大电流低压电机，波绕组适用于小电流高压电机。

• 由于运动，定子直流磁场在转子的叠片铁心中产生频率为 $f_r = p_1 n$ 磁滞损耗和涡流损耗。

• 电刷与换向器之间的接触电压降从 0.5V（金属电刷）到 1.5～2V（碳刷）之间变化。

• 直流电机励磁方式可以是他励、并励、串励。

• 当线圈从一个定子极下移动到另一个定子极时，电刷将线圈（一个接一个）从一个电流路径（+）换向到下一个电流路径（-）。通过短路线圈的电流换向过程时间为 $T_c = (1/kn)$（k 是换向片数，n 是速度，单位为 r/s），对应于一个换向片的旋转角度。

• 合理的换向受到线圈电感、速度和电流水平的限制。换向器磨损和火花是有刷直流电机的主要缺点。

• 永磁有刷直流电机的机械特性，例如在低功率的汽车应用中，涉及电动机转速 n 与电枢（转子）电流 i、电磁转矩 T_e、电磁功率的关系曲线，并且呈线性关系。所以转速随着转矩升高仅下降一点点。

• 永磁有刷直流电机在转子电流为零的情况下，转子呈现周期为 LCM（N_s，$2p_1$）的脉动转矩，称为齿槽转矩。齿槽转矩是由永磁磁能与机械能相互转化而产生的，每转平均转矩为零。可以通过增加转子槽数、减小槽开口宽度和改变永磁体形状来减小齿槽转矩。齿槽转矩降低意味着噪声更小、振动更小。

• 通过控制电枢电压或电枢回路串联附加电阻 R_{ad} 对速度进行有效控制（和起动）；在后一种情况下，串联 R_{ad} 的成本低，但铜耗很大。

• 串励有刷直流和交流电机无需独立励磁电源，其特点是 n（I_a）、n（T_e）特性曲线为软特性，并且在恒定电磁功率下（通过电压控制）易于获得 $n_{max}/n_{base} = 3:1$ 的调速范围，其典型应用为牵引电机、家用电器或手持电动工具。

• 串励有刷交流（通用）电机通交流电（频率为f_1），因此表现出频率为$2f_1$的稳态转矩脉动。

• 电刷换向器直流电机的测试是根据修订的标准进行的：这里只介绍了两个（一个完整的和一个最小系统的），包含四象限 DC—DC 变换器的测试台，展示了它们能够加载电机、测量损耗和电磁参数（R_a、L_a和V_{ea}）。

4.17 思考题

4.1 绘出单叠绕组的展开图：$2p_1=4$ 极，$N_s=24$ 槽。计算 t、α_{ec}和 α_{et}，绘制电动势多边形、电枢绕组重叠区域的换向片和电刷、在所有四个并联电流支路中的串联线圈，以及四个电刷上换向的四个线圈。

提示：见4.2节叠绕组的相关内容。

4.2 绘制一个单波绕组：$2p_1=4$ 极，$N_s=17$ 槽，给出如4.1中的所有信息。

提示：见4.2节波绕组的相关内容。

4.3 如图4.34所示励磁电刷换向器直流电机，计算气隙磁密 $B_g=0.70$T 时的励磁磁动势安匝数 N_FI_F，注意极靴已忽略，所有尺寸均以毫米为单位。

提示：见4.5节。

4.4 如图4.35所示永磁有刷直流电机结构图，转子有 $n_s=16$ 个槽，$2p_1=4$。采用 NeFeB 永磁体，$B_r=1.2$T、$H_c=960$kA/m，计算在永磁体产生气隙磁密为 $B_{gPM}=0.8$T 时，永磁体的径向厚度 h_{PM}、定子外径 D_{out}。

提示：见4.7节。

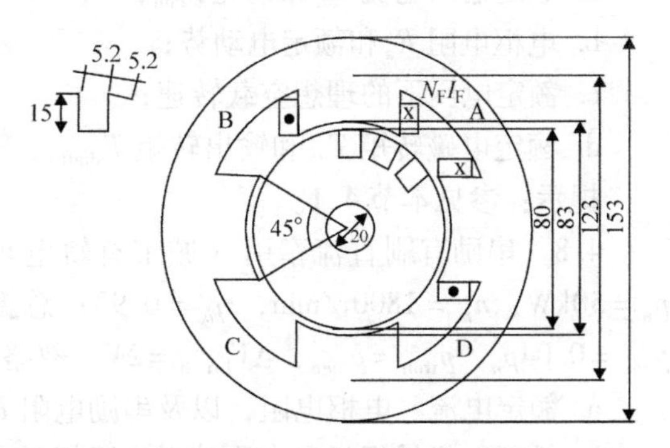

图4.34 励磁电刷换向器直流电机结构图

4.5 在例4.2中，假设电流密度 $J_{cr}=5\text{A/mm}^2$，槽满率 $k_{fill}=0.45$。计算每槽安匝数$2N_cI_c$（N_cI_c为每个线圈的安匝数）和电枢反应磁密的最大值。沿着转子表面整个圆周绘制出永磁体磁密、电枢磁密和气隙合成磁密分布。

提示：见式（4.38）~式(4.40）和图4.15。

4.6 一台4极表贴式永磁有刷直流电机已知数据如下：转子每个线圈匝数：$N_c=15$；气隙：$g=1\times10^{-3}$m；转子直径：$D_r=0.06$m；槽数：$N_s=16$；极数：$2p_1=4$；永磁体径向厚度：$h_{PM}=4\times10^{-3}$m；铁心长度：$L_e=0.06$m；线圈端部

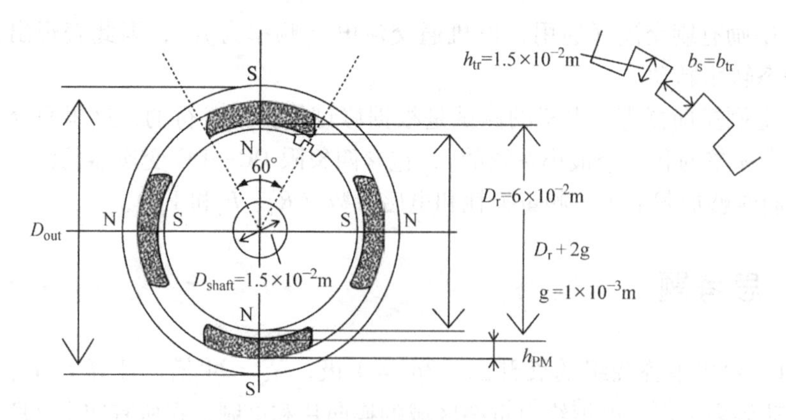

图 4.35　16 槽 4 极永磁直流有刷电机结构图

长度：$L_{end}=0.06$m；线圈束半径：$r_{end}=0.01$m；转子槽口高度：$h_{rs}=1.5\times10^{-2}$m；转子槽平均宽：$b_{rs}=6\times10^{-3}$m；单叠绕组。

计算线圈的电感 L_c、电枢反应电感 L_a。

提示：见式（4.50）、式（4.51）、式（4.78）、式（4.80）。

4.7　小型永磁有刷直流电机直流供电电压为 12V，额定功率 $p_n=25$W，$\eta_n=0.8$，$n=30$r/s，$\Delta V_{brush}=0.5$V，$p_{iron}=p_{mec}/2=0.025p_n$。求：

a. 额定输入电流 I_{an}和铜耗 p_{con}；

b. 电枢电阻 R_a和额定电动势；

c. 额定电压下的理想空载转速；

d. 额定电磁转矩 T_{en}和输出转矩 T_{shaftn}。

提示：参见本节 4.1。

4.8　串励有刷直流牵引（城市有轨电车）电机数据如下：V_{an} = DC500V，$p_a=50$kW，$n_n=1800$r/min，$\eta_n=0.93$；总铜耗（R_a和 R_{Fs}的铜耗；$R_a=R_{Fs}$）$p_{cop}=0.04p_n$，$p_{iron}=p_{mec}$，$\Delta V_{brush}=2$V，忽略磁路饱和。求：

a. 额定电流、电枢电阻，以及串励电阻 R_a和 R_F的总铜耗；

b. 铁耗、机械损耗和电刷接触压降损耗（p_{iron}、p_{mec}和 p_{brush}）；

c. 电枢绕组电动势 V_{ean}，额定电磁转矩 T_{en}和电磁功率 p_{elm}；

d. 额定转矩不变，计算 900r/min 和堵转时所需的电压 V_a值；

e. 额定电压不变，在 $3n_n=5400$r/min 和 $T_{en}/3$ 时，计算与励磁电路并联所需的电阻 R_{field}，并计算电磁功率。

提示：见 4.13 节和式（4.81）~式（4.87）。

4.9　家用电器（洗衣机）2 极通用电动机在 $n_n=9000$r/min、50Hz 和 V_n = 220V（RMS）时额定功率 $p_n=350$W。铁耗 $p_{iron}=p_{copper}/2$，机械损耗 $p_{mec}=0.02p_n$，额定效率 $\eta_n=0.9$，额定功率因数 $\cos\varphi_n=0.95$ 滞后。求：

a. 额定电流 I_n；

b. 电枢绕组总电阻 R_{ae} 和铁耗电阻 R_{iron}；

c. 感应电动势 V_{er}；

d. 电机总电感 L_{ae}；

e. 电磁转矩；

f. 输出转矩；

g. 额定电压下的起动电流和起动转矩。

提示：见 4.14 节和式（4.96）~式（4.101）。

参考文献

1. I. Kenjo and S. Nagamori, *PM and Brushless DC Motors*, Clarendon Press, Oxford, U.K., 1985.
2. K. Vogt, *Electric Machines: Design* (in German), VEB Verlag, Berlin, Germany, 1988.
3. G. Say and E. Taylor, *Direct Current Machines*, Pitman, London, U.K., 1985.
4. S.A. Nasar, I. Boldea, and L.E. Unnewehr, *Permanent Magnet Reluctance and Selfsynchronous Motors*, Chapters 1–5, CRC Press, Boca Raton, FL, 1993.
5. J.F. Gieras and M. Wing, *Permanent Magnet Motor Technology*, 2nd edition, Chapter 4, Marcel Dekker, New York, 2002.
6. I. Boldea and S.A. Nasar, *Electric Drives*, 2nd edition, Chapter 4, CRC Press, Taylor & Francis Group, New York, 2005.
7. A. diGerlando and R. Perini, A model for the operation analysis of high speed universal motor with triac regulated mains voltage supply, *Symposium on Power Electronics and Electric Drives Automation Motion*, Ravello, Italy, 2007, pp. c407–c412.
8. E. Hamdi, *Design of Small Electric Machines*, Chapters 4–6, Wiley, New York, 1994.
9. J.J. Cathey, *Electric Machines*, Chapter 5, McGraw-Hill, Boston, MA, 2001.
10. Ch. Gross, *Electric Machines*, Chapter 9, CRC Press, Taylor & Francis Group, New York, 2006.

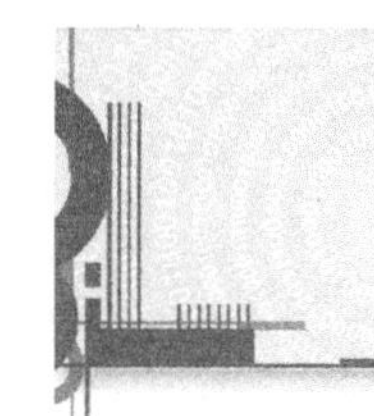

第 5 章 感应电机：稳态分析

5.1 引言：应用和拓扑

感应（异步）电机配备有绕组，这些绕组放置在硅钢片（叠压）软磁心中，沿定子和转子边缘均匀地分布于槽内（槽开口朝向气隙）。定子和转子上的绕组流过不同频率（f_1和f_2，$|f_2| < |f_1|$）的交流电流[1-3]。

如第 3 章分类所示，感应电机（IMs）的定子和转子电流均为交流，其气隙磁场为行波磁场（Traveling Field Machines）。

定子全功率绕组又称一次绕组，由单相、两相或三相分布绕组构成。额定功率超过 100W 的感应电机大多数为三相电机。转子绕组也称为二次绕组。

转子由两种结构组成：

- 笼型转子：采用不绝缘的铝（黄铜或紫铜）条，通过端环短路。
- 绕线式转子：三相分布绕组与集电环连接，通过电刷与阻抗或频率为 f_2 的二次侧电源连接，f_2 表示为

$$f_2 = f_1 - np_1 \tag{5.1}$$

根据频率定理（第 3 章）得到稳态无纹波（理想）的转矩。

在可逆情况下，感应电机可作为电动机或发电机运行。虽然该类电机主要为笼型转子电动机，其功率可达 30MW，但其绕线式转子结构已在抽水蓄能电站上被用作电动机和发电机，其功率可达 400MW[1]。感应电机是工业领域的主力军，但最近它又成为了电力电子变速（通过可变频率 f_1 或 f_2）领域的宠儿。

感应电机还可作为平板或管状直线感应电动机，用于城市交通和轮式工业运输或磁悬浮（用于洁净空间）。

5.2 基本结构

同所有电机一样，感应电机有一个固定的部件，称为定子（初级），和一个运动的部件，称为转子（次级），见图 5.1。

定子的主要部分是定子铁心，由软磁无取向的晶粒硅钢片叠压而成。定子铁心（叠压）在其内侧（靠近气隙一侧）均匀地开槽，这些槽内嵌放单相、两相或三相交流分布式绕组，绕组内通入频率为 f_1 的交流电。

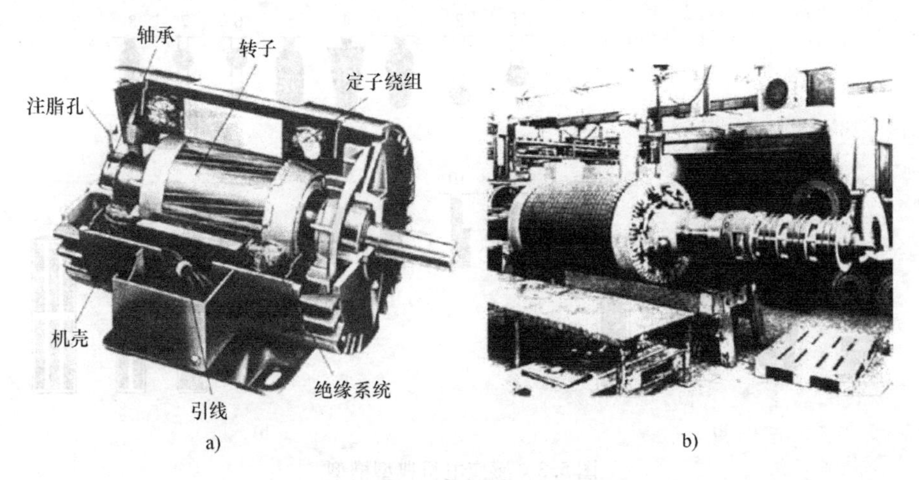

图 5.1　感应电机

a）笼型三相感应电机　b）绕线转子式三相感应电机

转子有铁心和绕组两个主要部分。叠压铁心上有均匀的槽，槽内嵌放的绕组有两种情形：一种是非绝缘导体（导条），经由叠压铁心两侧的端环短路（笼型转子），如图 5.1a所示；另一种是经由电刷和三个铜制集电环连接的三相交流绕组（绕线转子），如图 5.1b 所示，电刷连接至外部电抗或频率为 f_2 的独立交流电源［根据公式(5.1)］。感应电机除了可采用三相供电之外，还可以采用单相供电，常见于小功率感应电机（见图 5.2）。

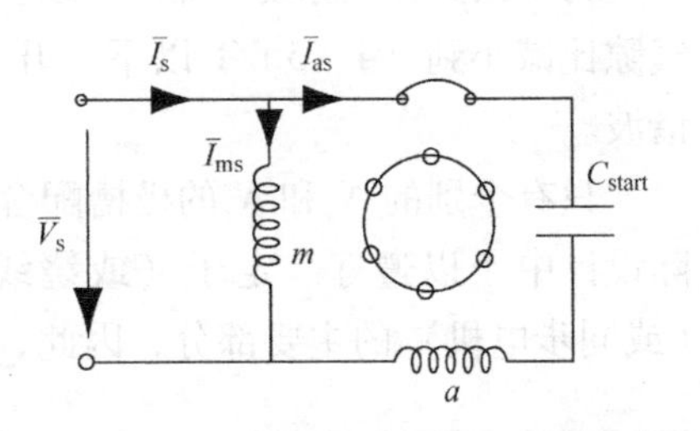

图 5.2　电容式单相感应电机

气隙——定子和转子之间的径向距离，其数值从 0.3mm（功率等级约为 100W）到 2mm 或 3mm 不等（功率等级在数千千瓦）。

在一般情况下，定子槽和转子槽是半闭口槽（见图 5.3），但对于大型电机，在一侧（转子或定子），其为开口槽，方便放置成形线圈。小功率电机采用矩形齿，而大功率的电机采用矩形槽，以方便放置成形线圈，且具有更高的槽满率。

笼型转子比绕线式转子更耐用。绕线式转子感应电机仅用于有限的变速应用。对于小型电机而言，铸铝笼型转子是最常见的，但圆铜棒笼型转子是小功率场合（小型水泵、压缩机）中高效驱动的首选。对于大型笼型转子感应电机，紫铜或黄铜导条则更为常见。电机机座由钢制成，但绝大部分（甚至高达 100kW）由铝制成（见图 5.1a）。滚动轴承用于中小型感应电机，滑动轴承用于大型感应电机。

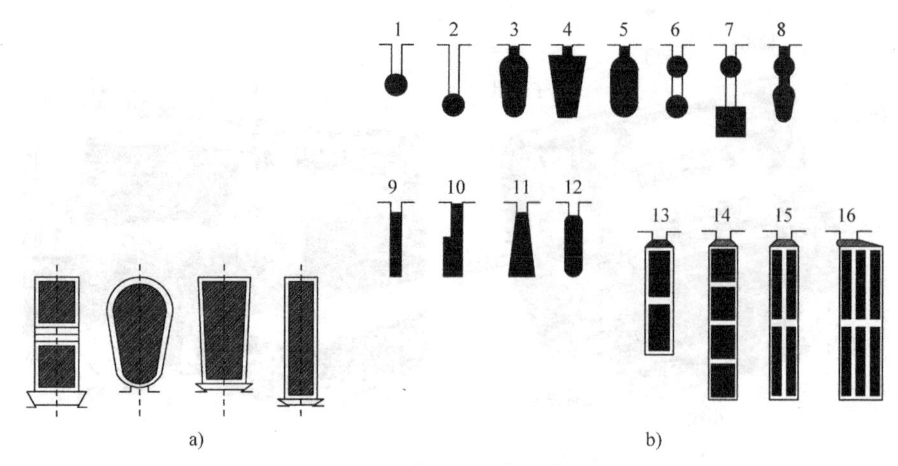

图 5.3　感应电机典型槽型

a）定子槽　b）转子槽（1～5 为单笼；6～8 为双笼；9～12 为深槽式；13～16 为绕线式）

为了减少转矩脉动、噪声，以及转子铁心和鼠笼上的额外损耗，通过将槽口/气隙比减小到（4～5)/1 以下、开斜槽、采用短距绕组或增加槽数以降低磁场谐波。

只有个别的 N_s 和 N_r 的极槽配合可避免所谓的同步转矩脉动，并应在所有实际设计中予以遵守。定子（或绕线转子）的交流分布式绕组是构成感应电机（或同步电机）的主要部分，因此，为了实际使用，我们将在下面详细介绍。

5.3 交流分布式绕组

我们使用交流分布式绕组的通用术语来指代在感应电机和同步电机中产生气隙旋转磁场的交流全功率绕组。它们包含相位交错的线圈，而不是将在第 6 章中讨论的用于某些永磁同步电机，凸极定子、凸极转子步进电机和开关磁阻电机的齿绕线圈。

气隙磁密沿转子圆周应当按正弦规律分布。此处所称的相位交错的线圈跨多个槽。大功率电机多采用三相绕组，而两相绕组（其中一个为主相绕组，另一个为辅相绕组或起动绕组，功率等级低于 kW）适用于 50Hz 或 60Hz 的单相民用交流电网。

设计交流绕组时，需将线圈分配到各个槽并分相，然后将它们以星形联结或三角形联结的方式连接到三相电机的接线装置上。

我们首先利用叠加思想来分析理想的旋转磁动势（mmf)，然后再分析单层和双层短距绕组的磁动势（每极每相槽数 q 为整数，$q=1\sim15$）。

在此基础上，计算了采用分布、短距、斜槽时 q 为整数的绕组磁动势空间谐波含量。并给出了实用的单层和双层三相交流分布绕组的构造规则，并将其应用于整数槽和分数槽电机，$q \geqslant 1$。

对于单相交流电源供电的小型交流电动机，将详细讨论两相（主相、辅相或起动相）分布式绕组产生的近似正弦分布的空间磁动势。

5.3.1　交流分布式绕组的旋转磁动势

正如在第 3 章中已经讨论过的，旋转磁场式交流电机需要旋转磁动势：

$$F_{sf}(x,t) = F_{sfm}\cos\left(\frac{\pi}{\tau}x - \omega_1 t - \theta_0\right) \tag{5.2}$$

式中，x 是定子铁心圆周铺平展开后的坐标；τ 是理想磁动势基波的空间半周期（极距）；ω_1 是定子电流角频率；θ_0 是定子在 $t=0$ 时相对于 A 相轴向的角度。

我们可以把它分解为

$$F_{sf}(x,t) = F_{sfm}\left[\cos\left(\frac{\pi}{\tau}x - \theta_0\right)\cos\omega_1 t + \sin\left(\frac{\pi}{\tau}x - \theta_0\right)\sin\omega_1 t\right] \tag{5.3}$$

这个简单的三角函数公式表明，旋转磁动势可分解为两个位置静止的磁动势，这两个磁动势在空间按正弦分布，其励磁电流为正弦电流。两个磁动势分量之间的空间和时间电角度均为 90°。因此，具有正弦空间分布和 90°空间相位差的两相绕组，流过 90°相位差的交流电流，可产生旋转磁动势。

根据安培定律，气隙磁密 $B_{gs}(x,\ t)$ 可表示为

$$B_{gs}(x,t) = \frac{\mu_0 F_{sf}(x,t)}{g_m(x)(K_s+1)} \tag{5.4}$$

式中，g_m是磁路（总）气隙，对于凸极转子而言，它随转子位置而变化（如同定子槽一样）；K_s是磁饱和因子，一般来说 $0 < K_s < 0.8$，如 4.6 节所讨论的那样，通过 K_s计及电枢反应的影响。

如果磁动势是一个纯行波，则 g_m为常数（例如非凸极、直流励磁或表贴式永磁转子），气隙磁密波也同上式所示［式（5.4）］。因此，可以通过两个正交相绕组得到无波纹理想转矩［式（5.3）］。这种绕组常用于单相交流电源小型交流（同步和感应）电机。

我们也可以把方程（5.2）分解成 m 项：

$$\begin{aligned} F_{sf}(x,t) = \frac{2}{m}F_{sfm}\Big[&\cos\left(\frac{\pi}{\tau}x - \theta_0\right)\cos\omega_1 t + \cos\left(\frac{\pi}{\tau}x - \theta_0 - \frac{2\pi}{m}\right)\cos\left(\omega_1 t - \frac{2\pi}{m}\right) \\ &+ \cos\left(\frac{\pi}{\tau}x - \theta_0 - (m-1)\frac{2\pi}{m}\right)\cos\left(\omega_1 t - (m-1)\frac{2\pi}{m}\right)\Big] \end{aligned} \tag{5.5}$$

因此，在空间和时间上相差 $2\pi/m$ 电角度的 m 相绕组也能产生旋转磁动势。

对于两相情况，方程（5.5）中的 $m=4$。最常见的情况是 $m=3$。图 5.4 绘出了两相和三相的情况。

定子内径为 D_{is}，则极距 τ 为

$$\tau = \frac{\pi D_{is}}{2p_1} \tag{5.6}$$

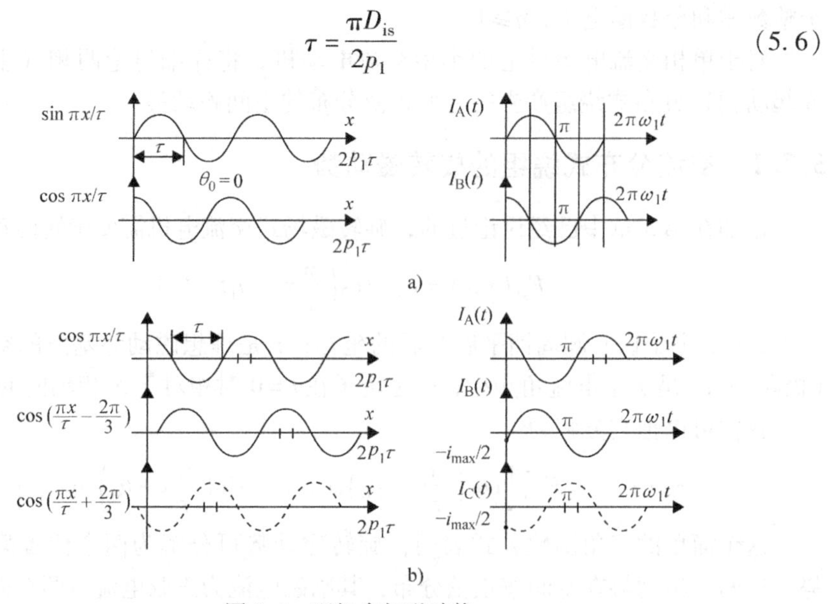

图 5.4 理想多相磁动势

a）两相电机 b）三相电机

由极对数 p_1（或电机每旋转一圈时磁动势的电周期数）导出与电刷换向器电机相同的电角度 α_e定义：

$$\alpha = p_1 \alpha_g \tag{5.7}$$

式中，α_g 为机械角度。

理想正弦分布的磁动势只有在无槽绕组的不等匝数下才可实现（各相沿圆周方向的线圈/匝数按余弦变化）。

无槽交流绕组常用于某些小功率永磁同步电机（PMSM）。但这种不等匝数的绕组排列方式，即便对于无槽交流绕组来说也并不实用。因此交流绕组放置在有限数量的槽中：

$$N_s = 2p_1 qm \tag{5.8}$$

槽的总数 N_s必须能够被 m（相数）整除，以保持相绕组的对称性，并且分布式交叠绕组的 q 为整数，即

$$q = \frac{N_s}{2p_1 m} = 整数 \tag{5.9}$$

N_s必须被 $2p_1 m$ 整除；$q = 1$、2、…、12 甚至更多，尤其在汽轮发电机或大型双极感应电机中。对于分数 q 的分布式绕组，$q = a + b/c$，$a \geqslant 1$ 也是可行的。

交流分布式绕组由叠绕组或波绕组构成，这些绕组与电刷换向器绕组类似（见第4章），如图 5.5 中沿定子圆周的均匀槽中放置一层或两层。

单层绕组采用整距线圈（整距，$y=\tau$），而双层绕组通常采用短距线圈（$2\tau/3 \leqslant y \leqslant \tau$）以减少线圈端部长度（和铜耗），还可以减少一些磁动势空间谐波，这将在后面介绍。但是，短距线圈同样也减小了磁动势基波幅值。

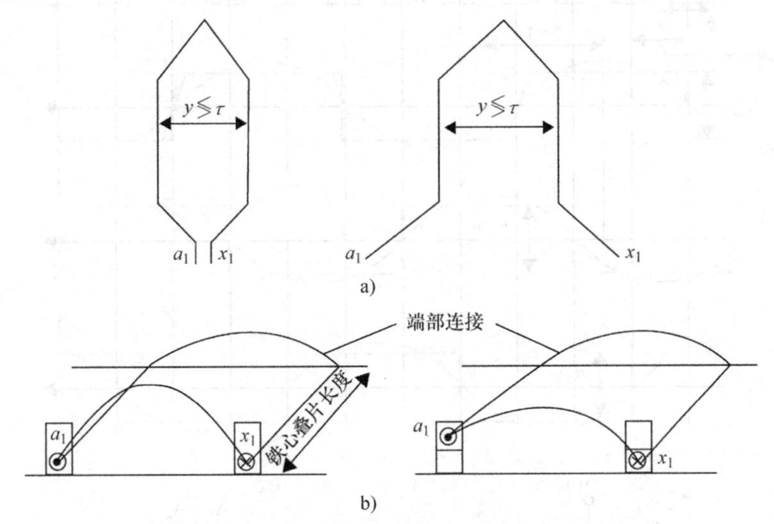

图 5.5 单匝叠绕组和波绕组放置单层在槽中和双层在槽中

a）放置单层在槽中 b）放置双层在槽中

5.3.2 简单的单层分布式绕组（$q \geqslant 1$，整数）

考虑一个简单的 $2p_1=4$ 极三相分布绕组，每极每相槽数 $q=1$，$N_s=2p_1mq=2\times2\times3\times1=12$ 槽。因为有 4 个极，所以每个极相距 $N_s/2p_1=12/(2\times2)=3$ 倍槽距，或者说相距 3 个槽，此时每相（$q=1$）1 个槽。

对于单层绕组，一个线圈完全占据两个槽，因此总共有 6 个线圈；每相有两个线圈，每相占 4 个槽，两个线圈相距 1 个极距 τ，或者说相隔 3 个槽距 τ_s。A 相线圈占据 1、4、7 和 10 号槽。将 A 相线圈向右分别移动 2/3 和 4/3 倍极距，即为 B 相和 C 相线圈所在的槽（见图 5.6a 和 b）。如果槽开口为零，则磁动势在相应的槽中间线处发生阶跃，其增量为电流与匝数的乘积，即 $n_cI_{A,B,C}$。当 $q=1$ 时，每相绕组磁动势分布为方波（见图 5.6b～d）。

一相绕组的线圈可以全部串联（见图 5.6e）以形成单条电流路径（即 $a=1$），或者它们中的一部分（本例中为所有线圈）并联以形成 a 条电流路径，$1<a\leqslant p_1$（见图 5.6f）。

对于 $q=1$ 的永磁同步电动机，方波分布的磁动势可看成是方波电流控制的结果，一相磁动势可以分解成各次谐波的叠加：

$$F_{A\nu}(x,t)=\frac{2}{\pi}\frac{n_cI\sqrt{2}\cos\omega_1 t}{\nu}\cos\frac{\nu\pi}{\tau}x \tag{5.10}$$

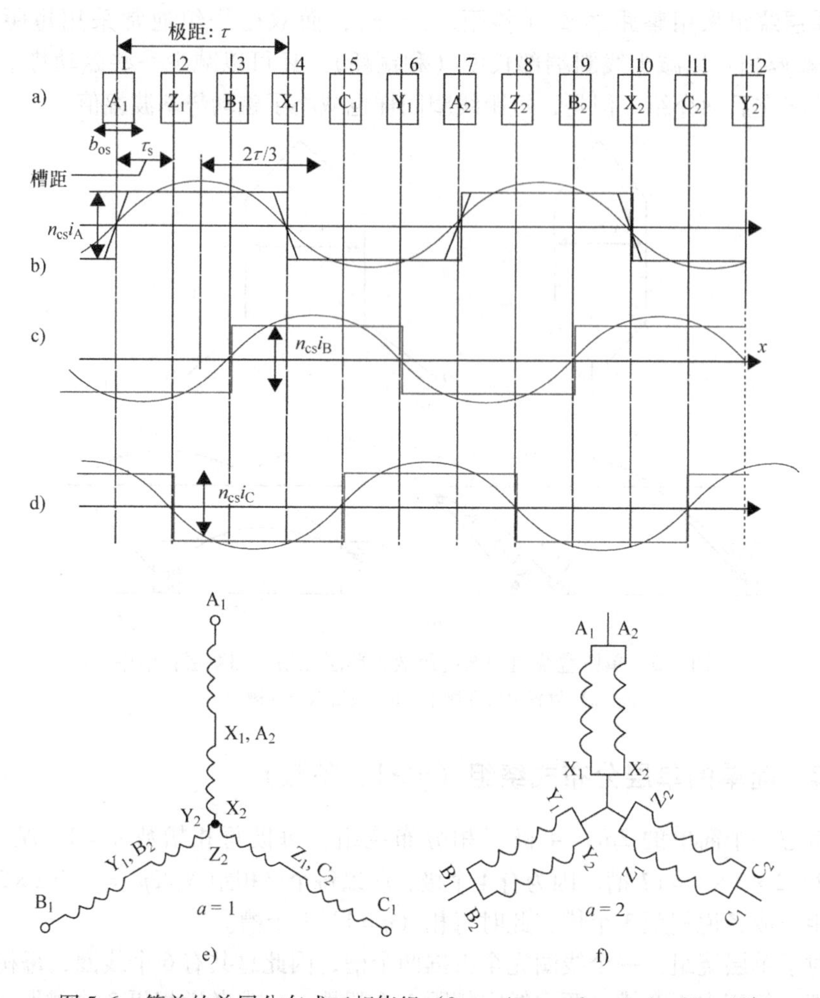

图 5.6 简单的单层分布式三相绕组（$2p_1=4$，$m=3$，$q=1$，$N_s=12$）

a）分相图 b）~d）相磁动势的矩形分布 e）串联星形联结（$a=1$） f）并联星形联结（$a=2$）

基波（$\nu=1$）磁动势幅值最大（$q=1$）。若 $q\geqslant1$，磁动势分布为阶梯形方波，其谐波含量较低。当 $q>1$ 时，双层短距绕组可进一步降低空间磁动势谐波。

5.3.3 简单的双层三相分布式绕组（q 为整数）

再次考虑 $2p_1=4$ 极，$m=3$ 相的分布绕组，但每极每相槽数 q 从 1 变为 2，$N_s=2p_1mq=2\times2\times3\times2=24$ 槽。极距 τ 的跨距为 $\tau=N_s/2p_1=24/(2\times2)=6$ 个槽距 τ_s。

短距线圈跨度为 $y/\tau=5/6$（$y/\tau=4/6=2/3$，这是 $q=$ 整数和分布式绕组时的最小值）。

不考虑第二层，将线圈分配到槽内第一层中，由于每个极下每相都有 $q=2$ 个相邻槽，每相有 $N_s/m=8$ 个线圈（双层）。对于单层绕组情况（见图 5.7a），其磁动势相位滞后 2/3 极距。一旦每个槽内第一层分配完毕相线圈后，只需将第一层的线圈分布向左移动 $(1-y/\tau)\,mq$ 个槽即可得到第二层线圈（见图 5.7a）。此时，当 A 相电流最大时，其磁动势分布为矩形，但正负半波均有两级台阶（见图 5.7b）。如果将所有三相磁动势叠加起来，考虑到 $I_A=I_{max}=-2I_B=-2I_C$（I_A最大且电流对称，$I_A+I_B+I_C=0$），则可得三相合成磁动势分布，其波形正负半波均有三级台阶（见图 5.7b）。在此之后，当 B 相的电流最大时（$I_B=I_{max}=-2I_A=-2I_C$），三相合成磁动势峰值向右移动（2/3）τ 或 $2\pi/3$ 电弧度。因此，正如预期的那样，磁动势在前进。

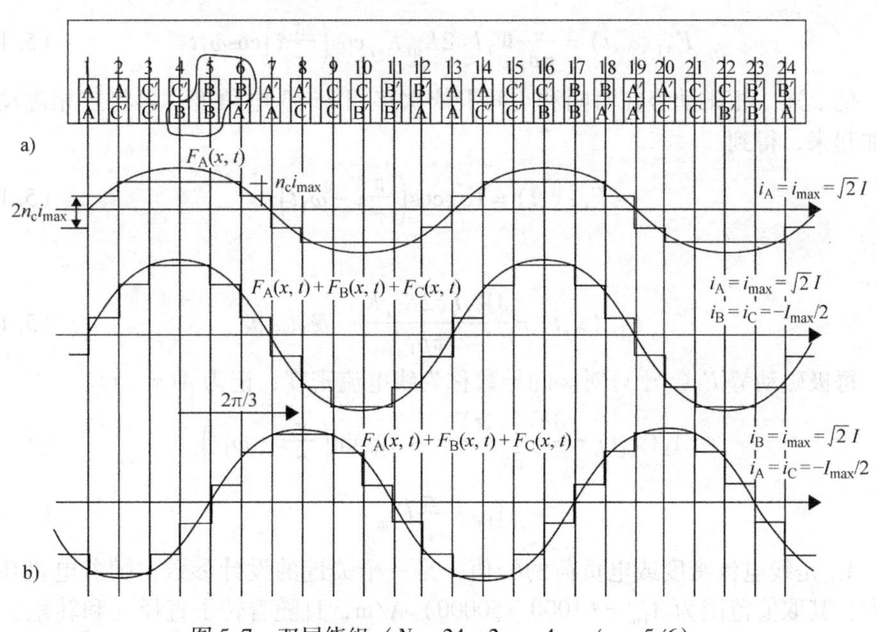

图 5.7　双层绕组（$N_s=24$，$2p_1=4$，$y/\tau=5/6$）

a）线圈分相图　b）磁动势分布

5.3.4　每极每相槽数 q 为整数时的磁动势空间谐波

图 5.7b 中一相磁动势的阶梯状几何分布表明，对于 $q>1$ 和 $y/\tau<1$，公式（5.10）很容易推广到一般情形。对于基波（$\nu=1$），有

$$F_{A1}(x,t)=\frac{2}{\pi}n_c qI\sqrt{2}K_{q1}K_{y1}\cos\left(\frac{\pi}{\tau}x\right)\cos\omega_1 t \tag{5.11}$$

其中，

$$K_{q1}=\frac{\sin\dfrac{\pi}{6}}{q\sin\dfrac{\pi}{6q}}\leqslant 1;\ K_{y1}=\sin y\frac{\pi y}{2\tau}\leqslant 1 \tag{5.12}$$

式中，K_{q1}为绕组分布系数；K_{y1}为短距系数（$q=1$，$y=\tau$，$K_{q1}=K_{y1}=1$）。保持绕组对称意味着$y/\tau>2/3$，因为所有相绕组在每个极下都占据相同的槽数（q为整数）。

当所有线圈串联时，每相匝数W_1为

$$W_1=2p_1qn_c \tag{5.13}$$

式中，n_c是每个线圈的匝数（由于每槽只有一个线圈，单层绕组$W_1=p_1qn_c$）。于是，方程（5.11）中的F_{A1}变为

$$F_{A1}(x,t)=\frac{2}{\pi p_1}W_1I\sqrt{2}K_{q1}K_{y1}\cos\left(\frac{\pi}{\tau}x\right)\cos\omega_1 t \tag{5.14}$$

把上述一相磁动势在时间和空间上依次移相$2\pi/3$电角度，再将三相磁动势叠加起来，得到

$$F_1(x,t)=F_{1m}\cos\left(\frac{\pi}{\tau}x-\omega_1 t\right) \tag{5.15}$$

其中，

$$F_{1m}(x,t)=\frac{3W_1I\sqrt{2}K_{q1}K_{y1}}{\pi p_1}\text{ 安匝/极} \tag{5.16}$$

每极磁动势$F_1(x\ ,\ t)$对x的导数称为线电流密度，记为$A(x\ ,\ t)$：

$$A_1(x,t)=\frac{\partial F_1(x,t)}{\partial x}=-A_{1m}\sin\left(\frac{\pi}{\tau}x-\omega_1 t\right) \tag{5.17}$$

$$A_{1m}=\frac{\pi}{\tau}F_{1m} \tag{5.18}$$

A_{1m}是线电流密度或电负荷的峰值，是一个关键的设计参数；随着电机功率增大，其取值范围为$A_{1m}=(1000\sim 50000)$ A/m，且随着转子直径（和转矩）而增大。

由方程（5.10）得到三相绕组合成磁动势的空间谐波幅值：

$$F_v(x,t)=\frac{3W_1I\sqrt{2}K_{qv}K_{yv}}{\pi p_1\nu}\left[K_{B\,\mathrm{I}}\cos\left(\nu\frac{\pi}{\tau}x-\omega_1 t-(\nu-1)\frac{2\pi}{3}\right)\right.$$
$$\left.-K_{B\,\mathrm{II}}\cos\left(\nu\frac{\pi}{\tau}x+\omega_1 t-(\nu+1)\frac{2\pi}{3}\right)\right] \tag{5.19}$$

其中，

$$K_{qv}=\frac{\sin\dfrac{\nu\pi}{6}}{q\sin\dfrac{\nu\pi}{6q}};\ K_{yv}=\sin\frac{\nu\pi y}{2\tau};$$

$$K_{\mathrm{B\,I}}=\frac{\sin(\nu-1)\pi}{3\sin(\nu-1)\frac{\pi}{3}};\ K_{\mathrm{B\,II}}=\frac{\sin(\nu+1)\pi}{3\sin(\nu+1)\frac{\pi}{3}} \tag{5.20}$$

由于 q 为整数时相位具有完全对称性，磁动势中存在奇数次空间谐波。对于星形联结，不存在 $3k$ 次谐波，因为它们的电流之和为零。所以剩下的谐波次数为 $v=3k\pm1=5$、7、11、13、17、19、…，均为质数。

在方程（5.20）中注意，对于 $v_{\mathrm{d}}=3k+1$（7、13、19），$K_{\mathrm{B\,I}}=1$ 和 $K_{\mathrm{B\,II}}=0$。方程（5.19）中剩下的第一项表示前向行波：

$$\frac{\nu\pi}{\tau}x-\omega_1 t=\text{常数};\ \frac{\mathrm{d}x}{\mathrm{d}t}=\frac{\omega_1\tau}{\pi\nu}=\frac{2\tau f_1}{\nu};\ \omega_1=2\pi f_1 \tag{5.21}$$

相反，对于 $v_i=3k-1$（5、11、17、…），$K_{\mathrm{B\,I}}=0$ 和 $K_{\mathrm{B\,II}}=1$，此时方程（5.19）中只剩下第二项，它是反向行波：

$$\frac{\mathrm{d}x}{\mathrm{d}t}=-\frac{\omega_1\tau}{\pi\nu}=-\frac{2\tau f_1}{\nu} \tag{5.22}$$

应该注意，空间谐波的传播速度 ν 是基波速度的 $1/\nu$。

上面分析的电机采用 $\pi/3$ 相带，它们在当今的行业中占主导地位。在某些应用中，也可采用 $2\pi/3$ 相带（如采用 2/1 的变极式感应电机绕组）。

例 5.1　q 为整数的磁动势谐波

考虑一个内径 $D_{\mathrm{is}}=0.12\mathrm{m}$ 的定子，定子槽数 $N_{\mathrm{s}}=24$，$2p_1=4$，$y/\tau=5/6$，双层绕组，一条电流路径（$a=1$），槽面积 $A_{\mathrm{slot}}=120\mathrm{mm}^2$，槽满率 $k_{\mathrm{fill}}=0.45$，额定电流密度 $j_{\mathrm{con}}=5\mathrm{A/mm}^2$，每个线圈匝数 $n_{\mathrm{c}}=20$。计算：

a. 额定电流 I_n 的有效值和线规；

b. 极距 τ 和槽距 τ_{s}；

c. K_{q1}、K_{y1} 和 $K_{\mathrm{w1}}=K_{\mathrm{q1}}K_{\mathrm{y1}}$；

d. 每相匝数 W_1、磁动势 F_{1m} 和负载电流基波幅值 A_{1m}；

e. K_{q7}、K_{y7}、$F_{\mathrm{7m}}(v=+7)$。

解：

a. 槽内铜导线面积 A_{cos}，其包围的磁动势为 $2n_{\mathrm{c}}I_{\mathrm{n}}$（每槽 2 个线圈）：

$$A_{\mathrm{cos}}=A_{\mathrm{slot}}k_{\mathrm{fill}}=\frac{2n_{\mathrm{c}}I_{\mathrm{n}}}{j_{\mathrm{con}}}$$

因此额定电流 I_{n} 为

$$I_{\mathrm{n}}=\frac{A_{\mathrm{slot}}k_{\mathrm{fill}}}{2n_{\mathrm{c}}}j_{\mathrm{con}}=\frac{120\times10^{-6}\times0.45\times5\times10^{6}}{2\times20}=6.75\mathrm{A}$$

裸铜线外径 d_{Co} 为

$$d_{\mathrm{Co}}=\sqrt{\frac{I_{\mathrm{n}}}{j_{\mathrm{con}}}\frac{4}{\pi}}=\sqrt{\frac{6.75\times4}{5\times10^{6}\times\pi}}=1.3\times10^{-3}\mathrm{m}$$

b. 由方程（5.6）可得极距 τ 为

$$\tau=\frac{\pi D_{is}}{2p_1}=\frac{\pi\times0.12}{2\times2}=0.0942\text{m}$$

槽距 τ_s 为

$$\tau_s=\frac{\tau}{3q}=\frac{0.0942}{3\times2}=0.0157\text{m}$$

c. 由方程（5.12）得

$$K_{q1}=\frac{\sin\frac{\pi}{6}}{q\sin\frac{\pi}{6q}}=\frac{0.5}{2\times\sin\frac{\pi}{12}}=0.9659$$

$$K_{y1}=\sin\frac{y\pi}{2\tau}=\sin\frac{5\pi}{12}=0.9659$$

$$K_{w1}=K_{q1}K_{y1}=0.9659\times0.9659=0.9329$$

d. 由方程（5.13）可得每相匝数 W_1（电流支路数 $a=1$）

$$W_1=2p_1qn_c=2\times2\times2\times20=160\text{ 匝/相}$$

根据 F_{1m} 和 A_{1m} 表达式［方程（5.16）~方程（5.18）］得

$$F_{1m}=\frac{3W_1I\sqrt{2}K_{q1}K_{y1}}{\pi p_1}=\frac{3\times160\times6.75\sqrt{2}\times0.9659\times0.9659}{\pi\times2}$$

$$=678\text{ 安匝/极}$$

$$A_{1m}=F_{1m}\frac{\pi}{\tau}=678\times\frac{\pi}{0.0942}=22622.8\text{ 安匝/米}$$

e. 由式（5.20）得

$$K_{q7}=\frac{\sin\frac{7\pi}{6}}{2\sin\frac{7\pi}{6\times2}}=-0.2588$$

$$K_{y7}=\sin\frac{7\pi}{2}\frac{5}{6}=0.2588$$

$$F_{7m}=\frac{3W_1I\sqrt{2}K_{q7}K_{y7}}{\pi p_1\times7}=\frac{3\times160\times6.75\sqrt{2}\times0.2588^2}{\pi\times2\times7}$$

$$=6.96\text{ 安匝/极}$$

如上文所示，$F_{7m}/F_{1m}=6.96/678\approx0.01$。短距线圈和分布线圈在很大程度上促成了这一实际的良好效果。

可以证明，对于120°相带，且 $q=2$ 有：

$$K_{q1}=\left(\frac{\sin\frac{\nu\pi}{3}}{q\sin\frac{\nu\pi}{3q}}\right)_{\nu=1}=0.867$$

对于60°相带绕组，其 K_{q1} 比30°相带绕组时（$K_{q1}=0.9569$）小10%。这在一定程度上解释了为什么在行业应用中首选60°相带绕组。

5.3.5　实用的三相交流单层分布式绕组

如前所述，绕组包括叠绕组和波绕组。波绕组用于大型交流（同步或感应）电机的单匝（线棒）线圈（见图5.8）。

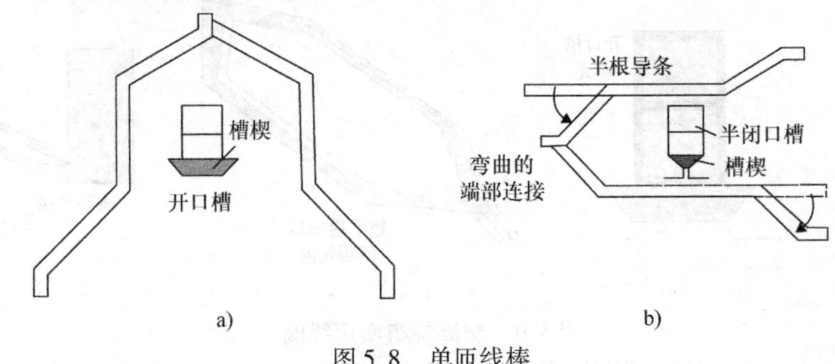

图5.8　单匝线棒
a）连续式　b）半根式

多匝线圈由叠绕组组成。但对于单层绕组，一个极下的一个相带叠绕组可由不等径同心线圈（见图5.9a）或相同线圈（链式，见图5.9b）组成。对于由圆线制成的双层绕组柔性线圈，线圈相同且具有机械柔性（对于小型机器）。它们可预制成矩形截面导线，并经扭合使其一边在一层中，另一边在另一层中。

按实例构造单层绕组的分相规则如下（$N_s=24$，$2p_1=4$，$m=3$）：

- 计算相邻槽之间的槽距电角度

$$\alpha_{es}=\frac{2\pi}{N_s}p_1=\frac{2\pi}{24}\times 2=\frac{\pi}{6} \tag{5.23}$$

- 计算一相包含的单元电动势数目 t

$$t=\mathrm{LCD}(N_s,p_1)=\mathrm{LCD}(24,2)=2=p_1 \tag{5.24}$$

- 用 N_s/t 个矢量构建槽电动势星形图，矢量夹角为

$$\alpha_{et}=\frac{2\pi}{N_s}t=\frac{2\pi}{24}\times 2=\frac{\pi}{6}=\alpha_{es} \tag{5.25}$$

所以箭头的顺序是槽的自然顺序。

- 选择 $N_s/2m=24/(2\times 3)=4$ 个矢量表示A相的输入侧，另取相反的 $N_s/2m$ 个矢量表示同一相绕组的输出侧。
- 将A相绕组连接依次移动120°即得到B相和C相（见图5.10）。

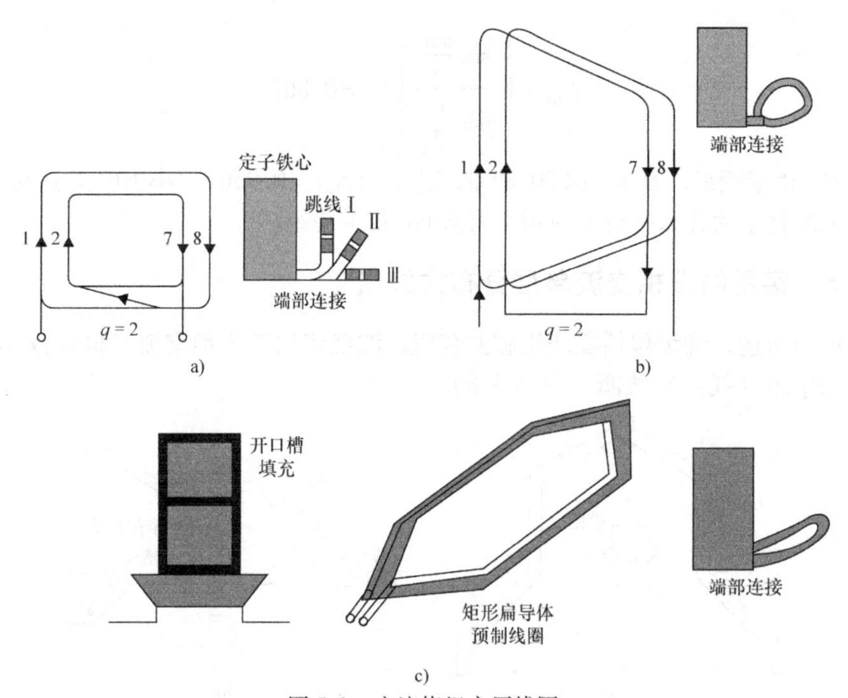

图 5.9　交流绕组实用线圈

a）同心线圈相带/单层线圈　b）链式线圈　c）双层成型线圈

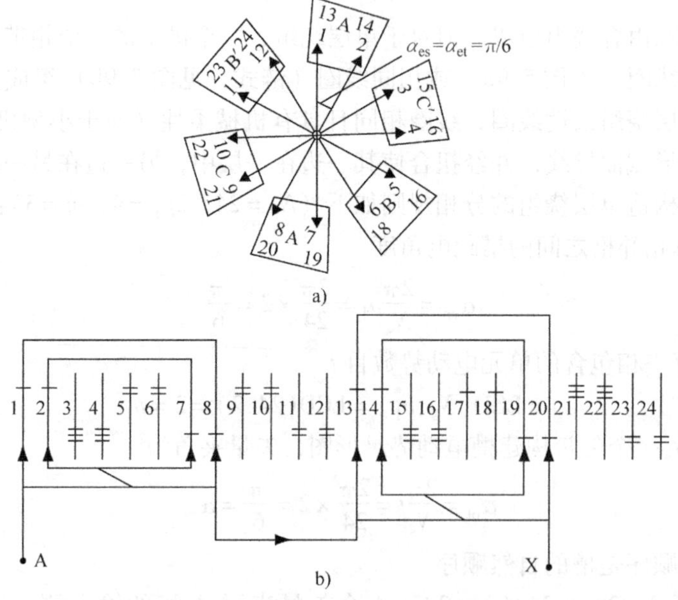

图 5.10　24 槽、4 极、三相单层绕组

a）电动势星形图　b）A 相绕组展开图

对于双层绕组，分相的基本规则是：

- 考虑 $N_s=27$、$2p_1=4$ 的例子。
- 与单层情况类似，画槽电动势星形图。
- 为每相分配 $N_s/m=27/3=9$ 个箭头，将它们分成相位几乎（或完全）相反的两组矢量来表示 A 相。
- 就本例而言，$t=\mathrm{LCD}(N_s,p_1)=\mathrm{LCD}(27,2)=1$，$\alpha_{ec}=2\alpha_{et}$，所以箭头的顺序与槽的自然顺序不一致（见图 5.11），这是因为 $t=1$，$q=N_s/2p_1m=27/(2\times2\times3)=2+1/4$，即 q 为分数。

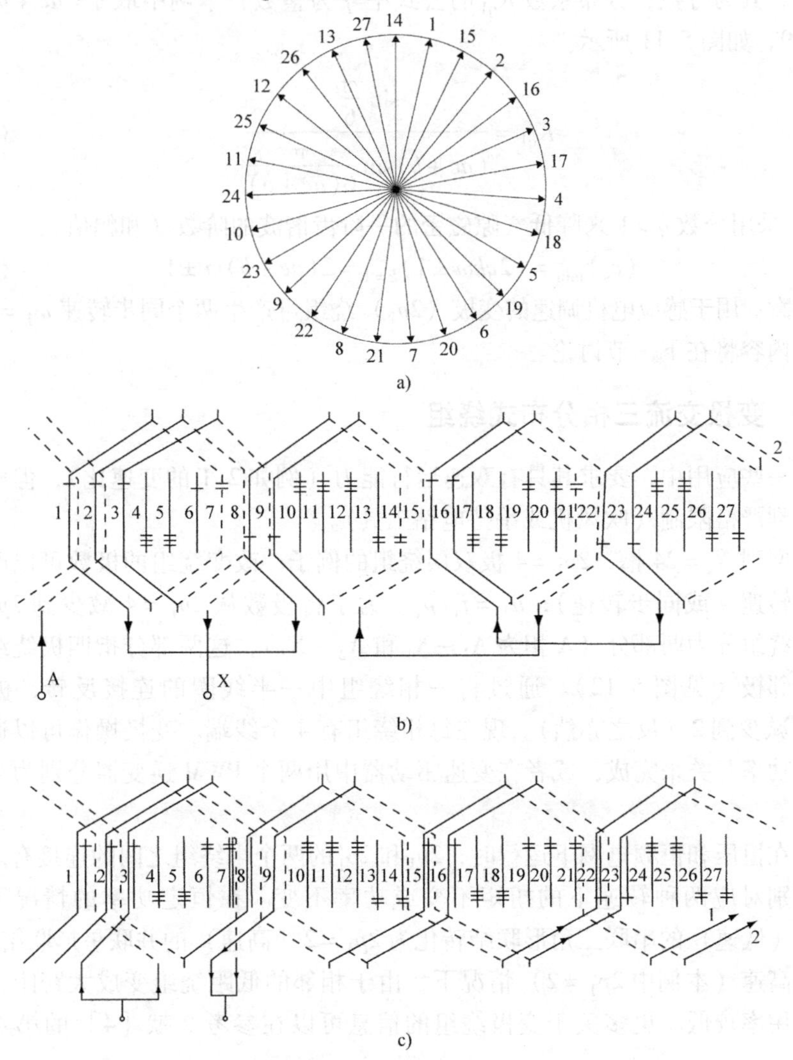

图 5.11　分布式分数槽三相双层绕组，$N_s=27$ 槽，$2p_1=4$ 极

a）槽电动势星形图　b）叠绕组展开图　c）波绕组展开图

• 然后将后续 $N_s/m=9$ 个箭头分配给 C 相，最后剩余的 9 个箭头分配给 B 相（见图 5. 11a）。

• 槽电动势相位星型图中槽的分相是指第一层绕组。线圈跨距 y = 整数 $(N_s/2p_1)$ = 取整 (27/4) = 6 个槽距。这意味着这是一个隐式的短距线圈。

• 对于导条线圈，要么使用叠绕线圈（见图 5. 11b），要么使用波绕线圈（见图 5. 11c），波绕线圈使得线圈相间的附加连接电缆缩短。

• 当 q 为整数时，绕组因数可由 $K_{w1}=K_{q1}\,K_{y1}$ 计算得到。当 $q=a+b/c$，$a\geqslant 1$ 时，其为分数；分布系数 K_{q1} 的公式中 q 为整数，本例中取 $q=ac+b=2\times 4+1=9$，如图 5. 11 所示。

$$K_{q1}=\frac{\sin\dfrac{\pi}{6}}{(ac+b)\sin\dfrac{\pi}{6(ac+b)}} \tag{5.26}$$

• 采用分数 $q>1$ 来降低气隙磁密的一阶齿谐波的阶数（和幅值）：

$$(v_s)_{\min}=(2qkm\pm 1)_{k=1}=2(ac+b)m\pm 1 \tag{5.27}$$

注意：用于感应电机调速的变极 $(2p_1)$ 绕组可产生两个同步转速 $\omega_1=f_1/p_1$，这部分内容将在下一节讨论。

5.3.6 变极交流三相分布式绕组

在一些应用中，要求其具有双速运行能力（例如 2∶1 的变速比），但电机总成本受到严格限制（吹风机或手持电钻工具）。

再回到 $N_s=24$ 槽、$2p_1=4$ 极双层绕组的例子。改变绕组的极数可以改变理想空载转速（或同步转速），$n_1=f_1/p_1$。为了将极数从 $2p_1=4$ 减少到 $2p_1=2$，将每相绕组分为两部分（A 相为 A_1-X_1 和 A_2-X_2），这两部分指四极绕组中的两个相邻极（见图 5. 12）。通过将一相绕组中一半线圈的连接反转，极数从 $2p_1=4$ 减少到 2（反之亦然）。现在每相绕组有 4 个线端。变极操作可以通过一个机电功率开关来完成，或者在变速驱动器中用两个 PWM 逆变器分别为半绕组供电。

当在恒压和恒频电网下运行时，$2p_1$ 和 $2p_1'$ 的两个半绕组之间的连接有两种方案，分别对应两种转速下的扭矩不变或功率不变。在恒定功率的情况下，将 $2p_1=4$（低速）的串联三角形联结转化为 $2p_1=2$（高速）的并联星形联结。

在高速（本例中 $2p_1=2$）情况下，由于相邻的低距绕组变成大跨距，导致绕组利用率较低。更多关于变极绕组的信息可以在参考文献［4］的第 4 章中找到。

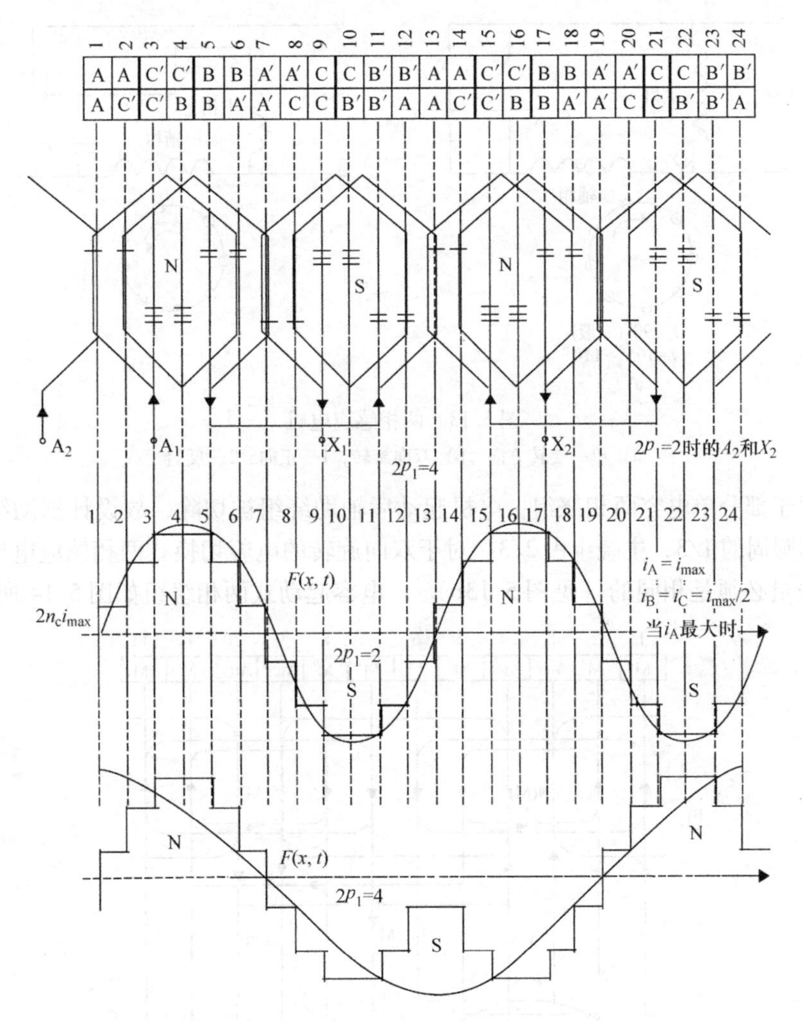

图5.12 变极绕组：$N_s = 24$，$2p_1 = 4$，$2p_1 = 2$

5.3.7 两相交流绕组

当只有单相电源（民用）时，需要用到两相绕组：主相绕组（m）和辅相绕组（aux）。辅相绕组具有串联的电阻或电容。如5.3.1节所示，这两个绕组正交，通过选择合适的电容C，电机的正反转转速对称。

在起动（C_{start}）和额定转速（$C_{run} << C_{start}$）之间找到折中是重载起动、高效率和高功率因数应用中的典型问题。对于轻载起动以及不频繁的起动，可以使用单个电容C；对于双向旋转电机，可以采用切换电容的方式将其从一相绕组切换到另一相绕组（见图5.13）。

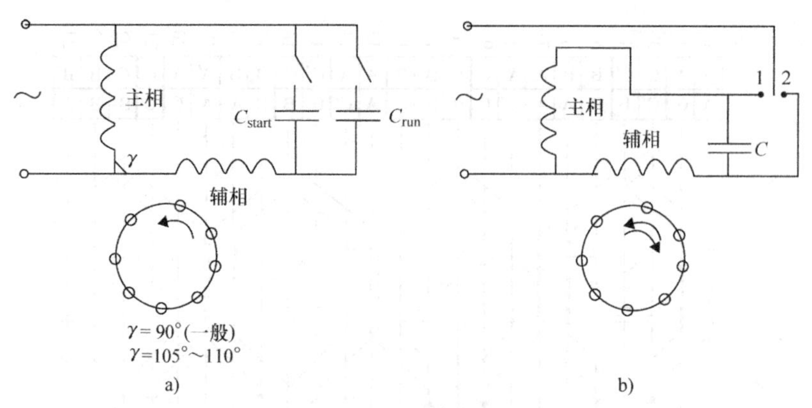

图 5.13　两相感应电机

a）单一旋转方向　b）双向旋转，1—正向，2—反向

对于部分单电容两相绕组，电机起动后辅助绕组被切除，故设计辅助绕组仅占电枢圆周的1/3，主绕组占2/3。对于双向旋转的电容切换式两相感应电机，其两相绕组必须是相同的（见图 5.13b）[㊀]。电容起动式两相绕组如图 5.14 所示。

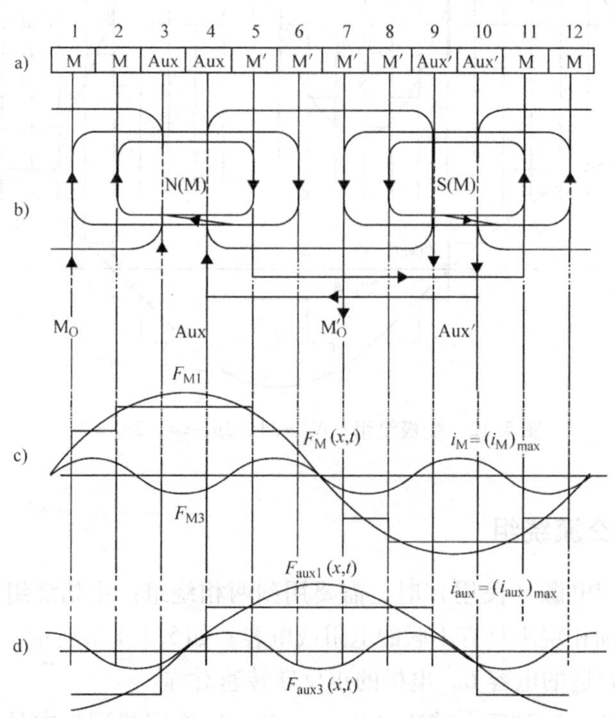

图 5.14　电容起动式两相绕组：$N_s=12$ 槽，$2p_1=2$ 极

a）分相　b）绕组连接　c）主相磁动势　d）辅相磁动势

㊀　此处原书有误。——译者注

为了减少磁动势空间谐波引起的转矩脉动，主辅相绕组的线圈取不同的匝数，以便产生准正弦的磁动势空间分布。

两相绕组也可构造成变极绕组，见参考文献［4，第4章］。三相和两相分布式绕组并非是感应电机专有的，它们也可用于同步电机定子绕组。

注意：直线感应电动机的典型绕组将在5.24节中讨论。

5.3.8 笼型转子绕组

笼型转子绕组故障率低，它也是对称绕组，相邻导条的电流 I_i 与 I_{i+1} 之间也存在时间相位差，其数值为 $\alpha_{er}=2\pi p_1/N_r$（见图5.15）。

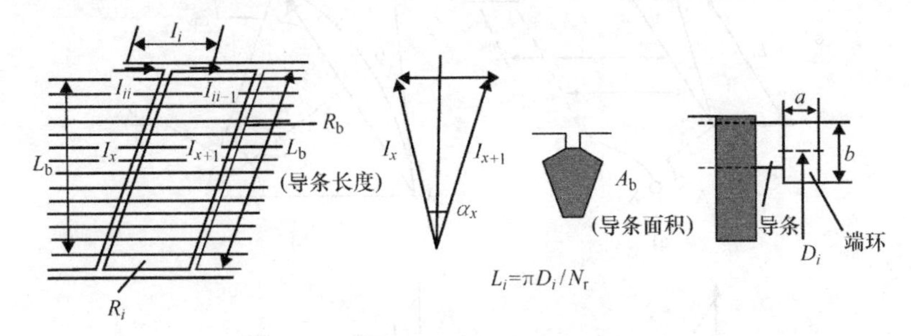

图5.15 笼型转子几何关系

因此，端环和笼型导条电流，即 I_r 和 I_b 之间的关系为

$$I_r=\frac{I_b}{2\sin\dfrac{\alpha_{er}}{2}} \tag{5.28}$$

记 R_b 和 R_r 为导条和端环的电阻，

$$R_b=\rho_b\frac{l_b}{A_b};\ R_r=\rho_r\frac{l_r}{A_r};\ A_r=a\times b;\ l_r=\frac{\pi D_{ring}}{N_r} \tag{5.29}$$

将导条和端环电阻合并为等效的导条总电阻 R_{be}，

$$R_{be}I_s^2=R_bI_b^2+R_rI_r^2 \text{ 或 } R_{be}=R_b+\frac{R_r}{2\sin^2\dfrac{\pi p_1}{N_r}} \tag{5.30}$$

当每对极的转子槽数（N_r/p_1）变小或变为分数时，上述表达式就不那么可信了。

假定转子的直流部分或永磁励磁为零（如在感应电机中那样），气隙非均匀（凸极），电机定子为三相交流电流，产生正弦磁动势，则气隙磁密可看成正弦磁动势和齿谐波共同作用的结果（见图5.16）。

对于小功率电机，定子槽可能沿转子轴倾斜 c 个长度单位（见图5.17a）。

由于定子斜槽，气隙磁密沿转子轴线也会发生相位偏移（见图5.17b），同时使得每槽每匝电动势减小，减小程度用所谓的斜槽系数K_{cv}表示，

$$K_{cv}=\frac{\overline{AB}}{\overline{AOB}}=\frac{\sin\frac{cv\pi}{2\tau}}{\frac{cv\pi}{2\tau}} \tag{5.31}$$

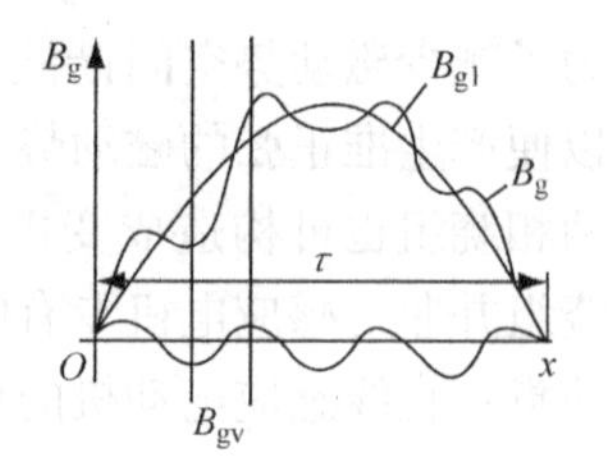

图5.16 非均匀气隙和被动转子电机定子交流绕组的气隙磁密

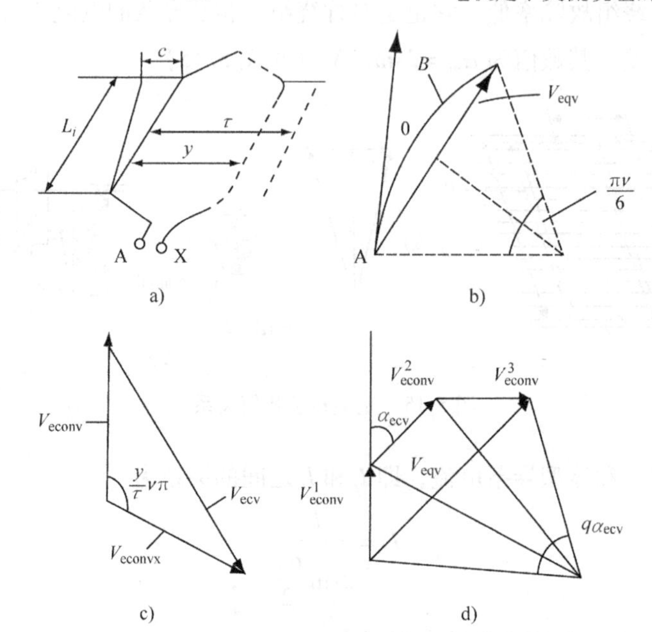

图5.17 绕组系数的组成

a）和b）斜槽 c）短距 d）分布系数K_{qv}的推导

因此，槽内单根导体在气隙磁密谐波B_{gv}下的电动势V_{econv}为

$$V_{econv}=B_{gv}\frac{UL_e}{\sqrt{2}}K_{cv}=\frac{1}{2\sqrt{2}}\omega_1 K_{cv}\Phi_v;\ U=2\tau_v f_1 \tag{5.32}$$

其中，Φ_v是谐波v的每极磁通量。

线圈短距y（见图5.17）会导致线圈感应电动势减小，这已由短距系数K_{yv}定义过了。

$$V_{ecoilv}=2K_{yv}V_{econv}n_c;\ K_{yv}=\sin\frac{vy}{\tau}\frac{\pi}{2} \tag{5.33}$$

每个线圈有n_c匝，每极每相带q个线圈（见图5.17d），

$$V_{eqv} = qK_{qv}V_{ecoilv};\ K_{yv} = \frac{\sin\frac{v\pi}{6}}{q\sin\frac{v\pi}{6q}} \tag{5.34}$$

我们刚刚按预期重新得到了磁动势的分布系数 K_{qv}。

在所有 $2p_1$ 相带串联的情况下，相电动势有效值 V_{ev} 为

$$V_{ev} = \pi\sqrt{2}f_1 W_1 K_{wv}\Phi_v;\ K_{wv} = K_{qv}K_{yv}K_{cv};\ W_1 = 2pqn_c \tag{5.35}$$

式中，K_{wv}是空间谐波 v 的总绕组系数。当 $v=1$ 时，可得到基波分量，它与变压器绕组中的电动势非常相似，都有总绕组校正系数 K_{wv} 和每极磁通 Φ_v。

5.4 感应电机的电感

为了利用等效电路理论研究感应电机，需要定义定子和转子一相绕组的自感、互感和相电阻，正如之前对变压器所做的那样。这里考虑的绕组自感由两个主要部分组成：

- 主电感（定子 L_{ssm}）
- 漏电感（定子 L_{sl}）

L_{ssm}对应着通过气隙同时交链定子和转子绕组的主磁通；L_{sl}对应着仅交链一个绕组的漏磁通，就像在变压器中一样。

5.4.1 主电感

对于单相交流分布绕组，L_{ssm} 既可以用磁链来计算，也可以用磁能来计算。下面使用方程（5.4）中的磁链计算

$$B_{g1} = \frac{\mu_0 F_{m1phase}}{g_e};\ g_e = K_c g(1+K_s) \tag{5.36}$$

F_{m1}是每极每相磁动势的幅值（见图 5.10）。

$$F_{m1phase} = \frac{2W_1 I\sqrt{2}K_{q1}K_{y1}}{p_1\pi} \tag{5.37}$$

$K_c=1.1\sim1.3$，称为卡特系数，用于计算开槽对气隙的影响；$K_s=0.2\sim0.5$，在 $2p_1=2$ 时取较大的数值，称为磁饱和系数（如第 4 章所述）。每极的基波磁通 Φ_1 为

$$\Phi_1 = \frac{2}{\pi}B_{g1}L_e\tau;\ \Psi_{ssm1} = \Phi_1 W_1 K_{w1} \tag{5.38}$$

因此，由方程（5.36）~方程（5.38），得到 L_{ssm}

$$L_{ssm} = \frac{\Psi_{ssm}}{I\sqrt{2}} = \frac{4\mu_0}{\pi^2}(W_1K_{w1})^2\frac{\tau L_e}{p_1 g_e} \tag{5.39}$$

对于空间谐波，方程（5.39）可以简化为

$$L_{\mathrm{ssmv}}=\frac{\Psi_{\mathrm{ssmv}}}{I\sqrt{2}}=\frac{4\mu_0}{\pi^2}\left(\frac{W_1K_{\mathrm{w1v}}}{v}\right)^2\frac{\tau L_{\mathrm{e}}}{p_1g_{\mathrm{e}}} \tag{5.40}$$

对于三相电流源，所谓的周期主（磁化）电感 $L_{1\mathrm{mv}}$ 为

$$L_{1\mathrm{mv}}=\frac{V_{\mathrm{ev}}}{\omega_1I}=\frac{6v_0}{\pi}\left(\frac{W_1K_{\mathrm{wv}}}{v}\right)^2\frac{\tau L_{\mathrm{e}}}{p_1g_{\mathrm{e}}} \tag{5.41}$$

其中，V_{ev} 由式（5.35）得到。

$L_{1\mathrm{mv}}$ 中的谐波磁场（$v>1$）也是漏磁场的一部分，因为它们实际上不与转子紧密耦合。

对于三相连接，气隙磁密为

$$(B_{\mathrm{g1}})_{3-\mathrm{phase}}=\frac{\mu_0F_{1\mathrm{m}}}{K_{\mathrm{cg}}(1+K_{\mathrm{s}})};\ F_{1\mathrm{m}}=\frac{3\sqrt{2}\omega_1I_0K_{\mathrm{w1}}}{p_1\pi} \tag{5.42}$$

主电感场对应于磁化电流 I_0，约等于空载电流 I_{10}（如变压器），即转子电流为零。此外，我们也可以如 4.3 节中讨论的电刷换向器电机那样“建立”（计算）空载磁化曲线。我们在此不再重复这一过程，而是将其作为一个问题加以介绍。工业设计中一般将空载磁化曲线综合表示为 $B_{\mathrm{g1}}(I_0/I_n)$，参数为 $2p_1$ 磁极（见图 5.18）或 $l_{1\mathrm{m}}$（p.u），横坐标为 I_0/I_n，$l_{1\mathrm{m}}(\mathrm{p.u})=\omega_1L_{1\mathrm{m}}I_n/V_n$。

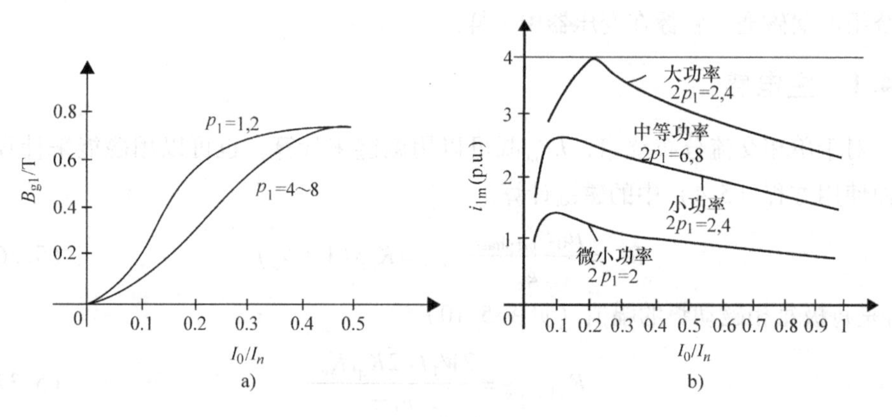

图 5.18 磁化特性

a）典型感应电机的磁化曲线 b）磁化电感

5.4.2 漏感

由于相间没有漏磁通耦合，漏感只与一相绕组有关。对于同一个槽中的双绕组，则不能这样做。漏磁通磁力线如图 5.19 所示，它们会使得相漏感包含下列成分：

- 槽漏感：L_{slslot}和L_{rlslot}，它对应穿过槽的磁通线
- 锯齿形漏感：L_{zls}和L_{zlr}
- 端部连接漏感：L_{els}和L_{elr}
- 斜槽漏感：L_{skewr}
- 差模漏感：L_{dls}和L_{dlr}

下标“s”代表定子；“r”代表转子。定子差动漏感L_{dls}对应的是主电感L_{1m}的空间谐波磁场v［方程（5.41）］：

$$L_{dls} = \sum_{v>1} L_{1mv} = 2\mu_0 \frac{W_1^2 L_e}{p_1 q}\lambda_{dls};\ \lambda_{dls} = \frac{3q}{\pi^2 g K_c}\sum_{v>1}\frac{K_{wv}^2}{v^2} \tag{5.43}$$

$v = km \pm 1$。对于单相电机来说，L_{dls}往往更大。

注意：由于笼型转子感应电流可能会降低方程（5.43）中的L_{dls}，因此需要对L_{dls}进行更详细的判定才能进行严格的设计（见参考文献［4，第6章］）。

不考虑趋肤效应（第2章），可以根据矩形槽从槽底到槽顶的线性磁场分布（见图5.19）来计算槽漏感。

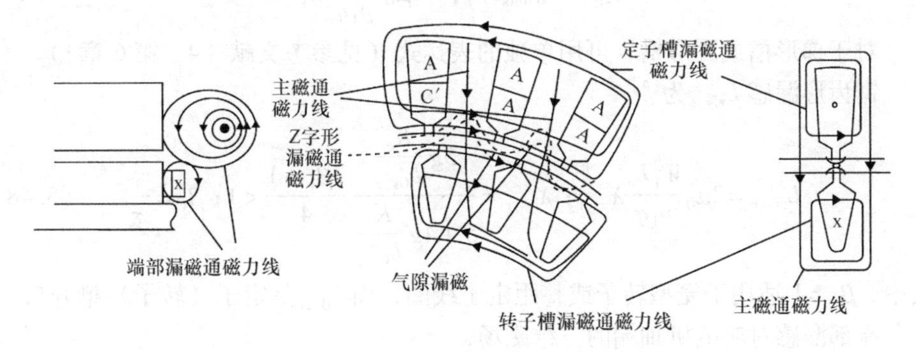

图5.19 漏磁通磁力线的分类

图5.20中沿等高线应用安培定律得

$$H(x)b_s = \frac{n_s I x}{h_s} \quad 0 \leqslant x \leqslant h_s;\ n_s\text{为每槽的导体数}$$

$$H(x)b_s = n_s I \quad h_s \leqslant x \leqslant h_s + h_{0s} \tag{5.44}$$

槽体中的磁能W_{ms}会导致槽漏感L_{slslot}的产生，

$$L_{slslot} = \frac{2}{I^2}W_{ms} = \frac{2}{I^2}\ \frac{1}{2}L_e b_s \mu_0 \int_0^{h_s+h_{0s}} H^2(x)\,\mathrm{d}x = \mu_0 n_s^2 L_e \lambda_s$$

$$\lambda_s = \frac{h_s}{3b_s} + \frac{h_{0s}}{b_{0s}} \tag{5.45}$$

λ_s为槽几何磁导系数，

$$\lambda_s = 0.5 \sim 2.5,\ \frac{h_s}{b_s} < 6,\ h_{0s} = (1 \sim 3) \times 10^{-3}\text{m} \tag{5.46}$$

它取决于槽形比 h_s/b_s；槽越深则 λ_s 越大。

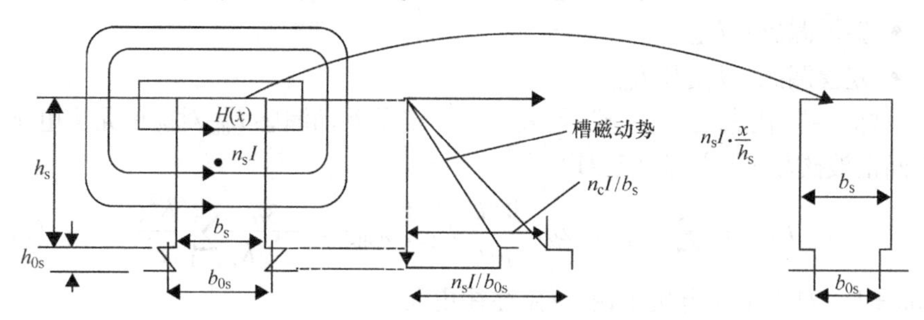

图 5.20 矩形槽的漏磁场

现在一相绕组占据 $N_s/m = 2p_1q$ 个槽，因而漏感 L_{sls} 为

$$L_{sls} = L_{slslots} 2p_1q = 2\mu_0 \frac{W_1^2 L_e}{p_1 q} \lambda_s \tag{5.47}$$

对于梯形槽或圆形槽，可用单独的表达式（见参考文献［4，第6章］）。

锯齿形漏感 $L_{zls,r}$ 为[4]

$$L_{zls,r} = 2\mu_0 \frac{W_1^2 L_e}{p_1 q} \lambda_{zs,r};\ \lambda_{zs,r} = \frac{5g\dfrac{K_c}{b_{0s,r}}}{5 + 4g\dfrac{K_c}{b_{0s,r}}} \frac{3\beta_y + 1}{4} < 1;\ \beta_y = \frac{y}{\tau} \tag{5.48}$$

其中，$\beta_y = 1$ 适用于笼型转子或整距定子线圈，而 $b_{0s,r}$ 是定子（转子）槽开口。

端部漏感对应电机轴端的三维磁场，

$$L_{els,r} = 2\mu_0 \frac{W_1^2 L_e}{p_1 q} \lambda_{es,r} \tag{5.49}$$

其中，几何磁导系数 $\lambda_{es,r}$（见参考文献［4，第6章］）为

$$\lambda_{es} \approx 0.67 \frac{q}{L_e}(l_{es} - 0.64\tau)\ \text{单层绕组} \tag{5.50}$$

其中，l_{es} 是线圈的末端长度。

$$\lambda_{es} \approx 0.34 \frac{q}{L_e}(l_{es} - 0.64\tau)\ \text{双层绕组} \tag{5.51}$$

对于端环附在转子铁心上的笼型转子[4]：

$$\lambda_{ering} \approx \frac{3D_{ring}}{2L_e \sin^2\left(\dfrac{\pi p_1}{N_r}\right)} \log 4.7 \frac{D_{ring}}{a + 2b} < 1.5 \sim 2 \tag{5.52}$$

较短的铁心（L_e/τ 小）除了铜耗较大外，会导致相对较大的 λ_{es}，从而产生

较大的漏感。这就是为什么要尽可能使叠压长度（L_e）与极距（τ）的比值大于 1。

斜槽漏感 L_{skew} 的产生是由于转子斜槽减小了定转子间的磁耦合[4]：

$$L_{skew} = (1 - K_{skew}^2) L_{1m}; \ K_{skew} = K_{c1} = \frac{\sin\alpha_{skew}}{\alpha_{skew}}; \ \alpha_{skew} = \frac{c}{\tau} \frac{\pi}{2} \tag{5.53}$$

斜槽会增加漏感，这将减少峰值（最大）转矩，如本章后面所示。总漏感 $L_{sls,r}$ 为

$$L_{s,rl} = L_{s,rlslot} + L_{zls,r} + L_{dls,r} + L_{els,r} + L_{skews,r} = 2\mu_0 \frac{W_s^2 L_e}{p_1 q} \sum \lambda_{is,r} \tag{5.54}$$

转子漏感（L_{rl}）已经折算到定子上，但是应当推导出这种折算，这对于笼型转子和绕线式转子感应电机的等效电路来说都是必要的。

5.5 转子鼠笼折算到定子

转子鼠笼可视为具有 $m_r = N_r$ 相（转子槽）的多相绕组，$W_2 = 1/2$ 匝/相，其绕组系数 K_{w2}（用于轴向槽）为 1。

折算到定子侧意味着折算前后三相等效绕组的合成磁动势等价，每相为 W_1 匝，电流为 I_r'：

$$(F_{1m})_r = \frac{3\sqrt{2} W_1 K_{w1} I_r'}{\pi p_1} = N_r \frac{1}{2} \frac{I_b \sqrt{2}}{\pi p_1} K_{skewr} \tag{5.55}$$

因此，

$$I_r' = K_i I_b; \ K_i = \frac{N_r K_{skewr}}{6 W_1 K_{w1}} \tag{5.56}$$

对于损耗是等价的，

$$R_{be} I_b^2 N_r = 3 R_r' I_r'^2 \tag{5.57}$$

$$R_r' = R_{be} \frac{N_r}{3K_i^2}$$

以类似的方式，得到鼠笼漏感：

$$L_{rl}' = L_{bel} \frac{N_r}{3K_i^2} \tag{5.58}$$

5.6 绕线式转子折算到定子

对于变压器而言，其绕线式三相转子绕组可通过基波磁动势、绕组损耗、漏磁场能量和功率守恒折算到定子侧。

$$\frac{I_r'}{I_r}=K_i=\frac{V_r}{V_r'};\ K_i=\frac{W_2K_{wlr}}{W_1K_{wls}};\ \frac{R_r'}{R_r}=\frac{L_{rl}'}{L_{rl}}=\frac{1}{K_i^2} \tag{5.59}$$

$$\frac{3W_1K_{wls}I_r'\sqrt{2}}{\pi p_1}=\frac{3W_2K_{wlr}I_r\sqrt{2}}{\pi p_1} \tag{5.60}$$

通过这种折算，定子和转子三相之间的等效互感（L_{srm}）就等于主自感L_{ssm}。

5.7 三相感应电机方程

三相感应电机可以用3个定转子等效绕组表示，它们之间存在磁耦合（见图5.21）。

暂时忽略磁饱和、铁耗、磁动势空间谐波（或电动势时间谐波）。分别在定子和转子上建立定子坐标系和转子坐标系，不考虑运动感应电压：

$$I_{A,B,C}R_s-V_{A,B,C}=-\frac{d\Psi_{A,B,C}}{dt}$$
$$I_{a,b,c}'R_r'-V_{a,b,c}'=-\frac{d\Psi_{a,b,c}'}{dt} \tag{5.61}$$

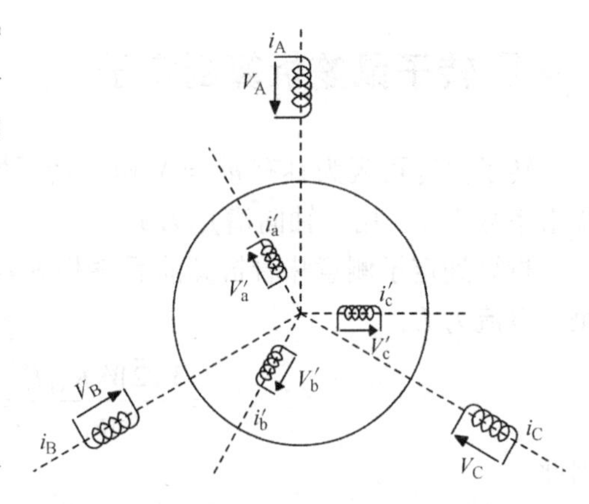

图5.21 转子绕组折算后的三相感应电机

由于磁动势沿定子内圆正弦分布，定子和转子相间的互感随相间夹角（转子位置电角度，Θ_{er}）变化。自感、定子—定子，以及转子—转子之间的互感与转子位置无关。因此，磁链Ψ_A和Ψ_a'为

$$\Psi_A=L_{sl}I_A+L_{ssm}\left(I_A+I_B\cos\frac{2\pi}{3}+I_C\cos\frac{-2\pi}{3}\right)$$
$$+L_{ssm}\left[I_a'\cos\Theta_{er}+I_b'\cos\left(\Theta_{er}+\frac{2\pi}{3}\right)+I_c'\cos\left(\Theta_{er}-\frac{2\pi}{3}\right)\right] \tag{5.62}$$

$$\Psi_a'=L_{1er}'I_a'+L_{ssm}\left(I_a+I_b\cos\frac{2\pi}{3}+I_c\cos\frac{-2\pi}{3}\right)$$
$$+L_{ssm}\left[I_A\cos(-\Theta_{er})+I_B\cos\left(-\Theta_{er}+\frac{2\pi}{3}\right)+I_C\cos\left(-\Theta_{er}-\frac{2\pi}{3}\right)\right] \tag{5.63}$$

考虑到以下等式成立：

$$I_A+I_B+I_C=0$$

$$I'_{a} + I'_{b} + I'_{c} = 0 \tag{5.64}$$

于是磁链 Ψ_{A} 和 Ψ'_{a} 变为

$$\Psi_{A} = (L_{s1} + L_{1m}) I_{A} + L_{1m}\left[I'_{a}\cos\Theta_{er} - \frac{1}{\sqrt{3}}(I'_{b} - I'_{c})\sin\Theta_{er} \right] \tag{5.65}$$

$$\Psi'_{a} = L'_{s1} I'_{a} + L_{1m}\left[I_{A}\cos(-\Theta_{er}) - \frac{1}{\sqrt{3}}(I_{B} - I_{C})\sin(-\Theta_{er}) \right] \tag{5.66}$$

其中，$L_{1m} = 3L_{ssm}/2$ 为回路主电感。

为了从上面的方程中消除 I'_{b}、I'_{c}、I_{B} 和 I_{C}，从而分离不同相，需考虑正序电流对称关系（另见参考文献［6］）

$$jI_{A,a'+} = -\frac{1}{\sqrt{3}}(I_{B,b'+} - I_{C,c'+}) \tag{5.67}$$

对负序电流有

$$jI_{A,a'-} = \frac{1}{\sqrt{3}}(I_{B,b'-} - I_{C,c'-}) \tag{5.68}$$

因此，根据方程（5.65）~ 方程（5.68）得到正、负序磁链 – 电流关系为

$$\Psi_{A+} = L_{s1} I_{A+} + L_{1m}(I_{A+} + I'_{a+}e^{j\Theta_{er}})$$
$$\Psi'_{a+} = L'_{r1} I'_{a+} + L_{1m}(I'_{a+} + I_{A+}e^{-j\Theta_{er}}) \tag{5.69}$$
$$\Psi_{A-} = L_{s1} I_{A-} + L_{1m}(I_{A-} + I'_{a-}e^{-j\Theta_{er}})$$
$$\Psi'_{a-} = L'_{r1} I'_{a-} + L_{1m}(I'_{a-} + I_{A-}e^{j\Theta_{er}}) \tag{5.70}$$

考虑三相对称（正序）电流，去掉下标“+”，记

$$I'^{s}_{a} = I'_{a}e^{j\Theta_{er}};\ \Psi'^{s}_{a} = \Psi'_{a}e^{j\Theta_{er}} \tag{5.71}$$

现在由方程（5.69）和方程（5.70）得到

$$\Psi_{A} = L_{s1} I_{A+} + L_{1m}(I_{A} + I'^{s}_{a})$$
$$\Psi'_{a} = L'_{er} I_{a+} + L_{1m}(I'^{s}_{a} + I_{A}) \tag{5.72}$$

方程（5.70）中 Ψ'_{a} 的总时间导数变为

$$\frac{d\Psi'_{a}}{dt} = \frac{d}{dt}(\Psi'^{s}_{a}e^{-j\Theta_{er}}) = \frac{d\Psi'^{s}_{a}}{dt}e^{-j\Theta_{er}} - j\frac{d\Theta_{er}}{dt}\Psi'^{s}_{a}e^{-j\Theta_{er}}$$

$$\frac{d\Theta_{er}}{dt} = \omega_{r} = 2\pi p_{1} n \tag{5.73}$$

最后，得到定子坐标系（I'^{s}_{a}，Ψ'^{s}_{a}）下的转子方程为

$$I'^{s}_{a}R'_{r} - V'^{s}_{a} = -\frac{d\Psi'^{s}_{a}}{dt} + j\omega_{r}\Psi'^{s}_{a};\ V'^{s}_{a} = V'_{a}e^{j\Theta_{er}} \tag{5.74}$$

加上定子方程：

$$I_A R_s - V_A = -\frac{d\Psi_A}{dt} \tag{5.75}$$

应注意以下几点：

- 方程（5.74）和方程（5.75）适用于对称（正序）的瞬态和稳态情况。
- 对于负序对称电流，ω_r变为$-\omega_r$。
- 在转子方程中，所有变量都被折算到定子坐标系，包括转子电压$V_a'^s$。
- 稳态运行时，因为方程（5.74）和方程（5.75）中的电压和电流在频率ω_1时都是正弦量，因此可以使用复变量，

$$V_{A,B,C} = \sqrt{2}V_s\cos\left[\omega_1 t - (i-1)\frac{2\pi}{3}\right];\ i = 1,2,3 \tag{5.76}$$

所以 $d/dt \to j\omega_1$。

- 将转子方程乘以 $3(I_a'^s)^*$，只有电磁功率包含转速项：

$$p_{em} = T_e\frac{\omega_r}{p_1} = -\mathrm{Real}[3j\omega_1\Psi_a'^s(I_a'^s)^*] \tag{5.77}$$

定子或转子的电磁转矩为

$$T_e = -3p_1\mathrm{Imag}[\Psi_a'^s(I_a'^s)^*] = 3p_1\mathrm{Imag}(\Psi_A I_A^*) \tag{5.78}$$

方程（5.78）反映了牛顿的作用力和反作用力原理。现在可以去掉一相的下标A，因为三相方程组是从3个分离的单相方程（如变压器）得到的，并考虑了其他相的影响（通过L_{1m}）。

5.8 三相感应电机的对称稳态

所谓对称稳态，是指定子施加频率为ω_1的对称正弦电压，然后转子上感应出频率为ω_2的对称正弦电压，且电机转速恒定，为$\omega_r = \omega_1 - \omega_2$。于是，

$$V_{A,B,C} = \sqrt{2}V_s\cos\left[\omega_1 t - (i-1)\frac{2\pi}{3}\right] \tag{5.79}$$

变为

$$\overline{V}_s = \sqrt{2}V_s e^{j\omega_1 t};\ \overline{V}_r'^s = \sqrt{2}V_r' e^{j\omega_1 t - \gamma} \tag{5.80}$$

同样在方程（5.74）和方程（5.75）中 $d/dt \to j\omega_1$ 因此：

$$\begin{gathered}
\overline{I}_s\overline{Z}_{s1} - \overline{V}_s = \overline{V}_{es}^0;\ s = \frac{\omega_1 - \omega_r}{\omega_1};\ \overline{Z}_{s1} = R_s + j\omega_1 L_{s1} \\
\overline{I}_r'^s\overline{Z}_{r1}' - \frac{\overline{V}_r'^s}{s} = \overline{V}_{es}^0;\ \overline{Z}_{r1}'^s = \frac{R_r'}{s} + j\omega_1 L_{r1} \\
\overline{V}_{es}^0 = -j\omega_1 L_{1m}\overline{I}_{01};\ \overline{I}_{0s} = \overline{I}_s + \overline{I}_r'^s
\end{gathered} \tag{5.81}$$

如果通过与 $j\omega_1 L_{1m}$ 串联电阻来增加铁心损耗项（如同变压器中那样），则电动势 V_{er}^0 将变为 V_{er}：

$$\overline{V}_{er} = -\overline{Z}_{1m}\overline{I}_{01}\text{；}\ \overline{Z}_{1m} = R_{iron} + j\omega_1 L_{1m} \tag{5.82}$$

s 为感应电机的转差率，它是理想空载转速 ω_1 与转子转速 ω_r 差的标幺值，是一种转速调节的相对值。

方程（5.81）类似于变压器方程（转子输出/吸收功率），而转差率 s 是与电机转速直接相关的新变量。如果转子短路（$V_r'^s=0$），则视在负荷为 $R_r'(1-s)/s$，它与速度相关。由此可得方程（5.81）的等效电路（见图5.22）。注意，等效电路中所有变量都对应着频率 ω_1 的情况。电机转子堵转，实际电机的机械功率等于 $R_r'(1-s)/s$ 消耗的有功功率。

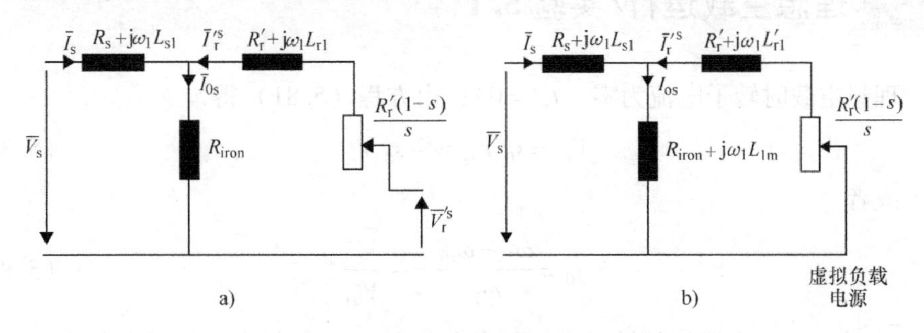

图5.22 对称稳态时感应电机的等效电路

a）绕线转子 b）笼型转子

方程（5.77）中的电磁转矩等于

$$T_e = -3p_1\mathrm{Imag}[\overline{\Psi}_r'^s \cdot (\overline{I}_r'^s)^*] = 3p_1L_{1m}\mathrm{Imag}(\overline{I}_s\overline{I}_r'^*) \tag{5.83}$$

电磁功率为（只适用于笼型转子或短路转子）

$$p_{em} = T_e\frac{\omega_r}{p_1} = T_e\frac{\omega_1}{p_1}(1-s) = 3R_r'(I_r'^s)^2\frac{1-s}{s} \tag{5.84}$$

$$T_e = \frac{3p_1}{\omega_1}\frac{R_r'(I_r'^s)^2}{s} = \frac{p_1}{\omega_1}p_{em}\text{；}\ p_{em} = \frac{3R_r'(I_r'^s)^2}{s} = \frac{p_{corotor}}{s} \tag{5.85}$$

式中，p_{em} 是电磁功率，是定子和转子之间传递的总有功功率，也等于二次侧等效总电阻中的功率。根据 s 的正负，p_{em} 可以是正的（电动机状态），也可以是负的（发电机状态）。

电动机状态下产生与旋转方向相同的拖动性质的转矩（$T_e>0$），而发电机状态下产生制动性质的转矩（$\omega_r>0$ 时 $T_e<0$）。发电机状态与制动状态的区别在于，只有当 $\omega_r>0$、发电机的 $p_{em}<0$ 时，转子的部分动能才返回给电源。笼型转子在正的理想空载转速 ω_1 时的基本运行方式如表5.1所示。

表 5.1 笼型感应电机运行模式（$f_1/p_1>0$）

s	$-\infty\leftarrow$	0	+ + + +	1	$\rightarrow+\infty$
n	$+\infty\leftarrow$	f_1/p_1	+ + + +	0	$\rightarrow-\infty$
T_e	——	0	+ + + +	+ + + +	+ + + +
p_{em}	——	0	+ + + +	+ + + +	+ + + +
运行模式	发电机		电动机		制动

下面将详细讨论几种特殊的对称稳态运行模式。

5.9 理想空载运行/实验 5.1

理想空载时转子电流为零（$I_r'^s=0$）；由方程（5.81）得

$$\overline{V}_r'^s=s_0\overline{V}_{es}\approx-s_0\overline{V}_{s0} \tag{5.86}$$

或者

$$s_0=\frac{\omega_1-\omega_{r0}}{\omega_1}=-\frac{\overline{V}_r'^s}{\overline{V}_{s0}} \tag{5.87}$$

$\overline{V}_{r0}'^s$是折算到定子侧的转子电压，其频率等于定子频率。如果它与定子电压$\overline{V}_{s0}$同相位，理想空载时电机转差率$s_0<0$，因此$\omega_{r0}/\omega_1>1$，为超同步运行；如果它与定子电压反相位，$s_0>0$，因此$\omega_{r0}/\omega_1<1$，为次同步运行。因此，对应在$\omega_r>\omega_1$或$\omega_r<\omega_1$的情况下，只要转子侧 PWM 变换器在$f_2=sf_1$频率上提供足够的相位角，绕线转子（双馈）感应电机可以作为电动机或发电机。

对于短路转子（笼型转子），若$s_0=0$（$\overline{V}_{r0}'^s=0$）理想的空载速度为$n_0=\omega_1/2\pi p_1=f_1/p_1$。当转子电路为开路（电流$I_r'=0$）时，图 5.22 的等效电路可简化为图 5.23a，其相量图为图 5.23b。显而易见，感应电机与空载变压器十分相似。

在理想空载下吸收的有功功率等于定子铜损耗p_{Co}加上铁耗p_{iron}：

$$p_0=3R_sI_{s0}^2+3R_{iron}I_{s0}^2=p_{Co}+p_{iron} \tag{5.88}$$

当记录理想空载工况下的测量值时，感应电机由一台转子上有鼠笼、具有相同极数$2p_1$的同步电动机驱动，以得到精确的理想空载转速$n_0=f_1/p_1$。或者，利用一台变频器，驱动电机的转速持续升高，直到被测试的感应电机的定子电流I_{s0}最小（这对应于理想的空载转速）。根据提前测量的R_s（比如小型电机的直流电阻）和功率分析仪测量的p_0、I_{s0}、V_{s0}，铁损耗p_{iron}可以用式（5.88）计算得到。

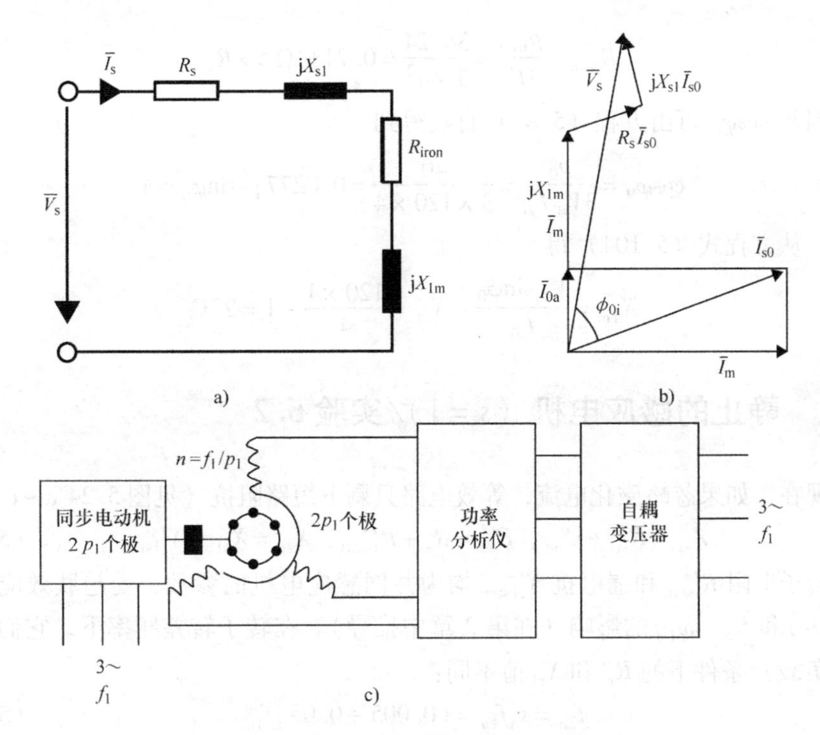

图 5.23 理想空载运行（笼型转子，$V_r'^s=0$）

a）等效电路 b）相量图 c）测试电路

进一步推导得

$$X_{s1}+X_{1m}=\frac{V_{s0}\sin\varphi_0}{I_{s0}};\ \ \sin\varphi_0=\sqrt{1-\left(\frac{p_0}{3V_{s0}I_{s0}}\right)^2} \tag{5.89}$$

对于变压器而言，在给定定子电压 V_{s0} 和频率 f_1 的情况下，负载时的铁损耗仅略小于理想空载时的铁损耗。另外，负载时也存在杂散铁心损耗。

例 5.2 感应电机的理想空载运行

一台 $2p_1=4$ 极的笼型转子感应电机运行于同步转速 $n_0=1800\text{r/min}$，$f_1=60\text{Hz}$，额定电压 $V_s=120\text{V}$（相电压有效值），空载电流 $I_{s0}=4\text{A}$。功率分析仪测得输入功率 $p_0=40\text{W}$、定子参数 $R_s=0.12\Omega$、$X_{s1}=1\Omega$。计算铁损耗 p_{iron}、R_{iron}、X_{1m} 和 $\cos\varphi_0$。

解：

根据方程（5.88），铁心损耗 p_{iron} 为

$$p_{iron}=p_0-3R_sI_{s0}^2=40-3\times0.12\times4^2=34.24\text{W}$$

从方程（5.88），铁心串联电阻 R_{iron} 为

$$R_{\text{iron}}=\frac{p_{\text{iron}}}{3I_{s0}^2}=\frac{34.24}{3\times4^2}=0.7133\Omega>>R_s$$

功率因数 $\cos\varphi_0$ 可由方程（5.89）直接得到

$$\cos\varphi_0=\frac{p_0}{3V_{s0}I_{s0}}=\frac{40}{3\times120\times4}=0.0277;\quad \sin\varphi_0\approx1$$

同样，从方程式（5.104）得

$$X_{1m}=\frac{V_{s0}\sin\varphi_0}{I_{s0}}-X_{s1}=\frac{120\times1}{4}-1=29\Omega$$

5.10 静止的感应电机（$s=1$）/实验 5.2

现在，如果忽略磁化电流，等效电路只剩下短路阻抗（见图 5.24 a~c），

$$\overline{Z}_{sc}=R_{sc}+jX_{sc};\ R_{sc}=R_s+R'^s_{\text{rstart}};\ X_{sc}=X_{s1}+X'^s_{\text{r1start}} \tag{5.90}$$

转子电阻 R'^s_{rstart} 和漏电抗 X'^s_{r1start} 均为并网感应电机的参数，受趋肤效应系数 $K_R(s\omega_1)$ 和 $K_X(s\omega_1)$ 的影响（在第 2 章中推导）。在转子转差频率下，它们与额定（负载）条件下的 R'^s_r 和 X'^s_{r1} 值不同：

$$f_{2n}=s_nf_{1n}=(0.005\div0.05)f_{1n} \tag{5.91}$$

正如预期的那样，在额定电压 V_{sn} 时，零转速下，起动电流 I_{start} 很大：

$$I_{\text{start}}=\frac{V_{sn}}{|Z_{sc}(s=1)|} \tag{5.92}$$

一般地，为使设计良好的笼型转子感应电机直接连接在电网上起动，要求 $I_{\text{start}}/I_{\text{rated}}=(4.5\sim7.5)$。

然而，以零转速进行测试（见图 5.24d）意味着获得的电压较低，因此电流不会高于额定电流值。

测量 V_{sc}、I_{sc} 和 p_{sc} 可得

$$p_{sc}\approx3R_{\text{scstart}}I_{\text{start}}^2;\ \cos\varphi_{sc}=\frac{p_{sc}}{3V_{sc}I_{sc}} \tag{5.93}$$

$$X_{sc}=\frac{V_{sc}\sin\varphi_{sc}}{I_{sc}};R'^s_{\text{rstart}}=R_{\text{scstart}}-R_s \tag{5.94}$$

起动转矩

$$T_{\text{estart}}\approx\frac{3R'^s_{\text{rstart}}I_{sc}^2}{\omega_1}p_1 \tag{5.95}$$

一般情况下，对于笼型转子感应电机

$$\frac{T_{\text{estart}}}{T_{\text{erated}}}=0.7\sim2.5 \tag{5.96}$$

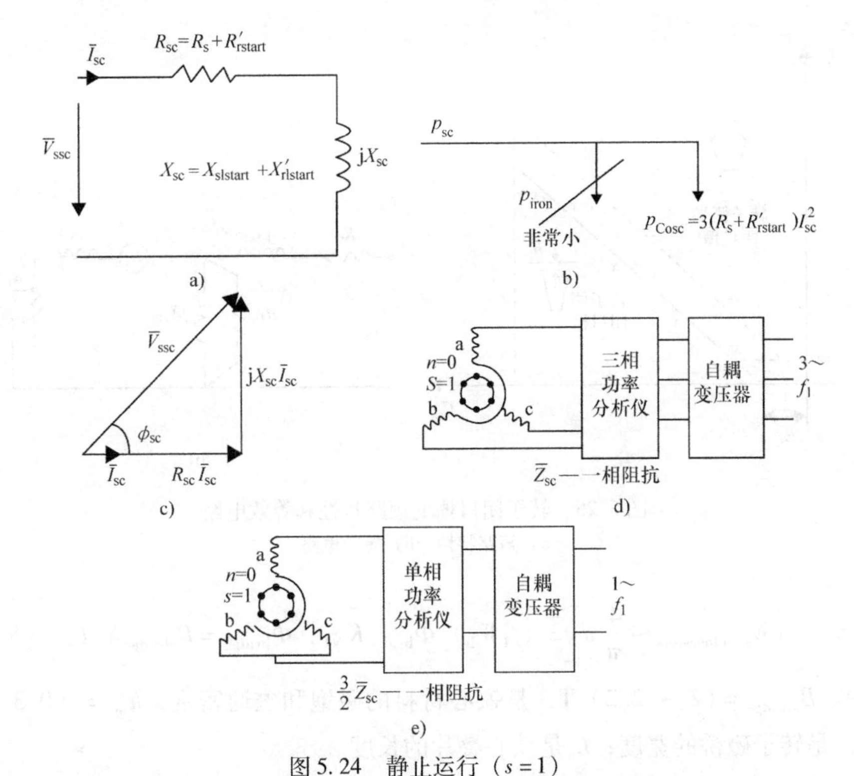

图 5.24　静止运行（$s=1$）

a）简化等效电路　b）功率流向　c）相量图　d）静止的三相感应电机测试电路

e）三相感应电机通入单向电流的零转速测试电路[⊖]

由于 $V_{sc} \ll V_{sn}$，所以在转子静止且额定电流工作时的铁心损耗可忽略不计。我们无法在 X_{sc} 中将 X_{sl} 和 $X'^{s}_{rlstart}$ 分离，因此，一般来说，我们认为两者相等，$X_{sl}=X'^{s}_{rlstart}=X_{scstart}/2$。

图 5.25 绘出了测量的短路电流 I_{sc} 和电压的关系。

在额定频率和额定电流下的堵转试验可以按比例估计出额定电压下的起动电流和转矩，而在计算负载下的铜损耗时趋肤效应使得 R_{sc} 的误差变大。

用低频 PWM 逆变器 $f'_1=s_nf_1=f_{2n}$ 进行零转速试验应该是合适的。由于存在起动转矩，为避免发生堵转，可通入单相交流电进行试验（见图 5.24e）。

注意：采用闭口槽转子可以降低噪声和转子表面额外的铁心损耗，但最大转矩和额定功率因数也会降低。从堵转试验测得的 I_{sc}（V_{sc}）直线（见图 5.25a）与横坐标相交于 E_s［单相 220V 时为 6～12V，50（60）Hz 感应电机］。这种额外的电动势 E_s 是由于闭口转子磁桥的提前磁饱和所致。

$\bar{E}_s$ 比转子电流高 90%，它等于

⊖ 此处原书描述不准确。——译者注

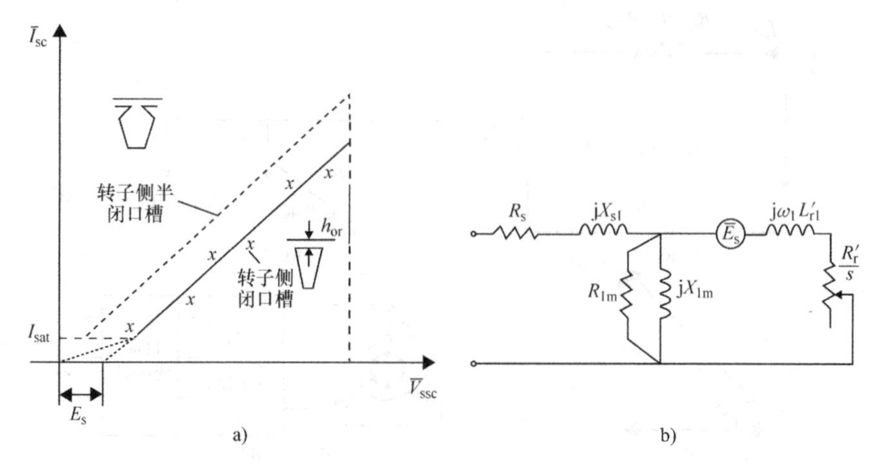

图 5.25 转子闭口槽的短路特性和等效电路

a）短路特性 b）等效电路

$$(E_s)_{closeslots} \approx \frac{4}{\pi}\pi\sqrt{2}\ (f_1 W_1)\ \Phi_{bridge} K_{W1};\ \Phi_{bridge} = B_{sbridge} h_{or} L_e \quad (5.97)$$

式中，$B_{sbridge}=(2 \sim 2.2)$ T，是铁心材料的磁饱和磁通密度；$h_{or}=(0.3 \sim 1)$ mm，是转子磁桥的宽度；L_e是铁心叠片的长度。

例 5.3 感应电机的零转速运行

与例 5.2 中相同的感应电机（半闭口槽），在相电压 $V_{sc}=20$V（额定电压为 120V）和功率 $P_{sc}=155$W 的情况下，对静止和额定电流 12A（星形联结）时的情况进行了测试。电机设计参数为 $R_s=0.12\Omega$、$R'^{s}_{r}=0.12\Omega$ 和 $X_{sl}=X'_{rl}=1\Omega$。计算 $R_{scstart}$、$X_{scstart}$、R'^{s}_{rstart}、$X'^{s}_{rlstart}$，并确定趋肤效应因数 K_R 和 K_X，以及额定电压下的起动转矩。

解：

由方程（5.93）得

$$R_{scstart} = \frac{p_{sc}}{3I_n^2} = \frac{155}{3\times 12^2} = 0.358\Omega$$

因此

$$R'_{rstart} = R_{scstart} - R_s = 0.358 - 0.12 = 0.238\Omega$$

得到

$$K_R = \frac{R'^{s}_{rstart}}{R'^{s}_{r}} = \frac{0.238}{0.12} = 2.38 > 1!$$

同样由方程（5.93）和方程（5.94）得

$$\cos\varphi_{sc}=\frac{p_{sc}}{3V_{sc}I_n}=\frac{155}{3\times20\times12}=0.2153;\ \sin\varphi_{sc}=0.976$$

$$X_{scstart}=\frac{V_{sc}\sin\varphi_{sc}}{I_n}=\frac{20}{12}\times0.976=1.627\Omega$$

现在

$$X'^{s}_{rlstart}=X_{scstart}-X_{sl}=1.627-1=0.627\Omega$$

电抗的趋肤效应因数 K_X 为

$$K_X=\frac{X'^{s}_{rlstart}}{X'_{rl}}=\frac{0.627}{1}<1$$

当为额定电压（120V）时，由方程（5.95）可得起动转矩 T_{estart} 为

$$T_{estart}=\frac{3R'^{2}_{rstart}I^{2}_{start}}{\omega_1}\times p_1=\frac{3\times0.238\times\left(12\times\dfrac{120}{20}\right)^2\times2}{2\pi\times60}=19.646\text{N}\cdot\text{m}$$

5.11 电动机空载运行（转轴自由无阻碍）/实验 5.3

当转轴上没有施加负载时，感应电动机工作于空载模式。从原理上讲，由于不存在能负担机械损耗的转矩，因此等效电路（见图 5.25）不考虑转子电流。然而，I'_{r0}是如此之小，以至于对于第一个例题的功率平衡计算来说，它是可以忽略的。

再次利用图 5.26 来测量 p_{0n}、I_0和 V_0。试验时，应降低电压，直到定子电流开始上升为止（见图 5.26b）：

$$p_{0n}=p_{iron}+p_{mec}=f\left[\left(\frac{V_s}{V_{sn}}\right)^2\right] \tag{5.98}$$

由式（5.98）所表示的直线与纵轴相交，得到 p_{mec}（见图 5.26b），由此可分离出额定电压下的 p_{iron}。

机械损耗 p_{mec} 可认为是恒定的，而铁损耗取决于电压二次方（$V\approx\omega_1W_1K_{W1}\Phi$），从图 5.26a 可以大致得出：

$$\frac{R'_r}{s_{0n}}I'_{r0}\approx V_{sn};\ p_{mec}=\frac{3R'_rI'^{2}_{r0}}{s_{0n}}(1-s_{0n})\approx3V_{sn}I'_{r0} \tag{5.99}$$

在方程（5.99）中，空载时转差率 s_{0n} 很小（$s_{0n}<10^{-3}$），因而转子电路可认为是纯有功的。从方程（5.99），我们可以先计算 I'_{r0}，然后在 R'_r已知的情况下得到 s_{0n}。

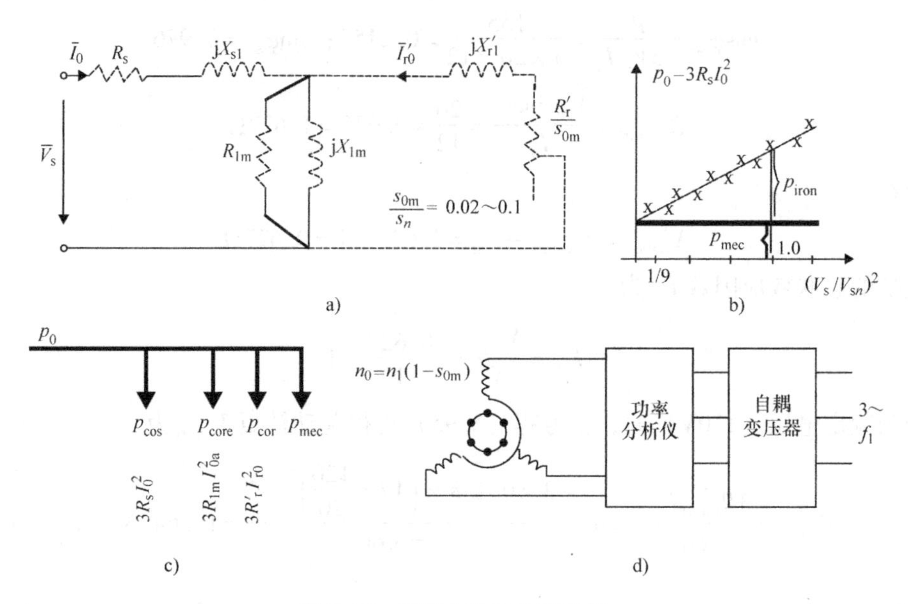

图 5.26　感应电动机空载运行

a）等效电路　b）空载损耗分离　c）功率平衡　d）测试电路

例 5.4

与例 5.2 和例 5.3 中提到的电动机相同，$V_{sn}=120\text{V}$，60Hz，$I_0=4.2\text{A}$，电机空载运行，测得 $p_{0n}=95\text{W}$，$p_{mec}=50\text{W}$，$R_s=1.2R'_r=0.12\Omega$。计算空载时的铁损耗和转差率 s_0。

解：

在额定电压下由方程（5.98）得

$$p_{iron}=p_{0n}-3R_sI_0^2-p_{mec}=95-3\times0.12\times4.1^2-50$$
$$=39\text{W}\approx40\text{W}(\text{理想空载})$$

根据方程（5.99）有

$$I'_{r0}\approx\frac{p_{mec}}{3V_{sn}}=\frac{50}{3\times120}=0.1388\text{A}$$

以及

$$s_{0n}=\frac{R'_rI'_{r0}}{V_{sn}}=\frac{0.1\times0.1388}{120}=1.15\times10^{-4}$$

这就很清楚地解释了为什么在实际工况中 s_{0n} 可以忽略。

注意：电机采用星形联结或三角形联结时，由于电机磁饱和的影响，当用数字示波器观察感应电机定子空载电流时，会观察到不同的电流波形和谐波。

5.12 电动机负载运行（$1>s>0$）/实验 5.4

当感应电机拖动机械负载（泵、压缩机、传动带、机床等）时，电机运行于电动机状态。就电动运行模式而言，如表5.1所示，$0<n<n_0=f_1/p_1$ 或 $1>s>0$。负载运行采用完整的等效电路，功率平衡如图 5.27所示。

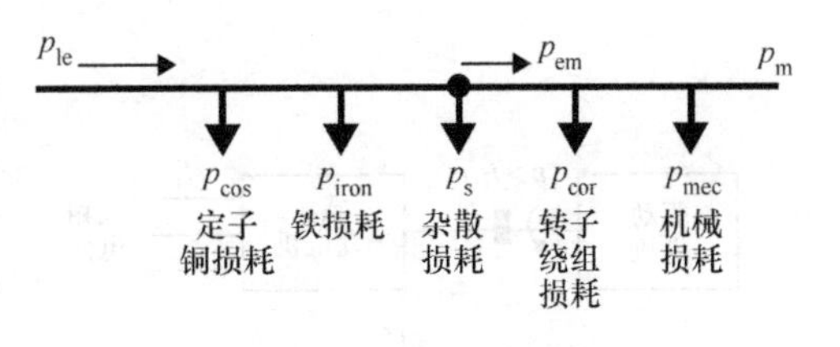

图 5.27　电动运行时的功率平衡关系

效率 η 为

$$\eta=\frac{\text{轴上机械功率}}{\text{输入电功率}}=\frac{p_m}{p_{le}}=\frac{p_m}{p_m+p_{cos}+p_{iron}+p_s+p_{cor}+p_{mec}} \tag{5.100}$$

额定转速 n_n 为

$$n_n=\frac{f_1}{p_1}(1-s_n) \tag{5.101}$$

额定转差率 $s_n=0.06\sim0.006$，小功率（低于200W）感应电机数值稍大。

杂散负载损耗是指定子和转子表面由于开槽和磁饱和引起的附加损耗，以及由于定子和转子磁动势空间谐波引起的笼型转子的附加损耗（见第 11 章参考文献[4]）。

根据公式（5.85），转差率 s 的第二种定义［第一种定义见公式（5.101）］为

$$s=\frac{p_{cor}}{p_{em}-p_s}\approx\frac{p_{cor}}{p_{em}} \tag{5.102}$$

因此，在给定的电磁功率（或转矩）下，转差率越大（转速 n 越低），转子绕组铜损耗（p_{cor}）就越大。

5.13 并网发电（$n>f_1/p_1$，$s<0$）/实验 5.5

如方程（5.85）和表 5.1 所示，当感应电机以超过理想空载（同步或零转子电流）转速运行时，$s<0$，电磁转矩变为负值（见图 5.28）。

驱动装置可以是柴油发动机、水轮机或风力机。在实验室中，它应该是变速驱动装置。

为了利用等效电路计算电机的性能，可以计算感应电机等效电阻 R_e 和电抗 X_e，作为转差率 s 的函数（见图 5.28b）。

从图 5.28b 中可以明显看出，当 $s<0$ 时，通过改变 R_e 的正负号可以使电机发出有功功率，X_e 始终为正，此时感应电机总是从电网中吸收无功功率，这也

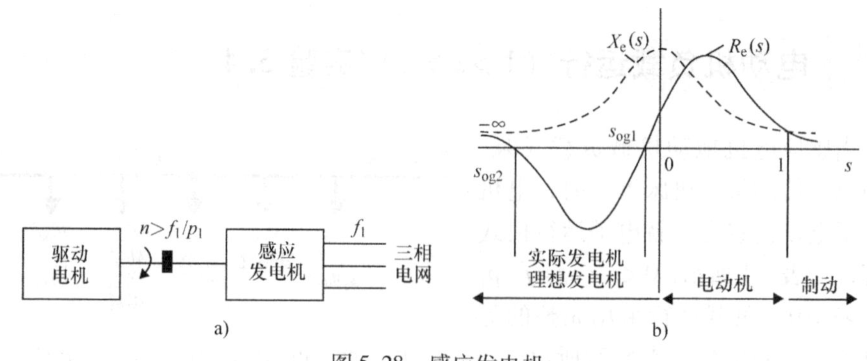

图 5.28　感应发电机

a）并网运行　b）等效电阻和电抗

是感应电机作为发电机的主要缺点。如今，双级脉宽调制（PWM）变换器改善了这种状况，该变换器的直流电容能为感应电机提供所需的无功功率，并能以可控的方式向电网输送大量的无功功率。

5.14 自主发电机模式（$s<0$）/实验 5.6

如前所述，当感应电机的转差率 $s<0$ 或以超同步转速（$n>f_1/p_1$）运行时，处于发电机运行模式。并网运行时，其频率是固定的，并从电网中吸收无功功率，用于电机励磁。

对于自主发电机模式，仍有 $s<0$，但输出频率 f_1 与提供无功功率的电容或同步调相机（见图 5.29a）以及电机参数有关。电容采用三角形联结以降低其电容值。下面以电容为例来讨论发电机模式的理想空载运行（见图 5.29b）。

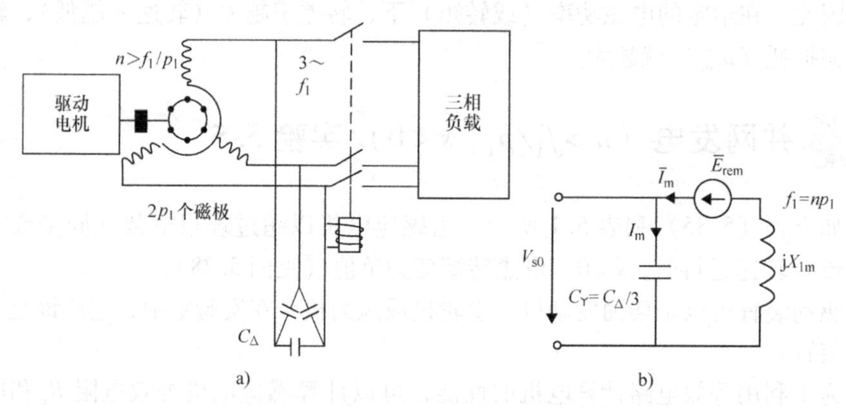

图 5.29[㊀]　笼型转子感应发电机

a）电容自励　b）电容自励理想空载运行时的等效电路

㊀ 原书此图多处有误。——译者注

在频率为$f_1=p_1n_0$（n_0为转子速度）下，转子中的直流剩磁在定子（通过运动）上产生电动势$\overline{E}_{\text{rem}}$，这样交流电流流入电机磁化电抗和电容。将它们加到初始$\overline{E}_{\text{rem}}$上，从而产生电压累积，直到电压稳定在定值$V_{s0}$。

改变转速会改变频率$f_1'=n_0'p_1$和稳定电压V_{s0}'。对于零转子电流（理想空载运行），忽略定子电阻R_s和定子漏抗X_{sl}，得到如图5.29b所示的等效电路。

电机等式变为

$$\overline{V}_{s0}=|\mathrm{j}X_{1m}I_m+E_{\text{rem}}|=-\frac{\mathrm{j}}{\omega_1C_Y}\overline{I}_m=V_{s0}(I_m) \tag{5.103}$$

由于磁化电感饱和，X_{1m}依赖于I_m，因此V_{s0}（I_m）是起始于E_{rem}的非线性函数（见图5.30a）。从图形上看，在给定速度n_0下，V_{s0}（I_m）与电容线相交于自激电压V_{s0}（A点）。如果速度降低到n_0'，工作点从A点移动到A′点，电压降低，频率减小，$f_1'<f_1$。

E_{rem}是自激起动的必要条件，但磁饱和也是使空载磁化曲线V_{s0}（I_m）与电容线安全相交的必要条件（见图5.30a）。

为了计算负载时的性能，通常需要考虑磁饱和下的L_{1m}（I_m）并迭代求解完整等效电路（见图5.30b），从而获得恒定转速下电机带阻感性负载R_L-L_L或阻容性负载R_L-C_L（见图5.30c）的外部特性$V_s(I_L)$，见参考文献[5]。

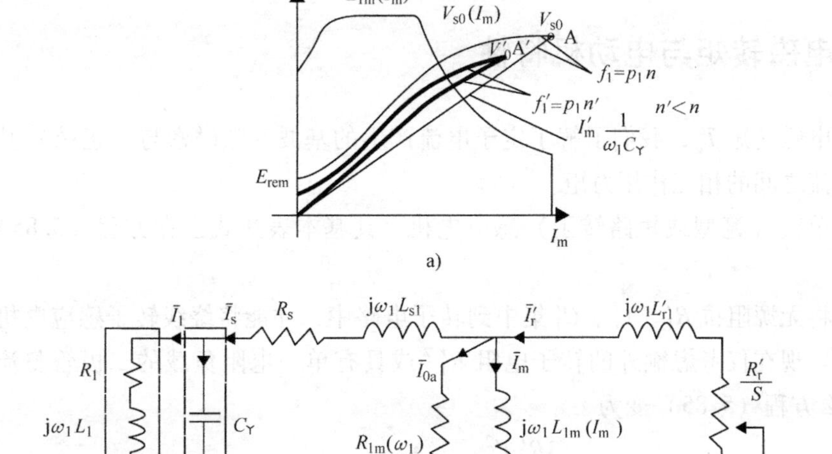

a)

b)

图5.30 自主感应发电机

a）空载自励 b）负载时的完全等效电路

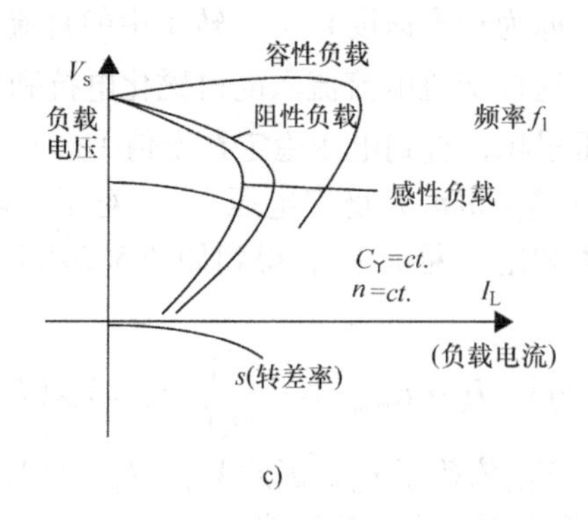

c)

图 5.30　自主感应发电机（续）

c）恒转速运行时的 V_s（I_L）、s（I_L）、f_1（I_L）

应该注意的是，正如预期的那样，在速度恒定的情况下，随着负载的增加，转差率 s 增加，而频率 f_1 减小。在这样一个简单的关系中，应该避免对频率敏感的负载。在纯电阻负载时也可以看到相当显著的电压下降。

通过 PWM 电压源逆变器连接到感应电机的全可变单电容器可以提供恒定的电压，在某种程度上，还可以提供恒定的频率，以供原动机进行恒速驱动。

5.15 电磁转矩与电动机特性

通过电磁转矩 T_e，我们了解了定子电流产生的基波气隙磁密与（正弦）基波转子电流之间的相互作用力矩。

对于单馈（笼型或短路转子）感应电机，其基本表达式已在方程（5.85）中导出。

只有将无源阻抗 R'_L、L'_L、C'_L 集中到转子电路中，才能将绕线转子感应电机视为单馈。现在仅考虑额外的转子电阻 R'_L（或具有单一电阻负载的二极管整流器），那么方程（5.85）变为

$$T_e = \frac{3R'_{re}I'^2_r}{s}; R'_{re} = R'_r + R'_L \tag{5.104}$$

从等效电路（见图 5.21）得到转子电流 $\bar{I}'_r$：

$$\bar{I}'_r = \frac{-\bar{I}_s Z_{1m}}{\frac{R'_{re}}{s} + jX'_{r1} Z_{1m}} \tag{5.105}$$

当 $(Z_{1m} + jX_{s1})/Z_{1m} \approx (X_{1m} + X_{s1})/X_{1m} = C_1 \approx (1.02 \sim 1.08)$ 时，定子电流为

$$\bar{I}_s \approx \frac{\bar{V}_s}{R_s + \frac{C_1 R'_{re}}{s} + j(X_{s1} + C_1 X'_{r1})} \tag{5.106}$$

代入方程（5.105）得到转矩 T_e

$$T_e = 3V_s^2 \frac{p_1}{\omega_1} \frac{\frac{R'_{re}}{s}}{\left(R_s + C_1 \frac{R'_{re}}{s}\right)^2 + j(X_{s1} + C_1 X')^2} \tag{5.107}$$

在$\partial T_e / \partial s = 0$处获得最大转矩，此时

$$s_k = \frac{\pm C_1 R'_{re}}{\sqrt{R_s^2 + (X_{s1} + C_1 X'_{r1})^2}} \approx \frac{\pm R'_{re}}{\omega_1 L_{sc}} \tag{5.108}$$

$$T_{ek} = \frac{3p_1}{\omega_1} \frac{V_s^2}{2C_1[R_s \pm \sqrt{R_s^2 + (X_{s1} + C_1 X'_{r1})^2}]} \approx 3p_1 \left(\frac{V_s}{\omega_1}\right)^2 \frac{1}{2L_{sc}} \tag{5.109}$$

请注意以下几点：

- 峰值（最大）转矩与转子总电阻 R'_{re}无关，一般与短路电感 L_{sc}成反比。
- 方程（5.108）和方程（5.109）中的符号 ± 代表电机运行于电动机和发电机状态，如图 5.31 所示。

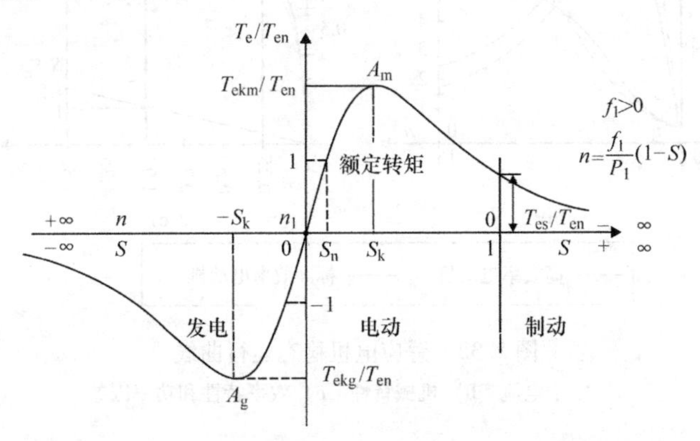

图 5.31　转矩 – 转差率（电压 V_s和频率 f_1保持恒定）

- 方程（5.107）至方程（5.109）中忽略 R_s后仅对 $f_1 > 5\text{Hz}$ 有效，即使对于大型感应电机也是如此。
- 当转矩表达式［方程（5.109）］在 C_1 系数近似下产生小误差时，I_s［方程（5.106）］将使功率因数的误差更大，因此

$$\bar{I}_s \approx \bar{I}'_r + \frac{\bar{V}_s}{R_s + jX_{s1} + Z_{1m}} = I_{sa} - jI_{sr} \tag{5.110}$$

利用方程（5.110）中的 $\bar{I}'_r$，可得到更准确的功率因数 $\cos\varphi_1$：

$$\cos\varphi_1 \approx \frac{I_{\text{sa}}}{\sqrt{I_{\text{sa}}^2 + I_{\text{sr}}^2}} = \frac{|R_{\text{e}}|}{Z_{\text{e}}} \tag{5.111}$$

由等效电路得到了典型的 I_s、T_e/T_{en}、$\cos\varphi_1$ 和效率 η 相对于转差率或转速的关系曲线，它们构成了感应电机的稳态曲线（见图 5.32）。

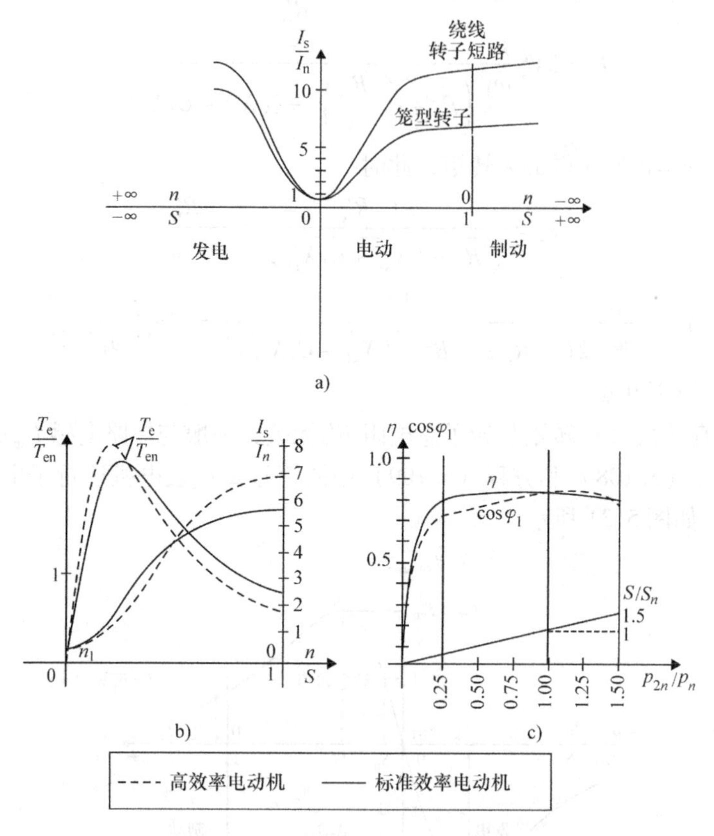

图 5.32　感应电机稳态运行曲线

a）定子电流　b）机械特性　c）效率特性和功率因数

对于宽范围可变负荷（从 25% 到 125% 的额定负荷），感应电机应该具有较宽的高效率运行范围，以节省能源。

例 5.5　感应电机的转矩和性能

一台深槽感应电机，其额定功率 $P_n = 25\text{kW}$，对于 $V_{\text{sline}} = 380\text{V}$（星形联结），$f_1 = 50\text{Hz}$，效率 $\eta_n = 0.92$，$\cos\varphi_1 = 0.9$，$p_{\text{mec}} = 0.005p_n$，$p_s = 0.005p_n$，$p_{\text{iron}} = 0.015P_n$，$p_{\cos n} = 0.03P_n$，$2p_1 = 4$，当 $\cos\varphi_{\text{sc}} = 0.4$ 时，额定电压下的起动电流 $I_{\text{sc}} = 5.2I_n$，空载电流 $I_{0n} = 0.3I_n$。计算：

a. 额定负载下转子鼠笼额定损耗 p_{corn}、电磁功率 p_{em}、转差率 s_n、转速 n_n、额定电流 I_n、转子电阻 R_r'；

b. 定子电阻 R_s，转子起动电阻 R'_{rstart}；

c. 额定转矩 T_{en} 和起动电磁转矩 T_{estart}；

d. 最大转矩 T_{ek}。

解：

a. 转子鼠笼的损耗是唯一未知的损耗，因此：

$$p_{corn}=\frac{P_n}{\eta_n}-(p_{cosn}+p_{iron}+p_s+p_{mec})-P_n$$

$$=25000\times\left[\left(\frac{1}{0.92}-1\right)-(0.03+0.015+0.005+0.015)\right]=594\text{W}$$

额定电流直接来自输入功率 P_n/η_n

$$I_n=\frac{P_n}{\eta_n\sqrt{3}V_{sline}\cos\varphi_n}=\frac{25000}{0.92\times\sqrt{3}\times380\times0.9}=45.928\text{A}$$

由方程（5.102），额定转差率 s_n 为

$$s_n=\frac{p_{corn}}{\dfrac{P_n}{\eta_n}-p_{cosn}-p_{iron}-p_s}=\frac{549}{25000\times\left(\dfrac{1}{0.92}-0.05\right)}=0.02106$$

然后得额定转速 n_n

$$n_n=\frac{f_1}{p_1}(1-s_n)=\frac{50}{2}(1-0.02106)=24.4735\text{r/s}=1468.4\text{r/min}$$

由方程（5.85）得电磁功率 p_{em}

$$p_{em}=\frac{p_{corn}}{s_n}=\frac{549}{0.02106}=26083\text{W}$$

利用额定转子电流 I'_{rn} 求出转子电阻。考虑磁化电流为纯无功电流，转子电流（小转差率）为纯有功电流，后者很简单：

$$I'_{rn}=\sqrt{I_n^2-I_{0n}^2}=45.928\sqrt{1-0.3^2}=43.81\text{A}$$

因此，转子电阻折算到定子侧 R'_r 为

$$R'_r=\frac{p_{corn}}{3I'^2_n}=\frac{0.03\times25000}{3\times43.81^2}=0.1303\Omega$$

b. 定子电阻 R_s 可直接获得：

$$R_s=\frac{p_{cosn}}{3I_n^2}=\frac{0.03\times25000}{3\times45.928^2}=0.1185\Omega$$

在起动时转子的电阻 R_{rstart}

$$R'_{rstart}=\frac{V_{sline}}{\sqrt{3}}\frac{\cos\varphi_{sc}}{I_{sc}}-R_s=\frac{380\times0.4}{\sqrt{3}\times5.2\times45.928}-0.1185=0.25\Omega$$

所以趋肤效应电阻系数 K_R 为

$$K_R = \frac{R'_{rstart}}{R'_r} = \frac{0.25}{0.1185} = 2.109$$

这一结果表明该电机有很强的趋肤效应（深槽鼠笼）。

c. 额定电磁转矩

$$T_{em} = \frac{P_{em}p_1}{\omega_1} = \frac{26083 \times 2}{2\pi \times 50} = 166.133\text{N} \cdot \text{m}$$

起动转矩 T_{estart}

$$T_{estart} \approx \frac{3R'_{rstart}I_{sc}^2 p_1}{\omega_1} = \frac{3 \times 0.25 \times (0.52 \times 45.928)^2 \times 2}{2\pi \times 50} = 272.47\text{N} \cdot \text{m}$$

d. 要计算最大转矩，需要先计算出短路电抗 X_{sc}

$$X_{scstart} = \frac{V_{sline}}{\sqrt{3}} \frac{\sin\varphi_{sc}}{I_{sc}} = \frac{380 \times \sqrt{1 - 0.4^2}}{\sqrt{3} \times 5.2 \times 45.928} = 0.843\Omega$$

这是额定转矩计算中被低估的值，但对最大转矩来说并不是坏事，此时仍存在一些显著的趋肤效应。

显然，在方程式（5.109）中，最大转矩 T_{ek} 为

$$T_{ek} \approx 3 \times \left(\frac{V_{sline}}{\sqrt{3}}\right)^2 \frac{p_1}{\omega_1} \frac{1}{2X_{sc}} = 3 \times \left(\frac{380}{\sqrt{3}}\right)^2 \times \frac{2}{2\pi \times 50} \times \frac{1}{2 \times 0.843} = 548.54\text{N} \cdot \text{m}$$

现在，$T_{ek}/T_{em} = 548.54/166.133 = 3.3$，数值比正常值大，说明问题数据与带有深槽笼型转子的电机不完全一致。

5.16 深槽式和双笼式转子

重载和频繁起动的感应电机直接连接到电网起动时，趋肤效应可以将起动电流降低至大约为 $5I_n$，并提高起动转矩至 $2T_{en}$ 以上，深槽和双笼转子的原理正基于此（见图 5.33a 和 b）。

在这两种情况下，等效转子电阻 R'_r 和漏抗 X'_{rl} 与转差率有关（实际上取决于转子频率）。

$$R'_r(\omega_2) = K_R(\omega_2)R'_{r0}; \; s = \frac{\omega_2}{\omega_1}$$

$$X'_{rl}(\omega_2) = K_X(\omega_2)X'_{rl0} \tag{5.112}$$

如第 2 章所述，

$$K_R = \xi \frac{\sinh 2\xi + \sin 2\xi}{\cosh 2\xi - \cos 2\xi}; \; K_X = \frac{3}{2\xi} \frac{\sinh 2\xi - \sin 2\xi}{\cosh 2\xi - \cos 2\xi} \tag{5.113}$$

$$\xi = h_s \sqrt{\frac{\omega_2 \mu_0 \sigma_{AC}}{2}} \tag{5.114}$$

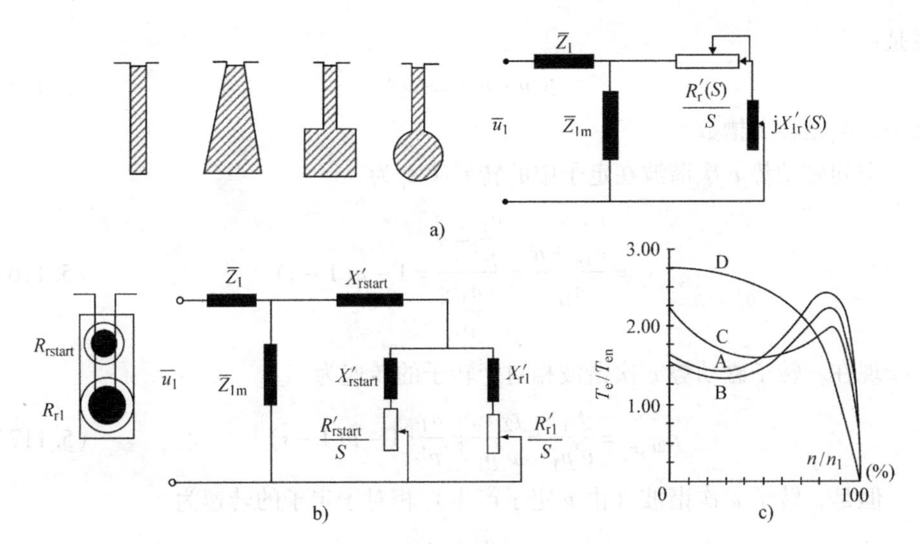

图 5.33　深槽式与双笼式感应电机

a）深槽式　b）双笼式　c）几种典型的机械特性（NEMA 标准）

为了计算性能 $I_s(s)$、$T_e(s)$、$\eta(s)$ 和 $\cos\varphi(s)$，我们仍然可以使用等效电路（见图 5.33a），但是参数是可变的。

对于双笼转子，外笼（起动笼）可由黄铜（高电阻率）制成，而内笼（运行笼）则由铝制成。在这种情况下，由于不同的热膨胀系数，需要分离的端环。

起动和低速时，由于磁场穿透深度小（ω_2 较大），起动笼起作用，而在高速（转差率小）时，运行笼起作用。

恒参数双笼式电机也可用于模拟深槽式感应电机。

NEMA 标准提出了 4 种主要的设计方案，而 A 和 B 指的是弱趋肤效应，C 和 D 指的是用于重载和频繁起动的深槽式和双笼转子。

5.17 附加（空间谐波）转矩

交流绕组在 5.3 节已经提到，磁动势和气隙磁场（磁通密度）具有空间谐波，其谐波次数为 $\nu=km\pm1$，$m=3$ 且 $k\geqslant 1$，它们的极距 $\tau_\nu=\tau/\nu$，它们相对于定子的同步转速 $n_{1\nu}=n_1/\nu$。在这些谐波中，一阶齿谐波 $\nu_c=2qm\pm1$（$k=2q$）非常重要，它们的分布因数 $K_{q\nu c}=K_{q1}$。开槽往往会放大这些磁动势谐波效应。这些谐波磁场在转子中产生感应电流，进而产生相对于转子旋转着的空间谐波磁场，记为 ν'。

对于转子和定子上都是三相绕组的绕线转子感应电机来说，定子和转子绕组磁动势的次数相同，那么对于笼型感应电机来说，定子谐波 ν 和转子谐波 ν' 的关系是：

$$p_1\nu - p_1\nu = K_2 N_r \tag{5.115}$$

其中，N_r是转子槽数。

空间磁动势 ν 次谐波在定子中的转差率 s_ν 为

$$s_\nu = \frac{n_{1\nu} - n}{n_{1\nu}} = \frac{\frac{n_1}{\nu} - n}{\frac{n_1}{\nu}} = 1 - \nu(1-s) \tag{5.116}$$

现在，转子磁动势 ν'次谐波相对于转子的转速为

$$n_{2\nu,\nu'} = \frac{f_{2\nu}}{\nu' p_1} = \frac{f_{2\nu} s_\nu}{\nu' p_1} = \frac{n_1}{\nu'}[1 - \nu(1-s)] \tag{5.117}$$

但是，转子 ν'次谐波（由 ν 定子产生）相对于定子的转速为

$$n_{1\nu,\nu'} = n_{2\nu,\nu'} + n = \frac{n_1}{\nu'}[1 + (\nu - \nu')(1-s)] \tag{5.118}$$

或用式（5.115）：

$$n_{1\nu,\nu'} = \frac{n_1}{\nu'}\left[1 + \frac{K_2 N_r}{p_1}(1-s)\right] \tag{5.119}$$

因此，每个定子磁动势空间谐波 ν 在笼型转子中产生无穷多的谐波 ν'，其相对于定子的转速是 $n_{1\nu,\nu'}$。这些谐波作用于具有相同频率的感应电机参数等效电路，但在大多数情况下，励磁支路是可以忽略的。

磁动势空间谐波的主要影响是会产生寄生转矩和无补偿的径向力，进而产生噪声和振动。

- 根据频率定理（第 3 章），定子和转子之间的寄生转矩表现为相同阶次的磁动势谐波。
- 异步寄生转矩是由定子中的谐波 ν，以及由其在转子中的产生的谐波 ν'产生的。

对于 $\nu = 2km - 1$（5、11、17），由于它们同步，$s_\nu = 0$，它们是反向旋转的谐波（参见交流绕组的 5.3 节），对于 $\nu = 2km + 1$（7、13、19，它们正向旋转），可得

$$s_5 = 0 = 1 - (-5)(1 - s_{05}); \; s_{05} = \frac{6}{5}$$

$$s_7 = 0 = 1 - (+7)(1 - s_{07}); \; s_{07} = \frac{6}{7} \tag{5.120}$$

在机械特性曲线上，5 次和 7 次异步转矩往往是最明显的（见图 5.34b）。短距线圈用于削弱 5 次谐波。

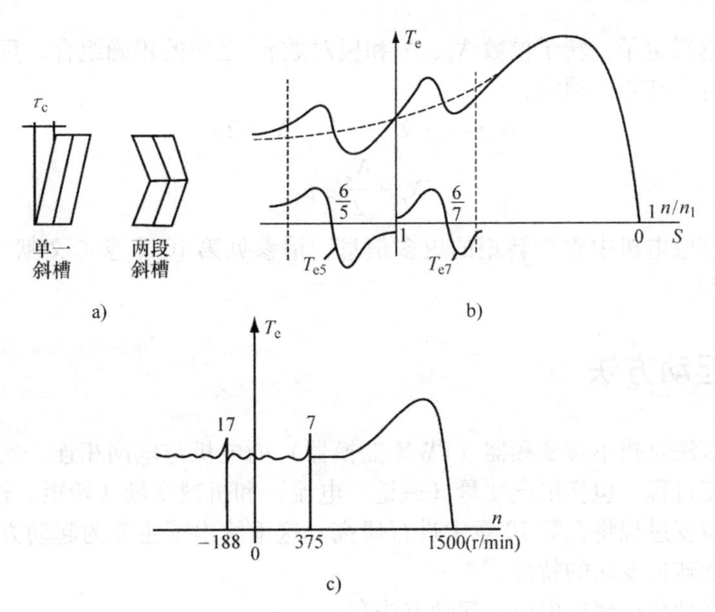

图 5.34 异步寄生转矩

a）斜槽 b）和 c）同步寄生转矩，其中，$N_s = 36$，$2p_1 = 4$，$N_r = 16$

$$K_{y5} = \sin\frac{\pi}{2}\frac{5y}{\tau} = 0;\ \frac{y}{\tau} = \frac{2K_1}{5} \approx \frac{5}{6} \tag{5.121}$$

为削弱一阶齿谐波 $\nu_c = 2qm \pm 1 = (N_s/p_1) \pm 1$，采用斜槽

$$K_{c\nu} = \frac{\sin\dfrac{\pi}{2}\dfrac{c}{\tau}\nu}{\dfrac{\pi}{2}\dfrac{c}{\tau}\nu} = 0;\ \frac{c}{\tau} = \frac{2K_2}{\dfrac{N_{c1}}{p_1} \pm 1} \tag{5.122}$$

通常斜槽是 1 ~ 2 个定子槽距。

- 当定子和转子两种谐波（ν_1 和 ν'）有不同的来源时，就会产生同步寄生转矩［方程（5.116）］。

$$n_{1\nu 1} = \frac{n_1}{\nu_1} = n_{1\nu,\nu'} = \frac{n_1}{\nu'}\left[1 + \frac{K_2 N_r}{p_1}(1 - s)\right] \tag{5.123}$$

ν 和 ν' 应该是相等的，但其中一个可能是正的，另一个可正可负：

$$\nu_1 = \nu';\ s = 1 \tag{5.124}$$

$$\nu_1 = -\nu';\ s = 1 + \frac{2p_1}{K_2 N_r} \tag{5.125}$$

因此，同步寄生转矩发生在零转速（$s = 1$）或接近零转速［方程（5.125）］附近。在我们看来，它们在 $T_e(s)$ 曲线（见图 5.34c）上各自的转差点［方程（5.124）和方程（5.125）］振荡，如果处于堵转状态（$s = 1$），它们可能导致不安全起动。

通过选择定子、转子槽数 N_s、N_r和极对数 p_1 之间的正确组合，可以抑制大部分同步寄生转矩。通常：

$$N_s \neq N_r;\ 2N_s \neq N_r,\ N_r \pm 2p_1$$

$$N_r \neq \frac{N_s}{2} \pm p_1 \tag{5.126}$$

有关感应电机中寄生转矩的更多信息，请参见第 10 章参考文献［4］和参考文献［7］。

5.18 起动方法

起动方法是指不带变频器（PWM 变换器）的电机与电网相连。实际上，这是一个瞬变过程，包括电气变量（磁链、电流）和机械变量（转矩、转速）。

这些瞬变过程将在第 10 章中进行研究。这里给出了主要的起动方法及其电流和转矩随转速变化的特性。

对于笼型转子感应电机，起动方法有：

- 直接起动
- 定子降压起动（由星形/三角形联结开关或自耦变压器构成的软起动器）

对于绕线转子感应电机，有：

- 转子串电阻调速

5.18.1 直接起动（笼型转子）

为了简化，考虑轴上惯性较大的感应电机。因此，起动将是缓慢的，电机只经历机械暂态。典型的稳态特性与速度的关系如图 5.35 所示。

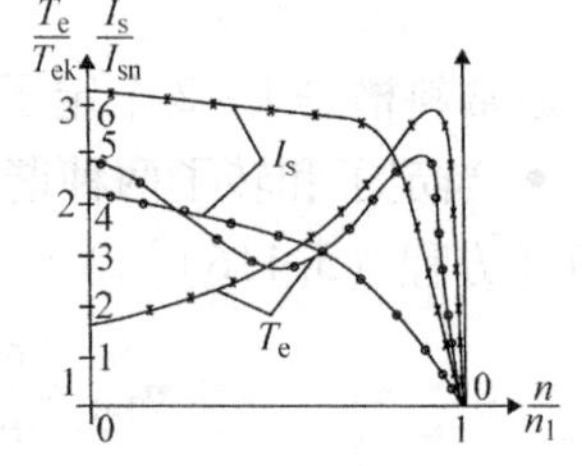

图 5.35 机械特性和负载特性（其中曲线上标 × 的为单笼转子，· 的为双笼转子）

对于频繁起动的场合（例如，压缩机负载），从零转速到几乎理想的空载转速 $n_1 = f_1/p_1$，我们最感兴趣的是，空载起动时轴上的功率。但是，如果已知 $T_{load}(\omega_r)$，则在负载作用下可以利用数值求解：

$$\frac{J}{p_1}\frac{d\omega_r}{dt} = T_e(\omega_r) - T_{load};\ \omega_r = \omega_1(1-s) \tag{5.127}$$

我们可以定义一个所谓的机电时间常数：

$$\tau_{em} = \frac{2\omega_1}{T_{ek}}\frac{J}{p_1} \tag{5.128}$$

对于小型电机 τ_{em}为几十毫秒，对于大型机器为几秒。

现在，空载时 $T_{\text{load}}=0$，因此方程（5.127）可以从零积分到理想起动时间 t_{p}，它大致相当于同步速度 n_1，可以获得转子绕组损耗：

$$W_{\text{cor}}=\int_0^{t_{\text{p}}}P_{\text{em}}s\text{d}t=\int_0^{t_{\text{p}}}\frac{J}{p_1}\frac{\text{d}\omega_{\text{r}}}{\text{d}t}\frac{\omega_1}{p}s\text{d}t=-\frac{J}{p_1}\int_0^1\omega_1^2s\text{d}t=\frac{J}{2}\left(\frac{\omega_1}{p}\right)^2 \tag{5.129}$$

因此，直接起动时转子绕组损耗等于转子的动能。现在，定子铜耗 W_{cos}：

$$W_{\text{cos}}\approx W_{\text{cor}}\frac{R_{\text{s}}}{R_{\text{r}}'} \tag{5.130}$$

空载起动时绕组的总损耗为

$$W_{\text{co}}=W_{\text{cos}}+W_{\text{cor}}=\frac{J}{2}\left(\frac{\omega_1}{p_1}\right)^2\left(1+\frac{R_{\text{s}}}{R_{\text{r}}'}\right) \tag{5.131}$$

如预期的那样，较大的转子电阻（深槽式）笼型电机转子在频繁起动时的铜耗较低。

5.18.2　降低定子电压

零速度时起动电流［方程（5.92）］为 $5I_n\sim 8I_n$，其中 I_n 为额定电流。在许多情况下，弱电网或实际应用需要降低轻载（低速低负荷）起动时的起动电流。

对于这种情况，有三种主要设备：软（晶闸管）起动器（见图 5.36a）、星形—三角形开关（见图 5.36b）和自耦变压器（见图 5.36c）。软起动器可将起动电流降低到 $(2.5\sim 3)I_n$，并通过特殊控制，在低于额定转速 33% 的起动过程中提供附加转矩，它们的商用容量约为 1.5MV · A/台。

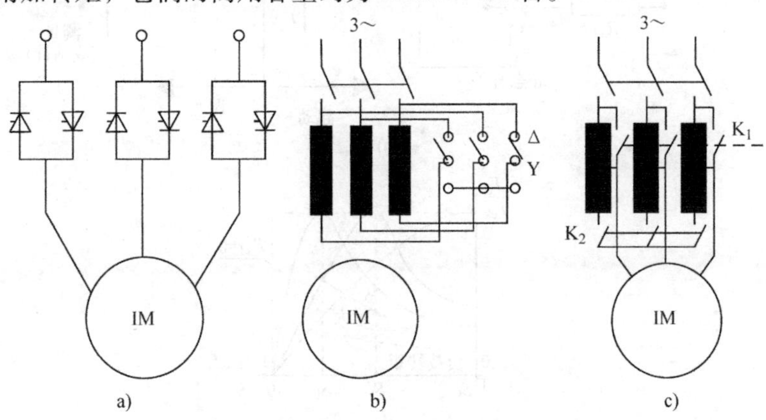

图 5.36　降压起动

a）软起动器　b）星形—三角形起动　c）自耦变压器起动

星形—三角形开关在电机起动初始化一段固定时间后，相电压增加为 $\sqrt{3}$ 倍。然而，这台机器正常运行时为三角形联结，因为定子电流与相电压成正比，转矩与定子电压的二次方成正比，所以星形联结意味着电压和电流减少到原来的 $1/\sqrt{3}$，因此转矩也变为原来的1/3。

$$V_{Y}^{ph}=\frac{V_{\Delta}^{ph}}{\sqrt{3}};\ I_{Y}^{ph}=\frac{I_{\Delta}^{ph}}{\sqrt{3}};\ T_{eY}=\frac{T_{e\Delta}}{3} \tag{5.132}$$

这就解释了为什么只有轻载起动是可行的。自耦变压器起动也有类似的情况，K_2 闭合、K_1 断开时降压起动；K_2 断开、K_1 闭合时全压运行。

5.18.3 附加转子电阻起动

绕线转子感应电机应用于大功率负载（100kW 以上）时，需将调速范围（区间）限定为10%～20%。

为了降低成本，使用了二极管整流可变电阻（见图 5.37）、静态开关 K_1（或 DC/DC 变换器）控制电阻电流的开关过程，然后采用定子电流闭环调节器将定子电流限制在所需的范围内。

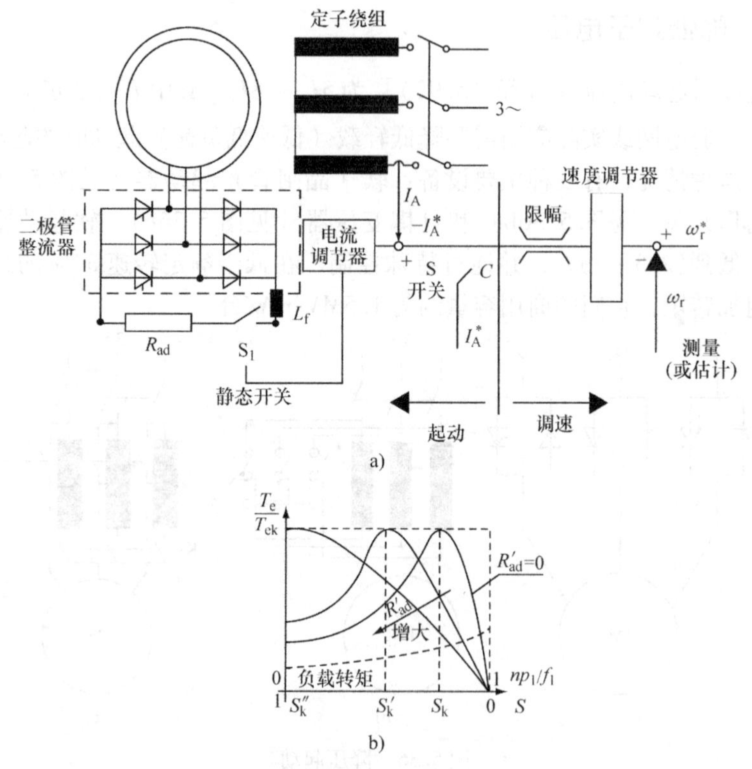

图 5.37 绕线转子感应电机串电阻起动

a）串接可调电阻 b）机械特性曲线

可以使用附加的速度调节器来产生参考电流，从而利用相同的设备获得有限速度范围的闭环控制能力（见图 5.37）。

由于最大转矩与转子总电阻无关（见图 5.37），因此该方法的特点是，当最大转矩向零转速移动时，起动转矩大，因此，如果在应用中不考虑能源消耗的话，由于起动次数很少（每小时仅几次），重载起动也是可以实现的。

5.19 调速方法

现在，我们关注的是转速为 n 的笼型转子感应电机：

$$n = \frac{f_1}{p_1}(1 - s) \tag{5.133}$$

调速方法与方程（5.133）中的各项参数相关：

- 改变给定转矩时的转差率 s：在转差（转速）控制范围（10%～20%）内降低电压（见图 5.38a）。

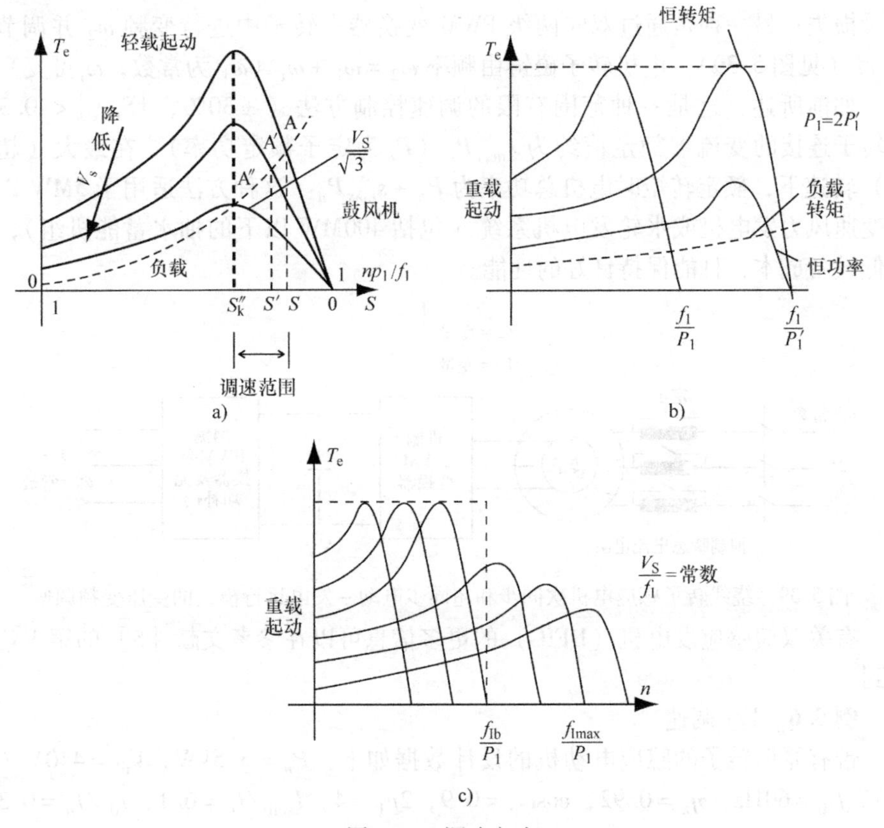

图 5.38　调速方法

a）软起动器　b）变极调速　c）变压变频调速

- 变极调速：使用两种不同的定子绕组或变极绕组（一般为 $p_1/p_1' = 1/2$），

用于恒功率或恒转矩应用场景（见图 5.38b）。

- 定子压频比控制（见图 5.38c）：将磁链水平控制在电机铁心的合理（或期望）的磁饱和范围内。

图 5.38 中的特性曲线是通过分析 5.15 节中的转矩表达式得出的。降压调速控制仅适用于轻载起动并提供有限的速度控制，变极（2:1）和频率（和电压）控制提供重载起动、宽速度控制范围（高达 1000/1）和高效的能量转换。采用恒定磁链控制的频率和电压协调控制也称为矢量控制或直接转矩控制——采用 PWM 变换器驱动感应电机，以产生快速的转矩响应，这种方案在世界范围内被广泛应用，将在第 10 章中以电驱动为专题做简要介绍。

5.19.1 绕线转子感应电机转速控制

绕线转子感应电机速度控制主要有两种方式，一种是通过二极管整流器、DC/DC 变换器和固定电阻完成，用于起动和限速范围（10% ~15%），以限制总能量损失；另一种是通过双向两级 PWM 变换器在转子中进行变频 ω_2 并调节电压 V_r'（见图 5.39）。电机转子磁链由频率 $\omega_2=\omega_1+\omega_r$（$\omega_1$ 为常数，ω_r可变）控制。如前所述，这是一种范围有限的调速控制方法（±30%，$|S_{max}|<0.3$），其转子连接的变流器额定值约为 $s_{max}P_n$（P_n为定子额定功率）。在最大（超同步）转速下，额定转矩时电机总功率为 $P_n+s_{max}P_n$。这种方法适用于 5MW 以下的变速风力发电机或水轮发电机系统（包括 400MW 以下的抽水蓄能机组），可降低设备成本，且能保持良好的性能。

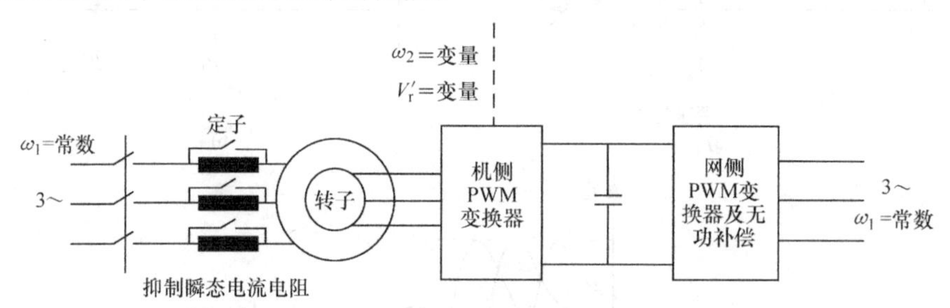

图 5.39 绕线转子感应电机次同步和超同步电动－发电运行模式的变压变频调速

有关双馈感应发电机（DFIG）的更多信息可以在参考文献［5］的第 3 章中找到。

例 5.6 *V/f* 调速

带有笼形转子的感应电动机的设计数据如下：$P_n=5.5\text{kW}$，$V_{nl}=440\text{V}$（定子），$f_{1b}=60\text{Hz}$，$\eta_n=0.92$，$\cos\phi_n=0.9$，$2p_1=4$，$I_{start}/I_n=6/1$，$I_{0n}/I_n=0.33$，$p_{ir}=p_{mec}=p_s=0.015P_n$，$R_s=1.2R_r'$，$X_{sl}=X_{rl}'$，忽略趋肤效应。

计算额定定子电流、额定转子电流、R_s、R_r'、X_{1m}、X_{sc}、临界转差率 s_k、基频 f_{1b}处的最大转矩，以及在 $f_{1max}=2f_{1b}=120\text{Hz}$ 的全电压。为了在起动和所有频率保持最大转矩，在 $f_{\min}=s_k f_{1b}$ 时，确定所需的 $f_{\min}$ 和定子电压以及符合 $V_s=V_0+kf$ 的 V/f。

解：

其第一部分中的问题类似于前面的数值算例（例 5.5）。效率：

$$\eta_n=\frac{P_n}{\sqrt{3}V_{n1}I_n\cos\varphi_n}=\frac{5500}{\sqrt{3}\times 440\times I_n\times 0.9}=0.92$$

额定电流 I_n：

$$I_n=8.726\text{A}$$

转子额定电流 I'_{rn}

$$I'_{rn}=\sqrt{I_n^2-I_{0n}^2}=8.726\sqrt{1-0.33^2}=8.226\text{A}$$

定子和转子铜耗 $p_{\text{Cos}}+p_{\text{Cor}}$

$$\begin{aligned}p_{\text{Cos}}+p_{\text{Cor}}&=\frac{P_n}{\eta_n}-P_n-p_{\text{mec}}-p_{\text{iron}}-p_{\text{ps}}\\&=5500\times\left(\frac{1}{0.92}-1-3\times 0.015\right)\\&=230.76\text{W}\end{aligned}$$

并且

$$p_{\text{Cos}}+p_{\text{Cor}}=3I_n^2\left[1.2R'_r+R'_r\left(\frac{I'_{rn}}{I_n}\right)^2\right]=3\times R'_r\times 159$$

因此

$$R'_r=0.4836\Omega;\ R_s=1.2\times 0.4836=0.588\Omega$$

短路电抗是根据起动阻抗计算出来的：

$$\begin{aligned}X_{\text{sc}}&=\sqrt{\left(\frac{V_{n1}}{6\sqrt{3}I_n}\right)^2-(R_s+R'_r)^2}\\&=\sqrt{\left(\frac{440}{6\sqrt{3}\times 8.726}\right)^2-(0.4836+0.588)^2}\\&=4.72\Omega\end{aligned}$$

临界转差率［方程（5.108）］：

$$(s_k)_{60\text{Hz}}\approx\frac{R'_r}{\sqrt{R_s^2+X_{\text{sc}}^2}}=\frac{0.4836}{\sqrt{0.588^2+4.72^2}}=0.1067$$

最大转矩：

$$(T_{\text{ek}})_{60\text{Hz}}\approx\frac{3}{2}p_1\frac{(V_n/\sqrt{3})^2}{2\pi f_{1b}}\frac{1}{R_s+\sqrt{R_s^2+X_{\text{sc}}^2}}=100.345\text{N}\cdot\text{m}$$

当 $f_{1\max}=120\text{Hz}$ 时

$$(s_k)_{120\text{Hz}}=\frac{0.4836}{\sqrt{0.588^2+(4.72\times 2)^2}}=0.0511$$

虽然临界转差率下降了一半，但 $\omega_2 = sf_1$ 保持不变。此时，最大转矩为

$$(T_{ek})_{120Hz} = \frac{3}{2} \times 2 \times \frac{(440/\sqrt{3})^2}{2\pi \times 120} \times \frac{1}{0.588 + \sqrt{0.588^2 + (4.72 \times 2)^2}} = 25.55N \cdot m$$

临界转子频率：

$$f_{2k} = f_{1b} \times (s_k)_{f_{1b}} = 60 \times 0.1067 = 6.402Hz$$

现在，该电机必须在零转速（$s = 1$）和 $f_1 = f_2 = 6.402Hz$ 的情况下产生 100.345N · m 的最大转矩，需要计算所需的定子电压：

$$(T_{ek}) = 100.345 = \frac{3}{2}p_1 \frac{(V'_{ph})^2}{2\pi f'_1} \frac{1}{R_s + \sqrt{R_s^2 + (X_{sc}s_k)^2}}$$

$$V'_{ph} = 42.448V$$

为了找到适合 $V_s(f_1) = V_0 + kf$ 的公式，注意到，在 60Hz 时，$V_s = V_{n1}/\sqrt{3} = 440/\sqrt{3} = 254.33V$，因此：

$$42.448 = V_0 + k \times 6.402$$
$$254.33 = V_0 + k \times 60$$

所以

$$k = \frac{254.33 - 42.448}{60 - 6.402} = 3.9545$$

以及

$$V_0 = 17.13V$$

分别绘出在 254.33V、254.33V 和 42.448V（相电压有效值）下，120Hz、60Hz 和 6.402Hz 的转矩—速度曲线如图 5.40 所示。

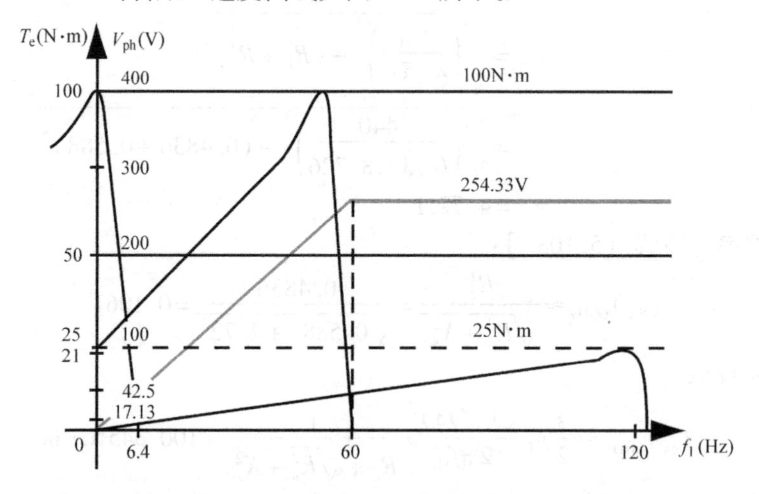

图 5.40　从 60Hz 到零转速（6.402Hz）的 V/f 控制恒定最大转矩的 $V_s = V_0 + kf$ 曲线和机械特性曲线

5.20 不对称电压

在实际的运行中，三相线电压并非完全平衡（幅值相等，120°相位差）。对于三相电源，我们可以将它们分解为正序（+）和负序（-）分量。

$$\overline{V}_{a+}=\frac{1}{3}(\overline{V}_a+a\overline{V}_b+a^2\overline{V}_c)\text{；}a=e^{j\frac{2\pi}{3}}$$

$$\overline{V}_{a-}=\frac{1}{3}(\overline{V}_a+a^2\overline{V}_b+a\overline{V}_c)$$

$$\overline{V}_{b+}=a^2\overline{V}_{a+}\text{；}\overline{V}_{c+}=a\overline{V}_{a+}$$

$$\overline{V}_{b-}=a\overline{V}_{a-}\text{；}\overline{V}_{c-}=a^2\overline{V}_{a-} \tag{5.134}$$

现在，正序（⊕）分量的转差率是 $s_+=s$，但是对于负序（-）分量，s_-为

$$s_-=\frac{-\frac{f_1}{p_1}-n}{-\frac{f_1}{p_1}}=2-s \tag{5.135}$$

因此，如果我们忽略了趋肤效应（负序分量的转子转差率大：$f_{2-}=s_-f_1$）和磁饱和（可认为是常数或仅取决于⊕分量），我们有两个不同的虚拟电机，它们的电压为 $\overline{V}_+$ 和 $\overline{V}_-$，转差率分别为 s 和 $2-s$。

转矩由两部分组成，并利用转矩/电磁功率（铜耗、转差率）的定义，得到：

$$T_e=T_{e+}+T_{e-}=\frac{3R_r'(I_{r+}')^2}{s}\frac{p_1}{\omega_1}+\frac{3R_r'(I_{r-}')^2}{2-s}\frac{p_1}{-\omega_1} \tag{5.136}$$

相电压不平衡度（以百分比为单位）定义为

$$V_{不平衡}=\frac{\Delta V_{max}}{V_{av}}\text{；}\Delta V_{max}=V_{max}-V_{min}\text{；}V_{av}=\frac{V_a+V_b+V_c}{3} \tag{5.137}$$

其中，V_{max}和 V_{min}分别是三相电压的最大值和最小值，并有：

$$V_{不平衡}(\%)=\frac{V_{a-}}{V_{a+}}\times100\% \tag{5.138}$$

效率为

$$\eta=\frac{T_e\omega_1(1-s)}{3p_1\mathrm{Re}[\overline{V}_{a+}\overline{I}_{a+}^*+\overline{V}_{a-}\overline{I}_{a-}^*]} \tag{5.139}$$

电压稍不平衡将导致明显的相电流不平衡。对于给定的转矩，其负序分量转矩一般为负，虽然数值较小，但它会造成较大的损耗并导致效率降低。

NEMA 标准建议，当感应电机电压不平衡时降额运行，若 $\Delta V_{不平衡}=2\%$，则

降至 97.5%；若 $\Delta V_{不平衡}=5\%$，则降至 75%。

5.21 定子一相开路举例

考虑 A 相开路的情况（见图 5.41）：当 $\overline{I}_A=0$；$\overline{I}_B+\overline{I}_C=0$（星形联结）。

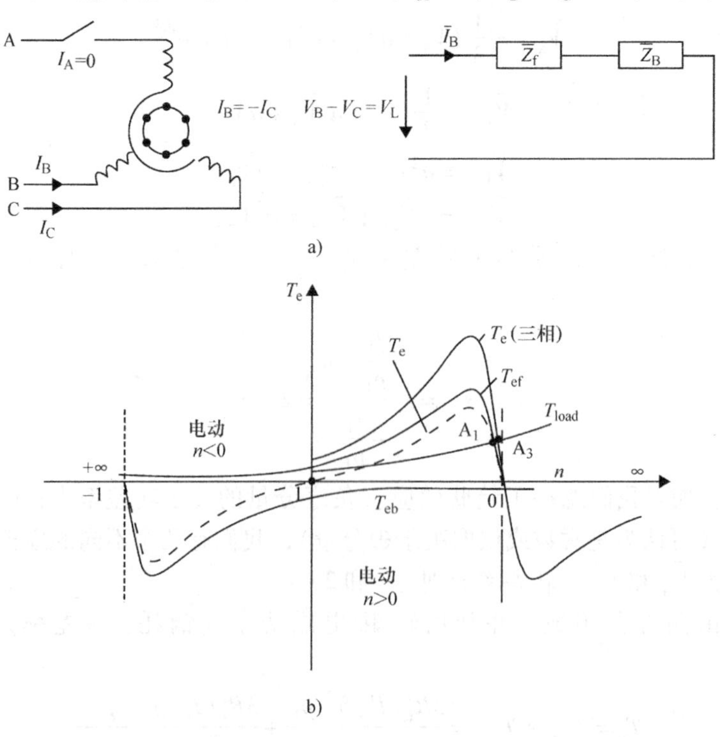

图 5.41 定子一相开路

a）等效电路 b）机械特性

已知 $V_{nl}=220\text{V}$，$f_1=60\text{Hz}$，$2p_1=4$，$R_s=R'_r=1\Omega$，$X_{sl}=X'_{rl}=2.5\Omega$，$X_{1m}=75\Omega$，$R_{1m}=\infty$（无铁心损耗），$s=0.03$。计算 A 相开路前后定子电流、转矩和功率因数。

解：首先，计算⊕和⊙定子电流：

$$I_{A+}=\frac{1}{3}(\overline{I}_A+a\overline{I}_B+a^2\overline{I}_C)=I_B\,\frac{a-a^2}{3}=\text{j}\,\frac{I_B}{\sqrt{3}}$$

$$I_{A-}=\frac{1}{3}(\overline{I}_A+a^2\overline{I}_B+a\overline{I}_C)=-I_{A+} \tag{5.140}$$

因此，实际上，$\overline{Z}_+(s)$ 和 $\overline{Z}_-(2-s)$ 这两个等效阻抗与它们的相电压分量（见图 5.42a）相关：

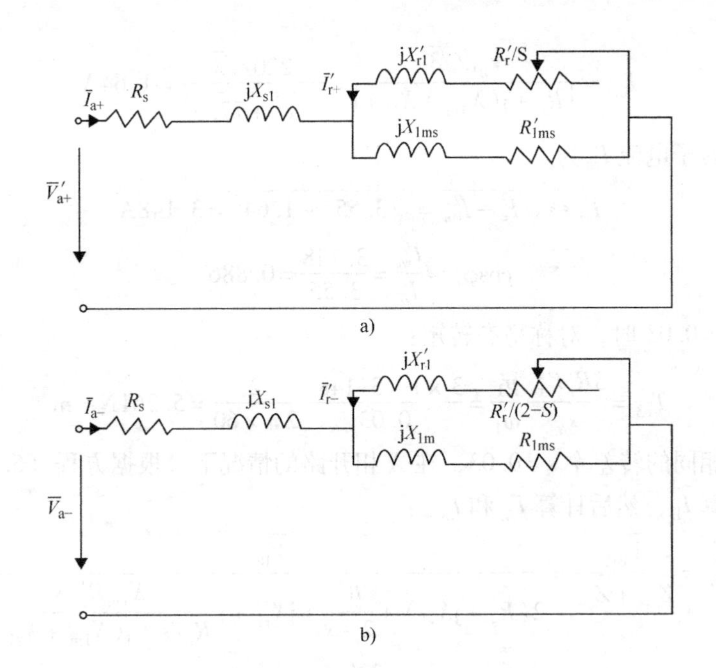

图 5. 42　不平衡电压时感应电机的正负序等效电路

$$\overline{V}_{A+}=\overline{Z}_{+}\overline{I}_{A+};\ \overline{V}_{A-}=\overline{Z}_{-}\overline{I}_{A-} \tag{5.141}$$

且 $\overline{V}_{B+}=a^2\overline{V}_{A+}$，$\overline{V}_{B-}=a\overline{V}_{A-}$。

已知的线电压 $\overline{V}_B-\overline{V}_C$，则有表达式：

$$\overline{V}_B-\overline{V}_C=\overline{V}_{B+}+\overline{V}_{B-}-\overline{V}_{C+}-\overline{V}_{C-}=(a^2-a)\overline{I}_{A+}(\overline{Z}_{+}+\overline{Z}_{-})$$

$$\overline{V}_B-\overline{V}_C=I_B(\overline{Z}_{+}+\overline{Z}_{-}) \tag{5.142}$$

方程（5.136）反映在图 5.41a 中。

对于零转速（$s=1$）：$(\overline{Z}_{+})_{s=1}=(\overline{Z}_{-})_{s=1}=\overline{Z}_{sc}$，因此

$$\overline{I}_{sc1}=(\overline{I}_B)_{s=1}=\frac{\overline{V}_{n1}}{2\overline{Z}_{sc}}=\frac{\sqrt{3}}{2}\overline{I}_{sc3} \tag{5.143}$$

因此，在静止状态下（$s=1$），由于 $\overline{Z}_{+}=\overline{Z}_{-}$，正、负序转矩分量相等，因此产生的转矩为零，而 B（C）相电流略小于 3 相位运行状态。

由图 5.42 和例 5.5 可得，在 A 相开路之前：

$$\overline{V}_A=\overline{Z}_{+}(s)\overline{I}_A;\ c_1\approx\frac{X_{s1}+X_{1m}}{X_{1m}}=\frac{75+2.5}{75}=1.033$$

$$I_s=I_A=I_B=I_C=\frac{V_{n1}/\sqrt{3}}{\sqrt{\left(R_s+c_1\dfrac{R_r'}{s}\right)^2+(X_{s1}+c_1X_{1r}')^2}}=3.55\text{A}$$

空载电流：

$$I_{0n} \approx \frac{V_{n1}/\sqrt{3}}{|R_s + j(X_{1m} + X_{s1})|} = \frac{220/\sqrt{3}}{\sqrt{1^2 + 77.5^2}} = 1.64\text{A}$$

所以转子电流 I'_{rn} 为

$$I'_{rn} \approx \sqrt{I_s^2 - I_{0n}^2} = \sqrt{3.55^2 - 1.64^2} = 3.148\text{A}$$

$$\cos\varphi_n \approx \frac{I'_{rn}}{I_n} = \frac{3.148}{3.55} = 0.886$$

当 $s_n = 0.03$ 时，对称稳态转矩：

$$T_{e3} = \frac{3R'_r I'^2_{rn}}{s_n}\frac{p_1}{\omega_1} = \frac{3 \times 1 \times 3.148^2}{0.03}\frac{2}{2\pi \times 60} = 5.261\text{N}\cdot\text{m}$$

对于相同的转差率 $s = 0.03$，在 A 相开路的情况下，根据方程（5.142），我们可以计算 $\bar{I}_B$，然后计算 $\bar{I}_A$ 和 $\bar{I}_{A-}$：

$$\bar{I}_B = \frac{\bar{V}_{BC}}{\bar{Z}_+ + \bar{Z}_-} = \frac{\bar{V}_{BC}}{2(R_s + jX_{s1}) + \dfrac{R'_r}{2-s} + jX'_{r1} + j\dfrac{X_{1m}R'_r/s}{R'_r/s + j(X_{1m} + X_{r1})}}$$

$$= \frac{220}{2 \times (1 + j2.5) + \dfrac{1}{2 - 0.03} + j2.5 + \dfrac{j75/0.03}{1/0.03 + j(75 + 2.5)}}$$

$$= 4.705 - j2.752\text{A}$$

因此

$$\cos\varphi_1 = \frac{4.706}{\sqrt{4.706^2 + 2.752^2}} = \frac{4.706}{5.45} = 0.8633$$

电流 $I_B = 5.45\text{A}$ 明显大于三相对称（平衡）电压（$I_n = 3.55\text{A}$）。此时计算转矩分量时需先求出 I'_{r+} 和 I'_{r-}（见图 5.42）。

$$I'_{r+} = I_{A+}\left|\frac{jX_{1m}}{j(X_{1m} + X'_{r1}) + R'_r/s}\right| = \frac{5.45}{\sqrt{3}}\left|\frac{j75}{j(75 + 2.5) + 1/0.03}\right| = 2.8\text{A}$$

$$I'_{r1} = I_{A-} = \frac{I_B}{\sqrt{3}} = \frac{5.45}{\sqrt{3}} = 3.15\text{A}$$

转矩［方程式（5.136）］：

$$T_e = T_{e+} + T_{e-} = \frac{3p_1}{\omega_1}R'_r\left[\frac{(I'_{r+})^2}{s} - \frac{(I'_{r-})^2}{2-s}\right] = \frac{3 \times 2 \times 1}{2\pi \times 60} \times \left(\frac{2.8^2}{0.03} - \frac{3.15^2}{2 - 0.03}\right)$$

$$= 4.16 - 0.08 = 4.08\text{N}\cdot\text{m}$$

因此，当 $s = 0.03$ 时，单相开路转矩从 5.261N · m 降到 4.08N · m，功率因数从 0.88 降低到 0.8633。三相和两相运行的铜损耗如下：

$$p_{Co3} = 3(R_s I_n^2 + R'_r I'^2_{rn}) = 3(1 \times 3.55^2 + 1 \times 3.148^2) = 67.53\text{W}$$

$$
\begin{aligned}
p_{\mathrm{Co1}} &= V_{\mathrm{BC}} I_{\mathrm{B}} \cos\varphi_1 - T_{\mathrm{e}} \frac{\omega_1}{p_1}(1-s) \\
&= 220 \times 5.45 \times 0.8633 - 4.08 \times \frac{2\pi \times 60}{2} \times (1-0.03) \\
&= 1035.1 - 745.61 \\
&= 289.5\mathrm{W}
\end{aligned}
$$

一相开路时铜耗要高得多，如果不及时断开，电机就会过热。

这个例子说明了一台单相感应电动机的情况，或许无法自起动，但在功率因数和转矩方面可以接受，尽管铜耗更高。

5.22 转子一相开路举例

转子导条或端环断裂的情况并不少见，这会使转子绕组变得不对称。一个或多个导条断裂的精确计算需要根据每个导条断裂情况建立仿真电路（参见参考文献［4，第 13 章］），但是对于三相绕线转子来说，一相开路的情况是容易处理的（见图 5.43a 和 b）。

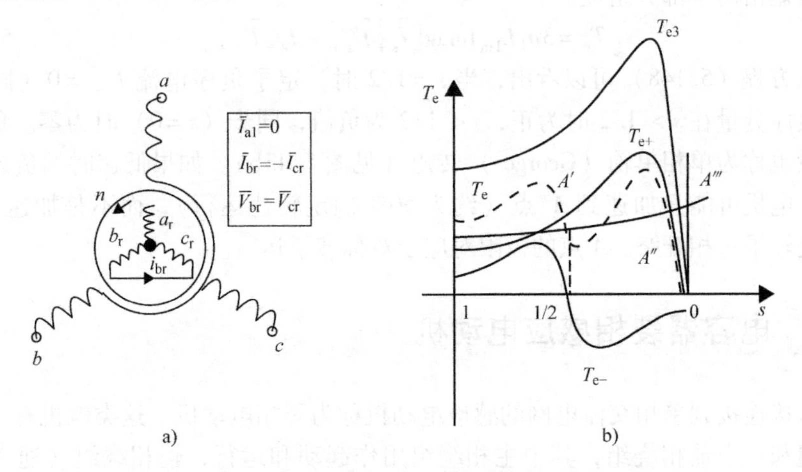

图 5.43　转子一相开路

a）转子一相开路　b）转矩/转差率各分量及工作点 A'、A''、A'''

实际上，因为 $\bar{I}'_{\mathrm{br}} = -\bar{I}'_{\mathrm{cr}}$，$V'_{\mathrm{br}} = V'_{\mathrm{cr}}$（见图 5.43a），转子电流 I'_{br} 被分解为⊕和⊙两个分量：

$$
I'_{\mathrm{ar}+} = -I'_{\mathrm{ar}-} = -\frac{\mathrm{j}}{\sqrt{3}} I'_{\mathrm{br}}
$$

$$
\bar{V}'_{\mathrm{ar}+} = \bar{V}'_{\mathrm{ar}-} = \frac{1}{3}\bar{V}'_{\mathrm{ar}} - \bar{V}'_{\mathrm{br}} \tag{5.144}
$$

在这种情况下，转子侧会出现正序和负序方程，转子磁动势负序分量相对于定子的转速为 n'，此时可认为负序分量短路（无穷大电源）。

$$\bar{I}'_{r+}R'_r - \bar{V}'_{r+} = -js\omega_1\bar{\Psi}'_{r+}; \ \bar{\Psi}'_{r+} = L'_r\bar{I}'_{r+} + L_{1m}\bar{I}_{s+}$$
$$\bar{I}_{s+}R_s - \bar{V}_s = -j\omega_1\bar{\Psi}_{s+}; \ \bar{\Psi}_{s+} = L_s\bar{I}_{s+} + L_{1m}\bar{I}'_{r+} \tag{5.145}$$

$$n' = n - \frac{sf_1}{p_1} = \frac{f_1}{p_1}(1-2s) = \frac{f'_1}{p_1}; \ f'_1 = f_1(1-2s) \tag{5.146}$$

且有

$$\bar{I}'_{r-}R'_r - \bar{V}'_{r-} = -js\omega_1\bar{\Psi}'_{r-}; \ \bar{\Psi}'_{r-} = L'_r\bar{I}'_{r-} + L_{1m}\bar{I}_{s-}$$
$$\bar{I}_{s-}R_s = -j(1-2s)\omega_1\bar{\Psi}_{s-}; \ \bar{\Psi}_{s-} = L_s\bar{I}_{s-} + L_{1m}\bar{I}'_{r-} \tag{5.147}$$

对于给定的转差率和电机参数，方程 5.145 到 5.147 的未知数有：$I'_{r+} = -I'_{r-}$、$V'_{r+} = -V'_{r-}$、I'_{s+}、I'_{s-}。由方程（5.147）得定转子负序分量之间的关系为

$$\bar{I}_{s-} = -\frac{j\omega_1(1-2s)L_{1m}I'_{r-}}{R_s + j\omega_1(1-2s)L_s} \tag{5.148}$$

其中，$L_s = L_{1m} + L_{sl}$，$L'_r = L'_{rl} + L_{1m}$。

转矩由两个部分组成：

$$T_e = 3p_1L_{1m}\mathrm{Imag}[\bar{I}_{s+}\bar{I}'^{*}_{r+} - \bar{I}_{s-}\bar{I}'^{*}_{r-}] \tag{5.149}$$

从方程（5.148）可以看出，当 $s = 1/2$ 时，定子负序电流 $I_{s-} = 0$（同步）。转矩负序分量在 $s > 1/2$ 时为正，$s < 1/2$ 为负值，同步（$s = 0$）时为零。负序转矩分量也称为单相单轴（Georges）转矩（见图 5.43b）。如果低速时的负载转矩很大，电机可能只加速到 A''' 点（约为 50% 额定转速运行），而不是加速到 A'，原因是转子一相开路。A 点的极限对应于对称转子运行。

5.23 电容器裂相感应电动机

直接连接到单相交流电网的感应电动机称为裂相电动机。这类电机有一个主相绕组和一个辅相绕组，其中主相绕组用作起动和运行，辅相绕组（通常移相 90°电角度）用于起动兼作运行。

辅相绕组由串联电阻或一个（C_{start}）或两个（运行电容器 $C_n < C_{start}$）电容器，以期望的转差率（$s = 1$ 和 $s = s_n$）产生近似圆形旋转磁动势（见图 5.44a 和 b）。当两个绕组具有不同的匝数，$W_m \neq W_a$（$a = W_a/W_m$），可用于单向旋转，若 $W_m = W_a$，当电容器从一相切换到另一相时，可实现双向旋转。

可以证明，如果主绕组和辅助绕组磁动势 F_{1m} 和 F_{1a} 的幅值不相等，或者它们的电流 $\bar{I}_m$、$\bar{I}_a$ 的时间相位差不等于 90°，则总的磁动势可分解为正向（+）磁动势 F_{1+} 和反向（−）磁动势 F_{1-}。

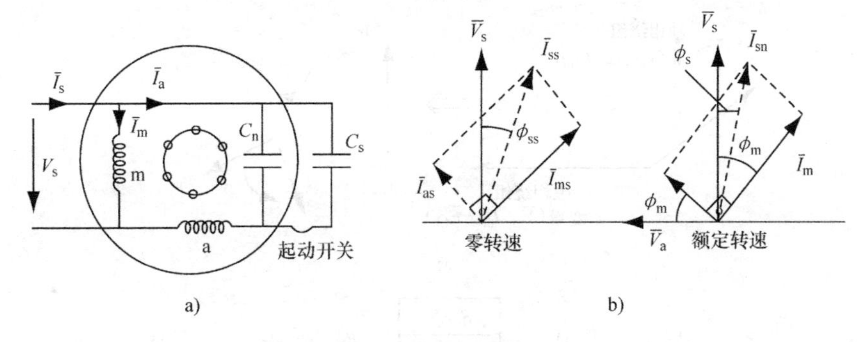

图 5.44　双值电容感应电机

a）等效电路　b）静止和额定转速时的相量图

对于稳态，我们可以使用对称理论（见图 5.45a）：

$$\overline{F}_m=\overline{F}_{m+}+\overline{F}_{m-};\ \overline{F}_a=\overline{F}_{a+}+\overline{F}_{a-}$$

$$\overline{A}_{m+}=\frac{1}{2}(\overline{A}_m-j\overline{A}_a);\ \overline{A}_{m-}=\overline{A}^*_{m+} \tag{5.150}$$

这台电机可视作对应两个分量的两台独立电机：

$$\overline{V}_{m+}=\overline{Z}_{m+}\overline{I}_{m+};\ \overline{V}_{m-}=\overline{Z}_{m-}\overline{I}_{m-}$$
$$\overline{V}_{a+}=\overline{Z}_{a+}\overline{I}_{a+};\ \overline{V}_{a-}=\overline{Z}_{a-}\overline{I}_{a-}$$
$$\overline{V}_m=\overline{V}_{m+}+\overline{V}_{m-};\ \overline{V}_a=\overline{V}_{a+}+\overline{V}_{a-} \tag{5.151}$$

电机的⊕和⊙阻抗对应于 s 和 $2-s$ 转差率（见图 5.42a）。$\overline{Z}_{m\pm}$ 和 $\overline{Z}_{a\pm}$ 为转子分别折算到主绕组和辅助绕组的阻抗（见图 5.41b）。

$\overline{V}_m$ 和 $\overline{V}_a$ 电压与源电压 $\overline{V}_s$之间的关系是：

$$\overline{V}_{sn}=\overline{V}_s;\ \overline{V}_a=\overline{V}_s-(\overline{I}_{a+}+\overline{I}_{a-})\overline{Z}_a \tag{5.152}$$

其中，$\overline{Z}_a$是与辅助绕组串联的辅助电阻或电容。

用图 5.45b 中的 $\overline{Z}_{m+}$ 和 $\overline{Z}_{a+}$ 求解方程（5.151）和方程（5.152），可得电机电流 $\overline{I}_{a+}$、$\overline{I}_{m+}$ 和 $\overline{I}_{rm+}$（见图 5.45a）。

所以转矩 T_e 为

$$T_e=T_{e+}+T_{e-}=\frac{2p_1}{\omega_1}R_{rm}\left[\frac{I^2_{rm+}}{s}-\frac{I^2_{rm-}}{2-s}\right] \tag{5.153}$$

当 $Z_a=\infty$（辅相开路），$\overline{I}_{rm+}=\overline{I}_{rm-}$，从而以零转速（$s=1$）运行时，转矩为零（如第 5.21 节所示）。

电容裂相感应电动机典型的 T_e（ω_r）特性如图 5.45c 所示。正序转矩 T_{e+} 在（$+\omega_1/p_1$）时获得同步，而负序在（$-\omega_1/p_1$）时获得同步。负序转矩 T_{e-} 不太大，但由于其转差率大（$2-s$），会产生较大的转子绕组损耗。

因此，需要两个绕组完全对称，以减少绕组损耗：

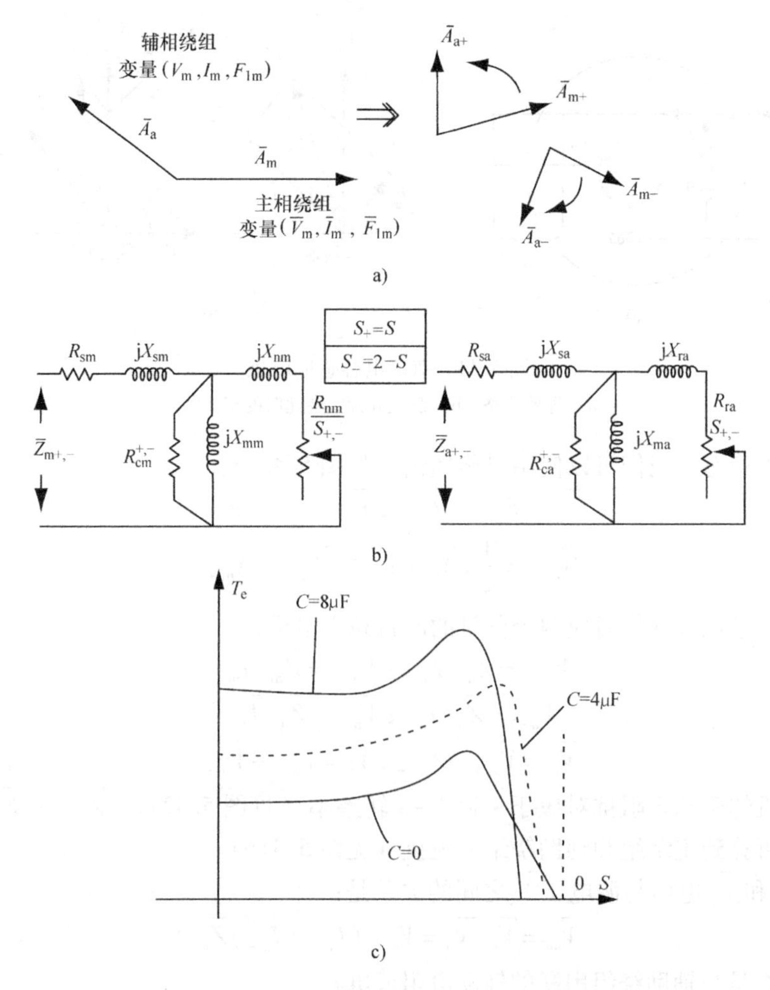

图 5.45　对称分量模型

a）正反向分量模型　b）等效阻抗 $\bar{Z}_{m+}$ 和 $\bar{Z}_{a+}$　c）$T_e(\omega_r)$ 曲线

$$\bar{I}_{rm-}=0 \tag{5.154}$$

由此可得给定转差率下所需的匝数比 a 和所需的电容器 C。例如在 $s=1$ 对称运行时，a 一旦被确定，则在额定转差率 s_n 对称运行时不能再做改变，但应该选择较小的电容器 C_n。

当主绕组和辅绕组使用相同数量的铜（$R_{sm}=R_{sa}/a^2$，$X_{sm}=X_{sa}/a^2$）时，对称条件为（参考文献［4，第 24 章］）：

$$a=X_{m+}/R_{m+}=\tan\varphi_+$$

$$X_c=1/\omega_1 C=Z_+ a\sqrt{a^2+1} \tag{5.155}$$

图 5.45 显示了两种不同电容器的 T_e（ω_r）（辅相开路时 $C=0$），这只是为

了说明对于运行条件来说，一个很大的电容器也不足够。因此，即使有两个电容器 $C_{\text{start}} >> C_{\text{run}}$，设计永久电容器裂相电动机也需在良好起动和运行性能之间进行艰难的折中。

功率100W 时效率在85%以上的电容器裂相电动机主要用于冰箱压缩机等家用电器中，下面通过一个数值算例来说明。

例 5.7　电容器裂相电动机

一台裂相式感应电机，运行电容器（$C=4\mu\text{F}$），230V，50Hz，$n_n=940\text{r/min}$（$2p_1=6$）。主相绕组和辅相绕组参数为：$a=1.73$，$R_{\text{sm}}=34\Omega$，$X_{\text{sm}}=35.9\Omega$，$R_{\text{sa}}=R_{\text{sm}}/a^2$，$X_{\text{sa}}=X_{\text{sm}}/a^2$，$X_{\text{rm}}=29.32\Omega$，$R_{\text{rm}}=23.25\Omega$，$X_{\text{mm}}=249\Omega$。

计算 $s=0.06$ 时的电源电流、转矩、功率因数、输入功率和效率（不计磁心损耗和机械损耗）。

解：

从方程式（5.151）和方程（5.152），我们可以导出[4, pp. 84]：

$$I_+=\frac{\overline{V}_{\text{s}}}{2}\frac{(1-\text{j}/a)(\overline{Z}_-+2\overline{Z}_{\text{a}}^{\text{m}})}{\overline{Z}_+\overline{Z}_-+\overline{Z}_{\text{a}}^{\text{m}}(\overline{Z}_++\overline{Z}_-)}$$

$$I_-=\frac{\overline{V}_{\text{s}}}{2}\frac{(1+\text{j}/a)(\overline{Z}_-+2\overline{Z}_{\text{a}}^{\text{m}})}{\overline{Z}_+\overline{Z}_-+\overline{Z}_{\text{a}}^{\text{m}}(\overline{Z}_++\overline{Z}_-)} \tag{5.156}$$

$$T_{\text{e}}=\frac{2p_1}{\omega_1}[I_{\text{m}+}^2\text{Re}(\overline{Z}_+)-I_{\text{m}-}^2\text{Re}(\overline{Z}_-)-R_{\text{sm}}(I_{\text{m}+}^2-I_{\text{m}-}^2)] \tag{5.157}$$

$$\overline{Z}_{\text{a}}^{\text{m}}=-\frac{1}{2\omega Ca^2}=-\frac{\text{j}}{2\pi\times50\times4\times10^{-6}\times1.73^2}=-\text{j}133.4\Omega$$

$$(\overline{Z}_+)_{s=0.06}=R_{\text{sm}}+\text{j}X_{\text{sm}}+\frac{\text{j}X_{\text{mm}}(R_{\text{rm}}/s+\text{j}X_{\text{rm}})}{R_{\text{rm}}/s+\text{j}(X_{\text{mm}}+X_{\text{rm}})}=139.4+\text{j}197.75$$

$$(\overline{Z}_-)_{s=0.06}=R_{\text{sm}}+\text{j}X_{\text{sm}}+\frac{\text{j}X_{\text{mm}}[R_{\text{rm}}/(2-s)+\text{j}X_{\text{rm}}]}{R_{\text{rm}}/(2-s)+\text{j}(X_{\text{mm}}+X_{\text{rm}})}=46.6+\text{j}50.25$$

所以从方程式（5.156）和方程（5.157）得

$$\overline{I}_{\text{m}+}=0.525-\text{j}0.794$$

$$\overline{I}_{\text{m}-}=0.1016+\text{j}0.0134$$

$$T_{\text{e}+}=\frac{2\times3}{2\pi\times50}\times0.9518^2\times(139.4-34)=1.8245\text{N}\cdot\text{m}$$

$$T_{\text{e}-}=-\frac{2\times3}{2\pi\times50}\times0.1025^2\times(46.6-34)=-2.53\times10^{-3}\text{N}\cdot\text{m}$$

主相绕组电流和辅相绕组电流 $\overline{I}_{\text{m}}$ 和 $\overline{I}_{\text{a}}$ 为［方程（5.151）］：

$$\overline{I}_{\text{m}}=\overline{I}_{\text{m}+}+\overline{I}_{\text{m}-}=0.525-\text{j}0.794+0.1016+\text{j}0.0134\approx0.62-\text{j}0.78$$

$$\overline{I}_{\text{a}}=\text{j}\frac{\overline{I}_{\text{m}+}+\overline{I}_{\text{m}-}}{a}=0.466+\text{j}0.274$$

定子总电流：

$$\bar{I}_s=\bar{I}_a+\bar{I}_m\approx1.092-j0.506$$

所以电机功率因数 $\cos\varphi_s$：

$$\cos\varphi_s=\frac{\mathrm{Re}(\bar{I}_s)}{I_s}=\frac{1.092}{1.204}\approx0.9$$

输入有功功率 P_{1e}：

$$P_{1e}=V\mathrm{Re}(\bar{I}_s)=230\times1.092=251.16\mathrm{W}$$

电机输出的机械功率 P_{out}：

$$P_{out}=T_e\frac{\omega_1}{p_1}(1-s)=1.822\times\frac{2\pi\times50\times(1-0.06)}{3}=179.26\mathrm{W}$$

所以效率 $\eta_{s=0.06}$：

$$\eta_{s=0.06}=\frac{P_{out}}{P_{1e}}=\frac{179.26}{251.16}=0.7137$$

注意：

- 反向转矩分量小。
- 功率因数高（由于电容器的存在）。
- 效率不是很高，部分原因是 $2p_1=6$（一般来说，$2p_1=2$ 会导致更好的效率）。
- $\bar{I}_m$ 和 $\bar{I}_a$ 之间的相位差约为 30.45° − （−51.52°）≈82°，离理想的90°不远。
- 主相和辅相磁动势幅值之比为 $I_aW_a/I_mW_m=aI_n/I_m=1.73\times0.54/0.996=0.9308$。磁动势幅值的比值离 1 不远。因此，当 $s=0.06$ 时，这种情况近似对称。
- 电容器裂相定子也可以与笼型永磁（或磁阻）转子构成同步电动机。

5.24 直线感应电动机

想象一下，将笼型转子传统三相感应电动机铺平，并展开笼型（变成梯子形状），可得到一个一次侧短二次侧长的单边直线感应电动机（见图 5.46）。

在城市和城际客运或工业短途运输等应用中，出于成本原因，可以用实心背铁（一到四块）加铝板替换地面上的梯子形状的二次侧动子（见图 5.46）。

当实心铁轭在地面上时，会产生趋肤效应和一次侧行波磁场引起的涡流。因此，实心铁轭有助于产生推力，但也会导致磁化电流增加。电机气隙 $g=1\sim15\mathrm{mm}$，1mm 适用于短距离（例如，干净的室内环境）运输，8～15mm 适用于城市和城际客运交通。

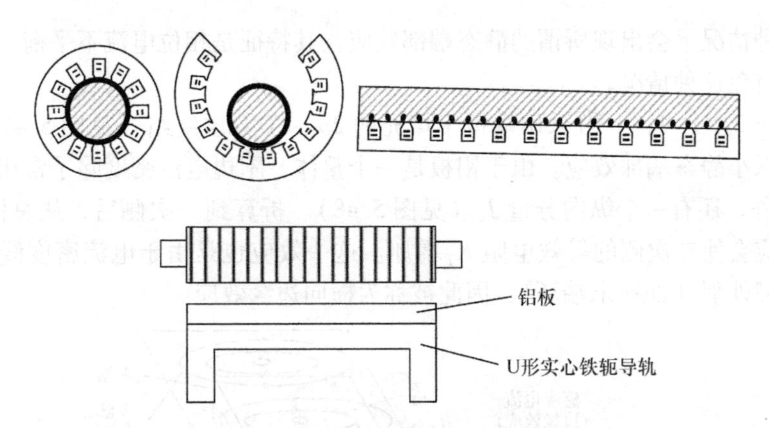

图 5.46 直线感应电动机扁平形状展开过程

三相绕组由旋转电机通过铺平展开获得：

- 单层绕组 $2p_1=2，4，6，\cdots$（偶数）（见图 5.47a）。
- 具有 $2p_1+1$ 个极与半个绕线端部磁极的双层整距（或短距）绕组，在 $2p_1-1$ 个中心磁极上附加（高斯定律引起的）背铁的磁通量密度几乎为零。

5.24.1 直线感应电机中的端部和边缘效应

当极数较少时，如 $2p_1=2$、4，单层绕组（见图 5.47a）似乎更合适，因为它充分利用所有一次侧的磁心，但是沿着运动方向的有限铁心长度，相对于相位 A 相和 C 相，B 相处于不同位置。

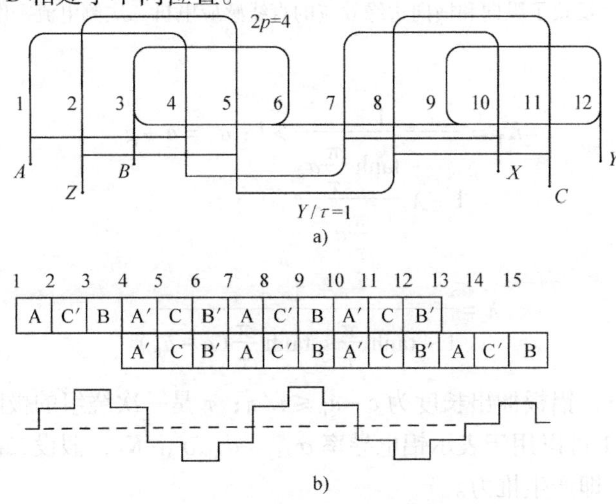

图 5.47 直线感应电机的绕组

a）单层整距绕组（$N_1=12$ 槽，$2p_1=4$，$q=1$） b）双层整距绕组（$N_1=15$ 槽，$2p_1+1=5$，$q=1$）

这种情况下会出现所谓的静态端部效应，其特征是相位电流不平衡。两相绕组可以避免这种情况。

对于 $2p_1 > 4$，一般采用端极半填充的 $2p_1+1$ 双层绕组（见图 5.47b），这样可以减小静态端部效应。由于铝板是一个整体，副边电流密度除了常用的横向分量 J_y外，还有一个纵向分量 J_x（见图 5.48）。折算到一次侧后，从总体上看，这种效应会使二次侧的等效电阻 K_T增加。这一效应也是由于电流密度线经过了活动区域外部（如在末端环），因此被称为横向边缘效应。

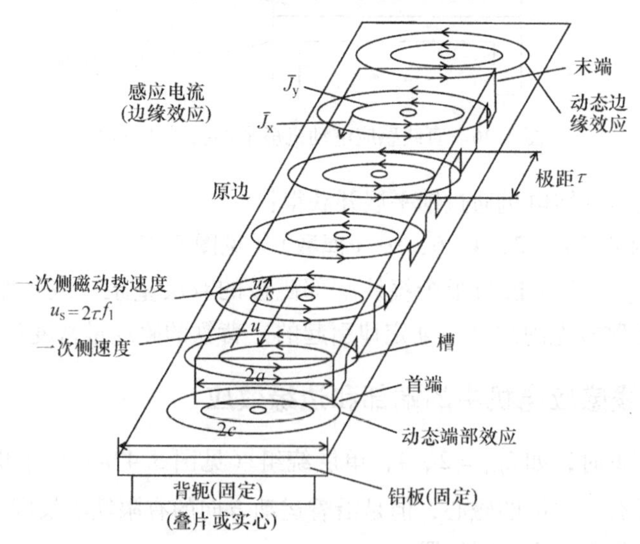

图 5.48　反映了纵向和横向边缘效应的直线感应电机二次侧电流密度路径

近似地：

$$K_T = \frac{1}{1-\lambda\dfrac{\tanh\dfrac{\pi}{\tau}a_e}{\dfrac{\pi}{\tau}a_e}} > 1;\ a_e = a + g_e$$

$$\lambda = \frac{1}{1+\tanh\dfrac{\pi}{\tau}a_e\tanh\dfrac{\pi}{\tau}(c-a_e)} \tag{5.158}$$

通常情况下，铝板伸出长度为 $c-a_e \leqslant \tau/\pi$；τ 是一次绕组的极距。

系数 $K_T > 1$ 可以用于表示铝电导率 $\sigma_{Ale} = d_{Ale}\sigma_{Al}/K_T$，假设二次侧电流密度只有横向分量，即产生推力。

求解纯行波且只存在轴向 x 变化的气隙磁密分布 B_g，并考虑高斯通量定律[10]，由泊松方程可得

$$\frac{\partial B_{\mathrm{g}}}{\partial x^2}-\frac{\mu_0\sigma_{\mathrm{Ale}}U}{g_{\mathrm{e}}}\frac{\partial B_{\mathrm{g}}}{\partial x}-\frac{\mu_0\sigma_{\mathrm{Ale}}}{g_{\mathrm{e}}}\frac{\partial B_{\mathrm{g}}}{\partial t}=\frac{\mu_0}{g_{\mathrm{e}}}\frac{\partial A_{\mathrm{s}}}{\partial x} \tag{5.159}$$

$$A(x,t)=A_{\mathrm{m}}\mathrm{e}^{\mathrm{j}\left(\omega_1 t-\frac{\pi}{\tau}x\right)}\quad \text{定子电流片} \tag{5.160}$$

以及

$$A_{\mathrm{m}}=\frac{3W_1k_{\mathrm{W1}}I\sqrt{2}}{p_1\tau};\quad U\text{为速度(m/s)} \tag{5.161}$$

不考虑动态端部效应，气隙磁密也是行波：

$$B_{\mathrm{gc}}(x,t)=B_{\mathrm{g}}\mathrm{e}^{\mathrm{j}\left(\omega_1 t-\frac{\pi}{\tau}x\right)} \tag{5.162}$$

在这种情况下，由方程（5.159）得到

$$B_{\mathrm{gc}}=\frac{\mu_0\overline{F}_{1\mathrm{m}}}{g_{\mathrm{e}}(1+\mathrm{j}sG_{\mathrm{e}})};\ F_{1\mathrm{m}}=A_{1\mathrm{m}}\frac{\tau}{\pi} \tag{5.163}$$

其中，s 是转差率，同旋转电机一样。

$$s=\frac{U_{\mathrm{s}}-U}{U_{\mathrm{s}}};\ U_{\mathrm{s}}=\tau\frac{\omega}{\pi}=2\tau f_1 \tag{5.164}$$

以及

$$G_{\mathrm{e}}=\frac{2f_1\mu_0\sigma_{\mathrm{Ale}}\tau^2}{\pi g_{\mathrm{e}}}=\frac{X_{1\mathrm{m}}}{R_{\mathrm{r}}'};\ g_{\mathrm{e}}=g+d_{\mathrm{Ale}} \tag{5.165}$$

其中，G_{e}被称为等效品质因数；$X_{1\mathrm{m}}$和 R_{r}'是折算到一次侧的励磁电抗和二次电阻（不考虑端部效应）；d_{Ale}是铝板的等效厚度，包括背铁的电导率和磁场穿透深度。

品质因数 g_{e}越大，常规性能越好。这一概念也可以扩展到笼型转子感应电机，目前还没有做到这一点。然而，若品质因数越大，当电机磁极数 $2p_1+1$ 越小时，动态端部效应产生的附加二次损耗、更小的推力和功率因数的破坏性后果就越大。

仅考虑有效（一次侧）长度，简化了方程（5.159）的气隙磁密解 B_{g}为

$$\overline{B}_{\mathrm{g}}(x,t)=\underbrace{\overline{A}\mathrm{e}^{\overline{\gamma}_1 x}}_{\text{前端部效应}}+\underbrace{\overline{B}\mathrm{e}^{\overline{\gamma}_2(x-L_{\mathrm{p}})}}_{\text{后端部效应}}+\underbrace{\overline{B}_{\mathrm{gc}}\mathrm{e}^{-\mathrm{j}\frac{\tau}{\pi}x}}_{\text{传统行波磁场}} \tag{5.166}$$

其中，L_{p}是电机的一次侧长度。

以及

$$\gamma_{1,2}=\pm\frac{a_1}{2}\left(\sqrt{\frac{b_1+1}{2}}\pm 1+\mathrm{j}\sqrt{\frac{b_1-1}{2}}\right)=\gamma_{1,2r}\pm\mathrm{j}\gamma_i$$

$$a_1=\frac{\pi}{\tau}G_{\mathrm{e}}(1-s);\ b_1=\sqrt{1+\frac{16}{G_{\mathrm{e}}^2(1-s)^4}} \tag{5.167}$$

系数 $\overline{A}$ 和 $\overline{B}$ 由一次侧前后两端的边界条件得到。推力沿一次侧长度方向

$j \times Bl$：

$$F_x \approx -a_e d_{Ale} \mathrm{Re}\left[\int_0^{L_p} \overline{A}^*(x) B_g(x) \mathrm{d}x\right] = F_{xc} + F_{xend} \tag{5.168}$$

端部效应推力 F_{xend}是传统推力的另一种形式，两者表达式为

$$F_{xend} = \frac{a_e \mu_0 \tau}{g_e} A_m^2 \mathrm{Re}\left[-\frac{j(\overline{\gamma}_1 \tau)(e^{\gamma_2 \tau - j\pi} - 1)}{(\overline{\gamma}_2 \tau - \overline{\gamma}_1 \tau)(\frac{\overline{\gamma}_2 \tau}{\pi} - j)}\right] \tag{5.169}$$

$$F_{xc} = 2a_e p_1 \frac{\tau^2 A_m^2}{g_e \pi} \frac{\mu_0 s G_e}{1 + s^2 G_e^2} \tag{5.170}$$

我们可以用同样的方式提取端部效果的无功功率 Q_{end}，以及二次侧铝板的损耗 P_{Alend}。为了简化并优化设计，尽管经过40多年的努力[10]，在没有可靠的端部效应补偿方案的情况下，提出了一种最优因子 G_e[10]，使在零转差率（$s=0$）（见图5.49）时的动态端部效应推力为零。G_e只取决于极对数 p_1。

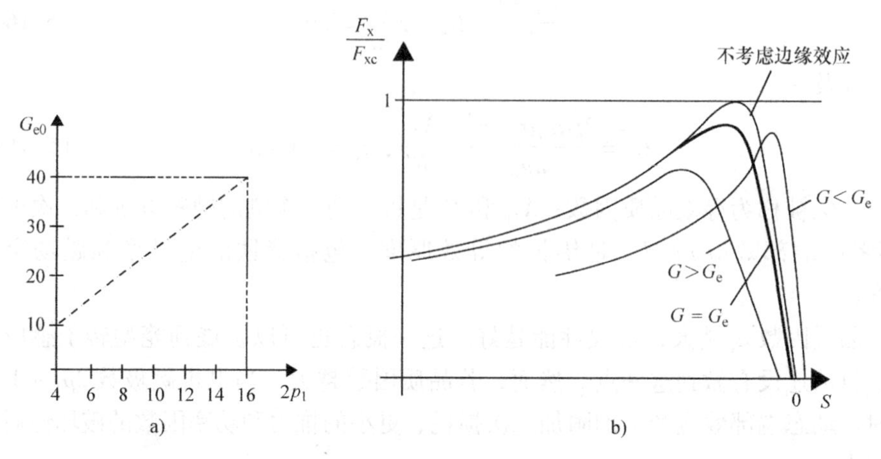

图5.49 直线感应电机的动态端部效应

a）品质因数与极数$2p_1$ b）推力与转差率

例：$2p_1=12$，在 $s=0.07$，$U=110\text{m/s}$，效率 $\eta_2=0.89$，$\cos\varphi_2=0.82$（这些是二次侧效率和功率因数，没有考虑一次侧损耗和一次侧泄漏无功功率）。在高速下这些仍然是非常好的性能。

为简化带有端部效应的直线感应电机的设计（这一点甚至对 $U_{max}<30\text{m/s}$ 的城市交通也是值得注意的），动态端部效应校正项依赖于 sG_e 和 p_1，可借鉴旋转感应电机等效电路，以简化设计[8]。

我们总结了直线感应电机的理论，鼓励感兴趣的读者去阅读和参考相关文献［8-14］。

5.25　感应电机的实时测试与虚拟负载测试/实验 5.7

单级或两级 PWM 双向功率变换器（变频器）可进行再生制动或带虚拟负载的性能试验以及温升（寿命）试验（见图 5.50a）。

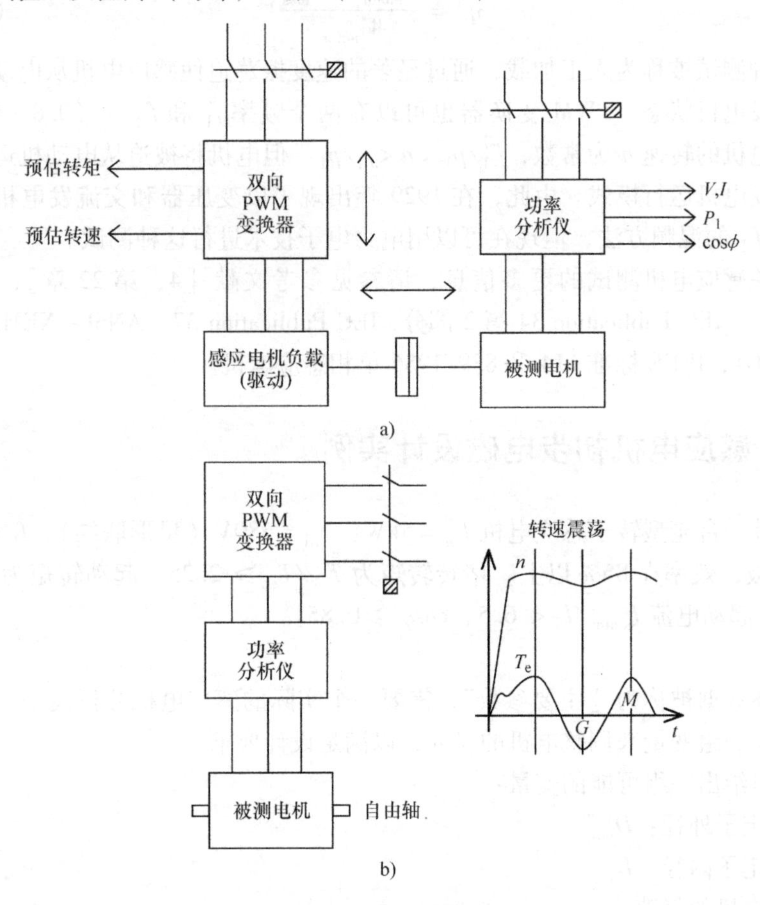

图 5.50　感应电机试验

a）再生制动　b）虚拟负载试验

带载感应电机可以作为电机或发电机，对应的测试电机则作为发电机（$s<0$）或电动机（$s>0$）。负载（驱动）系统产生电磁转矩和转速，功率分析仪测量输入功率、$\cos\varphi_2$、被试电机的电流，如果应用场景需要，被测电机可工作在电动机和发电机状态，测试至 150% 额定转矩（推力）。

对于虚拟加载（例如与驱动器解耦的竖向载荷感应电机），被测感应电机本体（轴上无约束）通过双向 PWM 变换器驱动，转速基准以某幅值和频率振荡，从而产生所需的定子电流有效值。如果我们恢复电机输入有功功率（正或负），则几个周期后平均值表示电机功率损耗 W_{loss}。但是如果我们只对正能量进行积分和平均，我们就得到了电动运行的输入功率 W_{motor}。

因此，效率 η_m 为

$$\eta_m = \frac{W_{motor} - W_{loss}}{W_{motor}} \tag{5.171}$$

这种测试被称为人工加载，通过显著的速度振荡迫使感应电机从电动机状态切换到发电机状态。PWM 变换器也可以有两个频率 f_1 和 $f_1' = (0.8 \sim 0.9)f_1$，从而使电机的转速 n 为常数，$f_1'/p_1 < n < f_1/p_1$。但电机将被迫从电动机运行模式切换到发电机运行模式。由此，在 1929 年出现了以变压器和交流发电机为电源的 f_1 和 f_1' 的混频方法，但现在可以用电力电子技术进行这种测试。

有关感应电机测试的更多信息，请参见参考文献 [4，第 22 章]，ANSI - IEEE 112，IEC Publication 34 第 2 部分，IEC Publication 37，ANSI - NEMA Publication MG1，IEEE 标准 114 和 839/1986 单相感应电机。

5.26 感应电机初步电磁设计实例

设计一台笼型转子感应电机 $P_n = 5\text{kW}$，$V_{nl} = 380\text{V}$（星形联结），$f_1 = 50\text{Hz}$，$2p_1 = 4$ 极，效率在 85% 以上。堵转转矩为 $T_{ek}/T_{en} \geqslant 2.25$，起动转矩为 $T_{es}/T_{en} \geqslant 1.2$。起动电流 $I_{stator}/I_n < 6.5$，$\cos\varphi_n \geqslant 0.85$。

解：

上述数据被称为“主要参数”，需要一个实际的感应电机分析模型。这样的模型需要一组变量来调整电机的尺寸，以满足设计要求。

这里给出一组可能的变量：

- 定子外径：D_{out}
- 定子内径：D_{is}
- 电机的气隙：g
- 轴径：D_{shaft}
- 定子铁心轴向长度：L_e
- 定子槽高：h_{ss}
- 定子槽宽/槽距：b_{ss}/τ_{ss}
- 转子槽高：h_{sr}
- 转子槽宽/槽距：b_{sr}/τ_{sr}
- 定子槽数：N_s
- 转子槽数：N_r

- 每相匝数 W_s（以及当前路径数 a）

本章前面已经介绍并推导了电机参数 R_s、R_r、L_{sl}、L_{rl}、L_{1m}，以及 R_{iron} 的解析表达式，这取决于上述变量，并且已经给出了上述设计参数的表达式。

由于这些关系是非线性的，我们不能直接从设计参数和解析表达式中推导出电机尺寸变量。

但是，如果我们在过去的设计经验中添加一些额外的数据，我们可以得到一组初步的变量，这些变量可以导出相当完整的电机尺寸。这个初步的设计为优化设计奠定了良好的基础。

主要的初步设计包括：

- 磁路
- 电路
- 参数
- 起动转矩和电流
- 磁化电抗 X_m
- 空载电流
- 额定电流
- 效率和功率因数

5.26.1 磁路

我们选择额定转矩下的切向力，即 f_t，作为基本的设计常数。该切向力 f_t 随转子直径增加而增大，并在转子直径区间内有以下数值：

$$f_t=(0.3\sim3)\,\mathrm{N/cm^2};\ 其中\ D_{is}=(0.05\sim0.5)\,\mathrm{m} \tag{5.172}$$

此外，定子铁心长度与定子内径（L_e/D_{is}）之比为

$$\frac{2p_1L_e}{\pi D_{is}}=\frac{L_e}{\tau}=0.5\sim3 \tag{5.173}$$

较长的铁心意味着相对较短的端部连接长度，从而降低了定子绕组损耗。

气隙磁密的基波幅值在空载和负载时大致相同：

$$B_{g1}=(0.4\sim0.8)\,\mathrm{T} \tag{5.174}$$

小功率（小于0.5kW）和高频率（转速）感应电机的特点是 B_{g1} 具有较小的值。

从设计经验和设计优化结果来看：

$$k_D=\frac{D_{is}}{D_{out}}\approx0.5\sim0.6;\ 2p_1=2$$

$$k_D=\frac{D_{is}}{D_{out}}\approx0.6\sim0.67;\ 2p_1=4$$

$$k_D = \frac{D_{is}}{D_{out}} \approx 0.67 \sim 0.72; \ 2p_1 = 6$$

$$k_D = \frac{D_{is}}{D_{out}} \approx 0.7 \sim 0.75; \ 2p_1 \geqslant 6 \tag{5.175}$$

气隙 g 受到机械上的限制不能过小，考虑到槽口引起的空间谐波所造成的额外的铁心损耗和鼠笼损耗，气隙 g 也不能太大，$g = (0.2 \sim 2.5)$mm，功率越大（兆瓦级），气隙 g 的数值越大。

设计（额定）电流密度取决于占空比、冷却方式、电机尺寸和期望的效率。

对于讨论中的情况，$f_{bt} = 1.7\text{N/cm}^2$，$L_e/\tau = 0.820$，$B_{g1} = 0.75\text{T}$，$D_{is}/D_{out} = 0.623$，$g = 0.4\text{mm}$。

虽然不知道额定转差率，但我们可以选择初始值 $s_n = 0.025$，因为感应电机的速度变化很小。

所以额定转矩 T_{en}：

$$T_{en} \approx \frac{P_n}{2\pi \dfrac{f_1}{p_1}(1 - s_n)} = \frac{5000}{2\pi \times 50 \times (1 - 0.025)} = 32.66\text{N} \cdot \text{m} \tag{5.176}$$

但是

$$T_{en} \approx f_{tn} \frac{D_{is}}{2}\left(\frac{L_e}{\tau}\frac{2\pi}{2p_1}\right)\pi D_{is}^2 = 1.7 \times 10^4 \times D_{is}^3 \times \frac{\pi}{2} \times 0.828 \times \frac{3.14}{2 \times 2}$$

$$D_{is} = 0.12345\text{m} \tag{5.177}$$

所以定子铁心的长度 L_e 为

$$L_e = \frac{L_e}{\tau}\frac{\pi D_{is}}{2p_1} = 0.828 \times \pi \times \frac{0.12345}{2 \times 2} = 0.08\text{m} \tag{5.178}$$

因此，转子外径 D_{out}

$$(D_{out})_{2p_1} = 4 = \frac{D_{is}}{k_D} = \frac{0.12345}{0.623} = 0.198\text{m} \tag{5.179}$$

轴径的选择与最大转矩有关，$D_{shaft} = 30\text{mm}$。

我们认为磁饱和并不会把磁密的波形拉平，而槽开口的影响用卡特系数 K_c 来计算。

因此，计算定子铁轭高度 h_{ys}（$B_{ys} = 1.5\text{T}$）是相当方便的。

$$h_{ys} = \frac{\dfrac{\Phi_p}{2}}{B_{ys} L_e} = \frac{\dfrac{B_{g1}\tau}{\pi}}{B_{ys}} = \frac{\dfrac{0.75 \times \pi \times 0.12345}{\pi \times 2 \times 2}}{1.5} = 15.428 \times 10^{-3}\text{m} \tag{5.180}$$

转子轭 h_{yr}（$B_{yr} = 1.6\text{T}$）为

$$h_{yr}=\frac{\frac{\Phi_p}{2}}{B_{yr}L_e}=\frac{\frac{B_{g1}\tau}{\pi}}{B_{yr}}=\frac{\frac{0.75\times0.0969}{\pi}}{1.6}=14.5\times10^{-3}\text{m} \tag{5.181}$$

$$\tau=\frac{\pi D_{is}}{2p_1}=\pi\times\frac{0.12345}{2\times2}=0.0969\text{m} \tag{5.182}$$

由于已知外径 D_{out} 和轴径 D_{shaft}，因此可以计算定子和转子槽的总径向高度 h_{sr}：

$$h_{ss}=\frac{D_{out}-D_{is}}{2}-h_{ys}=\frac{0.198-0.12345}{2}-0.0154\approx21.6\text{mm} \tag{5.183}$$

$$h_{sr}=\frac{D_{out}-D_{shaft}}{2}-h_{yr}-g=\frac{0.12345-0.03}{2}-0.145-0.4\approx31.5\text{mm} \tag{5.184}$$

选择每极每相槽数 $q=3$（极距 $\tau=0.09687\text{m}$），当极数 $2p_1$ 为 4，$N_s=2p_1qm_1=2\times2\times3\times3=36$ 槽。转子槽数 $N_r=30$（可以查表选取合适的极槽配合，使寄生转矩效应最小[4,第15章]）。定子和转子的齿部磁通密度再次被选择为$B_{ts,r}=1.5\text{T}$，因此齿/槽距比为

$$\frac{b_{ts}}{\tau_{ss}}=\frac{b_{tr}}{\tau_{sr}}=\frac{B_{g1}}{B_{ts,r}}=\frac{0.75}{1.5}=0.5 \tag{5.185}$$

图 5.51 中采用 $h_{0s}=0.5\text{mm}$，$b_{0s}=2.5\text{mm}$，$h_w=1\text{mm}$，$h_{rp}=2\text{mm}$，$b_{0r}=1.5\text{mm}$。现在完全可以确定定子尺寸，槽顶部和底部宽度为

$$\begin{aligned}b_{s1}&=\frac{\pi[D_{is}+2(h_{0s}+h_w)]}{N_s}-b_{ts}\\&=\frac{\pi\times[123.4+2\times(0.5+1)]}{36}-0.5387\times\frac{96.87}{9}\\&=5.62\text{mm}\end{aligned}$$

$$\begin{aligned}b_{s2}&=\frac{\pi(D_{is}+2h_{ss}+h_{ys})}{N_s}-b_{ts}\\&=\frac{\pi\times(123.4+2\times21.6)}{36}-5.4\\&=10.47\text{mm}\end{aligned}$$

$$b_{r1}=\frac{\pi(D_{is}-2g-2h_{rp})}{N_r}-b_{tr}=\frac{\pi\times(123.4-0.8-4)}{30}-6.48=6.5\text{mm}$$

$$b_{r2}=\frac{\pi(D_{ir}-2g-2h_{sr})}{N_r}-b_{tr}=\frac{\pi\times(123.4-0.8-60)}{30}-6.48=1.5\text{mm} \tag{5.186}$$

定子和转子中的槽内面积区域（填充线圈）为

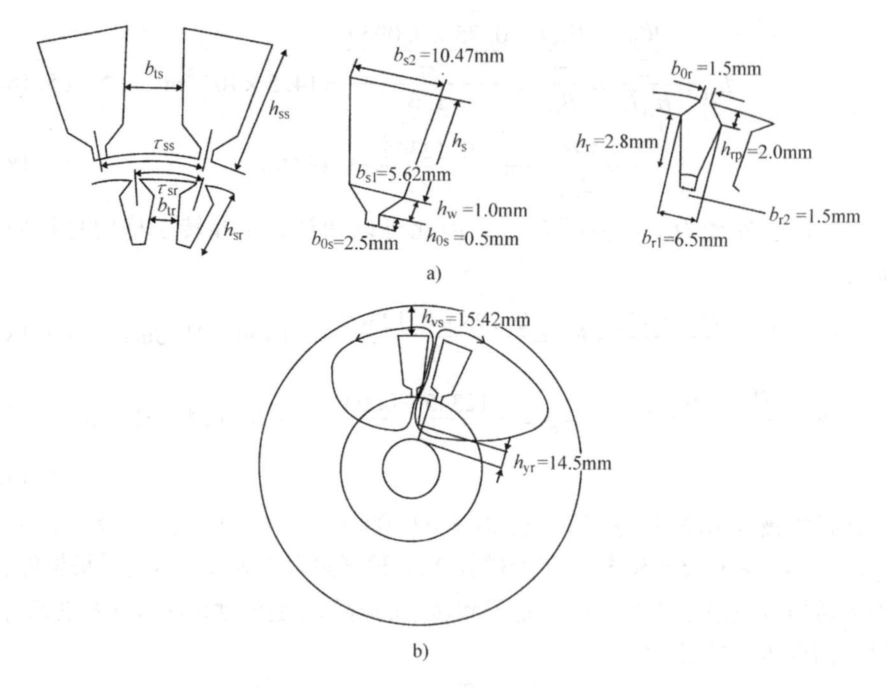

图5.51　a）典型定子槽和转子槽及其几何计算尺寸　b）横截面

$$A_{ssa}=(h_{ss}-h_{0s}-h_w)\frac{b_{s1}+b_{s2}}{2}=\frac{(21.5-1.5)\times(5.62+10.47)}{2}=160.9\text{mm}^2 \tag{5.187}$$

$$A_{sra}=h_{rp}\frac{b_{0r}+b_{r1}}{2}+(h_{sr}-h_{rp})\frac{b_{r1}+b_{r2}}{2}=2\times\frac{1.5+6.5}{2}+28\times\frac{8}{2}=120\text{mm}^2 \tag{5.188}$$

定子与转子槽面积之比为

$$\frac{A_{ss}}{A_{sr}}=\frac{N_sA_{ssa}}{N_rA_{sra}}=\frac{36\times160.9}{30\times120}=1.609>1 \tag{5.189}$$

如预期的那样，内转子结构的槽空间较小，$A_{ss}/A_{sr}>1$，即使比值是2/1或更高，可以避免严重的磁饱和。

5.26.2　电路

根据实际工业应用，定子中的电动势 V_{en} 约为电源额定电压 V_n 的0.93～

0.98 倍：

$$\frac{V_{en}}{V_n} \approx (0.93 \sim 0.98) \tag{5.190}$$

功率低于千瓦级的感应电机取较小的数值，若极数 $2p_1$ 较大时，定子漏电抗标幺值增大，应取较大的数值。由方程（5.34）可得 V_{en}为

$$V_{en} = \sqrt{2}\pi f_1 W_s k_{w1s} \frac{2}{\pi} B_{g1} \tau L_e \tag{5.191}$$

根据式（5.9）计算定子绕组系数 k_{w1s}：

$$k_{w1s} = \frac{\sin\frac{\pi}{6}}{q\sin\frac{\pi}{6}} \sin\frac{y}{\tau}\frac{\pi}{2} \tag{5.192}$$

取 $q = 3$，y/τ（线圈节距/极距）$= 8/9$，$k_{w1} = 0.925$。方程（5.191）中唯一的未知变量是每相的匝数 W_s：

$$W_s = \frac{\frac{380}{\sqrt{3}} \times 0.97}{\sqrt{2}\pi \times 50 \times 0.925 \times \frac{2}{\pi} \times 0.75 \times 0.0968 \times 0.0825} = 252\ \text{匝/相}$$

现在，对于双层绕组每个线圈匝数 W_c为

$$W_c = \text{Integer}\left(\frac{W_s}{2p_1 q}\right) = \text{Integer}\left(\frac{252}{2 \times 2 \times 3}\right) = 21\ \text{匝/线圈}$$

因而，每相匝数为 252。在设计的这个阶段，我们不能计算额定电流，除非我们假定额定效率和功率因数是定值（传统的设计方法是根据经验，假设 η_n 和 $\cos\varphi_n$ 的初始值）。在这里，我们首先处理电机参数，然后计算 I_n、η_n 和 $\cos\varphi_n$。

5.26.3 参数

已知每相匝数和定子槽面积，我们可以计算定子电阻：

$$R_s = \rho_{Co} l_{cs} \frac{W_s}{A_{Co}} = \frac{2.1 \times 10^{-8} \times 0.4353 \times 252}{1.408 \times 10^{-6}} = 1.63682\Omega$$

$$A_{Co} = \frac{A_{ss} k_{fill}}{2W_c} = \frac{160.9 \times 0.45}{2 \times 21} = 1.408\text{mm}^2 \tag{5.193}$$

线圈一匝的长度 l_{cs} 为

$$l_{cs} \approx 2L_e + 2l_{ec} = 2L_e + \pi y = 2 \times (0.0825 + 0.13518) = 0.4353\text{m} \tag{5.194}$$

转子铝棒电阻 R_b 为

$$R_b = \rho_{Al} \frac{L_e + 0.01}{A_{sra}} = \frac{3.5 \times 10^{-8} \times 0.0925}{120 \times 10^{-6}} = 0.27 \times 10^{-4}\Omega \tag{5.195}$$

端环与导条的电流比［方程（5.24）］为

$$\frac{I_{r}}{I_{b}}=\frac{1}{2\sin\frac{\alpha_{esr}}{2}}=\frac{1}{2\sin\frac{2\times\pi\times2}{2\times30}}=2.38 \tag{5.196}$$

所以端环的面积 A_{ring}：

$$A_{ring}\approx A_{sra}\frac{I_{r}}{I_{b}}=120\times2.38=286.62\text{mm}^{2} \tag{5.197}$$

转子导条/端环的关系如图 5.52 所示。

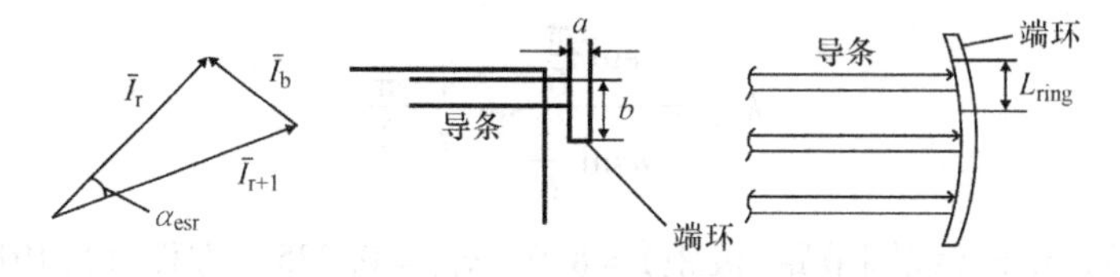

图 5.52　转子端环尺寸

端环横截面尺寸 a 和 b 分别为 $a=10$mm 和 $b=28.6$mm。与导条对应的端环段的长度为

$$L_{ring}\approx\frac{\pi(D_{is}-b-2g)}{N_{r}}=\frac{\pi\times(123.4-28.6-0.8)}{30}\approx9.92\text{mm} \tag{5.198}$$

因此端环段电阻 R_{r}：

$$R_{r}=\rho_{Al}\frac{L_{ring}}{A_{ring}}=\frac{3.5\times10^{-8}\times0.00992}{286\times10^{-6}}=0.1211\times10^{-5}\Omega \tag{5.199}$$

等效导条电阻 R_{be}［方程（5.26）］：

$$R_{be}=R_{b}+\frac{R_{b}}{2\sin^{2}\alpha_{esr}}=0.27\times10^{-4}+\frac{0.1211\times10^{-5}}{2\sin^{2}\frac{\pi}{15}}=0.4083\times10^{-4}\Omega \tag{5.200}$$

折算到定子的系数为［方程（5.51）］：

$$R_{r}'=R_{be}\frac{N_{r}}{3k_{i}^{2}};\ k_{i}=\frac{N_{r}k_{skew}}{6W_{s}k_{w1s}} \tag{5.201}$$

1 个转子槽距的斜槽系数为［方程（5.48）］：

$$k_{skew}=\frac{\sin\frac{\pi}{2}\frac{c}{\tau}}{\frac{\pi}{2}\frac{c}{\tau}} \tag{5.202}$$

因此

$$k_{i}=\frac{30\times0.95}{6\times252\times0.925}=0.0203 \tag{5.203}$$

并有

$$R_r' = 0.4083 \times 10^{-4} \times \frac{30}{3 \times 0.0203^2} = 0.99\Omega < R_s = 1.636\Omega$$

漏电抗

根据方程（5.49），定子漏电抗（见 5.6.1）为

$$X_{sl} = 2\mu_0 \omega_1 \frac{W_1^2 L_e}{p_1 q} \sum \lambda$$

$$\sum \lambda = \lambda_{sls} + \lambda_{slc} + \lambda_{sld} + \lambda_{slz} \tag{5.204}$$

在这里，我们把漏电抗的几个部分集中表示为 λ_z。槽比漏磁导系数为

$$\lambda_{sls} = \frac{h_s}{3(b_{s1} + b_{s2})} + \frac{h_{0s}}{b_{0s}} + \frac{2h_w}{b_{0s} + b_{s2}} = 1.347 \tag{5.205}$$

Z 字形比漏磁导系数为

$$\lambda_{slz} = \frac{5g/b_{0s}}{5 + 4g/b_{0s}} = 0.1418 \tag{5.206}$$

端部比漏磁导系数为

$$\lambda_{sec} = 0.34 \frac{g}{L_e}(l_{ac} - 0.64y) = 0.99 \tag{5.207}$$

因此，定子总漏电抗 X_{sl} 为［方程（5.204）］。

$$X_{sl} = 2 \times 1.256 \times 10^{-6} \times 2\pi \times 50 \times 252^2 \times \frac{0.0825}{2 \times 3} \times (1.347 + 0.1418 + 0.99)$$

$$\approx 0.752\Omega \tag{5.208}$$

转子鼠笼漏电抗以相同的方式计算（见第 5.6.1 节）

$$\lambda_{rls} = \frac{2h_{rp}}{3(b_{r1} + b_{r2})} + \frac{2h_r}{3(b_{r1} + b_{r2})} = 2.506 \tag{5.209}$$

端环：

$$\lambda_{ring} = \frac{L_{ring}}{L_e} \ln\left(\frac{L_{ring} N_r}{2\sqrt{\frac{ab}{\pi}}}\right) = 0.331 \tag{5.210}$$

因此

$$\begin{aligned} X_{rl} &= X_{be} \frac{N_r}{3k_i^2} \\ X_{be} &= \mu_0 \omega_1 L_e (\lambda_{rls} + \lambda_{ring}) = 0.922 \times 10^{-4}\Omega \\ X_{rl} &\approx 2.21\Omega \end{aligned} \tag{5.211}$$

注意：由于忽略了斜槽漏电感，因此，主电抗 X_{sl} 应乘以 k_{skew}。

5.26.4 起动电流和转矩

由于趋肤效应的影响，转子参数 R'_r 和 X'_{rl} 在计算起动电流和转矩时必须进行修正。

考虑转子槽为矩形槽的情况。

趋肤效应参数 ξ［方程（5.104）］为

$$(\xi)_{start} = h_{rs}\sqrt{\frac{\omega_1 \mu_0 \sigma_{se}}{2}} = 2.25 \tag{5.212}$$

由公式（5.209）近似得

$$\phi(\xi) = (\xi)_{start} = 2.25$$
$$\psi(\xi) \approx \frac{3}{2\xi} = 0.66 \tag{5.213}$$

由于实际转子槽的底部较窄，采用 $\phi(\xi) = 1.5$，$\psi(\xi) = 0.8$（趋肤效应较小）。

一般来说，端环的趋肤效应较小，因为端环大多置于空气中，但我们仍然认为它与槽内区域相同。

因此

$$R'_{rstart} = \phi(\xi) R'_r = 1.5 \times 0.99 = 1.485\Omega$$
$$X'_{rlstart} = \psi(\xi) X'_r = 0.8 \times 2.215 = 1.772\Omega \tag{5.214}$$

因此，起动电流 I_{start} 易由方程（5.56）得到：

$$I_{start} = \frac{V_{rl}/\sqrt{3}}{\sqrt{(R_s + R'_{rstart})^2 + (X_{sl} + X'_{rlstart})^2}} = 47.12\text{A} \tag{5.215}$$

通过方程（5.95）得到 $s=1$ 的起动转矩：

$$T_{estart} \approx \frac{3p_1}{\omega_1} I^2_{start} R'_{rstart} \approx 63\text{N} \cdot \text{m} \tag{5.216}$$

5.26.5 临界转差率和转矩

s_k 和 T_{ek} 为［方程（5.108）和方程（5.109）］：

$$s_k = \frac{R'_r}{\sqrt{R_s^2 + (X_{sl} + X_{rl})^2}} = \frac{0.99}{\sqrt{1.636^2 + (1.7 + 2.215)^2}} = 0.2338 \tag{5.217}$$

$$T_{ek} \approx \frac{3p_1}{2} \frac{\left(\frac{V_{n1}}{\sqrt{3}}\right)^2}{\omega_1} \frac{1}{X_{sl} + X'_{rl}} = \frac{3 \times 2}{2} \times \frac{220^2}{2\pi \times 50} \times \frac{1}{1.7 + 2.215} = 118\text{N} \cdot \text{m} \tag{5.218}$$

注意：仍需计算的额定转矩约为 32N · m，因此起动和最大转矩都很大（可能以降低效率为代价）。

5.26.6　激磁电抗 X_m 以及铁心损耗 p_{iron}

计算铁心磁动势对磁饱和（第 5.4.6 节）的系数 K_s 后，可以计算激磁电抗：

$$K_s = \frac{2H_{ts}h_s + H_{ys}l_{ys} + H_{yr}l_{yr} + 2H_{tr}l_r}{2\dfrac{B_{g1}}{\mu_0}gK_c} \tag{5.219}$$

卡特系数（包括定子和转子开槽）K_c 为

$$K_c = K_{cs}K_{cr}$$

$$K_c = \frac{\tau_{ss}}{\tau_{ss} - \gamma_s g}\frac{\tau_{sr}}{\tau_{sr} - \gamma_r g};\ \gamma_{s,r} = \frac{(b_{0s,r}/g)^2}{5 + b_{0s,r}/g} \tag{5.220}$$

$$\tau_{ss} = \frac{\pi D_{is}}{N_s} = \frac{\pi \times 1.234}{36} = 0.0107\text{m}\ ;b_{0s} = 2.5\text{mm} \tag{5.221}$$

$$\tau_{sr} = \frac{\pi(D_{is} - 2g)}{N_s} = \frac{\pi \times (0.1234 - 2 \times 0.0004)}{30} = 0.01283\text{m}$$

$$b_{0r} = 1.5\text{mm} \tag{5.222}$$

最后得 $K_c = 1.497$。

定子导线直径为

$$d_{CO} = \sqrt{\frac{4}{\pi}A_{CO}} = \sqrt{\frac{4}{\pi} \times 1.408} = 1.34\text{mm} \tag{5.223}$$

当定子槽开口为 2.5mm 时，有足够的空间将每匝导体逐个放入槽内。

由硅钢片 B（H）曲线（第 4 章）可知，此时 $B_{ts} = B_{tr} = 1.5\text{T} = B_{ys} = B_{yr}$，$H_{ts} = H_{tr} = 500\text{A/m}$。

根据保守的设计经验，定子和转子的平均磁路长度为

$$l_{ys} = \frac{\pi(D_{is} - h_{ys})}{2p} = \frac{\pi \times (0.198 - 0.0154)}{4} = 0.143\text{m} \tag{5.224}$$

$$l_{yr} = \frac{\pi(D_{shaft} + h_{yr})}{2p_1} = \frac{\pi \times (0.03 + 0.0154)}{4} = 0.03564\text{m} \tag{5.225}$$

最后得到 K_s［方程（5.219）］为

$$K_s = \frac{2 \times 500 \times 0.0215 + 500 \times 0.9433 + 500 \times 0.03564 + 2 \times 500 \times 0.028}{2 \times \dfrac{0.75}{1.256 \times 10^{-6}} \times 0.4 \times 10^{-3} \times 1.497} = 0.194$$

磁饱和系数 K_s 相当小（对于 $2p_1 = 4$，取值常见范围为 0.3 ~ 0.5），但卡特系数相当大，因此需要增加气隙或减小 b_{0s}，例如减小到 2mm。从而不仅把励磁电流（和功率因数），还有额外磁心（杂散）损耗都保持在合理范围内。

励磁电抗［方程（5.41）］为

$$X_{1m}=\frac{6\mu_0\omega_1}{\pi^2}(W_s k_{w1s})^2\frac{\tau L_e}{p_1 gK_c(1+K_s)}=65.77\Omega \tag{5.226}$$

此处考虑 1.5T、50Hz 下的特定铁心损耗为

$$(p_{iron})_{1.5T,50Hz}=4.2W/kg \tag{5.227}$$

由于定子铁心（轭部和齿部）的两部分都按 1.5T 计算，所以我们只需计算铁心的总重量，定子轭重量 G_{ys}：

$$G_{ys}\approx\pi(D_{int}-h_{ys})\times h_{ys}\times L_e\gamma_{iron}=5.536kg \tag{5.228}$$

定子齿重量：

$$G_{ts}=h_{ss}\times L_e\times b_{ts}\times N_s\times\gamma_{iron}=2.606kg \tag{5.229}$$

转子铁心损耗可忽略不计，因为在这种情况下，转子（转差）频率 $f_2=s_n f_1<(1.5\sim2)$Hz。因此，总的铁心损耗 p_{iron} 为

$$p_{iron}=(p_{iron})_{1.5T,50Hz}\times G_{ts}+(p_{iron})_{1.5T,50Hz}\times G_{ys}=34.1964W \tag{5.230}$$

为了计算额外的铁心损耗，可以将上述基本铁心损耗的数值增加一倍：

$$p_{iront}=2p_{iron}=68.4W$$

5.26.7 空载和额定电流 I_0、I_n

基于

$$\frac{V_{nl}}{\sqrt{3}}=I_0\sqrt{(R_s+R_{iron})^2+(X_{sl}+X_{1m})^2} \tag{5.231}$$

以及

$$3R_{iron}I_0^2=p_{iront} \tag{5.232}$$

我们可以迭代计算未知的 I_0 和 R_{iron}。但是，忽略等式（5.231）中的 R_{iron} 并不会产生较大的误差：

$$I_{0i}\approx\frac{V_{nl}/\sqrt{3}}{\sqrt{R_s^2+(X_{sl}+X_{1m})^2}}=3.26A \tag{5.233}$$

铁耗电阻 R_{iron} 为

$$R_{iron}=\frac{p_{iront}}{3I_0^2}=2.158\Omega \tag{5.234}$$

I_{0i} 是理想空载电流，接近电机空载电流 I_0，因为铁耗加上机械损耗对 I_{0i} 的影响不大，理想空载模式和电机空载模式下的气隙磁密基本相同。

额定电流 I_n 中包含的额定转差率仍然未知：

$$I_n=\frac{V_{nl}/\sqrt{3}}{\sqrt{\left(R_s+C_1\frac{R_r'}{s_n}\right)^2+(X_{sl}+C_1X_{rl}')^2}};\quad C=1+\frac{1.7}{65.7}=1.0258 \tag{5.235}$$

$$I'_{\rm rn}=\sqrt{I_n^2-I_{0i}^2} \tag{5.236}$$

为了避免冗长的迭代计算，我们将 s_n 的范围定为 0.010 ～ 0.06，然后利用方程（5.235）计算 I_n，用方程（5.236）计算 $I'_{\rm rn}$，得到：

$$T_{\rm en}=\frac{3R'_{\rm r}(I'_{\rm rn})^2}{s_n}\frac{p_1}{\omega_1} \tag{5.237}$$

对于标称功率（设 $p_{\rm mecn}=0.01P_n$）

$$p_{\rm mecn}+P_n=T_{\rm en}\frac{2\pi f_1}{1-s_n}=5050\,{\rm W} \tag{5.238}$$

改变转差率，直到满足方程（5.238）[I_n 从方程（5.235）到方程（5.237）]。假定 $s_n=0.05$，得到 $I_n=9.868{\rm A}$，$I'_{\rm rn}=9.314{\rm A}$，$T_{\rm em}=32.82{\rm N\cdot m}$。轴上功率为

$$p_{\rm shaft}=T_{\rm e}\frac{2\pi f_1}{1-s_n}-p_{\rm mec}=4845\,{\rm W}<5000\,{\rm W} \tag{5.239}$$

这很接近目标，但还不够。稍微大一点的转差率或许就可以了，比如 $s_n=0.053$。

5.26.8　效率与功率因数

容易计算效率 η_n 为

$$\eta_n\approx\frac{P_n}{T_{\rm e}\dfrac{2\pi f_1}{p_1}+p_{\rm iront}+3R_{\rm s}I_n^2}=0.85 \tag{5.240}$$

应该注意的是，我们没有准确地输入额定功率值，但效率约为 85%。

功率因数 $\cos\varphi_n$ 为

$$\cos\varphi_n=\frac{P_n}{\eta_n\times3(V_{\rm nl}/\sqrt{3})I_n}=0.875 \tag{5.241}$$

5.26.9　结束语

- 通过加深定子槽，增加定子轭的磁通使之处于轻微磁饱和状态，可使定子电阻降低 20% ～30%。效率可以提高几个百分点。
- 过大的 $T_{\rm estart}/T_{\rm en}=63/32.82$ 和 $T_{\rm ek}/T_{\rm en}=118/32.82$ 会降低效率。从本质上讲，这台电机对于实际工况来说（体积）有点太小了。为了优化设计，应返回并改变比力（转子剪应力）$f_{\rm tn}$（单位：${\rm N/cm^2}$）和铁心长（极距），并重新进行整个设计。如本书第三部分所示，采用各种方法进行设计优化可以显著提高性能，同时满足重要的约束条件（更多关于感应电机设计请参考文献 [15 – 18]）。

5.27 总结

- 感应电机是带有 $2p_1$ 个极的交流定子和交流转子的行波磁场电机。
- 它们的定子和转子铁心都是由无取向硅钢片组成的，并沿气隙圆周有相同的槽（用于三相）。
- 感应电机的气隙应该足够小以减少励磁电流 I_{0s}，但气隙也应该足够大以减少由于磁动势和槽开口的空间磁场谐波引起的附加（额外）损耗 p_s。一般情况下，功率在 100W 到 30MW 之间时，气隙 $g=0.2\sim2.5$mm，而直线感应电机 $g=1\sim15$ mm。
- 定子槽一般由产生行波磁动势的三相单层或双层交流绕组填充，从而形成旋转的气隙磁场。感应电机的每极每相槽数 $q\geqslant 2$，可以是整数或分数。
- 转子槽内要么用铸铝导条和端环填充（笼型转子），要么嵌放三相交流绕组，其极数 $2p_1$ 与定子的极数相同。笼型转子可适应任意极数的定子绕组，因此可与变极定子绕组一起使用，从而改变理想空载或同步转速 $n_1=f_1/p_1$（转子电流和转矩为零时的转速）。
- 由于绕组只能放在槽内，交流绕组磁动势存在基波次数以上的空间谐波 ν（$\nu>1$）。磁动势谐波 $\nu=-$（5，11，17⋯）以转速 n_1/ν（$\nu<0$）反向旋转，而谐波 $\nu=+$（7，13，19⋯）正向旋转。这些谐波会在它们自己的笼型转子上产生电流和异步寄生转矩，这可能不利于重载起动。短距线圈 $y/\tau\approx0.8$ 在实际应用中可使谐波降至可接受的水平。一阶齿谐波 $v_c=2kqm\pm1$ 也会产生寄生转矩、异步和同步转矩，通过斜槽和选择适当的定转子极槽配合（$N_s\neq N_r$）可减小寄生转矩。
- 转子三相绕组或笼形绕组在数学上可像变压器那样折算到定子侧。这样，定子/转子互感幅值就等于定子自感。
- 将感应电机中的主磁场和漏磁场“转换”为主电感 L_{1m} 和漏电感 L_{sl}、L_{rl}；通常情况下：l_{1m}（p.u.）$=L_{1m}\omega_n I_n/V_n=$（$1.2\sim4$），l_{sl}（p.u.）$=l_{rl}$（p.u.）$=0.03\sim0.1$，直线感应电机气隙较大，其数值更小。
- 一旦定义（计算）了定子/转子的互感、自感和漏感，以及电阻，则电机可被视为一整个耦合电路，只有定子/转子的互感取决于转子的电气位置，$\Theta_{er}=p_1\Theta_r$，Θ_r是电机转子位置的机械角度。
- 将转子变量变换到定子坐标系后通过沿 Θ_{er}反向旋转，感应电机的相量方程与转子位置无关。利用所得的方程（对称星形联结时）可取出其中一相，若是笼型转子需增加一个额外电阻 $R_r'(1-s)/s$，它对应感应电机的总机械功率。
- s 为转差率；$s=(n_1-n)/n_1$；$s=0$ 时（绕线式转子及笼型转子）为同

步运行状态（零转矩）。电动机运行时 $1 > s > 0$（$n = 0 \sim n_1$），而发电机运行时 $s < 0$（$n > n_1$，其中 $n_1 > 0$）。

• 感应电动机理想空载运行和转子堵转运行可用于分离电机损耗，估计电机参数。

• 自励式感应发电机的运行依赖于磁饱和、转速和电机参数。电压调节十分频繁，所以即使在恒定的转速下，对电压（或频率）敏感的负载也需要一个受控电容器。

• 电磁转矩在电机（$s = s_k$）和发电机（$s = -s_k$）上有一个临界值，与转子电阻 R_r'无关，但 s_k与 R_r'成正比。

• 给定转矩时的转速控制（变化）可以通过变极绕组或通过全功率 PWM 变换器的频率 f_1 控制来实现。只有在起动时，降低电压的方法才是可行的。转子串电阻在绕线式转子是可行的，在任何转速下都会产生很大的转矩，但损耗也很大。因此，串电阻调速方式仅用于有限的调速范围。对于绕线式转子，可利用 PWM 变换器调节频率 f_2（$f_2 = f_1 - np_1$），使电机转速低于额定转速。

• 深槽或双笼转子允许在降低起动电流（下降到 $5I_n$）时重载起动，I_n为定子额定电流。

• 电压不平衡除了导致产生正序电流 I_{s+}外，还存在负序电流分量 I_{s-}，它们会造成更大的损耗并降低电机的转矩和功率因数。在 NEMA 标准中，在电压不平衡时推荐电机降额运行。

• 定子一相开路，相当于单相电源供电，导致起动转矩为零，对于给定的转矩和转速，则导致较大的损耗。

• 不对称转子电路（断条或转子一相开路）会在频率 $f_1' = f_1(1 - 2s)$ 下产生额外的负序定子电流，在小型电机（具有较大 R_s标幺值）$s = 1/2$ 时 Georges 效应（转矩）为 0，因此，在带负载起动期间，电机可能在额定转速的 50% 左右“停止”。这种现象在直流励磁回路短路的同步电机异步起动中较为典型（见第 6 章）。断条必须及早发现，尽早更换。

• 对于小功率民用场合（冰箱压缩机、加热器循环泵），常用电容器裂相感应电机。它们有主绕组和正交放置的起动（或永久）辅相绕组。这种两相绕组具有正序和负序磁动势。当 $s = 1$ 且对称运行时，满足如下条件可消除负序定子电流：

$$a = \frac{X_{m+}}{R_{m+}} = \tan\varphi_{+};\ a = \frac{W_a}{W_m};\ X_c = \frac{1}{\omega_1 C} = Z_{+} a\sqrt{a^2 + 1}$$

其中，W_a是辅相绕组匝数；W_m是主相绕组匝数；C 是与辅相绕组串联的电容；X_{m+}和 R_{m+}为从主绕组看进去的总的正序阻抗分量。

• 为了设计一台好的电容式感应电机，必须在起动和运行性能以及电机总成本之间达成折中。

- 直线感应电动机可通过把旋转感应电机切断并展开而得到。
- 直线感应电机具有纵向（沿运动方向）开磁路。因此，对于极数较少的情况 $2p_1$ 或 $2p_1+1$，当转差率 $s=1-U/U_s$ 较小时，在直线速度 $U_s=2\tau f_1$ 下，一次侧的行波磁动势在一次侧首端和末端引发二次电流端部效应，这会降低推力和效率，并降低功率因数。如果将直线感应电机设计在最优的品质因数 $G_e(2p_1)=X_m/R_r$（见图 5.49）下，则这些动态端部效应可以被减小到合理的比例，其中，X_m为磁化电抗；R_r为二次电阻。
- 这种推力适用于市内和城际交通运输，也适用于轮式工业短途运输或磁悬浮运输。
- 感应电机满载试验表明，使用双向 PWM 变换器驱动电机负载进行再生制动或（自由轴的）虚负载，所产生的能耗低。有关感应电机工业测试的详细情况，请参阅 IEEE－112B 标准［4，第 22 章］和文献［15，第 7 章］。
- PWM 变换器提供可变频率和电压，这使得近几年来，感应电机的应用更加广泛。

5.28 思考题

5.1 一台三相交流汽轮发电机的绕组采用双层短距线圈（$y/\tau=36/45$），$2p_1=2$，$q=15$，分别计算分布系数和短距系数 $k_{q\nu}$、$k_{y\nu}$，其中，$\nu=(-5)$、$(+7)$、(-11)、$(+13)$、(-17)、$(+19)$、$6q\pm1$，并画绕组展开图。

提示：参见 5.3.1 章节中方程（5.20）。

5.2 一台电容裂相式感应电机采用两相单层绕组，$2p_1=2$，$N_s=24$，主相绕组 16 槽，辅相绕组 8 槽，画绕组展开图。

提示：参考图 5.14。

5.3 针对例 5.1 中的绕组，计算漏感 L_{sld} 与主相电感 L_{1m} 的比值，并讨论结果。

提示：见方程（5.41）和方程（5.43）。

5.4 一台三相笼型感应电动机，$p_n=1.5\text{kW}$，$V_{nl}=220\text{V}$（星形联结），$f_1=60\text{Hz}$，$2p_1=4$，额定效率 $\eta_n=0.85$，功率因数 $\cos\varphi_n=0.85$。铁耗、杂散损耗和机械损耗分别为 $p_{iron}=p_s=p_{mec}=1.0\%p_n$ 和 $p_{cosn}=1.2p_{corn}$。计算：

a. 额定相电流 I_n；

b. 空载电流 $I_0=I_n\sin\varphi_n$，额定转子电流 $I'_{rn}=\sqrt{I_n^2-I_0^2}$；

c. 总损耗 $\sum p_n$，定子和转子绕组损耗 p_{cosn}、p_{corn}、R_s、R_r以及 R_{sc}；

d. 电磁功率 $p_{elm}=p_1-p_{cosn}-p_{iron}-p_s$，以及额定滑差率 s_n；

e. 额定电磁转矩 T_{en}，轴上的转矩 T_{shaft}；

f. 若峰值转矩为 $T_{ek}=2.2T_{en}$，估算电机的短路电抗 X'_{sc}、临界转差率 $s_k(C_1=1.05)$；

g. 如果不考虑趋肤效应，计算起动电流 I_{start} 和起动转矩 T_{estart}；

h. 当 $s=-0.03$ 时计算定子电流 I_s、输出电功率（作为发电机）p_1、所吸收的无功功率 Q_s，并确定并网时的转子转速（r/s）。

提示：参考例5.5、方程（5.108）和方程（5.109）。

5.5　一台三相笼型感应电动机，$N_s=36$ 槽，$N_r=16$ 槽，$2p_1=4$、$f_1=60\text{Hz}$。计算齿谐波（$2q_{1,2}m\pm1$）和磁动势空间谐波（$k\ m\pm1$）产生同步寄生转矩时的转速（r/s）。

提示：运用方程（5.115）到方程（5.119）。

5.6　一台三相感应电机，$V_{nl}=220\text{V}$（星形联结），$f_1=60\text{Hz}$，$2p_1=4$，$R_s=R'_r=1\Omega$，$X_{sl}=X'_{sl}=2.5\Omega$，$X_m=75\Omega$，$R_{iron}=\infty$（不考虑铁耗），转差率 $s_n=0.04$，A 相断路，只有两相通电（B 和 C），计算：

a. 若 $s=0.03$，三相平衡稳态运行时，利用等效电路计算定子电流 I_s、励磁电流 I_0、转子电流 I'_r、电磁转矩、正序阻抗 Z_+；

b. 若 $s=0.03$，当 A 相开路时，计算负序阻抗 Z_-、定子电流和电磁转矩；

c. 起动电流（$s=1$）的 A 相开路，B 相和 C 相并网合闸，此时电机能否起动？

提示：见第5.21节。

5.7　若 $s=0$（$n=n_1=f_1/p_1$），重新计算例5.6，并讨论计算结果。

5.8　一台三相感应直线电机的数据如下：

- 铁心长度 $2a=0.20\text{m}$
- 电机气隙 $g=0.01\text{m}$
- 铝板厚度 $d_{AL}=6\text{mm}$
- 极距 $\tau=0.25\text{m}$
- 极数 $2p_1=8$（单层绕组）
- 铝板宽度 $2e=0.36\text{m}$
- 额定频率 $f_n=50\text{Hz}$
- $\rho_{Al}=3.5\times10^{-8}\Omega\cdot\text{m}$

计算：

a. 理想同步速度 $U_s=2\tau f_n$；

b. 边界系数 k_T，品质因数 G_e；

c. $s=0.1$ 时，常规一次侧气隙磁密 $B_{gc}=0.6\text{T}$，求一次侧磁动势幅值 F_{1m}；

d. 负载电流幅值 A_m，端部效应系数 γ_1 和 γ_2；

e. 在上述 d 中的 A_m的情况下分别计算 $s=0.1$ 、0.05 、0.01 时的端部效应推力 F_{xend}、常规推力 F_{xc}和总推力，并讨论计算结果。

提示：见第5.24节，方程（5.158）~方程（5.170）。

参考文献

1. Alger, P.L., *Induction Machines*, 2nd edn, Gordon & Breach, New York, 1970 and new edition 1999.

2. Cochran, P.L., *Polyphase Induction Motors*, Marcel Dekker, New York, 1989.

3. Stepina, K., *Single Phase Induction Motors*, Springer Verlag, Berlin, Germany, 1981 (in German).

4. Boldea, I. and Nasar, S.A., *Induction Machine Handbook*, CRC Press, Boca Raton, FL, 2001.

5. Boldea, I., *Electric Generator Handbook*, Vol. 2, *Variable Speed Generators*, CRC Press, Boca Raton FL; Taylor & Francis Group, New York, 2005.

6. Yamamura, S., *Spiral Vector Theory of AC Circuits and Machines*, Clarendon Press, Oxford, U.K., 1992.

7. Heller, B. and Hamata, V., *Harmonics Effects in Induction Motors*, Elsevier, Amsterdam, the Netherlands, 1977.

8. Cabral, C.M., *Analysis of LIM Longitudinal End Effects*, Record of LDIA, Birmingham, U.K., 2003, pp. 291–294.

9. Yamamura, S., *The Theory of Linear Induction Motors*, John Wiley & Sons, New York, 1972.

10. Boldea, I. and Nasar, S.A., *Linear Motion Electric Machines*, John Wiley & Sons, New York, 1976.

11. Boldea, I. and Nasar, S.A., *Linear Motion Electromagnetic Systems*, John Wiley & Sons, New York, 1985, Chapter 6.

12. Gieras, J., *Linear Induction Drives*, Clarendon Press, Oxford, U.K., 1992.

13. Fuji, N., Hoshi, T., and Tanabe, Y., *Characteristics of Two Types of End Effect Compensators for LIM*, Record of LDIA, Birmingham, U.K., 2003, pp. 73–76.

14. Boldea, I. and Nasar, S.A., *Linear Motion Electromagnetic Devices*, Taylor & Francis Group, New York, 2001.

15. Tolyiat, H. and Kliman, G. (eds), *Handbook of Electric Motors*, Marcel Dekker Inc., New York, 2004, Chapter 7.

16. Levi, E., *Polyphase Motors: A Direct Approach to Their Design*, John Wiley & Sons, New York, 1985.

17. Hamdi, E.S., *Design of Small Electrical Machines*, John Wiley & Sons, New York, 1994, Chapter 5.

18. Vogt, K., *Design of Rotary Electric Machines*, VEB Verlag Technik, Berlin, Germany, 1983 (in German).

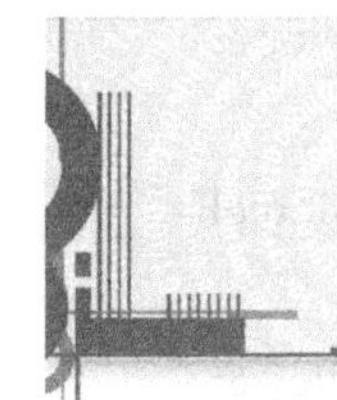

第6章 同步电机：稳态分析

6.1 引言：拓扑结构与应用

如第3章所示，同步电机（SM）的特征是定子绕组流过多相交流电流，转子采用直流（或永磁体）励磁或凸极（磁阻）无源转子。这些基本上都是转场式电机，定子磁场和转子磁场都以转子电角速度 ω_r“同步”旋转。

$$\omega_1 = \omega_r = 2\pi p_1 n_1;\ n_1 = \frac{f_1}{p_1} \tag{6.1}$$

式中，ω_1 是定子频率；p_1 表示极对数。

同步电机的转子可以是根据位置触发的单极转子，也可以是通入多相电流具有跳跃的定子磁场的磁阻转子（最终也是永磁同步电机），其平均速度等于转子转速。

当电流脉冲以独立于转子位置的斜坡参考频率启动时，此类电机被称为步进电机；当每相电流脉冲（一次一个或两个）都是由转子位置触发时，被称为开关磁阻电机。

同步电机通过控制定子频率来控制转速，这是通过变频器（PWM 逆变器/整流器）实现的。

同步电机应用十分广泛，列举如下：

电力系统发电厂的同步发电机（SG）使用凸极转子（水轮发电机，$2p_1>4$，见图6.1a）或隐极直流励磁转子（汽轮发电机，$2p_1=2$、4，见图6.1b），最大功率可达770MV·A（水轮发电机）或1700MV·A（汽轮发电机）[1]。电力电子技术只用于通过电刷和集电环向直流转子上的多极励磁提供能量。

汽车起动发电机，具有单个环形线圈的同极性直流励磁爪极转子、交流定子和二极管整流器，直流输出至车载蓄电池（见图6.2）。

永磁同步发电机（PMSG）最近已被应用于电网，通过全双向变换器控制进行风能转换（16r/min 时高达3MV·A，直接驱动，见图6.3）。

混合动力汽车（HEV）中常用永磁同步小功率电机和起动/发电机[2-11]（见图6.4）。

硬盘或其他信息存储装置驱动器（见图6.5）。

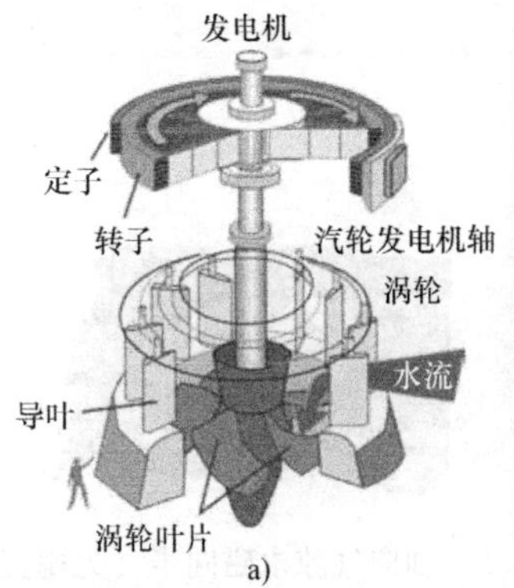

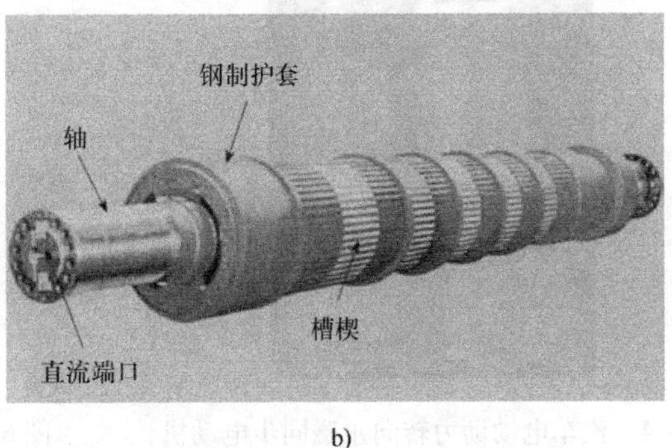

图 6.1 电力系统大型同步发电机

a）水轮发电机转子横截面（$S_n \leqslant 770\text{MW}$，$f=50$ 或 60Hz，$V_{nl} \leqslant 24\text{kV}$）

b）汽轮发电机转子横截面（$S_n \leqslant 1500\text{MW}$，$f=50$ 或 60Hz，$V_{nl} \leqslant 28\text{kV}$）

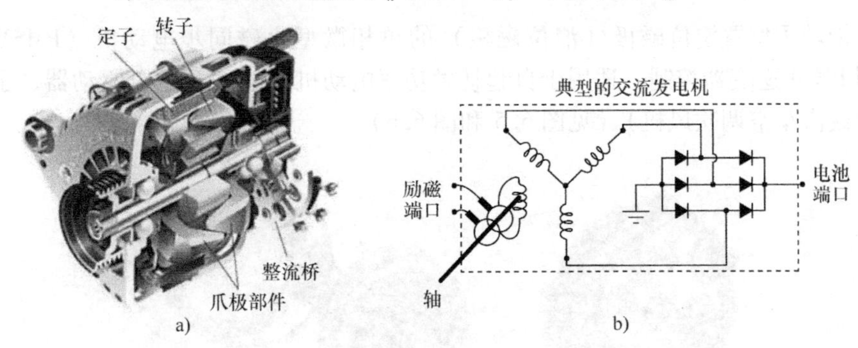

图 6.2 带二极管整流和电池储能的汽车起动发电机系统

（$S_n = 0.5 \sim 2.5\text{kW}$，$V_{dc} = 14、28、42\text{V}$）

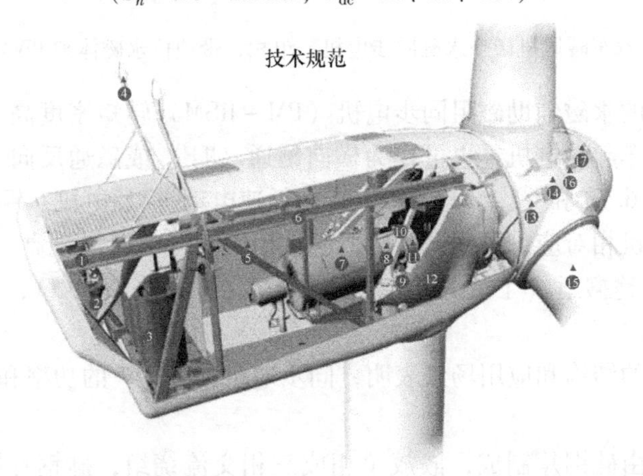

图 6.3 新能源永磁同步发电机（风力发电机），16r/min，3MW · A

1—油冷却器 2—发电机水冷却器 3—高压变压器 4—超声波风力传感器 5—风力发电机控制器 6—提升机 7—最佳转速发电机 8—复合盘式联轴器 9—偏航齿轮 10—变速箱 11—机械刹车盘 12—机座 13—叶片轴承 14—叶片轮毂 15—叶片 16—变距柜 17—轮毂控制器

图6.4 汽车电动助力转向永磁同步电动机，$V_{dc}=12V$，T_{en}达1N·m，$n=2000r/min$，$n_{max}=4000r/min$，$T_{en\ max}=0.3N·m$

图6.5 轴向气隙永磁同步（无刷直流）硬盘驱动电机及嵌入式电力电子控制器

带转子偏置定位磁极（泊位磁极）的单相微型永磁同步电动机（PMSM），采用PWM逆变器控制，适用于自起动微功率电动机（适用于磁盘驱动器、手机振铃或汽车空调吹风机）（见图6.5和图6.6）。

图6.6 汽车暖风机微型永磁同步电机：单相，带泊位永磁体和PWM逆变器

特殊结构的永磁辅助磁阻同步电机（PM-RSM）转矩密度高（见图6.7a），最近被用于汽车起动电机；也可作为横向磁通（TF）或磁通反向（FR）永磁同步电机（见图6.7a和b）[12]，用于大转矩低速电动机/发电机，铜耗低。

与旋转电机相对应，直线同步电机已被用于客运交通（最高时速可达400~550km/h）、短途搬运（工业）、直线震荡电机（见图6.8a~f），如冰箱压缩机或手机振铃。

上述介绍的结构和应用场景表明，同步电机具有宽广的功率和转速范围，结构多种多样。

定子铁心由硅钢片制成，嵌放单相或三相交流绕组，硅钢片厚度为0.5mm或更薄（基波频率最高可达150Hz），以及0.1mm（基波频率500Hz~3kHz）。硅钢片上有规则的槽，槽型包括开口槽（见图6.9a）、半开口槽（见图6.9b）、半闭口槽（见图6.9c）。

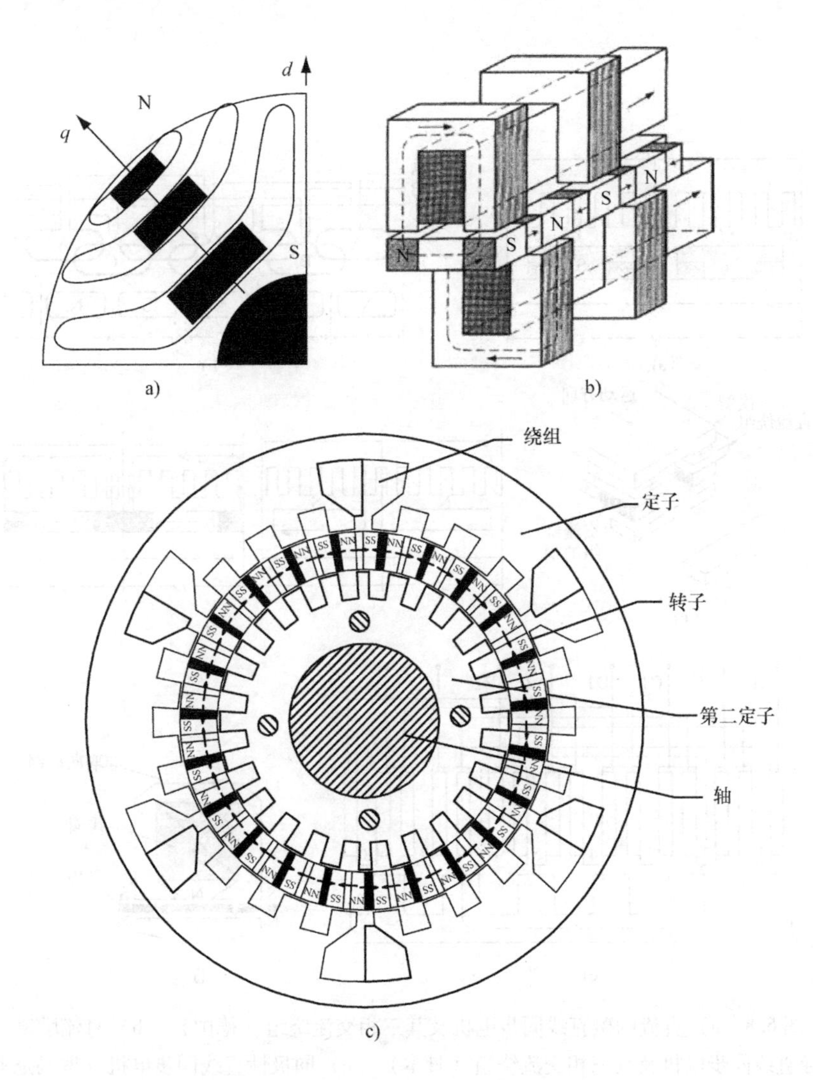

图 6.7 特殊结构的永磁同步电机

a）永磁辅助磁阻同步电机 b）横向磁通电机 c）磁通反向电机

在半开口槽中，两层预成型线圈的边（导条）分别插入槽中。

内置式永磁同步电机和磁阻转子的转子铁心一般是叠压而成，凸极转子同步发电机的极靴、大型汽轮发电机（$2p_1=2$，4）和表贴式永磁电机转子轭中的软铁极靴也是如此。

为了清楚地展示电机结构，图 6.10 中给出了永磁同步电机的截面图，标出了一些附属的电机部件，比如轴和机壳等。

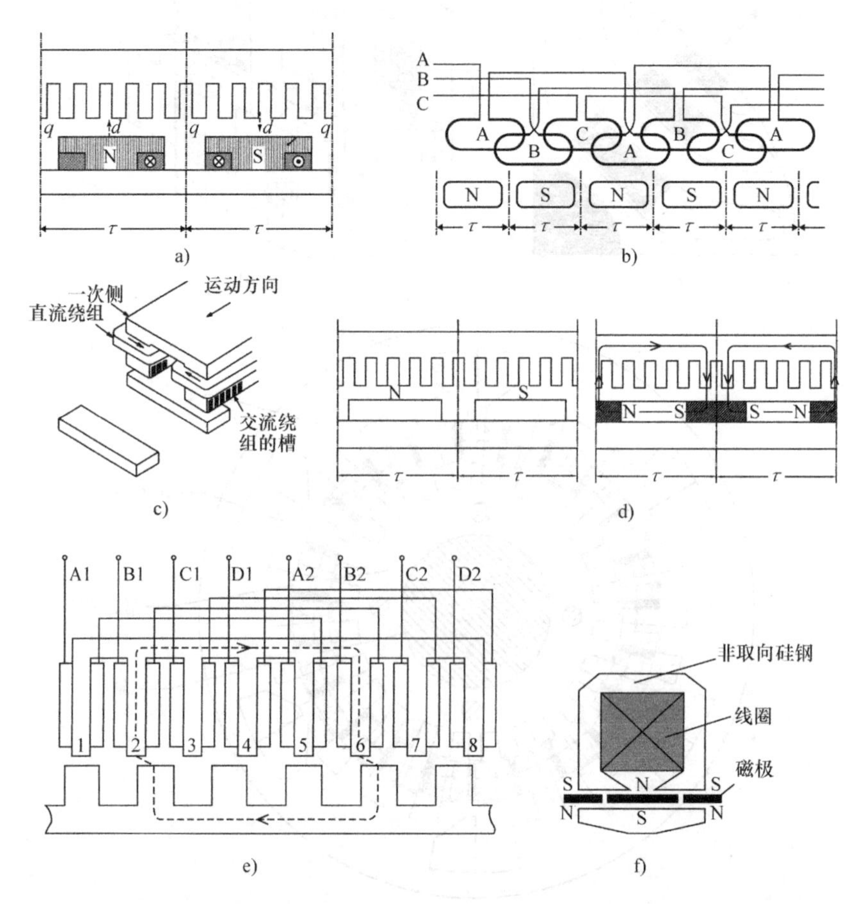

图6.8 a）直流励磁直线同步电机及其三相交流绕组（德国） b）直流励磁超导直线同步电机及其三相交流绕组（日本） c）同极性直线同步电机（罗马尼亚） d）工业驱动用扁平型直线永磁同步电机 e）扁平型直线开关磁阻电机 SRM f）管状直线单相永磁同步电机（来源于 Boldea, I. and Nasar, S. A., *Linear Electric Actuators and Generators*, Cambridge University Press, Cambridge, U. K., 1997; Boldea, I. and Nasar, S. A., *Linear Motion Electromagnetic Devices*, CRC Press, Taylor & Francis Group, New York, 2001.）

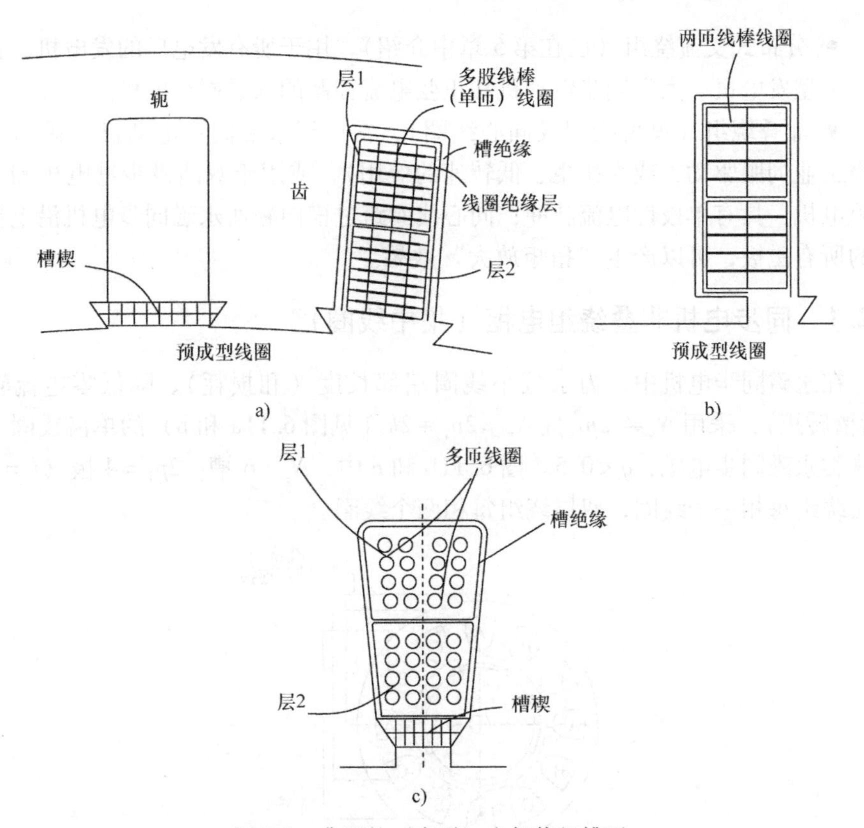

图6.9　典型的（定子）电枢绕组槽型

a）开口槽（大型同步发电机）　b）半开口槽（双层绕组）　c）半闭口槽（低转矩同步电机）

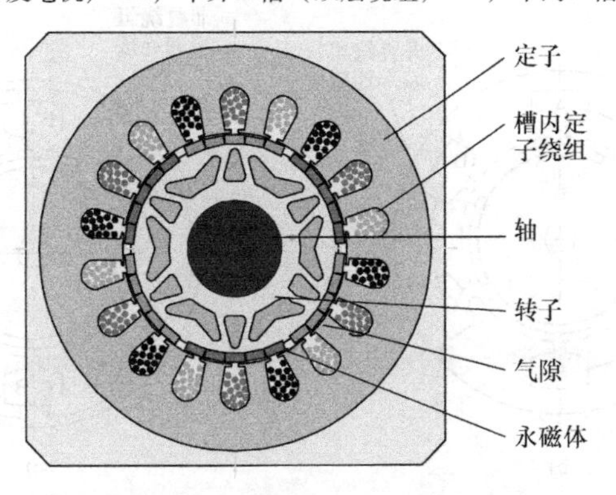

图6.10　永磁同步电机截面图

6.2　同步电机的定子（电枢）绕组

同步电机电枢绕组（全功率）主要有两种类型：

• 分布式交流绕组（已在第5章中介绍），用于所有发电厂的发电机、自备电厂中型发电机、大型同步电动机和正弦电流控制的永磁同步电机。

• 非叠绕组（单齿线圈或同心线圈），常用于永磁同步电动机（硬盘驱动乃至工业伺服驱动，或大扭矩、低转速的应用），或用于双凸极步进电机和开关磁阻电机，具有单极性电流脉冲；同心线圈跨过横向磁通永磁同步电机沿电枢圆周的所有磁极，可以产生“扭矩放大”效果。

6.2.1 同步电机非叠绕组电枢（集中线圈）

在永磁同步电机中，为了减小线圈端部长度（和损耗）、降低零电流转矩（齿槽转矩），采用 $N_s \neq 2p_1$ 且 $N_s = 2p_1 + 2k$（见图6.11a和b）的单齿线圈。对于这类永磁同步电机，$q<0.5$。图6.11b和c中，$N_s=6$ 槽，$2p_1=4$ 极（$k=1$）。单层绕组每相一个线圈，双层绕组每相两个线圈。

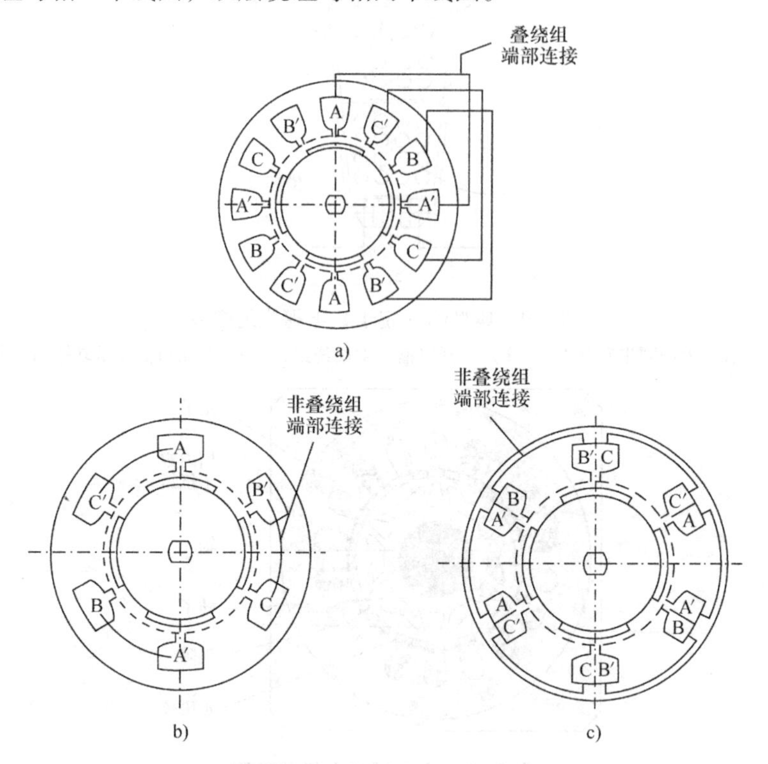

图6.11 四极永磁同步电机绕组

a）分布绕组 $q=1$（$N_s=12$），$2p_1=4$ b）单齿单层绕组（$N_s=6$），$2p_1=4$

c）单齿双层绕组（$N_s=6$），$2p_1=4$

还有许多其他的极槽配合（N_s和 $2p_1$ 的组合），如3/2、3/4、6/4、6/8、

9/8、9/10、9/12、12/10、12/14、24/16、24/22、……、36/42等。

结果表明，齿槽转矩（零电流时的转矩）的周期数是 N_s 和 $2p_1$ 的最小公倍数的整数倍，最小公倍数越大，齿槽转矩越小。

这些电机极数为 $2p_1$。当 $N_s \neq 2p_1$ 时，在 $2p_1$ 周期内定子磁动势的绕组因数较大（见表6.1和表6.2），因而基波较大，但定子磁动势也包含低次谐波和高次谐波，它们也存在于漏感之中（在第5章介绍）。用这样的绕组可在定子一相绕组中产生正弦电动势（运动电势）。

表6.1 集中绕组的绕组系数

N_s槽	2p个极															
	2		4		6		8		10		12		14		16	
	单层	双层	单层	双层	单层	双层	单层	双层	单层	双层	单层	双层	单层	双层	单层	双层
3		0.86														
6			0.866	0.866			0.866	0.866	0.5	0.5						
9			0.736	0.617	0.667	0.866	0.960	0.945	0.96	0.945	0.667	0.764	0.218	0.473	0.177	0.175
12							0.866	0.866	0.966	0.933			0.966	0.933	0.866	0.866
15					0.247	0.481	0.383	0.621	0.866	0.866	0.808	0.906	0.957	0.951	0.957	0.951
18							0.473	0.543	0.676	0.647	0.866	0.866	0.844	0.902	0.960	0.931
21							0.248	0.468	0.397	0.565	0.622	0.521	0.866	0.866	0.793	0.851
24									0.930	0.463			0.561	0.76	0.866	0.866

注：1. 来源：I. Boldea, *Variable Speed Generators*, Chapter 10, CRC Press, Taylor & Francis Group, New York, 2005。

2. 空白格全表示单层。

表6.2 N_s 和 $2p_1$ 的最小公倍数

N_s槽	$2p_1$个极							
	2	4	6	8	10	12	14	16
3	6	12						
6		12		24	30			
9		36	18	72	90	36	126	144
12				24	60		84	48
15			30	120	30	60	210	240
18				72	90	36	126	144
21				168	210	84	42	336
24					120		168	48

注：空白格全表示单层。

基本上，开关磁阻电机的凸极无源转子都采用类似的单齿线圈（N_s，$2p_1$；$N_s=2p_1+2k$；$k=\pm1$，±2）（见图6.12）。

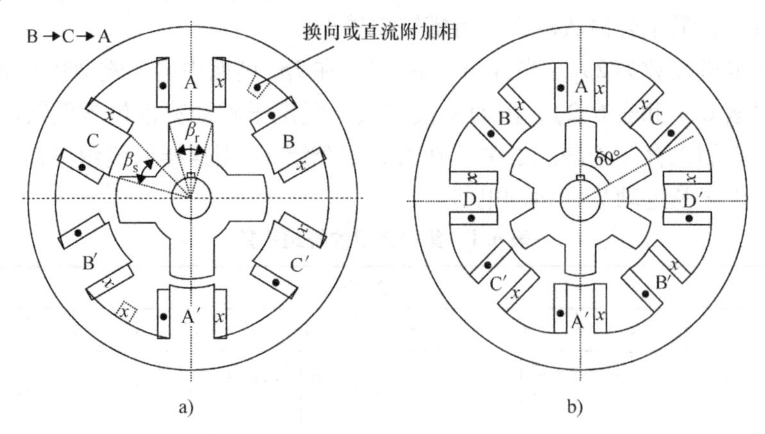

图6.12　开关磁阻电机

a）$N_s=6$，$2p_1=4$，三相　b）$N_s=8$，$2p_1=6$，四相

步进电机的N_s和$2p_1$通常数值较大，有利于准确地控制步进运动；步进电机按相序在开绕组中通入单极性电流脉冲，产生磁阻转矩（见第3章），从而使电机旋转。与此相反，开关磁阻电机根据转子位置触发对应相绕组的电流脉冲，以保持磁动势与转子同步运动。

对于单相结构，定子槽数N_s和转子极数$2p_1$相等（对永磁同步电机和开关磁阻电机都成立），如图6.13所示。两者都需要通过泊位永磁体或气隙对转子进行自启动定位。当$N_s=2p_1$时，齿槽转矩较大，但转子磁极可以降低二倍频转矩脉动，尤其是单相交流电机。

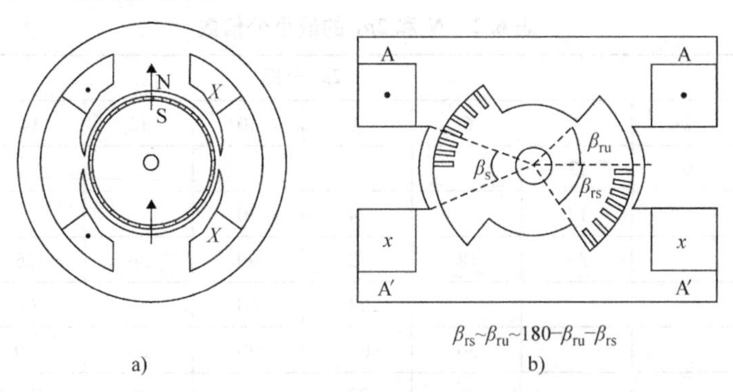

图6.13　2极2槽单相单齿绕组电机

a）永磁同步电机　b）开关磁阻电机

取相同数目的凸极定子槽数N_s和转子磁极$2p_1$（$N_s=2p_1$）在所谓的横向磁

通永磁同步电机（TF－PMSM）中十分常见，它们由2（3）或更多单相单元组成，这些单元沿轴向放置在轴上，三相情况下有$2\tau/3$相移（见图6.14）。横向磁通永磁同步电机的优点是在给定的永磁体重量下获得每瓦铜耗的最高扭矩。除制造困难外，永磁体磁通的边缘效应（漏磁）也是其主要缺点之一。

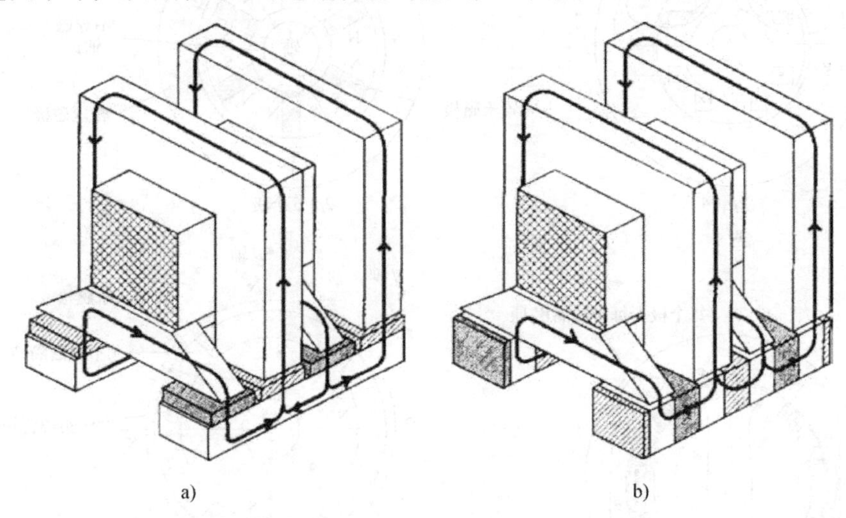

图6.14　横向磁通永磁同步电机

a）表贴式永磁转子　b）内置式永磁转子（聚磁式）

所有这些单齿线圈电机，甚至是横向磁通永磁电机[12]或者磁阻同步电动机的转子上均没有鼠笼，因此它们不能直接连接到交流电网。它们的起动完全依赖于全功率电力电子变频控制。即使它们有鼠笼，因为$N_s \neq 2p_1$（$N_s = 2p_1 + 2k$；$k = \pm 1, \pm 2$），定子磁动势中存在大量空间谐波，这会导致较大的转矩脉动和电机的额外（涡流）损耗。不言而喻，轴向气隙盘式转子结构也是可行的。

我们现在重新讨论带直流励磁或永磁转子励磁的同步电机分布式交流电枢绕组。

6.3 同步电机转子气隙磁密分布与电动势

对于径向气隙（圆柱转子/定子）同步电机，有六种基本类型的有源转子（见图6.15a～d）和可变磁阻（无源）转子（见图6.15e～f）。

现在只考虑有源转子和电枢磁动势。

在第5章中已经分析过，三相电枢绕组产生旋转磁动势：

$$F_1(x_1,t) = F_{1m}\cos\left(\omega_1 t - \frac{\pi}{\tau}x_s - \delta_i\right); F_{1m} = \frac{3(W_s k_{\omega 1s}) I\sqrt{2}}{\pi p_1} \tag{6.2}$$

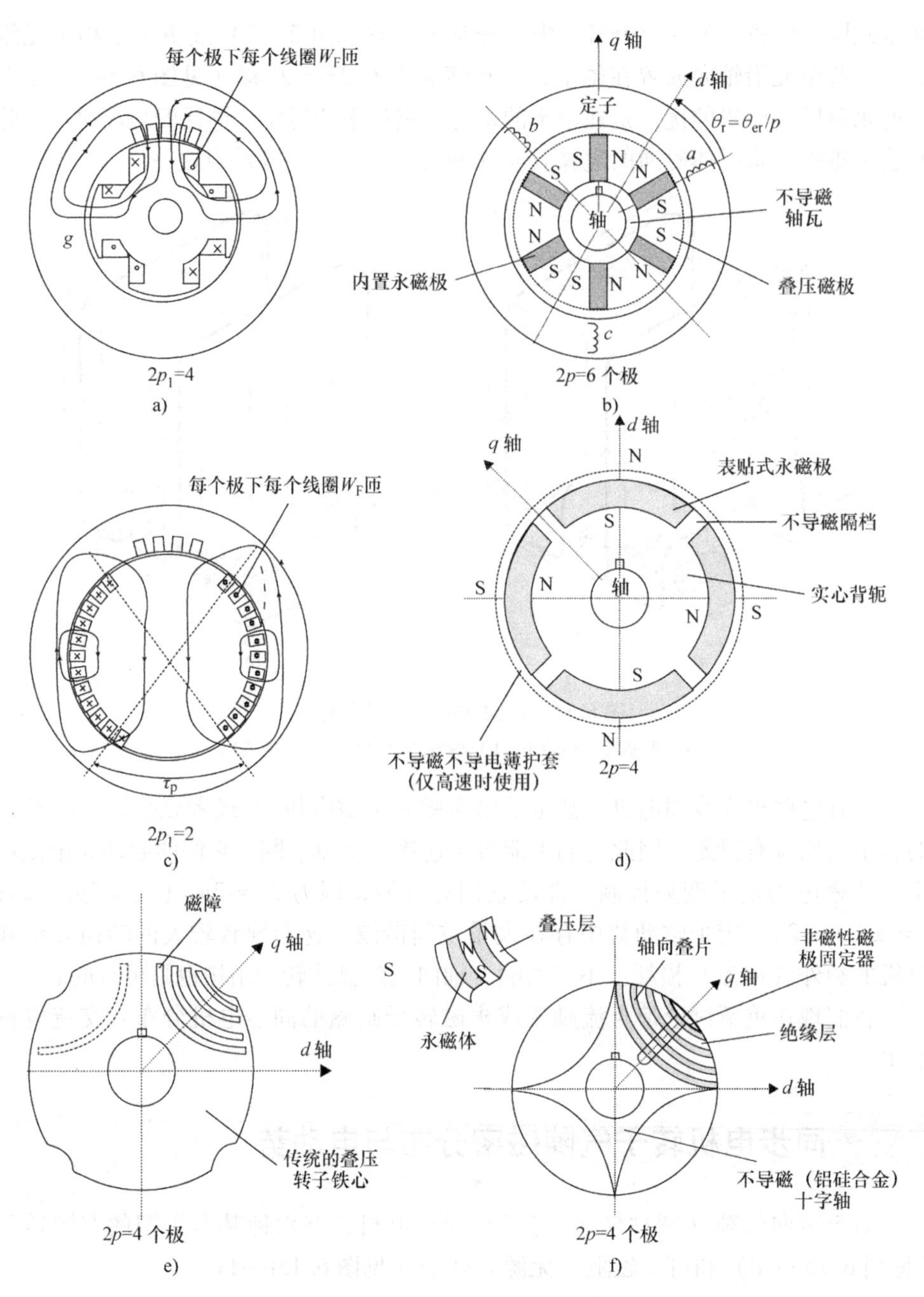

图 6.15　a）和 b）凸极；c）和 d）隐极；a）和 c）直流励磁；b）和 d）永磁转子；e）隔磁槽；f）轴向叠压转子

该磁动势沿圆周方向转速为

$$U_s = \frac{\tau}{\pi}\omega_1 = 2\tau f_1 \tag{6.3}$$

它对应于已经定义的同步速度 $n_1 = f_1/p_1$。

现在，如第 3 章所示，要使转矩无脉动，转子产生的磁动势应该沿着定子以相同的速度旋转。如果转子有直流凸极励磁绕组（见图 6.15a）或永磁体（见图 6.15b），则其磁动势被固定在转子上。因此，当 $\omega_1 = \omega_r = 2\pi p_1 n_1$ 时，转子的直流励磁或永磁励磁必须产生同样数目的磁极。

转子磁极的磁动势分布为矩形波（凸极，见图 6.16a）或阶梯波（隐极，见图 6.16b）。因此，气隙磁密 B_{gFm} 在转子极靴处最大：

$$B_{gFm} = \frac{\mu_0 W_F I_F}{K_{cg}(1+K_{s0})};\ |x| < \tau_p/2;\ \frac{\tau_p}{\tau} = 0.65 \sim 0.75 \tag{6.4}$$

对于凸极的其余区域，则为零（见图 6.16a），

$$B_{gFm} = \frac{\mu_0 (n_{cp}/2) W_{cF} I_F}{K_{cg}(1+K_{s0})};\ |x| < \tau_p/2;\ \frac{\tau_p}{\tau} = 0.3 \sim 0.4 \tag{6.5}$$

隐极其余区域则逐步减少（见图 6.16b）。

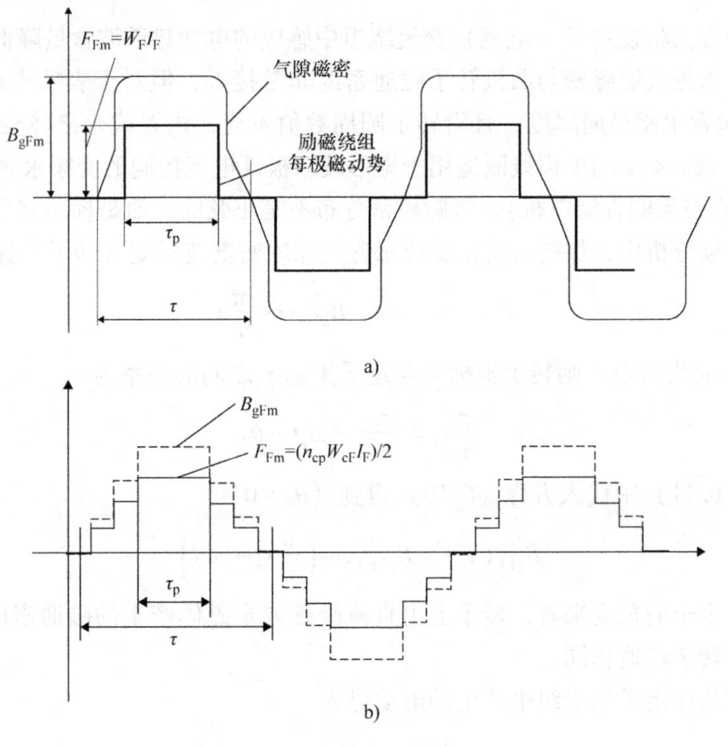

图 6.16　励磁磁动势和气隙磁密

a）凸极　b）隐极

我们可以将这种分布波分解为基波和谐波：

$$B_{\mathrm{gF}\nu}(x_{\mathrm{r}})=K_{\mathrm{F}\nu}B_{\mathrm{gFm}}\cos\nu\frac{\pi}{\tau}x_{\mathrm{r}};\nu=1,3,5 \tag{6.6}$$

其中，对于凸极转子

$$K_{\mathrm{F}\nu}=\frac{4}{\pi}\sin\nu\frac{\tau_{\mathrm{p}}}{\tau}\frac{\pi}{2} \tag{6.7}$$

对于隐极转子

$$K_{\mathrm{F}\nu}=\frac{8}{\nu^{2}\pi^{2}}\frac{\cos\nu\frac{\tau_{\mathrm{p}}}{\tau}\frac{\pi}{2}}{\left(1-\nu\frac{\tau_{\mathrm{p}}}{\tau}\right)} \tag{6.8}$$

很明显，隐极的谐波含量低于凸极。为了降低凸极励磁的谐波，转子磁极的气隙可从磁极中心逐渐增大至极靴端部。

$$g(x_{\mathrm{r}})=\frac{g}{\cos\frac{\pi}{\tau}x_{\mathrm{r}}} \tag{6.9}$$

这种方法将使定子（电枢）交流绕组中感应的电动势谐波含量降低。

注：永磁气隙磁密与凸极转子磁通密度非常接近，但对于表贴式永磁转子，气隙 g_{m}包含永磁径向厚度，且沿转子圆周数值不变；内置式永磁体磁极并非如此。$q=1$ 或 $q<1$ 的单齿线圈适用于矩形波双极性电流控制的变频永磁同步电机（所谓的永磁无刷直流电机），气隙磁密分布不是正弦的，而是梯形波分布。

在后续分析中，保持直流励磁或永磁气隙磁密基波不变（转子坐标 x_{r}）

$$B_{\mathrm{gF1}}(x_{\mathrm{r}})=K_{\mathrm{F1}}B_{\mathrm{gFm}}\cos\frac{\pi}{\tau}x_{\mathrm{r}} \tag{6.10}$$

如果转速 ω_{r}为常数，则转子坐标 x_{r}与定子坐标 x_{s}之间的关系为

$$\frac{\pi}{\tau}x_{\mathrm{r}}=\frac{\pi}{\tau}x_{\mathrm{s}}-\omega_{\mathrm{r}}t-\theta_{0} \tag{6.11}$$

在方程（6.11）中代入方程（6.10）得到（$\theta_0=0$）

$$B_{\mathrm{gF1}}(x_{\mathrm{s}})=B_{\mathrm{gFm1}}\cos\left(\frac{\pi}{\tau}x_{\mathrm{s}}-\omega_{\mathrm{r}}t\right) \tag{6.12}$$

因此，从定子的角度来看，转子上由直流励磁或永磁体产生的磁通密度在旋转，其转速与转子转速相同。

该磁场在定子相绕组中产生的电动势为

$$E_{\mathrm{A1}}(t)=-\frac{\mathrm{d}}{\mathrm{d}t}W_{\mathrm{s}}k_{\mathrm{w1}}\int_{-\frac{\tau}{2}}^{\frac{\tau}{2}}l_{\mathrm{stack}}B_{\mathrm{gF1}}(x_{\mathrm{s}},t)\mathrm{d}x \tag{6.13}$$

由方程（6.13）得到

$$E_{A1}(t)=E_1\sqrt{2}\cos\omega_r t \tag{6.14}$$

$$E_1=\pi\sqrt{2}\frac{\omega_r}{2\pi}B_{gFm1}l_{stack}W_s k_{w1}\frac{2\tau}{\pi} \tag{6.15}$$

三相对称状态下有

$$E_{A,B,C,1}(t)=E_1\sqrt{2}\cos\left[\omega_r t-(i-1)\frac{2\pi}{3}\right];i=1,2,3 \tag{6.16}$$

6.3.1　永磁转子气隙磁密

几种典型的永磁转子结构如图6.15所示。文献［12］介绍了几种计算永磁气隙磁密的解析方法，并考虑了定子槽开口。但对于新结构来说，最终还是要用二维或三维有限元法进行验证。

如图6.17所示，分别为表贴式永磁体（隐极）、内置式永磁体（凸极）和表贴式永磁体（凸极，单齿线圈，$q<0.5$）的结果。

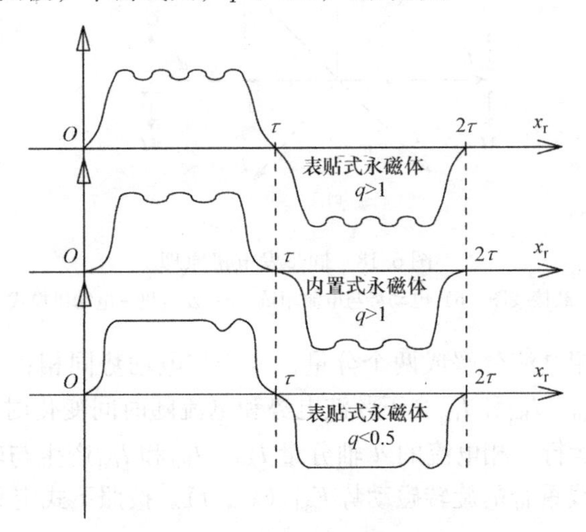

图6.17　永磁转子的气隙磁密分布

6.4　发电机模式下的双反应原理

首先讨论直流励磁的三相同步发电机的空载情况，其转速为 ω_r（见图6.18a）。当平衡交流负载连接到定子时，定子电动势角频率为 ω_r，此时三相定子电流是平衡的。

三相电动势和电流之间的相位差 Ψ 取决于负载的性质（功率因数）和电机参数（见图6.18b）。

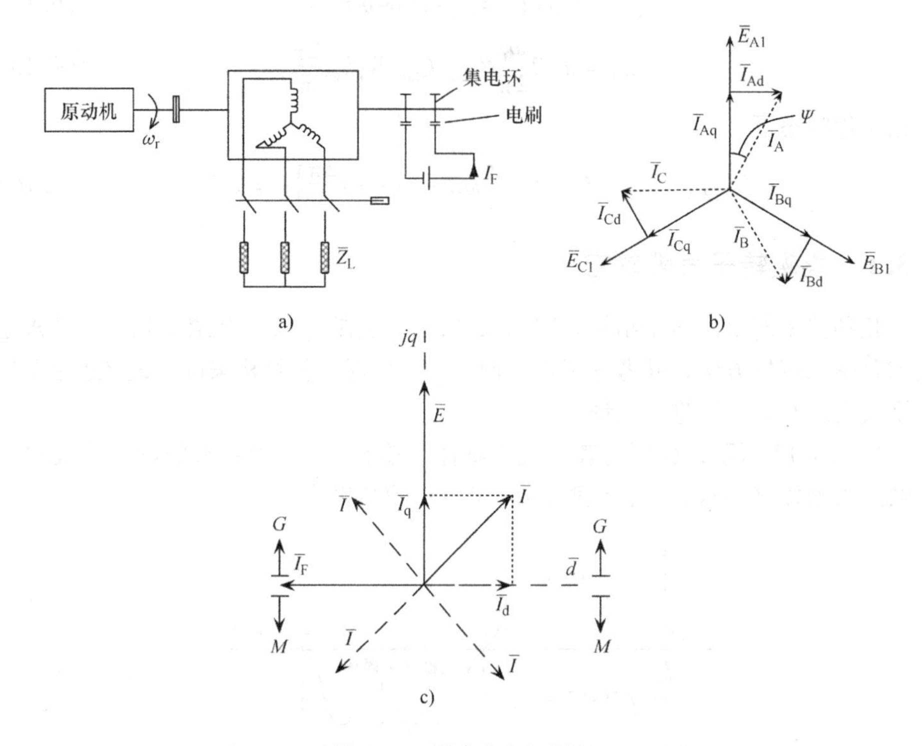

图 6.18　同步发电机原理

a）负载接线图　b）电动势与电流相量　c）发电机－电动机模式划分

可以将每个相电流分解成两个分量，一个与电动势同相；另一个滞后 90°：$\bar{I}_{Ad}$、$\bar{I}_{Bd}$、$\bar{I}_{Cd}$、$\bar{I}_{Aq}$、$\bar{I}_{Bq}$和$\bar{I}_{Cq}$。正弦波电势和电流随时间变化时，可用相量分析同步发电机稳态运行。相电流的 d 轴分量 $\bar{I}_{Ad}$、$\bar{I}_{Bd}$和$\bar{I}_{Cd}$产生与转子磁极（或直流励磁磁密）轴线重合的旋转磁动势 F_{ad}（x_s，t）。按照下式定义，需加上负号，

$$F_{ad}(x_s,t) = -F_{adm}\cos\left(\omega_1 t - \frac{\pi}{\tau}x\right) \tag{6.17}$$

同理，q 轴磁动势与两磁极之间的轴线对齐，

$$F_{aq}(x_s,t) = F_{aqm}\cos\left(\omega_1 t - \frac{\pi}{\tau}x - \frac{\pi}{2}\right) \tag{6.18}$$

比较方程（6.18）与方程（6.2）得，

$$F_{adm} = \frac{3\sqrt{2}I_d W_s k_{w1s}}{\pi p_1}; I_d = I\cos\delta_i = |I_{A,B,C,d}|; \psi = \frac{\pi}{2} - \delta_i \tag{6.19}$$

$$F_{aqm} = \frac{3\sqrt{2}I_q W_s k_{w1s}}{\pi p_1}; I_q = I\sin\delta_i = |I_{A,B,C,q}| \tag{6.20}$$

将方程（6.14）至方程（6.16）中的电动势表示为相量，

$$\overline{E}_{A,B,C} = -j\omega_r M_{Fa}\overline{I}_{FA,B,C} \tag{6.21}$$

方程（6.21）表明，电动势是由直流励磁转子运动产生的。也就是说，它们可以由频率为ω_r的对称虚拟电流$\overline{I}_{FA}$、$\overline{I}_{FB}$、$\overline{I}_{FC}$流过虚拟三相交流绕组产生。

比较方程（6.4）和方程（6.5），令I_F为$\overline{I}_{FA,B,C}$的有效值，由方程（6.21）得互感系数M_{Fa}为

$$M_{Fa} = \mu_0 \frac{\sqrt{2}}{\pi}\frac{W_s W_F k_{w1s}\tau l_{stack}}{gk_c(1+k_s)}k_{F1} \tag{6.22}$$

$$W_F = \frac{n_{cp}}{2}W_{CF}；适用于隐极转子 \tag{6.23}$$

图6.18c给出了一相的相量，虚拟电流$\overline{I}_F$与d轴同轴，并超前电势$\overline{E}$相量90°［方程（6.21）］。隐极转子的$\overline{E}_{A,B,C}$和$\overline{I}_{A,B,C}$相互作用产生了有功功率P_{elm}和无功功率Q_{elm}。

$$\overline{S}_n = P_{elm} + jQ_{elm} = 3\mathrm{Re}(\overline{E}\ \overline{I}^*) + 3\mathrm{Imag}(\overline{E}\,\overline{I}^*) \tag{6.24}$$

电动机和发电机模式仅由有功功率的符号规定（这里，正号表示发电机状态，负号表示电动机状态）。无功功率Q_{elm}的符号可正可负，取决于励磁电流I_F。欠励时$Q_{elm} < 0$，过励时$Q_{elm} > 0$。因此，同步发电机有一个十分独特的特性，即通过改变励磁电流I_F可以调节发电机的功率因数（超前或滞后）。电力系统负荷变化时，这种特性对于稳定电网电压十分关键。

6.5 电枢反应和磁化电抗，X_{dm}和X_{qm}

前面的章节中介绍了用于稳态分析的d轴和q轴定子绕组磁动势：F_{ad}（x_s，t）和F_{aq}（x_s，t）。因此，根据等效气隙沿转子圆周的变化量，很容易计算出对应的气隙磁通密度分布B_{ad}和B_{aq}。图6.19给出了凸极转子结构d轴和q轴的电枢反应情况，隐极结构可视为一种特殊情况，与永磁转子属于同一范畴。

从非正弦气隙磁密B_{ad}和B_{aq}中提取基波B_{ad1}和B_{aq1}，有

$$B_{ad1} = \frac{2}{2\tau}\int_0^\tau B_{ad}(x_r)\sin\frac{\pi}{\tau}x_r \mathrm{d}x_r \tag{6.25}$$

$$B_{ad}(x_r) = \frac{\mu_0 F_{adm}\sin\frac{\pi}{\tau}x_r}{K_{cg}(1+K_{sd})} \tag{6.26}$$

$$0 \leqslant x \leqslant \frac{\tau-\tau_p}{2};\frac{\tau+\tau_p}{2}\leqslant x_r \leqslant \tau;\frac{\tau-\tau_p}{2}\leqslant x_r \leqslant \frac{\tau+\tau_p}{2}$$

$$B_{aq1} = \frac{2}{2\tau}\int_0^\tau B_{aq}(x_r)\sin\frac{\pi}{\tau}x_r \mathrm{d}x_r \tag{6.27}$$

以及

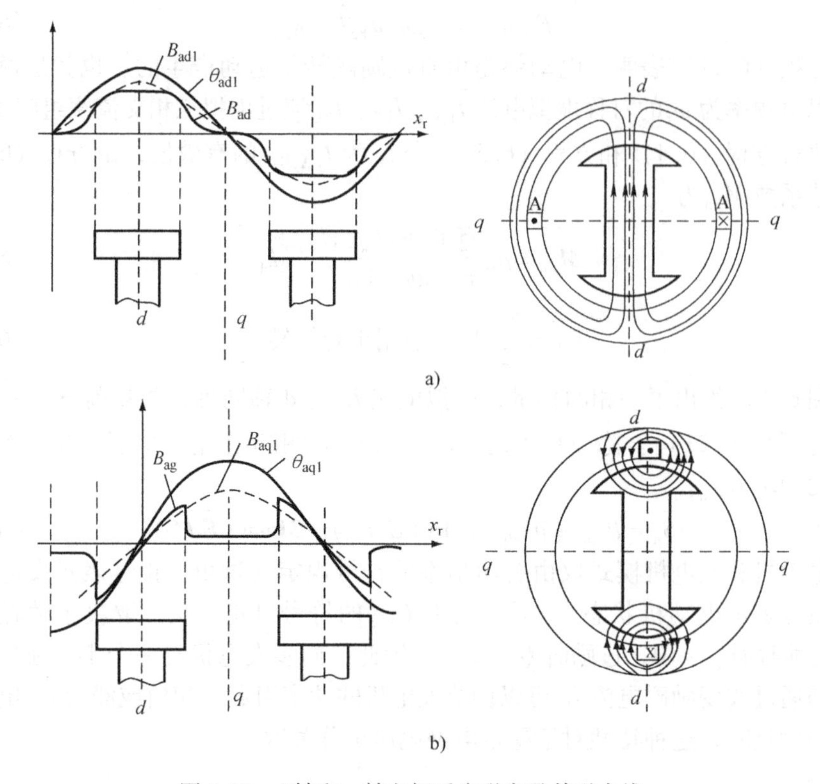

图 6.19　d 轴和 q 轴电枢反应磁密及其磁力线

$$B_{aq}(x_r)=\begin{cases}\dfrac{\mu_0 F_{aqm}\sin\dfrac{\pi}{\tau}x_r}{K_{cg}(1+K_{sq})};0\leqslant x_r<\dfrac{\tau_p}{2}\text{且}\left(\tau-\dfrac{\tau_p}{2}\right)<x_r<\tau\\ \dfrac{\mu_0 F_{aqm}\sin\dfrac{\pi}{\tau}x_r}{K_c(6g)};\dfrac{\tau_p}{2}<x_r<\left(\tau-\dfrac{\tau_p}{2}\right)\end{cases}\tag{6.28}$$

q 轴转子磁极之间的气隙为 $6g$（其他近似也是可行的）。最后得到

$$B_{ad1}=\frac{\mu_0 F_{adm}k_{d1}}{K_{cg}(1+K_{sd})};\ k_{d1}=\frac{\tau_p}{\tau}+\frac{1}{\pi}\sin\frac{\tau_p}{\tau}\pi<1\tag{6.29}$$

$$B_{aq1}=\frac{\mu_0 F_{aqm}k_{q1}}{K_{cg}(1+K_{sq})};\ k_{q1}=\frac{\tau_p}{\tau}-\frac{1}{\pi}\sin\frac{\tau_p}{\tau}\pi+\frac{2}{3\pi}\cos\frac{\tau_p}{\tau}\frac{\pi}{2}<1\tag{6.30}$$

为了获得均匀的气隙，同感应电机一样，条件为 $k_{d1}=k_{q1}=1$。一般情况下，直流励磁凸极同步电机的 $k_{d1}=0.8\sim0.92$，$k_{q1}=0.4\sim0.6$。

注：对于内置式永磁转子，可以导出类似的表达式，但内置式永磁转子具有特定的等效气隙，永磁体沿 d 轴放置时有 $k_{d1}<k_{q1}$。

沿 dq 两个轴分解的磁化电感对应于 B_{ad1} 和 B_{aq1}，可由异步电机（具有均匀气隙）的磁化电感 L_{1m} 直接导出，因为只有系数 k_{d1} 和 k_{q1} 是新出现的：

$$L_{1m}=\frac{6\mu_0(W_s k_{w1s})^2\tau L_e}{\pi^2 K_{cg}(1+K_{sd})};\ B_{g1}=\frac{\mu_0 F_{1m}}{K_{cg}(1+K_s)} \tag{6.31}$$

$$L_{dm}=L_{1m}k_{d1}=L_{1m}\frac{B_{ad1}}{B_{g1}};\ L_{qm}=L_{1m}k_{q1}=L_{1m}\frac{B_{aq1}}{B_{g1}} \tag{6.32}$$

磁饱和系数用 k_s 表示（k_{sd} 和 k_{sq} 分别为 d 轴和 q 轴），但生产实际中使用更复杂的描述方法。此时可用对称的定子电流分量 $\overline{I}_d$ 和 $\overline{I}_q$ 来表示自感应交流电动势

$$\overline{E}_{ad}=-j\omega_r L_{dm}\overline{I}_d;\ \overline{E}_{aq}=-j\omega_r L_{qm}\overline{I}_q \tag{6.33}$$

也就是说，上述方程严格适用于稳态对称定子电压和电流。

对于感应电机而言，定子自感（所有的相绕组流过对称电流）称为同步电感 L_d 和 L_q。

$$L_d=L_{dm}+L_{s1};\ L_q=L_{qm}+L_{s1} \tag{6.34}$$

$$\overline{E}_d=-j\omega_r L_d\overline{I}_d;\ \overline{E}_q=-j\omega_r L_q\overline{I}_q \tag{6.35}$$

L_{s1} 是定子相漏感（与异步电机相同）。

6.6 对称稳态方程与相量图

基于相电动势 $\overline{E}_{A,B,C}$ 的表达式［公式（6.21）］，由三个虚拟交流定子电流 $\overline{I}_{FA,B,C}$ 以及式（6.33）~式（6.35）产生，其中电枢反应在定子各相中感应出两个自感电动势 $\overline{E}_{ad}$ 和 $\overline{E}_{aq}$，在对称稳态下，同步电机作为发电机的相量方程是

$$\overline{I}_s R_s+\overline{V}_s=\overline{E}+\overline{E}_d+\overline{E}_q;\ \overline{E}=-j\omega_r M_{Fa}\overline{I}_F$$

$$\overline{E}_d=-jX_d\overline{I}_d;\ \overline{E}_q=-jX_q\overline{I}_q;\ X_d=\omega_r L_d;\ X_q=\omega_r L_q$$

$$\overline{I}_s=\overline{I}_d+j\overline{I}_q;\ \overline{I}_d=\frac{\overline{I}_F}{I_F}I_d;\ \overline{I}_q=-j\frac{\overline{I}_F}{I_F}I_q \tag{6.36}$$

式（6.36）中的最后一个方程表明 $\overline{I}_F$ 和 $\overline{I}_d$ 同相（I_d 大于或小于0），$\overline{I}_q$ 在发电机模式滞后90°，在电动机模式超前90°。每相都有一组方程，共三组，各相依次相差120°电角度。我们可以把所有电动势合并成一个方程：

$$\overline{I}_s R_s+\overline{V}_s=-j\omega_r\overline{\Psi}_{s0}=\overline{E}_{res}$$

其中

$$\overline{\Psi}_{s0}=M_{Fa}\overline{I}_F+L_d\overline{I}_d+L_q\overline{I}_q \tag{6.37}$$

即合成相链相量。

方程（6.37）乘以 $\overline{I}_s^*$ 可直接得到发电机输出有功功率和无功功率：

$$3\overline{V}_s\overline{I}_s^*=P_s+jQ_s \tag{6.38}$$

$$P_s = 3X_{Fa}I_FI_q - 3I_s^2R_s + 3(X_d - X_q)I_dI_q \tag{6.39}$$

$$Q_s = -3X_{Fa}I_FI_d - 3(X_dI_d^2 + X_qI_q^2) \tag{6.40}$$

由于忽略了铁心损耗，方程（6.39）中的第一项和最后一项表示电磁（有功）功率：

$$P_{elm} = T_e\frac{\omega_r}{p_1} = 3\omega_rM_{Fa}I_FI_q + 3\omega_r(L_d - L_q)I_dI_q \tag{6.41}$$

所以电磁转矩 T_e 为

$$T_e = 3p_1[M_{Fa}I_F + (L_d - L_q)I_d]I_q;\ M_{Fa}I_F = \Psi_{PMd} \tag{6.42}$$

将永磁极放置在 d 轴（而非直流电励磁）上，当 $L_d < L_q$ 时，永磁磁链（从定子侧看）为 Ψ_{pmd}。

电磁转矩有两个组成部分：

- 励磁（或永磁）磁场与定子磁场之间的相互作用力矩；
- 由于凸极效应，转子旋转时定子磁能变化而产生的磁阻转矩（$L_d \neq L_q$）。

方程（6.40）中超前的功率因数意味着正的无功功率 Q_s，这只能在 I_d 为负值（退磁）的情况下才能得到。如果定子相电流分量取 d 轴方向，则改变转矩 T_e 的方向意味着改变方程（6.42）中 I_q 的符号（即反相 180°）。对于大型同步电机，在分析相量图时可以忽略定子电阻。对于单位功率因数的电动机和发电机，方程（6.36）中的关系可简化为图 6.20 的相量图。

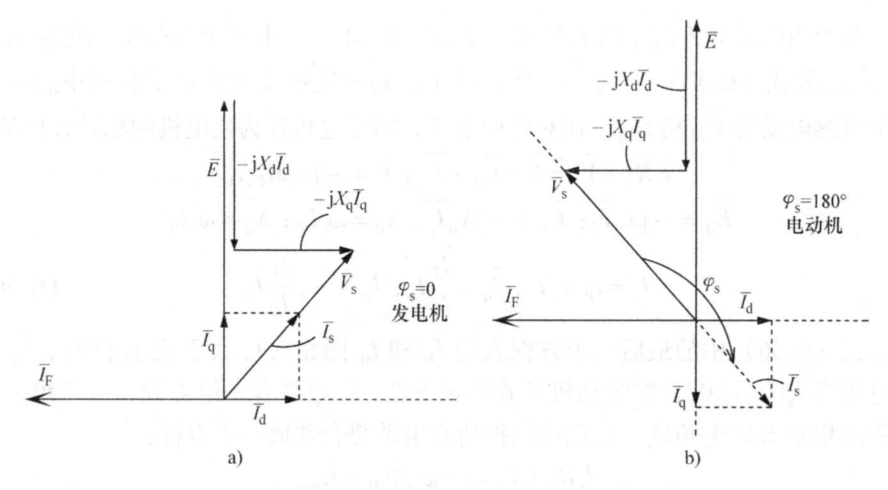

图 6.20 单位功率因数时同步电机相量图

a）发电机 b）电动机

当负载（I_q）变化时，只有在励磁电流可调时才能保持单位功率因数。对于隐极转子同步电机，$X_d = X_q = X_s$，因而方程（6.36）的电压方程变为

$$\overline{I}_sR_s + \overline{V}_s = \overline{E} - jX_s\overline{I}_s \tag{6.43}$$

其等效电路如图 6.21 所示。

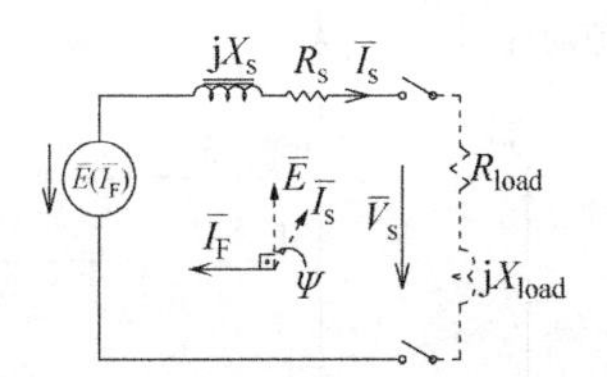

图 6.21　隐极转子同步电机等效电路

对于凸极转子（$X_d \neq X_q$）同步电机，包含磁阻转矩（功率）的等效电路更为复杂。对于永磁同步电机只需假定 I_E 等于常数即可。

6.7　自动同步发电机（ASG）

自动同步发电机（ASG）在汽车、卡车、公共汽车、柴油机车、航空电源（400Hz）、船舶热电联产、风力发电机、电信、医院和偏远地区的备用电源等领域都有广泛的应用。单机功率从几 MW 到 1kW 或更少。ASG 的运行特性包括：

- 空载饱和特性：$E(I_F)$，$I_s = 0$，n_1 = 常数
- 短路特性：$I_{sc}(I_F)$，$V_s = 0$，n_1 = 常数
- 外部（负载）特性：$V_s(I_s)$ 曲线，n_1 = 常数，$\cos\varphi_s$ = 常数

6.7.1　空载饱和特性/实验 6.1

用与直流电机相同的分析方法，对给定的磁通 Φ_p，逐点计算以得到空载饱和（磁化强度）特性。这条特性曲线也常采用有限元计算方法，也可以通过专门的标准化测试获得。

$$E_1(I_F) = \frac{\omega_r}{\sqrt{2}} \frac{2}{\pi} \tau B_{gFm}(I_F) k_{1F} l_{stack} W_s k_{w1s} V_{rms} \tag{6.44}$$

实验装置（见图 6.22a）包括一个原动机（具有精确速度控制的变速驱动器），它以转速 $n_1 = f_{1n}/p_1$ 拖动 ASG。可调 DC/DC 电源可在非常大的范围内（1% ~100%）提供可变励磁电流 I_F。测量的变量包括定子电动势 E_1、频率 f_1 和励磁电流 I_F。励磁电流 I_F 从零开始上升，然后再下降，直到得出完整的 $E_1(I_F)$ 回线（见图 6.22b）。进行试验时，最大电动势 E_{1max}/U_n = (1.2 ~ 1.5)，取决于额定电压和额定电流条件下所带负载的最低功率因数。图 6.22b 中的平均曲线（虚线）构成空载饱和特性曲线。必须限制最大励磁电流，从而限定最大电动势 E_{1max}，从而确保电机的冷却系统有效。

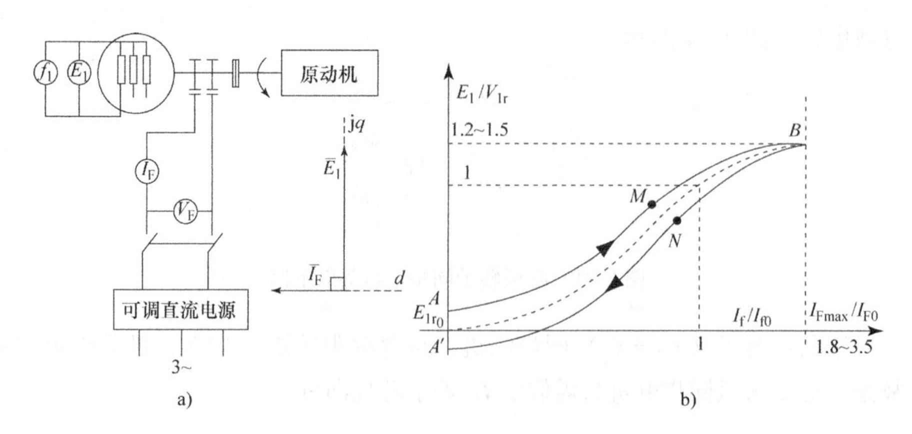

图 6.22　空载特性测试

a）测试接线图　b）空载特性曲线

6.7.2　短路特性：$I_{sc}(I_F)$/实验 6.2

由精确控制转速的原动机以 $n_1=f_{1n}/p_1$ 拖动同步发电机，将同步发电机定子短路，可以测量其短路特性曲线（见图 6.2a）。转矩为零时 $I_q=0$（见图 6.23c 和 d），如果忽略 R_s，考虑到定子电流 I_{sc} 为纯去磁电流，磁路不饱和，短路特性曲线为直线（见图 6.23b）。由方程（6.43）可得：

$$\overline{E}_1(I_F)=jX_{dmsat}\overline{I}_{3sc} \tag{6.45}$$

电机主（气隙）磁通产生的合成电动势由下式给出：

$$\overline{E}_{1res}(I_F)=\overline{E}_1(I_F)-jX_{dmunsat}\overline{I}_{3sc}=-jX_{s1}\overline{I}_{sc3} \tag{6.46}$$

E_{1res} 为空载特性曲线中 E_1 的低值（见图 6.23e），它说明磁路不饱和。可以为它定义一个等效的 I_{F0} 励磁电流：

$$I_{F0}=I_F-I_{3sc}\frac{X_{dm}}{X_{Fa}} \tag{6.47}$$

这就得出了短路三角形 ABC（见图 6.23e）。

公式（6.46）中的 X_d 对应于 I_{F0}，饱和值对应于 I_F，可由下式得到

$$X_{dsat}=\frac{E_1(I_F)}{I_{3sc}(I_F)}=\frac{AA''}{AA'} \tag{6.48}$$

6.7.3　负载特性曲线：$V_s(I_s)$/实验 6.3

转速、励磁电流、负载功率因数不变的条件下，线（相）电压 V_s 随线电流 I_s 变化的曲线为负载特性曲线。在实际应用中，利用原动机的速度控制器（调速器）使发电机保持恒定转速，当负载变化时，通过调节励磁电流使端电压保持在一定范围内。负载曲线只应确保设计（测试）的 ASG 能够在最低的滞后功率

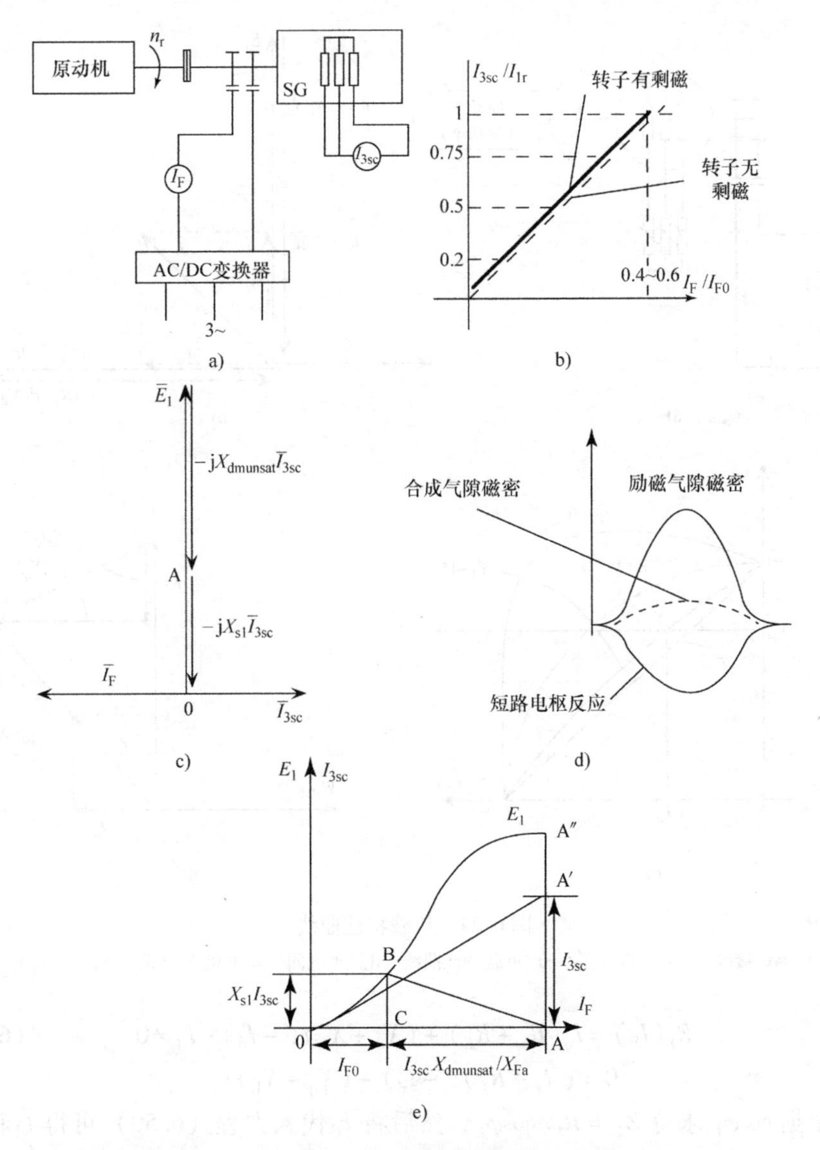

图 6.23　短路特性曲线

a）测试接线图　b）短路特性曲线　c）相量图　d）磁密　e）短路三角形

因数水平上提供额定负载的额定输出电压。对于中小功率的同步电机，测试时可以直接应用 $R_L L_L$ 交流负载（见图 6.24）。则由负载方程补齐电压方程［式（6.36）］得

$$\overline{V}_s = R_L\overline{I}_s + j\omega_r L_L\overline{I}_s;\ \cos\varphi_L = \frac{R_L}{\sqrt{R_L^2 + \omega_r^2 L_L^2}} = 常数 \tag{6.49}$$

于是

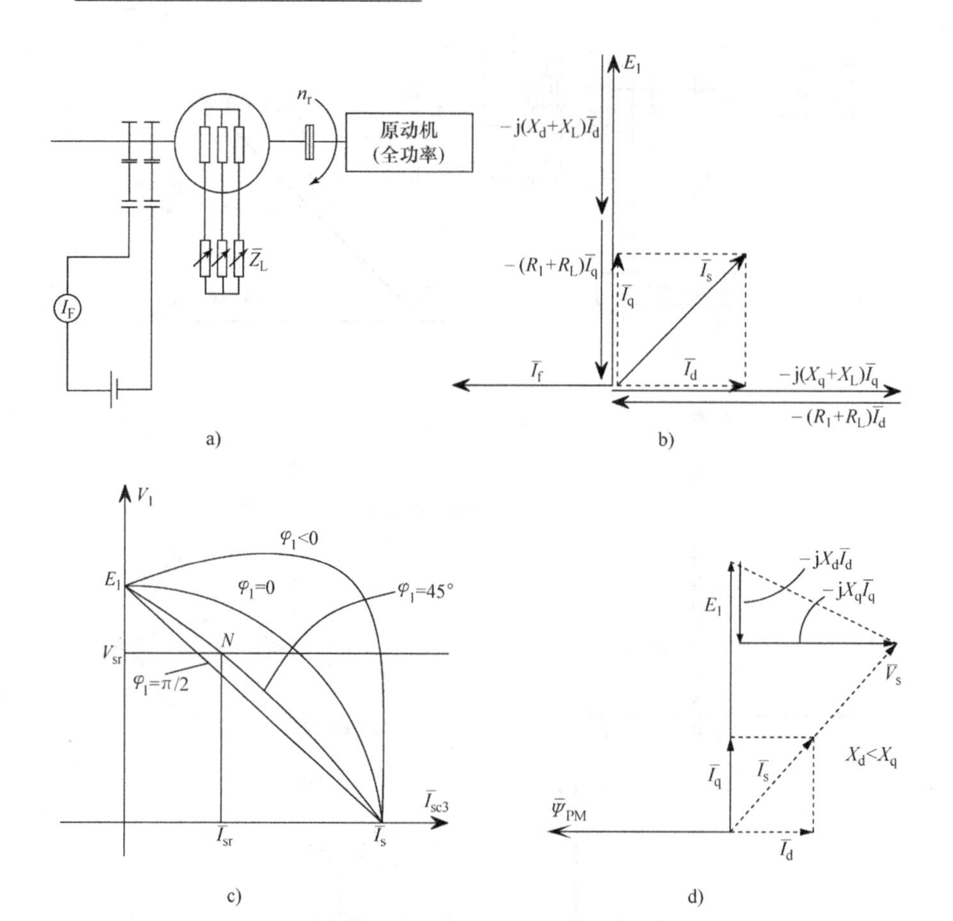

图 6.24 负载特性曲线

a）测试接线图 b）相量图 c）负载特性曲线 d）永磁同步发电机 $X_d < X_q$，$E_1 = (V_s)_{I_n}$

$$E_1(I_F) = I_q(R_s + R_L) + (X_d + X_L)(-I_d);\ I_d \neq 0 \tag{6.50}$$
$$0 = (R_s + R_L)(-I_d) - (X_q + X_L)I_q$$

根据 $\cos\varphi_L$ 求得 $Z_L = R_L/\cos\varphi_L$，然后将 I_F 代入方程（6.50）可得 I_d 和 I_q。结合端电压，可得出有功功率 P_s 和无功功率 Q_s。

$$V_s = \frac{R_L}{\cos\varphi_L} I_s;\ I_s = \sqrt{I_d^2 + I_q^2} \tag{6.51}$$

空载特性曲线 E_1（I_F）在 I_F 变化时使用。随着磁饱和情况变化，X_d（甚至 X_q）也会发生变化，但这方面超出了我们的预期。负载特性曲线如图 6.24c 所示。

因为 X_d 和 X_q 都很大，所以变压器或自主感应发电机的电压调节率 ΔX_s 对于 ASG 来说很重要：

$$\Delta V_s = \frac{E_1 - V_s}{E_1} = \frac{\text{空载电压}-\text{负载电压}}{\text{空载电压}} \tag{6.52}$$

对于 $\cos\varphi_{sc}=0.707$（滞后）最小功率因数，仍然期望在额定负载电流下获得额定电压，则由图6.24得

$$\frac{X_{dsat}}{Z_n} = x_{dsat} < 1;\ Z_n = V_n / I_n \tag{6.53}$$

其中，X_d是d轴电抗标幺值。若$x_{dsat}<1$，需要较大的气隙值，但这意味着每个磁极需要更大的直流励磁磁动势，从而励磁损耗也很大。永磁同步发电机不能调节励磁电流，但内置式永磁转子具有相反的凸极效应（$X_d < X_q$），通过合理设计，在额定负载时可使电阻负载实现零电压调节。对于某些应用而言，只要原动机保持恒定的速度，这就足够了。汽车上的同步发电机可工作在二极管整流状态或强制受控整流负载状态。在这种情况下，上述考虑为同步发电机进一步发展提供理论支持[13]。

例6.1 自动同步发电机

一台自动同步发电机参数如下：$S_n=1\text{MV}\cdot\text{A}$，$2p_1=4$，$x_d=0.6$（pu），$x_q=0.4$（pu），$V_{nl}=6\text{kV}$（星形联结）。在阻性负载$\cos\varphi_L=1$、阻感负载$\cos\varphi_L=0.707$、阻容负载$\cos\varphi_L=0.707$这三种情况下计算额定电流时的电动势$E_1$（每相）以保持额定电压。

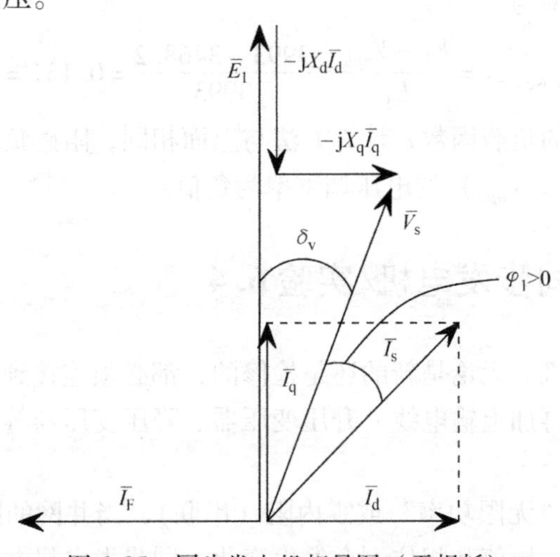

图6.25 同步发电机相量图（无损耗）

解：回到关于非单位功率因数和零损耗的一般相量图（见图6.25）。单位功率因数（零损耗）时额定电流I_n为

$$I_n = \frac{S_n}{\sqrt{3}V_{nl}} = \frac{1\times10^6}{\sqrt{3}\times6\times10^3} = 96.34\text{A} \tag{6.54}$$

从额定电流和 $\cos\varphi_L=1$，电阻负载 R_L 为

$$R_{load}=\frac{V_{nl}\cos\varphi_L}{\sqrt{3}I_n}=\frac{6000\times1}{\sqrt{3}\times96.34}=36\Omega;\ Z_n=\frac{V_{nl}/\sqrt{3}}{I_n}=36\Omega \tag{6.55}$$

然后，根据方程（6.50）（$X_{load}=0$）和方程（6.54），可以计算 E_1、I_d和 I_q：

$$\frac{-I_d}{I_q}=\frac{X_q}{R_{load}}=\frac{x_q}{R_{load}}\frac{V_{nl}/\sqrt{3}}{I_n} \tag{6.56}$$

又因为 $I_n=\sqrt{I_d^2+I_q^2}$，$I_n=I_q\sqrt{\left(\frac{I_d}{I_q}\right)^2+1}$

$$I_q=\frac{I_n}{\sqrt{\left(\frac{I_d}{I_q}\right)^2+1}}=\frac{96.34^2}{\sqrt{1+0.4^2}}=89.45\text{A}$$

$$I_d=-0.4\times I_q=-0.4\times89.45=-35.78\text{A}$$

因此，在方程（6.50）中，电动势 E_1 为

$$E_1=I_qR_L+X_d(-I_d)=89.45\times36+0.6\times36\times35.78=3993\text{V}$$

额定相电压为

$$V_{nph}=V_{nl}/\sqrt{3}=6000/\sqrt{3}=3468.2\text{V}$$

所以额定电压调整率为

$$(\Delta V)_{I_n,\cos\varphi_L=1}=\frac{E_1-V_{nph}}{E_1}=\frac{3993-3468.2}{3993}=0.131=13.1\%$$

对于其他数值的负载因数，计算方法与上面相同，阻感负载的电压调整率较大，阻容负载（$E_1<V_{nph}$）的电压调整率为负值。

6.8 并网的同步发电机/实验 6.4

每台同步发电机，无论是新的还是检修的，都必须连接到电网。所有的同步发电机并联运行，再加上输电线、升压变压器、降压变压器等组成了电网，将电能传送到千家万户。

假设电网具有“无限功率”或零内阻（串联），当并网的同步发电机数目增加时，电网的电压、幅值和相位不会发生变化。同步发电机并网时不能引起大电流（功率）瞬变。为此，同步发电机和电网的线电压必须具有相同的相序、幅值和相位（频率）。这个同步过程是通过所谓的数字同步器（见图 6.26）自动完成的，它对电压、频率（转速）和相位进行协调控制，使并网的瞬态值最小。

然而，在实验室里发电机并网的同步过程仍是通过手动操作实现的，需要两个电压表，把两组相灯串联在同步发电机和电网之间。调节励磁电流进而调整同

步发电机电压，同时调整频率（相位）直到所有灯泡都熄灭，然后并网开关闭合。这个过程中会有一些瞬态变化，电机转子会有轻微震动，然后以同步转速稳定下来。增加原动机功率，发电机输出的有功功率增大（因此水或燃料的摄入量也会增加）。增加励磁电流，使发电机输出的无功功率增大。

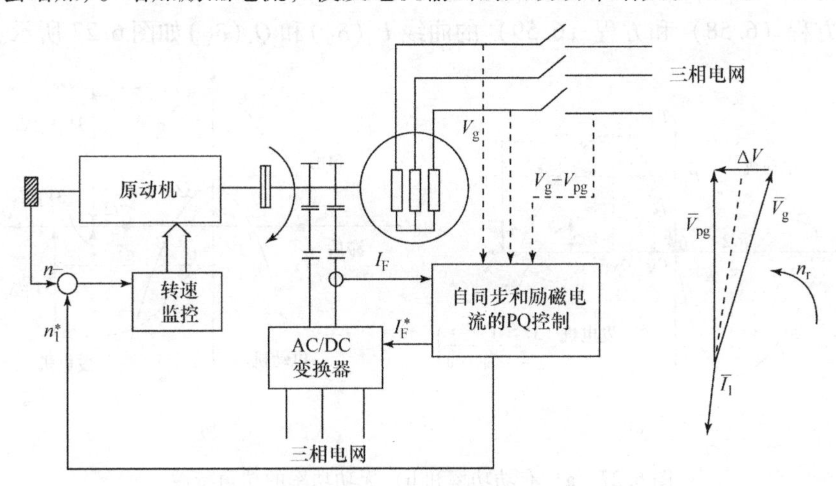

图6.26　同步发电机并网

同步发电机的工作特性主要包括三个：

- 功角特性曲线，P_e（δ_V）
- V形曲线［$I_s(I_F)$，P_s = 常数，V_s = 常数，$n = n_1$ = 常数］
- 无功功率曲线，Q_s（P_s）

6.8.1　功角特性曲线：P_e（δ_V）

电压功角 δ_V 是电动势 $\overline{E}_1$ 和相电压 $\overline{V}_s$ 之间的相位差（见图6.25）。功角 δ_V 的概念（变量）既可用于发电机单机运行，也可用于并网运行，但后者是典型应用，因为它直接关系到同步电机的静态和动态稳定性（仍有待界定）。不考虑损耗，同步发电机有功功率和无功率可用方程（6.39）和方程（6.40）表示。在这里，根据图6.25增加了 I_d 和 I_q 分量的表达式：

$$I_d = \frac{V_s \cos\delta_V - E_1}{X_d};\ I_q = \frac{V_s \sin\delta_V}{X_q} \tag{6.57}$$

根据方程（6.39）和方程（6.40），以及方程（6.57），有功（电磁）功率 P_s 和无功功率 Q_s 为

$$P_s = \frac{3E_1 V_s \sin\delta_V}{X_d} + \frac{3}{2}V_s^2\left(\frac{1}{X_q} - \frac{1}{X_d}\right)\sin 2\delta_V \tag{6.58}$$

$$Q_s = \frac{3E_1V_s\cos\delta_V}{X_d} - 3V_s^2\left(\frac{\cos^2\delta_V}{X_d} + \frac{\sin^2\delta_V}{X_q}\right) \tag{6.59}$$

再次注意，对于永磁同步电机而言，$E_1 = \omega_r \Psi_{pm}$，而对于直流励磁的同步电机而言 $E_1 = \omega_r M_{Fa} I_F$；对于磁阻同步电机而言，$E_1 = 0$。

方程（6.58）和方程（6.59）的曲线 $P_s(\delta_V)$ 和 $Q_s(\delta_V)$ 如图 6.27 所示。

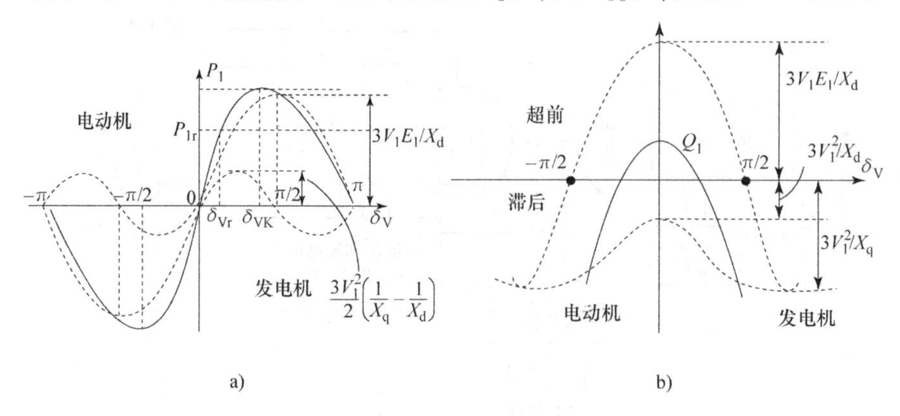

图 6.27　a）有功功率和 b）无功功率的功角特性

在发电机模式下功率为正，在电动机模式下功率为负。正的电压功率角（从零到 +180°）为发电机运行，负的电压功率角（从零到 −180°）为电动机运行。然而，并不是所有这些区域都能稳定运行。

注意：

- δ_V 增加到 δ_{VK}，这对应于可达到的最大有功功率（对于给定的 E_1 或励磁电流值）。
- 在电动机或发电机模式下，当 δ_V 增大时，无功功率相位（E_1 恒定）由超前变为滞后。
- 对于凸极转子，其 $\delta_{VK} < 90°$。
- 隐极转子惯性较小，额定电压功角在 22°～30°范围内；凸极转子惯性较大，额定电压功角在 30°～40°范围内。

6.8.2　V 形曲线

V 形曲线是端电压（V_s）和转速（$\omega_r = \omega_1$）不变、有功功率 P_s 变化时 $I_s(I_F)$ 的一簇曲线。V 形曲线的计算应用了 P_s 表达式（6.58）和空载曲线 E_1（I_F），其中已知同步电抗 X_d 和 X_q。当端电压保持恒定时，总磁链 $\Psi_s \approx V_s/\omega_1$ 是恒定的，因此，当 I_F 变化时，X_d 和 X_q 变化不大，从而得到 V 形曲线。

计算顺序十分明确：

- 根据已知的 E_1（I_F）曲线“读取” E_1 后，由方程（6.58）计算出给定

值 P_s 下的功率角 δ_V，其中，I_F 由最大值（冷却原因允许的最大值）逐渐减小。

- 再根据方程（6.57），在已知 E_1 和 δ_V 的情况下，计算 I_d 和 I_q，最后得到 $I_s=\sqrt{I_d^2+I_q^2}$。
- 当 I_F 降低到某个点时，$\delta_V=\delta_{VK}$，这个点是 V 形曲线上保持静态稳定的最后一个点（见图 6.28）。

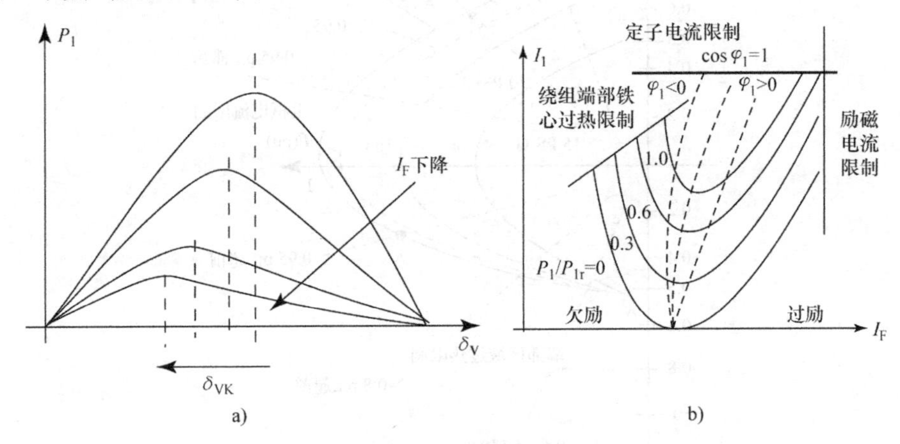

图 6.28　V 形曲线

a) P_s（δ_V）曲线　b) I_s（I_F）曲线

最小定子电流（对于给定的功率和电压）对应于单位功率因数：

$$P_s=3V_sI_s\cos\varphi_s \tag{6.60}$$

电机欠励运行时（I_F 值较小），功率因数滞后；若 I_F 值较大，则功率因数超前。单位功率因数对应于公式（6.59）中的 $Q_s=0$ 的情况：

$$(E_1)_{Q_s=0}=V_s\left(\cos\delta_V+\frac{X_d}{X_q}\frac{\sin^2\delta_V}{\cos\delta_V}\right) \tag{6.61}$$

在由 E_1（或 I_F）增大而引起有功功率（和 δ_V）增大的情况下保持单位功率因数。

6.8.3　无功功率曲线

电机发热问题限制了 I_F 的最大值。然而，电机的整体温度和热点温度取决于两个电流：I_F 和 I_s。另外，I_F、I_s 和 δ_V 决定了定子磁链，从而决定铁心损耗。因此，当同步电机的无功功率需求增加时，它意味着励磁电流（I_F）的增大，因此，在某个点，定子电流（I_s）和有功功率也必须受到限制。

由方程（6.59）可得无功功率，然后得到 Q_s（P_s）曲线（见图 6.29）。对于欠励电机，$Q_s<0$，但在这种情况下，定子（I_d）的电枢反应磁场被叠加到 d 轴励磁磁场中。在端部绕组和端部铁心区域有很大的交变磁场，产生了附加的端

部定子铁耗，限制了电机吸收的最大无功功率（见图6.29）。

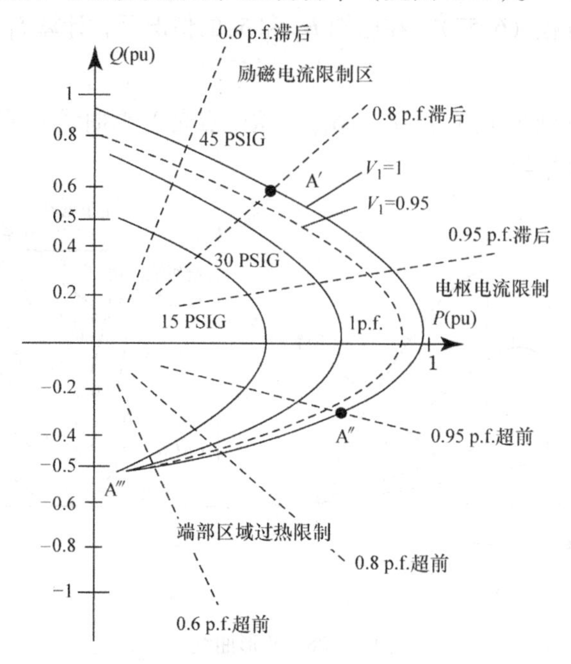

图6.29　氢冷同步发电机的有功/无功功率曲线范围

6.9 基本静态和动态稳定概念

我们在前一节中已经推断，如果一个同步电机的负载上升或下降得非常慢，它可以将有功功率传递到临界电压功率角（$\delta_{VK} \leqslant \pm 90°$）。

静态稳定性是同步发电机在负荷缓慢变化情况下保持同步的特性。因此，如果原动机输出（机械功率）增大，同步发电机提供的电能 P_s 也增大，电机保持静态稳定。

换言之，只要$\partial P_s / \partial \delta_V > 0$，电机就是静态稳定的［方程（6.58）］。

$$P_{ss} = \frac{\partial P_s}{\partial \delta_V} = 3E_1 V_s \cos\delta_V + 3V_s^2\left(\frac{1}{X_q} - \frac{1}{X_d}\right)\cos 2\delta_V \tag{6.62}$$

P_{ss}被称为整步功率，只要 P_{ss} 为正，同步电机就是静态稳定的（δ_{VK}时 $P_{ss}=0$）。当励磁电流减小（E_1 减小）时，P_{ss}减小，δ_{VK}增大，静态稳定区域减小。

动态稳定性是指当轴上（机械）功率或电功率（负载）快速变化时，同步电机保持（与电网）同步的特性。通常，当转轴惯量（原动机和发电机）较大时，负载变化的功率角（δ_V）、转速（ω_r）瞬态比电瞬态慢很多。因此，对于基本计算，在机械荷载突变时，同步发电机仍处于稳态，其转矩 T_e 为

$$T_e = \frac{P_s \times p_1}{\omega_r} = \frac{3p_1}{\omega_r}\left[\frac{E_1 V_s \sin\delta_V}{X_d} + \frac{V_s^2}{2}\left(\frac{1}{X_q} - \frac{1}{X_d}\right)\sin 2\delta_V\right] \tag{6.63}$$

现在考虑隐极转子同步发电机的情况，以化简 T_e（$X_d = X_q$）（见图 6.30）。

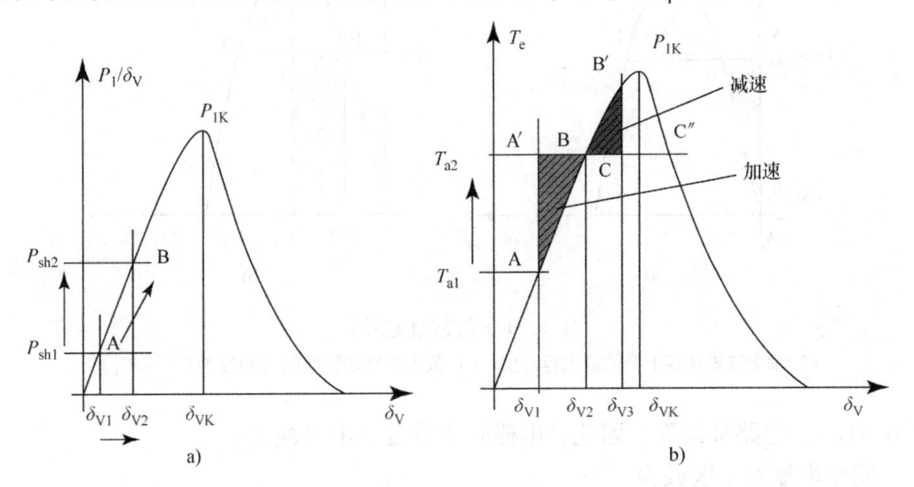

图 6.30　动态稳定
a）P_s（δ_V）曲线　b）面积相等原则

在瞬态过程中忽略转子鼠笼转矩（这个转矩是有益的），机械负载从 P_{sh1} 变为 P_{sh2} 时轴运动方程如下（见图 6.30）：

$$\frac{J}{p_1}\frac{d\omega_r}{dt} = T_{shaft} - T_e；\omega_r - \omega_{r0} = \frac{d\delta_V}{dt} \tag{6.64}$$

将方程（6.64）乘以 $d\,\delta_V/dt$，得到：

$$d\left[\frac{J}{2p_1}\left(\frac{d\delta_V}{dt}\right)^2\right] = (T_{shaft} - T_e)d\delta_V = \Delta T \cdot d\delta_V = dW \tag{6.65}$$

式（6.65）仅说明，原动机（轴）的动能变化转化为加速区 AA′B 和减速区 BB′C：

$$W_{AB} = \int_{\delta_{V1}}^{\delta_{V2}} (T_{shaft} - T_e)d\delta_V > 0 \tag{6.66}$$

$$W_{BB'} = \int_{\delta_{V2}}^{\delta_{V3}} (T_{shaft} - T_e)d\delta_V < 0 \tag{6.67}$$

只有当这两个区域相等时，同步发电机经过几次衰减振荡才会从 B′点回到 B 点。衰减来自于被忽略的转子鼠笼异步转矩。这是所谓的面积相等原则。

轴上功率从零向上的最大跃升（保持恢复同步能力）限值对应于 A 点在原点、B′点在 C′点的情况（见图 6.31a）；另一方面，实际情况与空载运行的短路切除时间有关（见图 6.31b）。

短路期间，电磁转矩被认为是零，因此电机会加速（δ_V增大）。在 C 点（见

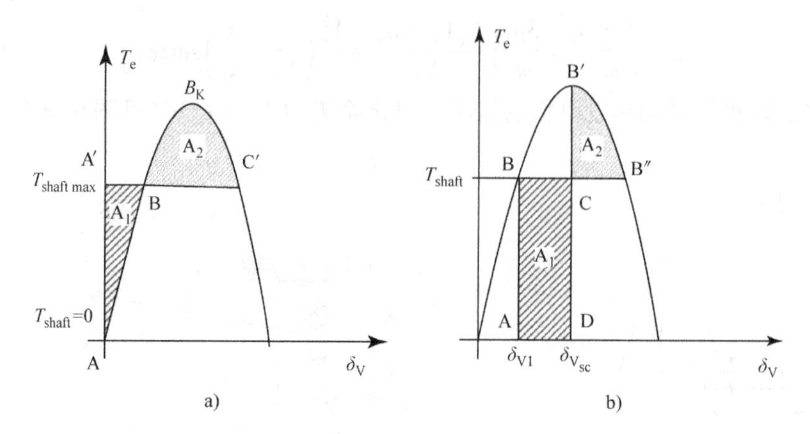

图 6.31　动态稳定限值

a）轴上转矩从零上升的最大容许值　b）最大短路切除时间（角度为 $\delta_{V_{sc}}-\delta_{V1}$）

图 6.31b)，短路被切除，因此，电磁转矩恢复，电机减速。

同步恢复发生区域为

$$区域(ABCD)\leqslant区域(CB'B'') \tag{6.68}$$

例 6.2　短路切除时间 t_{sc}

假设一台汽轮发电机 $x_d=x_q=1$（pu），$S_n=100\text{MV}\cdot\text{A}$，$f_n=50\text{Hz}$，$V_{nl}=15\text{kV}$，在功率角 $\delta_V=30°$ 和单位功率因数下运行。以秒为单位的惯性是 $H=\dfrac{J}{s_n}\left(\dfrac{\omega_1}{p_1}\right)^2=4\text{s}$。突然发生三相短路，其瞬态电流非常快，在此忽略不计。计算短路切除角度 δ_{sc} 和时间 t_{sc}，以使故障切除后能保持同步运行。

解：如前所述，应满足准则式（6.68），以在故障切除后保持同步。

计算并使准则式（6.68）中的两个区域相等。

$$\frac{T_{ek}}{2}\left(\delta_{V_{sc}}-\frac{\pi}{6}\right)=\int_{\delta_{V_{sc}}}^{\frac{5\pi}{6}}\left(T_{ek}\sin\delta_V-\frac{T_{ek}}{2}\right)d\delta_V \tag{6.69}$$

$$T_e=\frac{3p_1}{\omega_1}\frac{E_1V_s\sin\delta_V}{X_d}=T_{ek}\sin\delta_V \tag{6.70}$$

其中，$\delta_V=\pi/6$，$T_{en}=T_{ek}/2$。

由方程（6.69）得 $\delta_{V_{sc}}\approx1.3955\text{rad}\approx80°$。现在回到运动方程（6.64）：

$$\frac{J}{p_1}\frac{d^2\delta_V}{dt^2}=T_{shaft\ n}=T_{en}=s_n\frac{p_1}{\omega_1} \tag{6.71}$$

或者

$$H\frac{1}{\omega_1}\frac{d^2\delta_V}{dt^2}=1 \tag{6.72}$$

解得：

$$\delta_{\mathrm{V}}(t)=\pi\times 25\times\frac{t^2}{2}+At+B \tag{6.73}$$

当 $t=0$ 时，$\delta_{\mathrm{V}}(0)=\pi/6$；当 $t=t_{\mathrm{sc}}$ 时，$\delta_{\mathrm{V}}=\delta_{V_{\mathrm{sc}}}=1.3955\mathrm{rad}$。另外，因为 $(\omega_{\mathrm{r}})_{t=0}=\omega_{\mathrm{r0}}=\omega_1$，所以当 $t=0$ 时，$(\mathrm{d}\delta_{\mathrm{V}}/\mathrm{d}t)_{t=0}=0$。最后，A = 0，B = π/6。因此，$\delta_{V_{\mathrm{sc}}}$的时间 t_{sc} 为

$$\delta_{V_{\mathrm{sc}}}=\frac{\pi\times 25\times t_{\mathrm{sc}}^2}{2}+\frac{\pi}{6}=1.3955\mathrm{rad}$$

由方程（6.73）可知保持同步的最大短路清除时间为

$$t_{\mathrm{sc}}=0.14\mathrm{s}$$

这个值与工业实际情况差别不大，显示出转子频率为零时（转子直流或永磁励磁）同步电机对瞬变的敏感程度。

6.10 同步发电机的不平衡负载稳态/实验 6.5

同步发电机接入电网后自主运行时，分别在不平衡电网电压或不平衡三相负载下运行，在一般情况下，交流定子三相电压和电流是不平衡的。为了简化情况，考虑不平衡电流的情况：

$$I_{\mathrm{A,B,C}}(t)=I_{\mathrm{A,B,C}}\cos(\omega_1 t-\gamma_{\mathrm{A,B,C}})；I_{\mathrm{A}}\neq I_{\mathrm{B}}\neq I_{\mathrm{C}}；\gamma_{\mathrm{A}}\neq\gamma_{\mathrm{B}}\neq\gamma_{\mathrm{C}}\neq 120^\circ \tag{6.74}$$

对于恒定（或不存在）磁饱和，我们可以使用对称分量的方法（见图6.32）：

$$\bar{I}_{\mathrm{A}+}=\frac{1}{3}(\bar{I}_{\mathrm{A}}+a\bar{I}_{\mathrm{B}}+a^2\bar{I}_{\mathrm{C}})；a=\mathrm{e}^{\mathrm{j}\frac{2\pi}{3}} \tag{6.75}$$

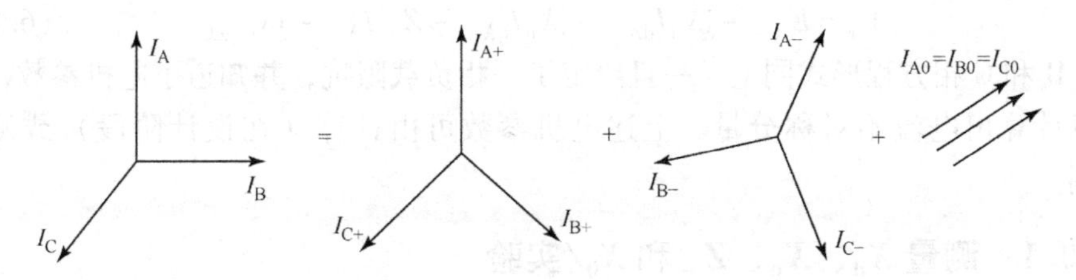

图6.32　三相交流电流对称分量法

$$\bar{I}_{\mathrm{A}-}=\frac{1}{3}(\bar{I}_{\mathrm{A}}+a^2\bar{I}_{\mathrm{B}}+a\bar{I}_{\mathrm{C}})；\bar{I}_{\mathrm{A0}}=\frac{1}{3}(\bar{I}_{\mathrm{A}}+\bar{I}_{\mathrm{B}}+\bar{I}_{\mathrm{C}}) \tag{6.76}$$

$$\bar{I}_{\mathrm{B}+}=a^2\bar{I}_{\mathrm{A}+}；\bar{I}_{\mathrm{C}+}=a\bar{I}_{\mathrm{A}+}；\bar{I}_{\mathrm{B}-}=a\bar{I}_{\mathrm{A}-}；\bar{I}_{\mathrm{C}-}=a^2\bar{I}_{\mathrm{A}-} \tag{6.77}$$

对于正序分量，电压方程（6.35）是有效的：

$$\bar{V}_{\mathrm{A}+}=\bar{E}_{\mathrm{A}+}-\mathrm{j}X_{\mathrm{d}}\bar{I}_{\mathrm{dA}+}-\mathrm{j}X_{\mathrm{q}}\bar{I}_{\mathrm{qA}+} \tag{6.78}$$

直流励磁（或永磁体励磁）转子产生对称（平衡）电动势：$\overline{E}_{A+}$、$\overline{E}_{B+}$和$\overline{E}_{C+}$。定子电流的负序分量$\overline{I}_{A-}$、$\overline{I}_{B-}$和$\overline{I}_{C-}$产生的磁动势以相反的转子速度$-\omega_r$旋转。因此，负序磁动势的相对角速度为$2\omega_r$，其在转子鼠笼和励磁回路中的感应电流的频率也是如此（如果它能流过交流电流）。这种感应（异步）体现在转差率s_-上有下述关系式：

$$s_- = \frac{-\omega_r - \omega_r}{-\omega_r} = 2 \tag{6.79}$$

在$s=2$处，令等效负序小阻抗为$\overline{Z}_-$。由于$\overline{E}_{A-}=0$（电动势对称），负序方程为

$$\overline{I}_{A-}\overline{Z}_- + \overline{V}_{A-} = 0;\ \overline{Z}_- = R_- + jX_- \tag{6.80}$$

零序分量$\overline{I}_{A0}=\overline{I}_{B0}=\overline{I}_{C0}$产生零序（固定）磁场，这是因为三相绕组彼此互差120°。因此，它不与正序和负序分量相互作用。对应的零序阻抗为

$$Z_0 = R_0 + jX_0$$
$$X_0 \leqslant X_{sl};\ R_s < R_0 < R_s + R_{irons} \tag{6.81}$$

其中，X_{sl}是定子一相电抗；R_{irons}是定子铁心串联等效电阻。通常情况下，对于笼型转子直流励磁同步电机：

$$X_d > X_q > X_- > X_{sl} > X_0 \tag{6.82}$$

定子一相零序电流方程类似于方程（6.80）：

$$jX_0\overline{I}_{A0} + \overline{V}_{A0} = 0 \tag{6.83}$$

A 相的总电压是：

$$\overline{V}_A = \overline{V}_{A+} + \overline{V}_{A-} + \overline{V}_{A0} \tag{6.84}$$

或者

$$\overline{V}_A = \overline{E}_{A+} - jX_d\overline{I}_{dA+} - jX_q\overline{I}_{qA+} - \overline{Z}_-\overline{I}_{A-} - jX_0\overline{I}_{A0} \tag{6.85}$$

B 和 C 相方程形式同上。一旦给定了一相负载阻抗，并知道了电机参数，就可以计算出电流不对称分量。上述电机参数可由计算（在设计阶段）或测量得到。

6.10.1 测量X_d、X_q、Z_-和X_0/实验

在这里只介绍一些基本的测试方法用来计算X_d、X_q、Z_-和X_0。为了测量X_d和X_q（即使没有过饱和），令励磁电路开路（$I_F=0$），提供对称正序电压的同步发电机以接近同步速度旋转：$\omega_r \neq \omega_1$（磁极转差法），则有：

$$\omega_r = (1.01 \sim 1.02)\omega_1 \tag{6.86}$$

因此，转子鼠笼中（0.01 ~ 0.02）ω_1频率下感应到的电流可忽略不计。记录 A 相电压和电流（见图 6.33）分别为V_A（t）和I_A（t）。注意到它们以

0.01～0.02的转差（低）频率脉动，因为$X_d \neq X_q$：

$$X_d \approx \frac{V_{Amax}}{I_{Amin}}；X_q = \frac{V_{Amin}}{I_{Amax}} \tag{6.87}$$

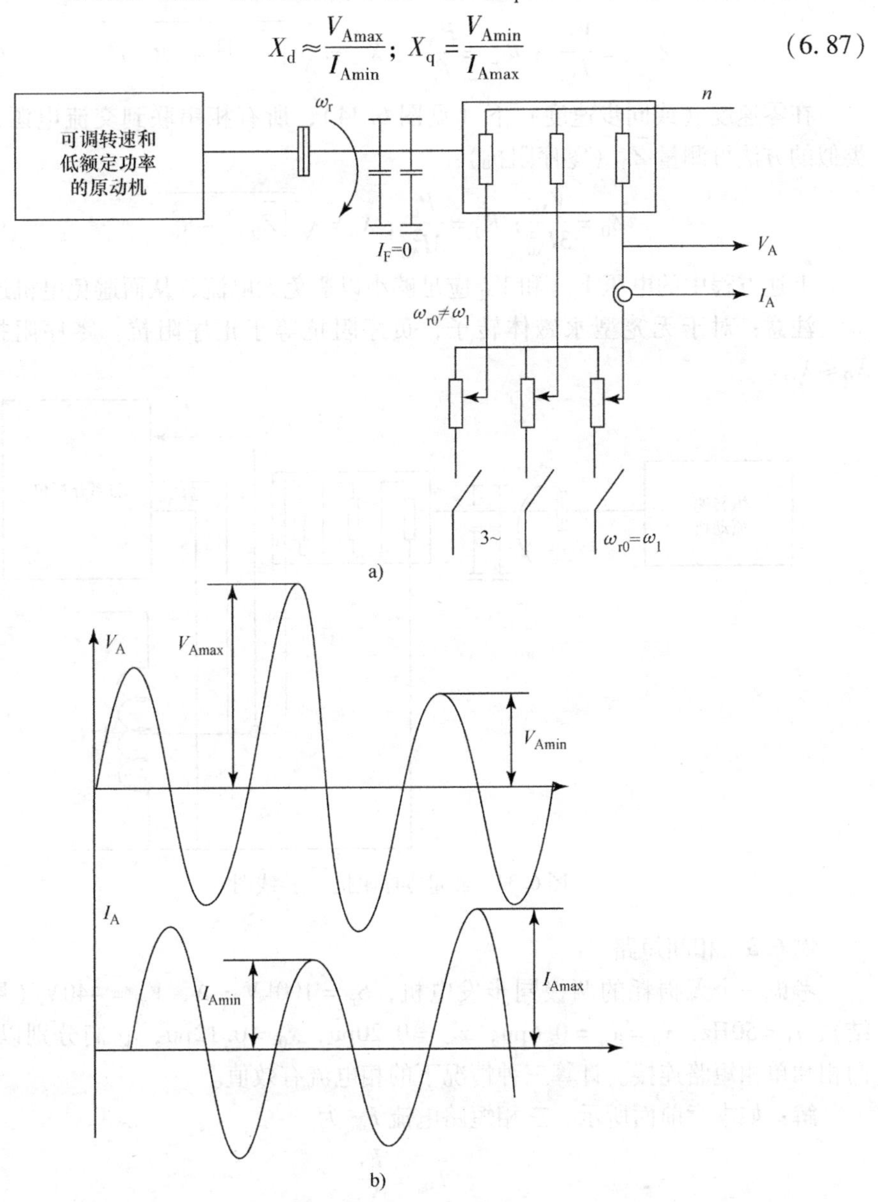

图6.33 磁极转差法

a）测量接线图 b）电压和电流波形

由于电力变压器的功率相对较小，所以电压幅值会脉动。

测量负序阻抗$\overline{Z}_-$时，可在同步转速（$\omega_r = \omega_1$）下驱动同步电机，向定子施加负序（$-\omega_1$）低电压（见图6.33），并将励磁回路短路。

测量 A 相的功率、电流和电压（P_{A-}、I_{A-}和 V_{A-}）：

$$|\overline{Z}_-| = \frac{V_{A-}}{I_{A-}};\ R_- = \frac{P_{A-}}{I_{A-}^2};\ X_- = \sqrt{|\overline{Z}_-|^2 - (R_-)^2} \tag{6.88}$$

在零速度（或同步速度）下（见图 6.34），所有相串联到交流电源，采用类似的方法可测量 $\overline{Z}_0$（零序阻抗）：

$$\overline{Z}_0 = \frac{V_{A0}}{3I_{A0}};\ R_0 = \frac{P_0}{3I_{A0}^2};\ X_0 = \sqrt{|\overline{Z}_0|^2 - R_0^2} \tag{6.89}$$

上述方程中的电压 V_{A-} 和 V_{A0}应足够小以避免大电流，从而避免电机过热。

注意：对于无笼型永磁体转子，负序阻抗等于正序阻抗。零序阻抗仍有 $X_0 \leqslant X_{s1}$。

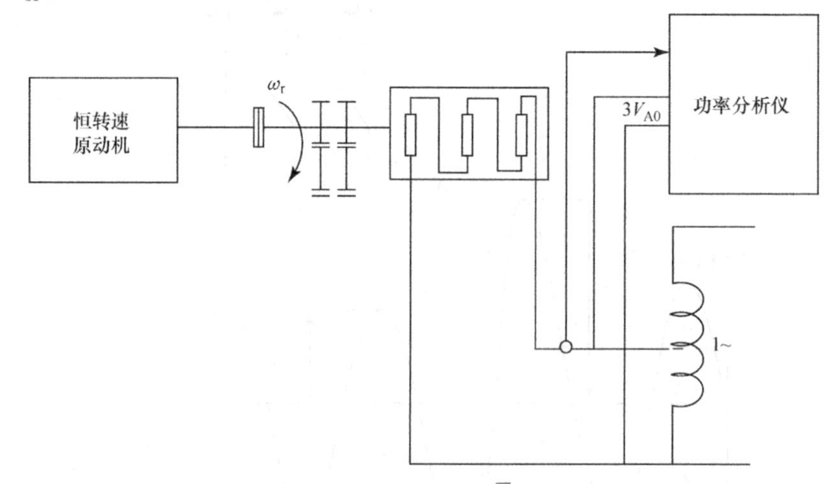

图 6.34　测量零序阻抗 $\overline{Z}_0$接线图

例 6.3　相间短路

考虑一个无损耗的两极同步发电机，$S_n = 100\text{kV}\cdot\text{A}$，$V_{nl} = 440\text{V}$（星形联结），$f_1 = 50\text{Hz}$，$x_d = x_q = 0.6\text{pu}$，$x_- = 0.20\text{pu}$，$x_0 = 0.12\text{pu}$，它们分别以三相、两相和单相短路连接。计算三种情况下的相电流有效值。

解：如本章前面所示，三相短路电流 $\overline{I}_{3sc}$为

$$\overline{I}_{3sc} = \frac{E_1}{X_d} \tag{6.90}$$

当 $E_1 = V_{nl}/\sqrt{3}$时，得到额定三相短路电流。

首先是电抗的模 $X_n = \dfrac{V_{nl}/\sqrt{3}}{I_n}$，当 $I_n = S_n/\sqrt{3}V_{nl} = 100 \times 10^3/440\sqrt{3} = 131.37$时，$X_n = \dfrac{440}{\sqrt{3} \times 131.37} = 1.936\Omega$。

$$I_{3sc}=\frac{V_{nl}/\sqrt{3}}{x_d X_n}=\frac{440}{\sqrt{3}\times 0.6\times 1.936}=218.95\text{A}>I_n$$

这里，引入短路比：

$$\frac{I_{3sc}}{I_n}=\frac{1}{x_d}=\frac{1}{0.6}=1.66 \tag{6.91}$$

单相短路：

$$\overline{I}_{A+}=\overline{I}_{A-}=\overline{I}_{A0}=\frac{\overline{I}_{1sc}}{3}$$

因此，根据方程式（6.85），$V_A=0$，有

$$I_{1sc}=\frac{3E_{A+}}{X_s+X_-+X_0}=\frac{3\times 440/\sqrt{3}}{(0.6+0.2+0.1)\times 1.936}=436.86\text{A}$$

对于相间短路，计算要复杂一些，但对于 $I_A=0$ 和 $I_B=-I_C=I_{2sc}$（$V_B=V_C$），利用方程（6.75）~方程（6.77）得

$$I_{A+}=\frac{j}{\sqrt{3}}\overline{I}_{2sc}=-I_{A-};\ \overline{I}_{A0}=0$$

$$\overline{V}_A=\overline{E}_{A+}-jX_+\overline{I}_{A+}-\overline{Z}_-\overline{I}_{A-}=\overline{E}_{A+}-\frac{j}{\sqrt{3}}I_{2sc}(jX_+-\overline{Z}_-)$$

$$V_B=a^2\overline{V}_{A+}+a\overline{V}_{A-}=V_C=a\overline{V}_{A+}+a^2\overline{V}_{A-} \tag{6.92}$$

最后，

$$\overline{I}_{2sc}=\frac{j\overline{E}_A\sqrt{3}}{jX_++\overline{Z}_-};\ \overline{V}_A=-2\overline{V}_B=\frac{2j}{\sqrt{3}}\overline{I}_{2sc}\overline{Z}_- \tag{6.93}$$

显然，方程（6.93）（测得 V_A 和 I_{2sc}）可直接得出 $\overline{Z}$，而方程式（6.93）中的第一个表达式可得到 X_+ 的值。只有在先测得变量的基波时，这才是可行的。但是，当三相短路 $X_+=X_d$ 时，可以从方程（6.93）中计算出 $\overline{Z}_-$。

在本例中，$\overline{Z}_-=jX_-$，所以从方程（6.93）可得：

$$I_{2sc}=\frac{E_A\sqrt{3}}{X_++X_-}=\frac{440}{(0.6+0.2)\times 1.936}=284.09\text{A} \tag{6.94}$$

比较 I_{3sc}、I_{2sc} 和 I_{1sc}，我们可以得到大小关系：

$$I_{3sc}<I_{2sc}<I_{1sc} \tag{6.95}$$

6.11 大型同步电动机

正如之前提及的，只要同步电机的电压功角为负值（$\overline{E}_1$ 滞后 $\overline{V}_s$），则同步电机也可以作为电动机运行（见图 6.35）。当频率 $f_1=p_1n_1=$ 常数时，同步电动

机拖动负载（转矩）以恒定转速旋转。因此，并网运行的同步电动机必须异步起动，将励磁回路连接到电阻器上，直到获得稳定的异步转速 $\omega_{ras}=(0.95\sim0.98)\omega_1$。然后将励磁回路与电阻器断开，接至直流励磁电源，经过几次振荡后达到同步。对于较小的永磁笼型转子或磁阻笼型转子同步电动机，轻载时可以直接连接到电网，在起动时采用感应电机模式（即异步起动），然后可以达到同步转速。

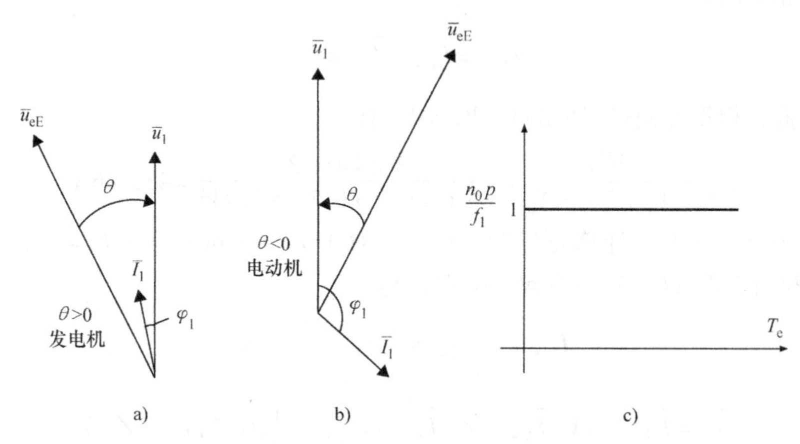

图 6.35 a）同步发电机 b）同步电动机 c）机械特性

6.11.1 功率平衡

为了简化数学表达式，到目前为止，我们考虑的是无损耗的同步电动机。实际上，所有的电机都有损耗，即使它们的效率很高，也必须在冷却系统的设计中加以考虑。同步电动机输入电功率 P_{1e} 和输出机械功率 P_{2m} 之间的差值是总损耗 $\sum p$：

$$\sum p = P_{1e} - P_{2m} = p_{cos} + p_{iron} + p_s + p_{mec};\ p_{cos} = 3R_s I_s^2 \tag{6.96}$$

电气损耗发生在定子绕组（p_{cos}）和定子铁心（p_{iron}）中，由于定子空间谐波、转子感应电流等原因，还会产生附加损耗（p_s）。铁耗大致取决于定子磁链 Ψ_s：

$$|\bar{\Psi}_s| = |M_{Fa}\bar{I}_F + L_d\bar{I}_d + L_q\bar{I}_q| \tag{6.97}$$

并网运行时频率是恒定的，有

$$V_s \approx \omega_r |\bar{\Psi}_s| \tag{6.98}$$

励磁回路损耗 $p_{exc}=I_F^2R_F$ 通常由独立电源提供，但在汽车中由汽车发电机提供。对于大型电机，在计算电流 I_d 和 I_q 时，仍然可以忽略这些损耗：

$$I_d = \frac{V_s\cos\delta_V - E_1}{X_d};\ I_q = \frac{V_s\sin\delta_V}{X_q};\ I_s = \sqrt{I_d^2 + I_q^2} \tag{6.99}$$

此外，对于有功功率 P_s 和无功功率 Q_s，方程（6.58）和方程（6.59）仍然有效。所以功率因数 $\cos\varphi_s$ 为

$$\cos\varphi_s = \sqrt{1 - \frac{Q_s^2}{(3V_sI_s)^2}} \tag{6.100}$$

如前所述，对于给定的励磁电流 I_F、转速、E_1 和功角，可以计算 P_s、Q_s、$\cos\varphi_s$、I_s 以及所有损耗。因此，效率为

$$\eta = \frac{|P_s| - \sum p}{|P_s|} = \frac{P_{2m}}{|P_s|} \tag{6.101}$$

图 6.36 显示了 η、$\cos\varphi_s$ 与 P_{2m}（输出功率）的相互关系。

在低负荷时功率因数超前，随着负荷的增加然后功率因数变得滞后。通过对励磁电流的闭环控制，可以在轻载 5(10)% 至满载 100% 之间，将期望数值的功率因数角保持超前，从而补偿同步电动机所需的无功功率。

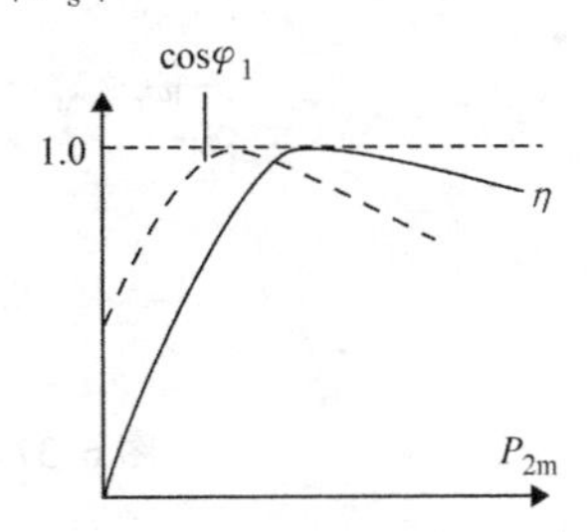

图 6.36　效率 η、功率因数 $\cos\varphi_s$ 与输出功率 P_{2m} 的关系（I_F、ω_r、V_s 均为常数）

6.12 永磁同步电动机：稳态

如果永磁同步电动机的转子上有鼠笼，则可以直接连接到电网上起动运行；若转子上没有鼠笼，则必须由 PWM 变频器供电，如 $f_1 = p_1 n_1$。在后一种情况，定子电流、频率和相角与转子位置锁定，于是电机同步起动、同步运行。

本节只研究稳态。永磁同步电动机设计的功率（转矩）范围非常宽。一般来说，在设计模型中直接考虑了铜耗和铁耗，即 p_{co} 和 p_{iron}。效率计算与上一节一样。对于方程（6.36），用 Ψ_{PMd} 代替 $M_{Fa}I_F$，并使用电动机惯例（$IR - V$）：

$$(\bar{I}_d + j\bar{I}_q)R_s - \bar{V}_s = -j\Psi_{PMd}\omega_r - jX_d\bar{I}_d - jX_q\bar{I}_q \tag{6.102}$$

首先，方程（6.102）的相量图如图 6.37 所示，电动机惯例的功角为正，电磁功率和转矩也为正。

由图 6.37 得

$$V_s\cos\delta_{V_m} - \omega_r\Psi_{PM} = -R_sI_q + X_dI_d; X_d = \omega_rL_d; I_q > 0$$
$$V_s\sin\delta_{V_m} = X_qI_q - R_sI_d; X_q = \omega_rL_q; I_d < 0 \tag{6.103}$$

根据方程（6.103），对于恒定的 V_s 和给定的 δ_{V_m}（作为一个参数），可以计算 I_d、I_q，然后计算电磁转矩［由方程（6.42）可得］：

$$T_e = P_{elm}\frac{p_1}{\omega_r} = 3p_1[\Psi_{PM} + (L_d - L_q)I_d]I_q \tag{6.104}$$

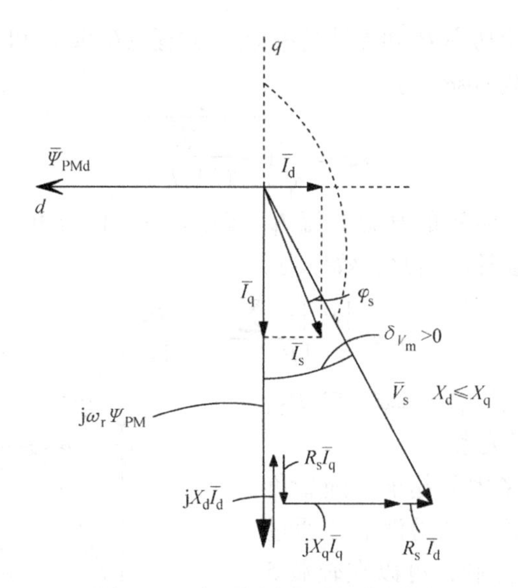

图 6.37　永磁同步电动机相量图

不论频率或负载如何，铁心损耗可近似地认为与 V_s^2 成正比，因此，在计算效率时，可以将其叠加计算。

例 6.4　内置式永磁转子的永磁同步电动机

一台内置式永磁转子的永磁同步电机的数据如下：$V_{nl}=380\text{V}$（星形联结），$p_1=2$，$f_1=50\text{Hz}$，$X_d=7.72\Omega$，$X_q=18.72\Omega>X_d$，$R_s=1.32\Omega$。对 $\delta_{V_m}=0°$、30°、45°、60°和 90°，分别计算 I_d、I_q、I_s、T_e、P_e 和 $\eta\cos\varphi_s$。计算过程中忽略除定子铜耗以外的所有损耗。

解：直接应用方程（6.103）和方程（6.104）、第 6.11 节中的效率定义和图 6.37 相量图中的功率因数角 φ_s：

$$\varphi_s=\delta_V-\tan^{-1}\left(\frac{-I_d}{I_q}\right) \tag{6.105}$$

计算例程简单明了，结果见表 6.3。

表 6.3　永磁同步电动机性能

δ_{V_m} (°)	I_d/A	I_q/A	$I_s=\sqrt{I_d^2+I_q^2}$/A	T_e/N·m	$P_e=\frac{\omega_r}{p_1}T_e$/W	$\eta\cos\varphi_s=\frac{P_e}{3V_sI_s}$
0	0	0	0	0	0	
30	−4.78	5.545	7.32	28.9	4537	0.941
45	−9.75	7.63	12.38	48.95	7685.7	0.943
60	−15.84	9.07	18.25	72.86	11139	0.952
90	−30.24	9.63	31.75	120.1	18857	0.902

尽管 I_d（退磁）电流很大，但电机性能异常良好（$\eta\cos\varphi_s$ 乘积很大）。在 $\delta_{V_m}=90°$ 的情况下，由于电机具有反向凸极（$X_d<X_q$），使得转矩增加，可在 $\delta_{V_m}=60°\sim80°$ 的额定电网运行。

注意：一些大公司用永磁同步电机（PMSMs）替换了传送带等变速驱动中的高达几百千瓦、转速低于 500r/min（$2p_1=10$、12）的感应电机，以增加 $\eta\cos\varphi_s$，从而减少了 PWM 变频器（kV · A）的数量，降低了其成本和能耗。

例 6.5 磁阻同步电机（RSM）

磁阻同步电机转子具有多层磁障和转子鼠笼，并网运行（见图 6.38a）。相量图见图 6.38b（$\Psi_{pmd}=0$，$I_d>0$）。若 $V_{nphase}=220V$，$I_n=5A$，$2p_1=4$ 极，$f_1=50Hz$，$x_d=2.5pu$，$x_q=x_d/5$，$r_s=0.08pu$。分别计算在 $\delta_{V_m}=0°$、10°、20°以及 30°情况下的 I_d、I_q、I_s、T_e、P_e、$\eta\cos\varphi_s$ 和 $\cos\varphi_s$。

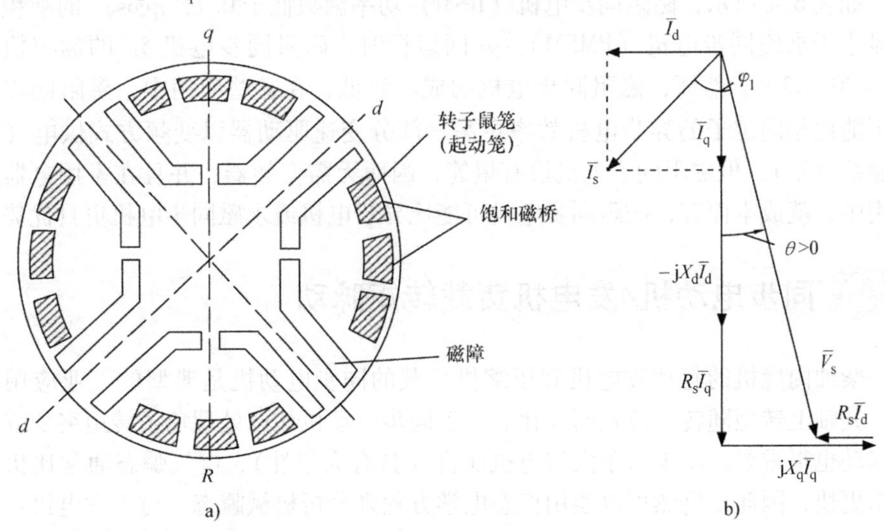

图 6.38 a）一台多层磁障转子的磁阻同步电机 b）相量图

解：由已知条件可得

$$X_n=V_{nph}/I_n=220/5=44\Omega$$

$$X_d=x_d\cdot X_n=2.5\times44=110\Omega$$

$$X_q=X_d/5=22\Omega; R_s=r_sX_n=0.08\times44=3.52\Omega$$

根据相量图可得：

$$X_dI_d+R_sI_q=V_s\cos\delta_{V_m}; \varphi_s=\delta_{V_m}+\tan^{-1}\left(\frac{I_d}{I_q}\right)$$

$$X_qI_q-R_sI_d=V_s\sin\delta_{V_m}; I_s=\sqrt{I_d^2+I_q^2} \tag{6.106}$$

$\Psi_{pmd}=0$ 时，由方程（6.104）可得 T_e：

$$T_e = 3p_1(L_d - L_q)I_dI_q \tag{6.107}$$

$$\eta \approx \frac{T_e \cdot \omega_r/p_1}{T_e \cdot \omega_r/p_1 + 3R_sI_s^2} \tag{6.108}$$

计算例程简单明了，结果见表6.4。

表6.4　磁阻同步电机性能

δ_{V_m} (°)	I_d/A	I_q/A	I_s/A	T_e/N·m	P_e/W	$\eta\cos\varphi_s$	$\cos\varphi_s$
0	1.987	0.318	2.01	1.06	166.7	0.1264	0.158
10	1.903	2.041	2.79	6.53	1025.2	0.5479	0.59
20	1.734	3.701	4.095	10.78	1692.1	0.628	0.693
30	1.563	5.25	5.696	13.8	2165	0.5866	0.67

如表6.4所示，磁阻同步电机（RSM）功率因数低于0.7，$\eta\cos\varphi_s$的乘积也明显小于永磁同步电机（PMSM）。并网运行时，磁阻同步电机δ_{V_m}的额定值为$\delta_{V_m}=20°\sim30°$。然而，磁阻同步电机的成本较低，在某些应用中，磁阻同步电机可能比相同定子的异步电机效率更高。部分变速驱动器以变频方式供电（从零赫兹开始），但磁阻同步电机没有鼠笼，因而无需变频器，并且在家用电器类应用中，就成本而言，磁阻同步电机可能比异步电机或永磁同步电机更具优势。

6.13 同步电动机/发电机负载转矩脉动

柴油内燃机的起动发电机和压缩机负载的同步电动机是典型的工业应用场景，其轴上转矩随转子位置而变化。了解同步电动机如何处理负载转矩突变或异步起动也很重要。至少对于大型电机而言（具有大惯性），电气瞬态通常比机械瞬态更快，因此，仍然可以使用稳态电学方程来分析机械瞬态。对于发电机：

$$\frac{J}{p_1}\frac{d\omega_r}{dt} = T_{shaft} - T_e + T_{as};\frac{d\delta_V}{dt} = \omega_r - \omega_1 \tag{6.109}$$

$$T_e \approx \frac{3p_1}{\omega_1}\left[\frac{V_sE_1\sin\delta_V}{X_d} + \frac{V_s^2}{2}\left(\frac{1}{X_q} - \frac{1}{X_d}\right)\sin2\delta_V\right] \tag{6.110}$$

T_{as}是在$\omega_r \neq \omega_1$时，由转子鼠笼和转子励磁绕组交流感应电流而产生的异步转矩。如果已知变量ω_r和δ_V的初始值，并给出输入变量V_s、E_1和T_{shaft}的变化（随时间或随转速），则任何机械（慢）瞬态过程都可以通过方程（6.109）和方程（6.110）用数值方法求解。然而，方程（6.109）和方程（6.110）的线性化可以阐明现象，并为工程问题提供至关重要的数值依据。近似同步运行时，异步转矩随转差速度几乎呈线性变化，$\omega_2 = \omega_r - \omega_1$。

$$T_{as} = -K_a(\omega_r - \omega_1) = -K_a\frac{d\delta_V}{dt} \tag{6.111}$$

T_{as}为正表示电动机运行（$\omega_r < \omega_1$）；T_{as}为负表示发电机运行（$\omega_r > \omega_1$）。

同步转矩T_e［方程（6.110）］可在初始值δ_{V0}附近线性化：

$$\delta_V = \delta_{V0} + \Delta\delta_V ; T_{shaft} = T_{a0} + \Delta T_a$$

$$T_e = T_{e0} + T_{es} \times \Delta\delta_V \tag{6.112}$$

$$T_{es} = \left(\frac{\partial T_e}{\partial \delta_V}\right)_{\delta V0} ; T_{e0} = (T_e)_{\delta V0} = T_{a0}$$

由方程（6.109）~方程（6.112）得：

$$\frac{J}{p_1}\frac{d^2\Delta\delta_V}{dt^2} + K_a\frac{d\Delta\delta_V}{dt} + T_{es}\Delta\delta_V = \Delta T_a \tag{6.113}$$

这是关于功角δ_V围绕δ_{V0}的小偏差$\Delta\delta_V$的二阶瞬态模型。由此可得特征值$\overline{\gamma}_{1,2}$。

$$\gamma_{1,2} = -\frac{K_a p_1}{2J} \pm \sqrt{\left(\frac{K_a p_1}{2J}\right)^2 - \omega_0^2} ; \omega_0 = \sqrt{\frac{p_1 T_{es}}{J}} \tag{6.114}$$

其中，ω_0是发电机/电动机的固有（本征）角频率，当转子上没有鼠笼时它起作用，$[(\overline{\gamma}_{1,2})_{Ka=0} = \pm j\omega_0]$。它取决于功角（$\delta_{V0}$）、励磁水平（$I_F$）和电机惯性（$J$）。对于最大容量的同步发电机，它为几赫兹（1~3Hz）或更小的范围内。当具有转子鼠笼的同步电机连接到电网时，公式（6.113）中的所有项都有效。

现在，如果轴上转矩有脉动（柴油发动机、内燃机或同步电动机的压缩机负载）：

$$\Delta T_a = \sum T_{av}\sin(\Omega_v t - \Psi_v) \tag{6.115}$$

对于无鼠笼（$K_a = 0$）的单机运行的发电机（$T_{es} = 0$），转子角度振荡振幅变大K_{mv}倍：

$$\frac{J}{p_1}\frac{d^2\Delta\delta_V}{dt^2} = \sum T_{av}\sin(\Omega_v t - \Psi_v) \tag{6.116}$$

解得：

$$\Delta\delta_{V_{va}}(t) = -\frac{p_1}{J}\frac{T_{av}}{\Omega_v^2}\sin(\Omega_v t - \Psi_v) \tag{6.117}$$

求解方程（6.113），可得：

$$\Delta\delta_{V_v}(t) = \frac{T_{av}\sin(\Omega_v t - \Psi_v - \varphi_v)}{\sqrt{\left(\frac{J\Omega_v^2}{p_1} - T_{es}\right) + (K_a\Omega_v)^2}} ; \varphi_v = \tan^{-1}\frac{K_a\Omega_v}{\frac{J}{p_1}\Omega_v^2 - T_{es}} \tag{6.118}$$

机械谐振模K_{mv}为

$$K_{mv} = \frac{(\Delta\delta_{V_v})_{max}}{(\Delta\delta_{V_{va}})_{max}} = \frac{1}{\sqrt{\left(1 - \frac{\omega_0^2}{\Omega_v^2}\right)^2 + K_{dv}^2}} ; K_{dv} = \frac{K_a p_1}{J\Omega_v} \tag{6.119}$$

其中，K_{dv}是二阶系统已知的阻尼系数。

图6.39给出了方程（6.119）的图形表示。可见，不等式（6.120）成立时，对于振荡的放大作用很大。转子强阻尼鼠笼（高K_a值）会减小转子角振荡幅度，这与柴油发动机或压缩机驱动装置一致。

$$1.25>\frac{\omega_0}{\Omega_v}>0.8 \tag{6.120}$$

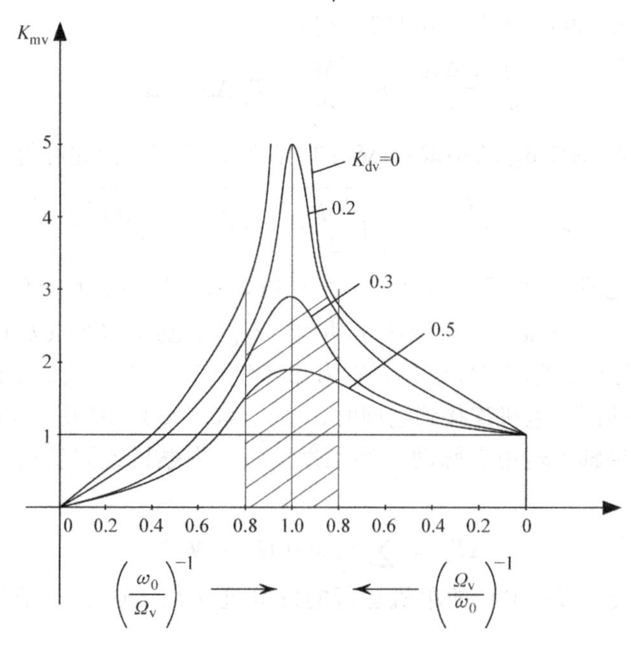

图6.39 K_{mv}机械谐振模

轴上的惯性也是有益的。功角和转速振荡会导致定子电流振荡和输入电功率振荡，必须加以限制。因为存在失步的危险，所以并联的同步电机通常对轴转矩脉动非常敏感。

6.14 同步电机异步起动及其并网自同步

并网同步电机的异步起动如图6.40所示。

大型同步电动机以异步电动机的形式起动，通过将励磁回路端口连接到$10R_F$电阻（R_F是励磁回路电阻）来限制Georges效应（不对称电路转子效应，见第5章），保证电机以50%的额定速度平稳通过。然后，当转速稳定时（转差率$s=0.02\sim0.03$），励磁回路切换到直流电源。励磁电流最多可在几十毫秒内达到合理值，但让我们忽略这一过程，代入完全的I_F。当I_F流过时，电势E_1相对于端口（电网）电压有一定的相移，即 δ_{V0}。其值可能是任意的，最好的情况是 $\delta_{V0}=0$，并转换为电动机模式，如图 6. 40b 所示。

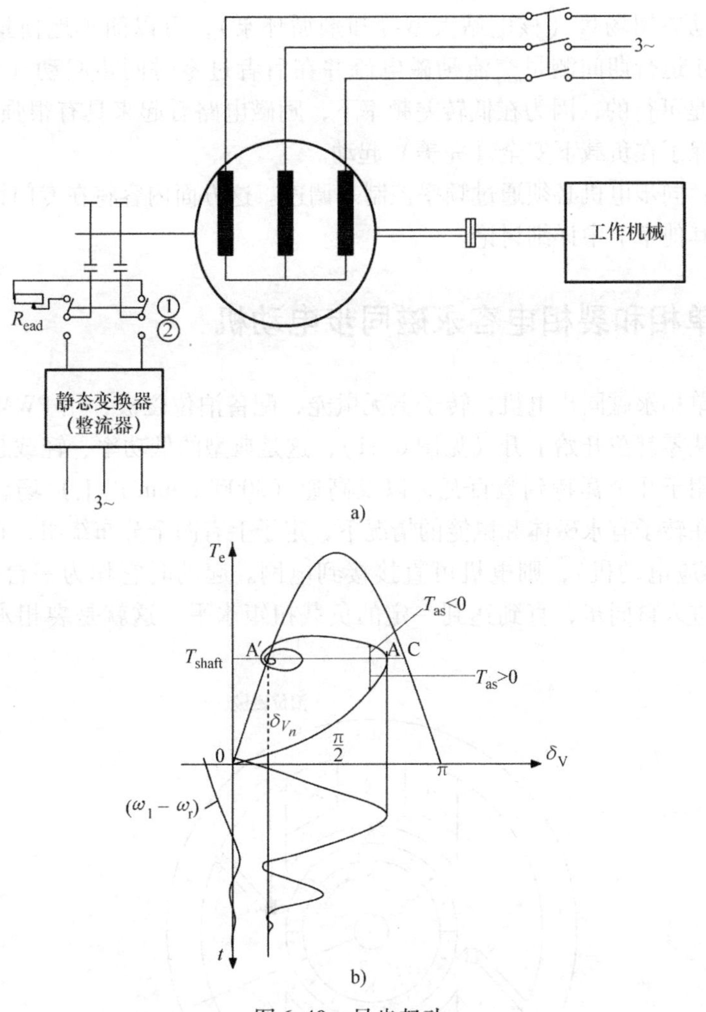

图 6. 40　异步起动

a）基本接线图　b）初始功角为零的自同步瞬态

下面是电动机的相关方程式，图 6. 40b 对其进行了详细的解释：

$$\frac{d\delta_{V_m}}{dt}=\omega_1-\omega_r;T_{as}=K_a(\omega_1-\omega_r)$$

$$\frac{J}{p_1}\frac{d\omega_r}{dt}=-\frac{J}{p_1}\frac{d^2\delta_{V_m}}{dt^2}=T_e+T_{as}-T_{shaft} \tag{6.121}$$

$$T_e=\frac{3p_1V_s}{\omega_1}\left[\frac{E_1\sin\delta_{V_m}}{X_d}+\frac{V_s}{2}\left(\frac{1}{X_q}-\frac{1}{X_d}\right)\sin2\delta_{V_m}\right] \tag{6.122}$$

以 δ_{V0} 和 ω_{r0} 作为初始赋值，自同步过程可以根据方程（6.121）用标准的数值方法来求解，轴上转矩（T_{shaft}）作为转速（或转子位置）的函数。这样，对于重载起动应用场景（核电站大型冷却剂循环泵），可以简单地模拟自同步过程。在异步运行期间测量交流励磁电流并在后者过零时同步起动（对应 $\delta_{V0}=0$），这也是可行的，因为在低转差频率下，励磁电路看起来具有很强的电阻性。这样就确保了在负载下安全（完美）起动。

注意：同步电机必须通过频率控制来调速。这方面内容将在专门针对同步电机瞬态的其他章节中详细讨论。

6.15 单相和裂相电容永磁同步电动机

一台单相永磁同步电机，转子上无鼠笼，配备泊位磁极，用 PWM 逆变器供电，频率从零赫兹开始上升（见图 6.41），这是典型的低功率、轻载起动的变速应用，适用于几个瓦特到数百瓦，以及高速（30000r/min 以上）场合；另一方面，如果在转子有永磁体和鼠笼的情况下，定子上有两个分布绕组，在空间相差 90°（如感应电动机），则电机可直接接到电网。起动时它作为一台感应电机，然后逐渐进入自同步，直到达到一定的负载扭矩水平。这就是裂相永磁同步电动机。

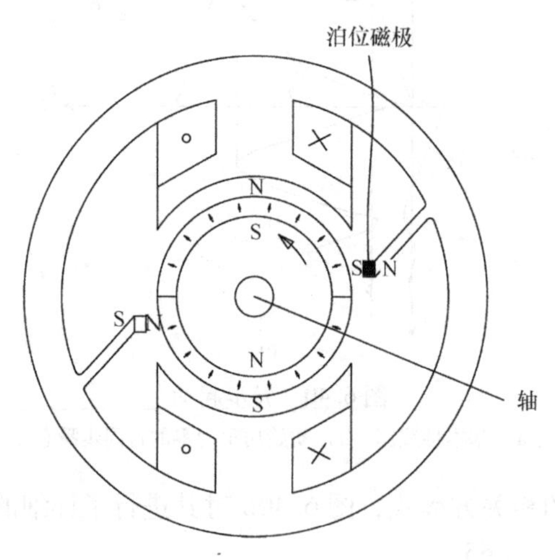

图 6.41　带泊位磁极和 PWM 逆变器频率控制（无转子鼠笼）的单相永磁同步电机，$2p_1=2$

6.15.1 单相无笼型转子的永磁同步电机的稳态

稳态运行的单相（PWM 逆变器馈电）永磁同步电机（见图 6.41）由于转子上没有绕组而易于建模，泊位磁极对稳态的影响可忽略不计。对于定子正弦相电势（由转子上的永磁体产生）和正弦端电压，易得到电机的电压方程：

$$\overline{V}_s = R_s\overline{I}_s + \overline{E}_s + j\omega_1 L_s\overline{I}_s;\overline{E}_s = j\omega_r\Psi_{pm};\omega_r = \omega_1 \tag{6.123}$$

现将正弦电势 $\overline{E}_s$表示为

$$E_s(t) = E_{s1}\cos\omega_r t \tag{6.124}$$

在正弦电压 $\overline{V}_s$ 下，电流是正弦 $\overline{I}_s$：

$$I_s(t) = I_{s1}\cos(\omega_r t - \gamma) \tag{6.125}$$

在无转子磁凸极的情况下，电磁转矩 T_e为

$$T_e = \frac{p_1 E_s(t) I_s(t)}{\omega_r} = \frac{p_1}{\omega_r}\frac{E_{s1}I_{s1}}{2}[\cos\gamma + \cos(2\omega_r t - \gamma)] \tag{6.126}$$

所以转矩脉动是 100%。

在定子电流为零时，由于定子铁心上开槽而产生齿槽转矩。图 6.42 中定子实际上有两个槽（两极）和 $2p_1 = 2$ 个极（见图 6.42）。齿槽转矩（T_{cogg}）的周期数是 LCM（2，2）=2：

$$T_{cogg} = T_{coggmax}\cos(2\omega_r t - \gamma_{cogg}) \tag{6.127}$$

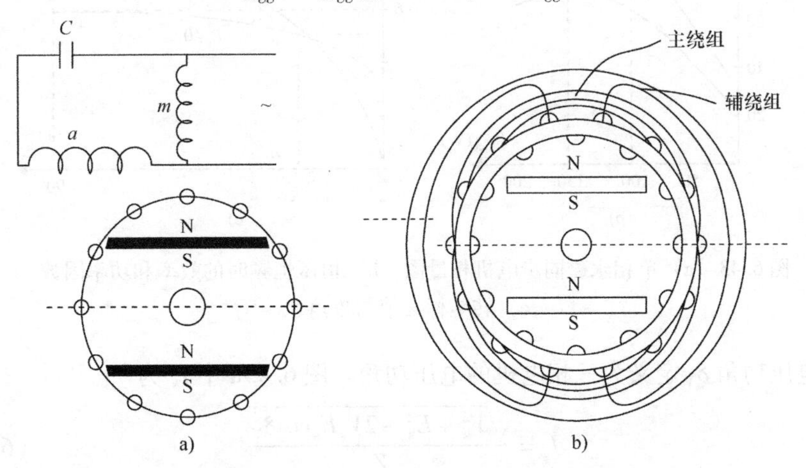

图 6.42　两极裂相电容永磁同步电机（转子上有永磁体和鼠笼）

通过适当的设计可得，$\gamma_{cogg} = \gamma$。

$$T_{coggmax} = \frac{p_1}{\omega_r}\frac{E_{s1}I_{s1}}{2} \tag{6.128}$$

合成扭矩为常数：

$$T_e + T_{cogg} = \frac{p_1}{\omega_r}\frac{E_{s1}I_{s1}}{2} \tag{6.129}$$

所以在额定电流下没有转矩脉动。

相量图很简单（见图 6.43a）。铁心损耗 p_{iron}由下式（6.130）得出：

$$p_{\text{iron}} \approx \frac{\omega_r \Psi_s^2}{R_{\text{iron}}}; \Psi_s = \sqrt{\Psi_{\text{pm}}^2 + (L_s I_s)^2 - 2\Psi_{\text{pm}} L_s I_s \cos(\delta - \varphi)} \tag{6.130}$$

R_{iron}可以从实验中获得，也可以在设计阶段获得。

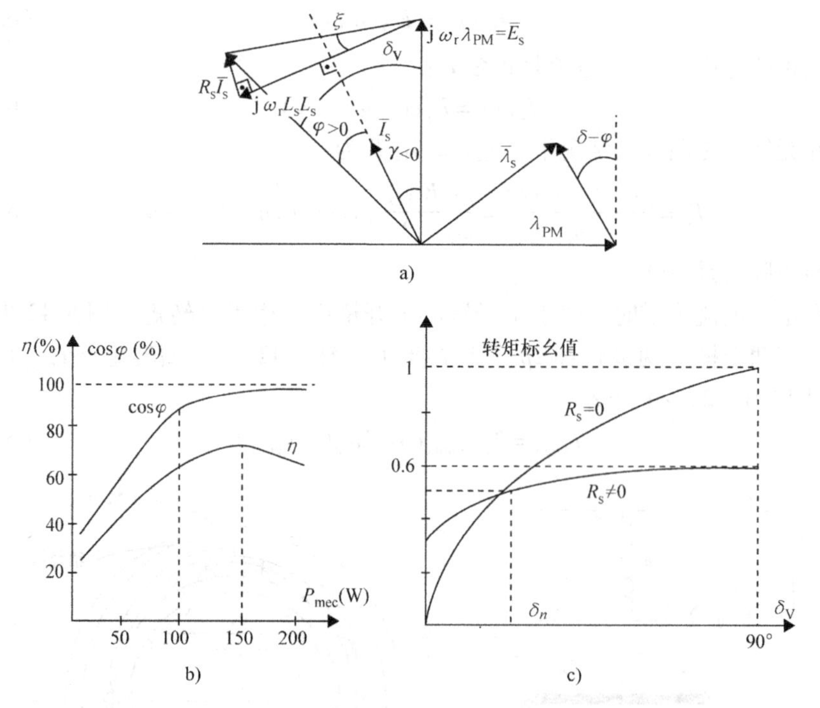

图 6.43　a）单相永磁同步电机相量图　b）恒压恒频时的效率和功率因数　c）转矩标幺值与攻角 δ_V

电压功角 δ_V定义为三相电机的电压功角。图 6.43a 中 I_s 为

$$I_s = \frac{\sqrt{V_s^2 + E_s^2 - 2V_s E_s \cos\delta_V}}{Z} \tag{6.131}$$

$$Z = \sqrt{R_s^2 + \omega_1^2 L_s^2}; \tan\xi = \frac{R_s}{\omega_1 L_s}; \cos(\varphi + \xi) = \frac{E}{IZ}\sin\delta_V \tag{6.132}$$

机械功率 P_{2m}为

$$P_{2m} = V_s I\cos\varphi - I_s^2 R_s - \frac{\omega_r^2 \Psi_s^2}{R_{\text{iron}}} - p_{\text{mec}} \tag{6.133}$$

其中，p_{mec}表示机械损耗（以瓦特为单位）。效率 η 为

$$\eta = \frac{P_{2m}}{V_s I_s \cos\varphi} \tag{6.134}$$

该模型以 δ_V 为参数，可以计算定子电流（I_s）、cosφ、T_e（平均值）、效率和功率因数。

图6.43c显示了在考虑或不考虑定子绕组损耗（R_s）的情况下，150W电机的平均转矩T_e标幺值、η和$\cos\varphi$与功角（δ_V）的关系。

定子电阻对峰值转矩有极大的限制作用（见图6.43c）。增加铜的用量则可在该功率范围内获得更高的效率。

对于具有笼型转子的裂相电容永磁同步电机（或RSM）稳态运行，可以采用对称分量法（如裂相电容器异步电机）。但对于$s=0$和正序分量的电动势$\overline{E}_s$详见参考文献［14］。

注：同步电机的测试过程。

同步（也适用于直流或感应）电动机/发电机的测试方法可分为标准试验和研究试验。

更一般性的测试包括在定期更新的标准之下，以反映技术的进展。IEEE标准115－1995是一套全面测试同步电机的标准。它们可被分为：

- 验收试验
- 稳态性能试验
- 参数估计（用于瞬态和控制）

关于IEEE标准115－1995的详细介绍，见第8章参考文献［13］。相当一部分测试过程已经在本章的“实验”章节部分进行了介绍。用于参数识别的高级测试将在第9章中介绍，内容专门针对同步电机瞬态。

6.16 三相永磁同步电动机的初步设计方法

一般规格：

- 基准功率$P_b=100$W
- 基准转速$n_b=1800$r/min
- 最高转速$n_{max}=3000$r/min
- 最大转速下的功率：P_b
- 直流电压$V_{dc}=14$V（汽车电池）
- 电源：PWM逆变器；最大线电压如图6.44所示
- 定子相绕组为星形联结

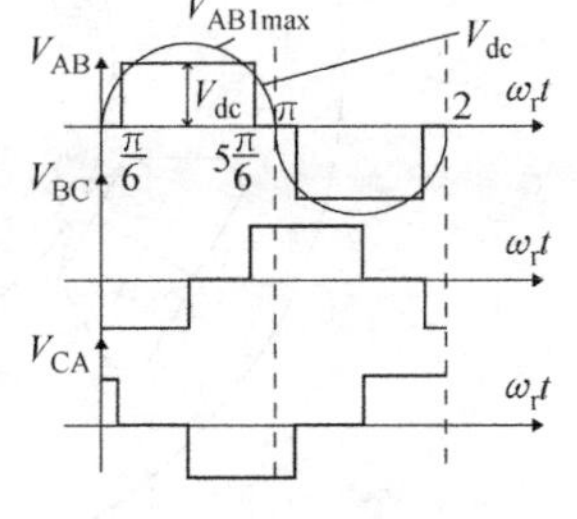

图6.44　六脉冲PWM逆变器理想线电压波形

还可以增加许多设计指标，比如与占空比、电机冷却系统相关的参数，与电机体积、效率相关的约束条件，与材料相关的成本等。本节通过实例介绍同步电机初步设计的方法。

最大相电压：

根据图6.44，最大相电压基波V_{phmax}为

$$(V_{\text{phmax}})_{\text{RMS}} = \frac{V_{\text{linemax}}}{\sqrt{6}} = \frac{1}{\sqrt{6}}\frac{4}{\pi}\sin\frac{2\pi}{3}V_{\text{dc}} = \frac{\sqrt{2}}{\pi}V_{\text{dc}} = \frac{\sqrt{2}}{\pi}\times 14 = 6.28\text{V (RMS)} \tag{6.135}$$

定子内径 D_{is}，定子铁心长度 l_{stack}：

这里，电机的尺寸是根据切向力确定的。$f_t = (0.2 \sim 1.2)\text{N/cm}^2$[适用于小扭矩(低于1N·m)级别]。

从 $n_b = 0\text{r/min}$ 到 $n_b = 1800\text{r/min}$ 范围内的基准扭矩 T_{eb} 为

$$T_{eb} \approx \frac{P_b}{2\pi n_b} = \frac{100}{2\pi\times 1800/60} = 0.5308\text{N}\cdot\text{m} \tag{6.136}$$

叠压长度 l_{stack} 与定子内径 D_{is} 之比为 $\lambda = l_{stack}/D_{is} = 0.3 \sim 3$。若 $l_{stack}/D_{is} = 1$

$$T_{eb} = \frac{D_{is}}{2}f_t\pi D_{is}\frac{l_{stack}}{D_{is}}D_{is}; f_t = 1\text{N/cm}^2 \tag{6.137}$$

$$D_{is} = \sqrt[3]{\frac{2T_{eb}}{\lambda\pi f_t}} = \sqrt[3]{\frac{2\times 0.5308}{1\times\pi\times 1\times 10^4}} = 3.24\times 10^{-2}\text{m} = l_{stack} \tag{6.138}$$

现在必须选择极数。最大转速 $2p_1 = 4$ 时，$f_{max} = p_1 n_{max} = 2\times\frac{3000}{600} = 100\text{Hz}$。对于这个频率，0.5mm 厚的硅钢片仍然可以用于定子（和转子）的铁心。

为了减少用铜量（铜耗）和制造成本（与定子绕组中线圈的数量成正比），采用六槽定子和四极转子结构。如图 6.45 所示。

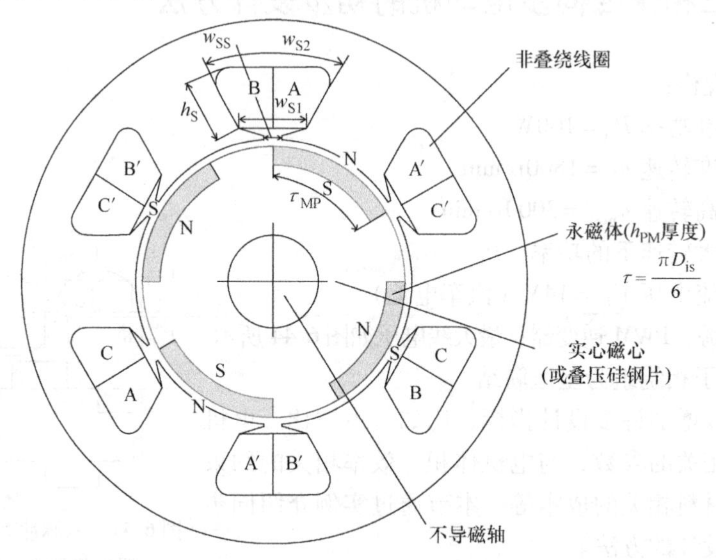

图 6.45 六槽四极永磁同步电机

转子永磁体极弧（b_{PM}）与定子槽距（τ_s）相等，以减小齿槽转矩。

永磁体尺寸和线圈磁动势 $n_c I_b$ 计算：

考虑定子每相 2 个线圈，永磁磁链按正弦变化，最大值为 Ψ_{PM}：

$$\Psi_{PMmax} = B_{gPM} \times b_{PM} \times l_{stack} \times 2n_c \tag{6.139}$$

其中，B_{gPM}是永磁体气隙磁密。

$$\Psi_{PM}(\theta_{er}) = \Psi_{PMmax}\sin\theta_{er}; \theta_{er} = p_1\theta_r \tag{6.140}$$

其中，θ_r是机械角度；θ_{er}是电角度。

对于直流有刷永磁电机而言，B_{gPM}为

$$B_{gPM} \cong \frac{B_r}{1 + k_{fringe}} \times \frac{h_{PM}}{h_{PM} + g} \tag{6.141}$$

其中，边缘因子 $k_{fringe} = 0.1 \sim 0.2$。

对于气隙 $g = 0.5 \times 10^{-3}$ m，$h_{PM} = 4g = 2 \times 10^{-3}$ m 的钕铁硼永磁体（$B_r = 1.2$T，$H_c = 900$kA/m），由方程（6.141）得出：

$$B_{gPM} = \frac{1.2}{1 + 0.1} \times \frac{2}{2 + 0.5} = 0.827\text{T}$$

槽开口 $b_{0s} = 2 \times 10^{-3}$m。

一相最大磁通由方程（6.139）给出。代入得到：

$$\Psi_{PMmax} = 0.872 \times \frac{\pi \times 3.24 \times 10^{-2}}{6} \times \frac{2}{3} \times 3.24 \times 10^{-2} \times 2n_c = 6.3874 \times 10^{-4} \times n_c \tag{6.142}$$

$I_d = 0$ 和 $I_q = I_d$（有效值）的扭矩为

$$T_{eb} = 3p_1 \frac{\Psi_{PMmax}}{\sqrt{2}} \times I_b \tag{6.143}$$

因此，从方程式（6.142）和方程式（6.143）得：

$$n_c I_b = \frac{0.5308 \times \sqrt{2}}{3 \times 2 \times 6.3874 \times 10^{-4}} = 195.28 \text{ 安匝(有效值)}$$

定子槽尺寸：

每个槽内有两个线圈，因此定子槽的有效面积是

$$A_{Co} = \frac{2n_c I_b}{k_{fill} \times j_{cob}} = \frac{2 \times 195.28}{0.4 \times 6.5 \times 10^{-6}} = 136.22 \times 10^{-6}\text{m}^2 \tag{6.144}$$

其中，电流密度 $j_{cob} = 6.5\text{A/mm}^2$；槽满率 $k_{fill} = 0.4$。

定子齿和槽口宽度：

$$b_{t1} = b_{s1} \cong \frac{\tau_s}{2} = \pi \times 3.24 \times 10^{-2}/12 = 8.478 \times 10^{-3}\text{m} \tag{6.145}$$

选取有效槽高 $h_{su} = 12 \times 10^{-3}$m，槽的底部宽度 b_{s2}为

$$b_{s2} = \frac{\pi(D_{is} + 2h_{su})}{6} - b_{s1} = \frac{\pi(32.4 + 2 \times 12) \times 10^{-3}}{6} - 8.478 \times 10^{-3} = 21.04 \times 10^{-3}\text{m}$$

现在可以校核有效槽面积 A_{cof}：

$$A_{cof} = \frac{b_{s1} + b_{s2}}{2} \times h_{su}$$
$$= \frac{(8.478 + 21.038) \times 10^{-3}}{2} \times 12 \times 10^{-3}$$
$$= 147.58 \times 10^{-6} m^2 > A_{Co} \tag{6.146}$$

因此，槽尺寸大小校核通过。

定子轭厚度 h_{ys}，外径 D_{out}：

若定子轭中 $B_{ys} = 1.4T$，那么轭部厚度 h_{ys} 为

$$h_{ys} = \frac{B_{gPM} \times b_{PM}}{2B_{ys}} = \frac{0.872 \times \pi \times 3.24 \times 10^{-2}}{2 \times 1.4 \times 6} = 5.2 \times 10^{-3} m \tag{6.147}$$

所以定子的外径 D_{out} 等于：

$$D_{out} = D_{is} + 2h_{su} + 2h_{sw} + 2h_{ys}$$
$$= 3.24 \times 10^{-2} + 2 \times 1.055 \times 10^{-2} + 2 \times 1.5 \times 10^{-3} + 2 \times 5.2 \times 10^{-3}$$
$$= 66.8 \times 10^{-3} m \tag{6.148}$$

$D_{is}/D_{out} = (32.4 \times 10^{-3})/(66.8 \times 10^{-3}) = 0.485$，接近 0.5，接近设计的最大效率。

电机参数：

相电阻 R_s 等于：

$$R_s = \rho_{co} \frac{l_{turn} \times 2 \times n_c^2}{n_c I_b / j_{Co}} \tag{6.149}$$

端部长度 l_{turn} 为

$$l_{turn} \approx 2 \times (l_{stack} + 1.25\tau_s)$$
$$= 2 \times (3.24 + 1.25 \times 1.695) \times 10^{-2}$$
$$= 0.109 m$$

$$R_s = \frac{2.3 \times 10^{-8} \times 0.109 \times n_c^2}{195.28 \times 10} \times 6.5 \times 10^6 = 1.669 \times 10^{-4} \times n_c^2 \tag{6.150}$$

一相电感包括主电感 L_m、漏感 L_{sl} 和耦合电感 L_{12}：

$$L_m \approx 2n_c^2 \mu_0 l_{stack} \frac{\tau_s - b_{os}}{h_{PM} + g}$$
$$= \frac{2 \times 1.256 \times 10^{-6} \times (16.95 - 2) \times 10^{-3} \times 3.24 \times 10^{-2}}{(2 + 0.5) \times 10^{-3}} \times n_c^2$$
$$= 4.86 \times 10^{-7} \times n_c^2 \tag{6.151}$$

一相互感 $L_{12} \approx -L_m/3$ 和漏感近似为 $L_{sl} = 0.3L_m$。所以同步电感 L_s 为

$$L_s = L_m - L_{12} + L_{s1} = 4.86 \times 10^{-7} \times n_c^2 \times \left(\frac{4}{3} + 0.3\right) = 7.92 \times 10^{-7} \times n_c^2 \tag{6.152}$$

现在可以计算基准扭矩 T_{eb} 的铜损耗：

$$P_{cob} = 3R_s I_b^2 = 3 \times 1.667 \times 10^{-4} \times (n_c I_b)^2 = 19\text{W} \tag{6.153}$$

忽略铁耗和机械损耗，在基准功率和转速上的效率将是：

$$\eta_b = \frac{P_b}{P_b + P_{cob}} = \frac{100}{100 + 19} = 0.84 \tag{6.154}$$

每个线圈的匝数 n_c：

首先绘制基准转速和扭矩的相量图［使用纯 I_q 控制（$I_d = 0$）］（见图 6.46a）。基准频率为 $f_b = n_b p_1 = 1800 \times 2/60 = 60\text{Hz}$。电动势 E_1（有效值）为

$$E_1 = \frac{\omega_{1b} \Psi_{PMmax}}{\sqrt{2}} = 2\pi \times 60 \times \frac{6.3874 \times 10^{-4} \times n_c}{\sqrt{2}} = 0.24058 n_c \tag{6.155}$$

$$V_{phmax} = \sqrt{(E_1 + R_s I_b)^2 + (\omega_{1b} L_s I_b)^2} = n_c \sqrt{0.273^2 + 0.05827^2} = 6.28\text{V} \tag{6.156}$$

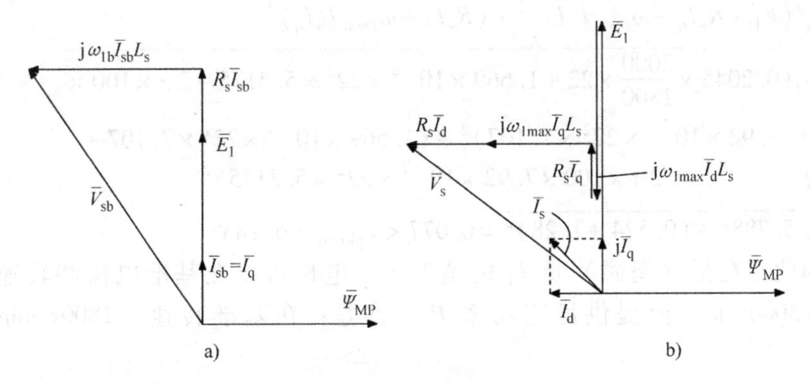

图 6.46　相量图

a）基准转速条件下［使用纯 I_q 控制（$I_d = 0$）］　b）最大转速条件下（$i_d < 0$）

因此匝数 n_c 为

$$n_c = 22 \text{ 匝} \tag{6.157}$$

一相基准电流有效值为

$$I_b = n_c I_b / n_c = 8.876\text{A} \tag{6.158}$$

输入视在功率 S_n 为

$$S_n = 3V_{phmax} I_b = 3 \times 6.28 \times 8.876 = 167.23\text{V} \cdot \text{A} \tag{6.159}$$

因此基准转速时的功率因数 $\cos\varphi_b$ 为

$$\cos\varphi_b = \frac{P_b}{\eta_b S_b} = \frac{100}{0.84 \times 167.23} = 0.712 \tag{6.160}$$

最大转速时的转矩（P_b）能力校核：

为了在3000r/min时保持住基准功率，频率$f_{max} = 3000 \times 2/60 = 100\text{Hz}$，首先计算所需扭矩：

$$(T_e)_{n\max} = \frac{P_b}{2\pi n_{\max}} = \frac{100}{2\pi \times 3000/60} = 0.318\text{N} \cdot \text{m} \tag{6.161}$$

所以所需的电流I_q是：

$$\frac{(I_q)_{n\max}}{I_b} = \frac{(T_e)_{n\max}}{T_{eb}} \tag{6.162}$$

因此，$(I_q)_{n\max} = 8.876 \times \dfrac{0.318}{0.5308} = 5.3175\text{A}$。

现在可以校核额定电流$I_b = 8.876\text{A}$时可以产生多大的扭矩，因此I_d是：

$$I_d = \sqrt{I_b^2 - (I_q)_{\max}^2} = \sqrt{8.876^2 - 5.3175^2} = 7.107\text{A} \tag{6.163}$$

因此，从图6.46b中的相量图可得：

$$V_s = \sqrt{(E_1 + R_s I_q - \omega_{1\max} L_s I_d)^2 + (R_s I_d + \omega_{1\max} L_s I_q)^2}$$

$$= \sqrt{\begin{gathered}(0.2045 \times \frac{3000}{1800} \times 22 + 1.669 \times 10^{-4} \times 22^2 \times 5.3175 - 2\pi \times 100 \times \\ 7.92 \times 10^{-7} \times 22^2 \times 7.107)^2 + (1.669 \times 10^{-4} \times 22^2 \times 7.107 + \\ 2\pi \times 100 \times 7.92 \times 10^{-7} \times 22^2 \times 5.3175)^2\end{gathered}}$$

$$= \sqrt{5.788^2 + (0.574 + 1.28)^2} = 6.077 < V_{\text{phmax}} = 6.28\text{V}$$

因此，在强（退磁）负I_d的情况下，电机可以在基准电流和转速范围1800～3000r/min内提供恒定功率P_d。注意：在基准转速（1800r/min）时$I_d = 0$。

6.17 总结

- 同步电机定子上安放三（或两）相交流绕组，转子上安放直流励磁绕组（或永磁体）或可变磁阻转子。
- 当转子采用直流励磁，定子绕组通入频率为f_1的交流时，稳态运行转速为$n_1 = f_1/p_1$（其中$2p_1$表示定子和转子上的极数）。
- 同步发电机可用于电力系统中的发电机或风力发电、热电联产和后备电源，也可用于汽车、卡车、柴油—电力机车、船舶和飞机等。
- 同步电动机的功率低至几瓦（单相电机），高至50MW，可用于60kV的变速驱动（用于气体压缩机）。

• 通过电力电子设备实现变频（调速）控制的永磁同步电动机/永磁同步发电机构成了工业、交通运输、节能家电和运动控制中最具活力的一部分，可实现节能和生产率的提高。

• 直线同步电机应用于磁悬浮交通、工业运输车，以及带有振荡运动的内燃机电磁阀、主动悬架阻尼和冰箱的压缩机驱动。

• 交流分布绕组是交流电机的常见绕组（每级每相槽数 $q>1$），但当 $q\leqslant 1/2$ 且定子槽（齿）数 N_s 和极数 $2p_1$ 满足 $N_s=2p_1\pm 2K$（$K=1, 2, \cdots$）时，永磁同步电机采用集中绕组（不重叠线圈）。

这种永磁同步电机具有铜损耗、电机尺寸和齿槽（零电流）转矩都较小的特点。

• 每圈的齿槽转矩周期数目是由 N_s 和 $2p_1$ 的最小公倍数 LCM 给出的：LCM 越大，齿槽转矩越小。

• 转子采用直流励磁（或永磁）的定子电势 E_s 为正弦波或梯形波（采用永磁转子时定子绕组 $q=1$ 或 $q<1/2$）。梯形电动势建议采用两相导通的矩形波（宽度为 120°）交流电流控制（除换相间隔外），提供合理的转矩脉动控制并简化转子位置触发控制。

• 在并网运行时，同步电机转子可能有直流励磁（或永磁励磁）和鼠笼。在稳态状态下，因为定子磁动势与转子同步旋转，所以定子电流在转子中不产生任何电压（和电流）。

因此，定子（电枢）绕组一相电流可以分解为两个部分：I_d 和 I_q。这些分量产生的气隙磁密分别对准转子磁极轴线（d 轴）或极间中心线（q 轴），表现为两个电枢反应电抗，$X_{dm}>X_{qm}$；如果加上漏电抗，就得到所谓的同步电抗 X_d 和 X_q，这对于稳态对称定子电流是有效的。

因此，(每相）电压回路变得简单明了：

$$\overline{I}_s R_s+\overline{V}_s=\overline{E}_s-jX_d\overline{I}_d-jX_q\overline{I}_q$$

当 $X_d=X_q=X_s$ 时，得到隐极转子的情形。

• 同步发电机的“内部”阻抗实际上与 X_d 和 X_q 有关，采用标幺值时，直流激励电机的“内部”阻抗为 $x_s=X_sI_n/V_n=0.5\sim 1.5$（pu），而永磁转子电机的“内部”阻抗更小。

$$(x_s<0.9\text{pu})$$

因此，电压调节对于自主运行的同步发电机是非常重要的。

• 同步发电机的特性包括空载饱和特性、短路特性和外特性。

设计直流励磁回路时，必须在额定电流和最低功率因数（大于 0.707，滞后）时能够维持额定端电压。

• 大多数同步发电机通过同步指示器并联到电网上，使各项瞬态冲击最小。

• 要增大同步发电机输出的有功功率，必须增大原动机（汽轮机）的输入功率。

• 无功功率的调节依赖于励磁电流的控制。

• 电压功角 δ_V（$\overline{E}_s$，$\overline{V}_s$）是关键变量，当同步发电机与电网连接时，电压功角 $|\delta_V| = \delta_{VK} \leqslant 90°$ 时为静态稳定运行。

• 静态稳定性是同步电机在低速轴功率变化时保持同步的特性。

• 内置式（凸极）永磁转子的永磁同步电机具有反向凸极，$X_d < X_q$，因此即使在 $|\delta_V| = 90°$ 附近也能安全运行。发电机运行在电动机模式下，功角 $\delta_V < 0$。

• 电网运行特性包括 P_s（δ_V）、Q_s（δ_V）、I_s（I_F）（V 形曲线）和 Q_s（P_s）（无功功率包络）。

• 同步电机的直流励磁磁场（或永磁体磁场）与定子磁动势之间存在相互作用，因此电磁转矩 T_e 中存在一个相互作用项。由于 $X_d \neq X_q$，电磁转矩 T_e 中还有一个磁阻项。

• 同步发电机可以带不平衡负载运行，但它们在正序、负序、零序定子电流作用下的表现不同，因为电抗 $X_+ \to X_s > X_- > X_0$。

并网的同步发电机允许有限程度的负序电流，$I_-/I_+ < 0.02 \sim 0.03$，可以避免频率为 $2f_1$ 的感应电流引起的转子鼠笼过热。

• 稳态、三相、两相和单相短路对同步电机来说并不总是危险的，但有：

$$I_{3sc} < I_{2sc} < I_{1sc}$$

• $1/x_d = I_{3sc}/I_n$ 是一个技术参数，它定义了同步电机的最大功率能力。

• 同步电动机必须首先异步起动，并网后再自同步。同步电动机能够以超前的功率因数运行，从而补偿本地电网中的无功功率要求。

• 并网的同步电机特性包括效率特性、功率因数特性、V 形曲线 I_s（I_F）。

• 永磁同步电机可以并网发电，也可以由 PWM 逆变器驱动以变频调速。

即使（低速）中等功率的永磁同步电机的极对数很多，也可以获得很好的功率因数和效率。

• 多层磁障转子导磁具有各向异性（$L_d/L_q > 3$），转子上带鼠笼时可直接连接到电网电压，初始成本低，电机性能好；也可由 PWM 变频器馈入可变频率的电流，功率从 100W 至数百千瓦。

• 单相永磁同步电机 $N_s/2p_1 = 1$，或有单齿绕组且转子上没有鼠笼，但有转子泊位磁极（用于起动），其功率范围涵盖瓦至千瓦，与 PWM 逆变器相连，适用于变频调速。

• 另外，分布式交流定子两相绕组、笼形转子永磁同步电机直接连接到电网，成为裂相式电容电动机，带可变负载时可产生严格恒定的转速、更高的效率或更小的体积。

• 本章介绍了同步电机的一些实验，并参考了 IEEE 标准 115 – 1995。这一标准介绍有大量的测试步骤，包含可行性、性能和参数估计等测试程序。

• 通过数值算例，给出了一种适用于汽车应用的六槽/四极三相永磁同步电动机的初步电磁设计方法。

• 其他特殊结构的、旋转或直线同步电机的参考文献列在后面，可供进一步阅读。

6.18 思考题

6.1　一台凸极转子水轮同步发电机，$S_n = 72\text{MV}\cdot\text{A}$，$V_{n\text{line}} = 13\text{kV}$（星形联结），极数 $2p_1 = 90$，$f_1 = 60\text{Hz}$，每极每相槽数 $q_1 = 3$，忽略其损耗。其定子内径 $D_{\text{is}} = 13\text{m}$，定子叠压铁心长 $l_{\text{stack}} = 1.4\text{m}$，极靴下气隙 $g = 20\times10^{-3}\text{m}$，卡特系数 $K_c = 1.15$，$\tau_p/\tau = 0.72$（转子极靴/极距），饱和系数 $K_s = 0.2$，单层定子绕组（线圈直径跨度：$y/\tau = 1$），并联在电网运行。

计算：

a. 定子绕组因数 k_{w1}。

b. 如果每相匝数 $W_s = p_1\times q_1\times n_c = 45\times3\times1 = 115$ 匝/相，求 d 轴和 q 轴的电枢反应电抗 X_{dm} 和 X_{qm}。

c. 求 x_d 和 x_q 的标幺值。

d. 若 $\cos\varphi_1 = 1$，且 $\delta_V = 30°$，求 E_s、I_d、I_q、P_s 和 Q_s。

e. 所需的空载气隙磁密 B_{gF} 和相应的励磁磁动势。

提示：

应用 $k_{w1} = \sin\pi/6[q\sin(\pi/6q)]$，方程（6.31）和方程（6.32）可得，$x_d = X_d V_{\text{nph}}/I_n$，$I_n = S_n/(\sqrt{3V_{nl}})$。图 6.19a，方程（6.57）至方程（6.59），方程（6.15）、方程（6.6）和方程（6.7）。

6.2　飞机无损耗隐极转子同步发电机，参数 $x_d = x_q = 0.6$（pu），$S_n = 200\text{kV}\cdot\text{A}$，$V_{nl} = 380\text{V}$，$f_1 = 400\text{Hz}$，$2p_1 = 4$，在额定电压、额定电流下带平衡电阻负载工作。

计算：

a. 定子星形联结的额定相电流。

b. 在 Ω 下的 X_d 和 X_q。

c. 负载阻抗。

d. E_s、I_d、I_q、和 δ_V（功角）。

e. 在额定电流和滞后功率因数为 0.707 时，求在上述相同的 E_1 的情况下计算 I_d、I_q、I_s 和 V_s（端电压）。

f. 计算 d 和 e 中的电压调整率 ΔV_{S}。

提示：见方程（6.49）~方程（6.53）和示例 6.1。

6.3　对于思考题 6.2 中的同步发电机，已知 $I_{\mathrm{F}}=50\mathrm{A}$ 时 E_1 为思考题 6.2 中所得结果，且 $I_{\mathrm{F}}=15\mathrm{A}$ 时 E_1 降低一半。如果 $E_1=aI_{\mathrm{F}}-bI_{\mathrm{F}}^2$，计算 V 形曲线 $I_{\mathrm{s}}(I_{\mathrm{F}})$，并分别计算 $I_{\mathrm{F}}=10\mathrm{A}$、20A、30A、40A、50A、60A 和 70A 时的数据。

提示：对于空载饱和曲线，使用公式（6.164）求系数 a 和 b，然后在 $P_{\mathrm{s}}/S_n=0$、0.3、0.6 和 1.0 时根据方程（6.57）和方程（6.58）计算 δ_{V}，再利用公式（6.164），I_{F}从 10A 变化到 70A，间隔 5A，分别计算 E_1。

6.4　一台隐极自治同步发电机，$S_n=50\mathrm{kV\cdot A}$，$V_{nl}=440\mathrm{V}$（星形联结），$f_1=60\mathrm{Hz}$，$2p_1=2$，$x_{\mathrm{s}}=x_{\mathrm{d}}=x_{\mathrm{q}}=0.6\mathrm{pu}$，$x_-=0.2\mathrm{pu}$，$x_0=0.15\mathrm{pu}$，发电机工作在额定电流，只有 A 相连接到电阻负载（$I_{\mathrm{B}}=I_{\mathrm{C}}=0$），空载相电压 $E_1=300\mathrm{V}$（有效值）。

计算：

a. 额定相电流 I_n、X_{s}、X_+、X_- 和 X_0。

b. $I_{\mathrm{A}+}$，$I_{\mathrm{A}-}$ 和 $I_{\mathrm{A}0}$。

c. 相电压 V_{A}。

d. 相电压 V_{B}和 V_{C}（B 相和 C 相的开路电压）。

提示：参考方程（6.75）~方程（6.80）、方程（6.85）和方程（6.77）。

6.5　采用变频 PWM 逆变器驱动一台表贴式永磁同步电机，$V_{nl}=380\mathrm{V}$（星形联结），$f_n=50\mathrm{Hz}$，$X_{\mathrm{d}}=X_{\mathrm{q}}=6\Omega$，$R_{\mathrm{s}}=1\Omega$，分别在 $\delta_{\mathrm{V}}=0°$、15°、30°、45°、60°、75°、90°时计算 I_{d}、I_{q}、I_{s}、P_{e}、T_{e}、η 和 $\cos\varphi$。对 $V_{nl}=100\mathrm{V}$ 和 $f=14\mathrm{Hz}$ 重复上述计算过程。

提示：参考例 6.4。

6.6　四极转子多层磁障永磁同步电机，在磁障中装有铁氧体（见图 6.47），其参数如下：$L_{\mathrm{d}}=200\mathrm{mH}$，$L_{\mathrm{q}}=60\mathrm{mH}$，$\Psi_{\mathrm{PMq}}=0.215\mathrm{Wb}$，$2p_1=4$ 极，$(V_n)_{\mathrm{phase}}=220\mathrm{V}$。忽略损耗。当转速 $n=1500\mathrm{r/min}$ 时，分别在 $\delta_{\mathrm{V}}=0°$、10°、30°、45°、60°、70°、80°、90°和 100°时计算 I_{d}、I_{q}、I_{s}、T_{e} 和 $\cos\varphi$。

提示：注意到永磁体放置在 q 轴上，因此，相量图与图 6.37 不同（见图 6.47b）。

因此：$V_{\mathrm{s}}\sin\delta_{\mathrm{V}}=\omega_{\mathrm{r}}L_{\mathrm{q}}I_{\mathrm{q}}-\Psi_{\mathrm{PMq}}\omega_{\mathrm{r}}$；$R_{\mathrm{s}}\approx 0$；$V_{\mathrm{s}}\cos\delta_{\mathrm{V}}=\omega_{\mathrm{r}}L_{\mathrm{d}}I_{\mathrm{d}}$。

6.7　一台三相永磁同步发电机，忽略损耗，参数为 $E_1=250\mathrm{V}$（相值，有效值），$V_{nl}=220\sqrt{3}\mathrm{V}$（星形联结），$X_{\mathrm{d}}=10\Omega$，$X_{\mathrm{q}}=20\Omega$，$2p_1=4$，$f_1=60\mathrm{Hz}$，转速恒定，带平衡电阻负载。计算电压随功角 δ_{V}的变化，直到电压调整因反向凸极而再次变为零（$V_{\mathrm{s}}=E_1$），并计算相应的输出功率。

提示：运用公式（6.50）和图 6.24b。

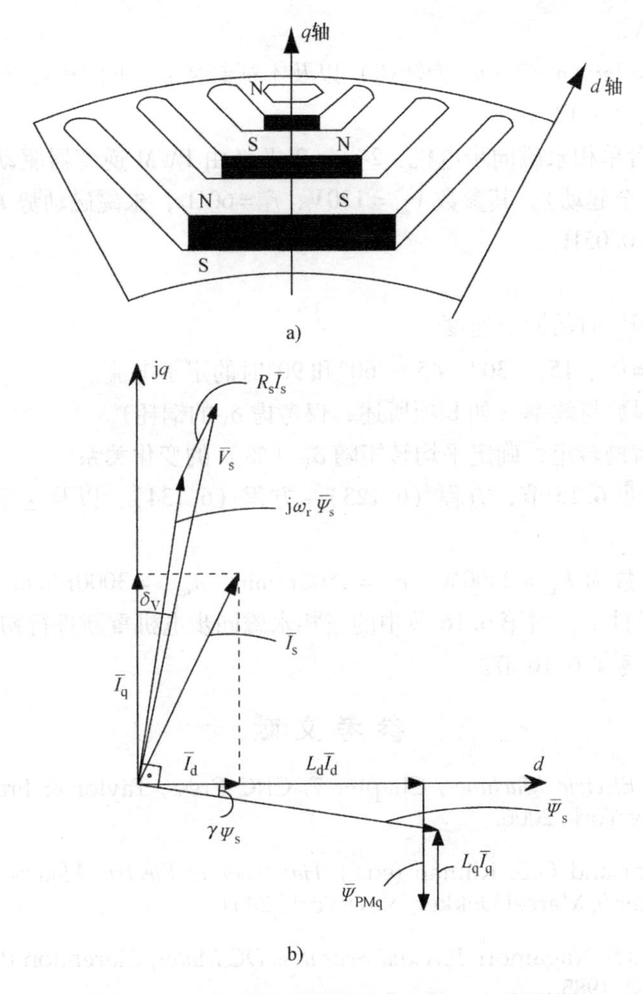

图6.47 a）永磁辅助磁阻同步电机 b）相量图

6.8 一台大型同步电机，忽略损耗，$P_n = 5\text{MW}$，$f_1 = 60\text{Hz}$，$(V_n)_{\text{phase}} = 2.2\text{kV}$，$2p_1 = 2$，$x_d = x_q = x_s = 0.6$（pu），惯量 $H = \frac{J}{2}\left(\frac{\omega_1}{p_1}\right)^2 \times \frac{1}{P_n} = 10\text{s}$，$E_1 = 2.5\text{kV}$（相值）。

计算：

a. 额定电流 I_n 和 X_s。

b. 在 $\delta_V = 30°$ 时求 I_d、I_q、I_s、P_s 和 Q_s。

c. 当 $\delta_V = 30°$ 时的电磁转矩（T_e）。

d. 当 $s = 0.01$ 时的异步转矩系数 K_a，异步转矩 $T_{as} = 0.3 \times (T_e)_{\delta_V = 30°}$。

e. 同步发电机的本征频率 ω_{0n} 及其在 $\delta_V = 30°$ 情况下的变化量，E_1 从 2.5kV

降低到1.25kV。

f. 在$\omega_v = 2\pi \times n_1/2$（$n_1$为转速）以及本征频率$\omega_{0n}$下的机械谐振模量$K_{mv}$。

提示：见第6.13节。

6.9　一台单相永磁同步电机，$2p_1 = 2$极（由PWM逆变器驱动，具有泊位永磁极以便安全起动），其参数$V_{sn} = 120V$，$f_1 = 60Hz$，永磁磁动势$E_s = 0.95V_{sn}$，$R_s = 3\Omega$，$L_s = 0.05H$。

计算：

a. $f_1 = 60Hz$时的同步速度。

b. 在$\delta_V = 0°$、15°、30°、45°，60°和90°时的定子电流。

c. 功率因数与效率（如b项所述，仅考虑δ_V的铜耗）。

d. 忽略齿槽转矩，确定平均转矩随δ_V（%）的变化关系。

提示：参见6.15节，方程（6.123）~方程（6.134），以及这里描述的计算例程。

6.10　参数为$P_b = 2000W$，$n_b = 1800r/min$，$n_{max} = 3000r/min$（在P_b处），$V_{dc} = 42V$的条件下，对第6.16节中的三相永磁同步电机重新进行初步设计。

提示：参考第6.16节。

参考文献

1. Ch. Gross, *Electric Machines*, Chapter 7, CRC Press, Taylor & Francis Group, New York, 2006.

2. M.A. Toliyat and G.B. Kliman (eds.), *Handbook of Electric Motors*, 2nd edn., Chapter 5, Marcel Dekker, New York, 2004.

3. T. Kenjo and S. Nagamori, *PM and Brushless DC Motor*, Clarendon Press, Oxford, U.K., 1985.

4. T.J.E. Miller, *Brushless PM and Reluctance Motor Drives*, Clarendon Press, Oxford, U.K., 1989.

5. S.A. Nasar, I. Boldea, and L.E. Unneweher, *PM, Reluctance and Selfsynchronous Motors*, CRC Press, Boca Raton, FL, 1993.

6. D.E. Hanselman, *Brushless PM Motor Design*, McGraw-Hill, Inc., New York, 1994.

7. E.S. Hamdi, *Design of Small Electric Machines*, John Wiley & Sons, New York, 1994.

8. J.F. Gieras and M. Wing, *PM Motor Technology*, Marcel Dekker, New York, 2002.

9. T.J.E. Miller, *Switched Reluctance Motors and Their Control*, Clarendon Press, Oxford, U.K., 1993.

10. I. Boldea and S.A. Nasar, *Linear Electric Actuators and Generators*, Cambridge University Press, Cambridge, U.K., 1997.

11. I. Boldea and S.A. Nasar, *Linear Motion Electromagnetic Devices*, CRC Press, Taylor & Francis Group, New York, 2001.

12. I. Boldea, *Variable Speed Generators*, Chapter 10, CRC Press, Taylor & Francis Group, New York, 2005.

13. I. Boldea, *Synchronous Generators*, Chapter 4, CRC Press, Taylor & Francis Group, New York, 2005.

14. I. Boldea, T. Dumitrescu, and S.A. Nasar, Steady state unified treatment of capacitor A.C. motors, *IEEE Trans.*, EC-14(3), 1999, 577–582.

Electric Machines: Steady State, Transients, and Design with MATLAB®
1st Edition/by Ion Boldea , Lucian Nicolae Tutelea/ISBN: 9781420055726.

图书在版编目（CIP）数据

电机的稳态模型、测试及设计/(罗) 扬·博尔代亚，（美）卢西恩·尼古拉·图特拉著；武洁，王明杰译．—北京：机械工业出版社，2022.9（2023.11 重印）
（现代电机典藏系列）
书名原文：Electric Machines：Steady State，Transients，and Design with MATLAB
ISBN 978-7-111-71036-3

Ⅰ.①电…　Ⅱ.①扬…②卢…③武…④王…　Ⅲ.①电机学-稳态运行特性-教材　Ⅳ.①TM3

中国版本图书馆 CIP 数据核字（2022）第 108649 号

机械工业出版社（北京市百万庄大街 22 号　邮政编码 100037）
策划编辑：江婧婧　　责任编辑：江婧婧
责任校对：陈　越　王明欣　封面设计：鞠　杨
责任印制：邓　博
北京盛通商印快线网络科技有限公司印刷
2023 年 11 月第 1 版第 2 次印刷
169mm×239mm · 20 印张 · 388 千字
标准书号：ISBN 978-7-111-71036-3
定价：125.00 元

电话服务　　网络服务
客服电话：010-88361066　机　工　官　网：www.cmpbook.com
010-88379833　机　工　官　博：weibo.com/cmp1952
010-68326294　金　书　网：www.golden-book.com
封底无防伪标均为盗版　机工教育服务网：www.cmpedu.com